U0084830

台灣自然史系列

台灣植被誌第九卷

物種生態誌

（一）

陳玉峯 著

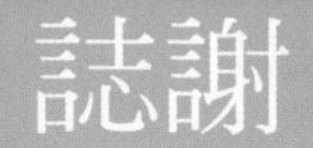

誌謝

本書研究、撰寫、出版，

由楊博名先生（愛智圖書公司）贊助，特此銘誌！

撰述、製作　謝誌

本書研撰過程之協助者，於此誌謝：

植物鑑定：楊國禎教授、郭長生教授

室內作業：王曉萱小姐、林怡君小姐、黎靜如小姐、洪惠音小姐、蔡智豪先生、許彩粱先生、李佩芬小姐、李婉靜同學、粱美惠小姐

校　　對：王曉萱小姐

日文翻譯：郭自得先生

攝　　影：陳月霞女士

夥同歷來所有直接、間接協助山林調查的朋友們，一併誌謝！更感謝台灣山林的綠色精靈們！

生命

——序《物種生態誌》

凝視著多卷厚重、硬實的《台灣植被誌》，彷若看見陳老師圓睜雙眼、振筆疾書，爲台灣土地奮力地留下永世紀錄。即便難以讀懂書中艱深的專業數據與術語，但我知道，對台灣國土而言，這些都是彌足珍貴的紀錄與記憶。

回顧近十年來與陳老師相識，每每動容於他對天地、對台灣土地，這般全然的尊敬、感恩與付出。我深信，這是眞正一步一步走過台灣土地的人，才能產生的氣質，如果不是這樣，那麼，是什麼支持他三、四十年來，不懈怠、不退縮地爲台灣山林發聲？不畏懼、不死心地爲殘破的土地嘶吼？如果沒有一份很純然無畏的愛，又如何能撼動諸多封閉的人心，讓更多人有機會去重新看待這片生長的土地？

然而，陳老師說，近年他始知自己從無「堅持」，而是領悟佛經「本願力」的本質，其實只是自自然然的，不假外求、不帶刻意的澄然本性，並非堅持，而是本然。

是啊！就是這樣慈悲、澄明的性情，也引領我對生命、對人生價值有了不同的理解。

近日臥病十八年的母親往生。十八年來她不能言語、不能行動，維持生命的方法是鼻胃管灌食；維持聯繫的方法是奮力開眨的眼睛，而生命在病床上一點一點地流逝，我不禁要問：生命是什麼？生命的價值與意義到底建立在哪裡？母親的病給了我很深的痛與感觸。詩人席慕蓉曾寫過：「人到中年，逐漸有了不同的價值觀。原來認爲很重要的事情，竟然不再那麼重要了，而一直被自己忽略的種種，卻開始不斷前來呼喚我，多希望把腳步放慢，多希望能夠回應大自然裡所有美麗生命的呼喚。」這樣簡單的文字，其實也正是自己的感想，生命何等脆弱，有生之年是應該做些更有意義的事。

看今日政治時時上演不同的亂象，又看2006年爲尋找台灣生命力而走的環境苦行，我們能夠理解什麼才是眞正愛台灣的方法嗎？不跟政客的口水起舞，只隨一步一腳印的行腳，深刻體現。

了然於對生命的體悟，了然於對人生價值的追求，此刻，我應當感謝陳老師！孕育我血肉的是母親，涵養我靈魂的是這片天地山林，感恩陳老師讓我有此機會，敬愛這片天地。

生命長河，悠然迤邐，記載著的美麗與憂愁都是生命的印記。有時候，我們會想起百年前西雅圖酋長對大地的敬愛；有時候，我們會想起陳老師對受害大地的怒吼；有時候，我們更應該傾聽自己心裡的聲音，或眞實感受，而在生命的這個階段中，你想做些什麼？

關於本《物種生態誌》，我無法置喙，但我相信，山林生命也會感動於台灣終於產生如此的書籍。

楊博名
2006.8.25

弁言與題獻

我受恩於台灣天地，隨時隨地遇見良善可喜的諸多台灣人，他們默默地培育台灣的善根，即令個性、事業、際遇、宗教天差地別，在人性的始源、台灣歷史或生命長河的傳承之中，他們在合宜的任何角色，扮演盡心盡力、怡然自得的福音傳播者，行有餘力，處處綻放出秉性的芬芳。

十多年來，許許多多識與不識的台灣人，在我從事山林調查、生態運動、教育工作，乃至生活點滴，總是因巧緣合，隨順自然地挹注我，從心靈、智慧，到經濟金錢，都主動奧援而不作任何回報之想，充其量加上一句：任憑你自由運用。《台灣植被誌》自1994年開撰以來，從來如此。

因此，除了自認爲《台灣植被誌》系列是我欠台灣土地生界的天債之外，事實上，是一群當代可敬的朋友們，共同扛起這份認知，而大家的共識，乃在於如何好好善待我們命脈的家園，更別具見識見地，珍惜兩百五十多萬年來，台灣的「地基主」——原始山林；這些朋友們並沒有唸過什麼自然生態保育，沒有理論，只有一顆顆赤誠、純眞之心，他們之所以敬體天心，源自自自然然，他們也目睹我數十年歲月，一場場無怨無悔的山河戀，總之，是情非情，人間話語已不重要，我們只確定我們源自這片土地，根系相連，當我們還能做些什麼微不足道的平實事，我們就平實做去。

1995年《台灣植被誌》第一卷問世以來，我花了原先預定完成的兩倍以上時程，植被誌還是未能竟稿，而馬齒日增、效率驟降，不免羞愧有加；2005年流連於南橫200公里天路，時而慨嘆渺小人生何其有限，遂鼓起餘勇，無論這輩子可以交代多少山林記憶，在2006年務必完成我心目中，關於台灣植被及植物的大概。是以2006年，除了先將闊葉林（II）整理一段落，《物種生態誌》，至少也得完成一卷。

如此，《台灣植被誌》包括台灣植物社會的全盤結構、地區植被誌及物種生態誌等，總算得一全觀輪廓。爾後，隨順因緣，量力而爲。

這系列台灣自然史的雛形觀念，孕育自1979年前後，假設可以在2006年底定，則大致將我三十年的台灣山林夢，作了差強人意的交代。1978～1980年間，我自許，我這代台灣人有必要爲台灣山林生界完成自然傳記，此乃20世紀台灣人的基本責任。

至於這冊《物種生態誌》，筆者只是打破歷來「家有敝帚，享之千金」的門戶囿見，略將百餘年來各物種各方面的研究成果整合，個人沒什麼貢獻，充其量，筆者自許偏重在生態面向的詮釋，因爲，唯有從事植被調查研究的長年經驗累積，才可能稍加註解值得進一步研究的素材。

同時，個人認爲，只有經由長年累積的科學研究成果，加上情感孕育，以及因應人、事、時、地、物的當下場景，夥同即興藝術，才可能產生藝術化的解說教育；本冊的資訊，即提供台灣深度物種解說的基礎，當然，也是台灣植物個體生態學探討的初階，凡此，在書中第一章詳述之。

千禧年之後，我要特別感懷楊博名先生、蘇振輝董事長、賴惠三先生等，沒有他們的鞭策，我幾乎無有心力持續未竟天債。

謹奉台灣之名，敬將本書題獻予

楊博名先生

陳玉峯 於大肚台地

時2006年8月

目次

一、物種生態誌

台灣植被生態研究第一大階段，大致於日治時代底定，其由自然史的記錄，擔任植被帶、物種及其組合而成的社會或植群之大概分佈的敘述；植被生態探討的第二大階段，殆即植物社會的分類，於日治末期展開，且在1960～1980年代，如柳榗氏等踵繼（陳玉峯，1995a）。然而，由筆者觀點看來，除了名相、名詞的改變，或西方概念的引進之外，並無顯著或實質的進展，原因乃在於野外調查的實證功夫不足，甚至不如日治時代的踏實，更因植被研究的基礎——植物分類學的能力養成，亟須長期投入，奈何，緣以政權或政治的大改變，人才完全更替後，初來台灣的中國學界，必須耗費一段長時間始能投入銜接，此間辛酸、苦楚及曲折，在戒嚴、專制時代，更有人事、權力、資源分配的龐多紛爭，而研究史從無人探討，且時過境遷，人事全非，更無人願意檢討矣，因而留下且足以說明者，僅以文獻報告的質與量爲依據。筆者下達「並無顯著進步」的依據在此。

1980年代以降，靠藉龐多國家計畫與規劃，林林總總的植被調查，資源、人力、報告等數量巨大，但因各大學府互不相容，山頭林立，且因植被科學本身問題，加上植物分類學學風自1980年代以降每況愈下，且隨著分子生物之與生態、分類分道揚鑣，時代價值丕變，台灣植物分類研究愈加萎縮，連帶的植被或社會分類基礎無法長進，因而報告雖多，或呈現良莠不齊，觀念、精準度、治學態度、投入時間與心力、研究定力、能力等，天差地別，更且，欠缺系統、長遠、累積的作法，呈現一盤散沙、各自爲政的閉門造車現象無以復加。

另一方面，龐多研究生在山頭林立的不同門戶下，各自完成諸多調查，卻難以從報告中，清晰掌握其所敘述的植被實體，許多報告只是習作，除了拿個學位之外，自己也弄不清楚所言何物，更致命的，一窩蜂追逐西方方法論，各種報告之間無法融通互用或整合。十餘年來更因時代價值觀幡然大變，求細、求功、求速、避免繁重勞力、旁側知識欠缺、系統思考闕如、追求形式主義是從，而無人渴欲瞭解全盤，遑論時空深度與整體論。

可以說，近二十年來台灣植被調查研究，努力朝向第三大階段，也就是轉向個體生態學、演替機制、物種族群或植物社會之與環境因子的相關、現代生態學形式的發展，然而，過往第二大階段的調查研究不足、從未整合，亦未留給新生代研究典範、系統與研究大方向；究竟台灣植被研究最適切的議題與問題有哪些，而值得傳承、累進與深化研究之？可以說，幾乎完全欠缺，導致數十年研究如同打霰彈，幾近於徒勞無功。新生代亦未能得知或瞭解台灣有何研究傳統、特色、重大議題，值得踵繼、追隨、深化且建立爲本土生態顯學，因而研究無主脈、欠缺指導思惟，更難進臻現代化的生態研究，雖則研究儀器、方法先進有加，產生的成果往往不知所云。

筆者在此略加說明，今後較合宜培育植被生態研究的基本訓練及工作，以及其根源問題臚列如下：（僅以個人經驗、思惟為限）

第一，台灣植物分類學（Plant Taxonomy）研究理應全面重新展開，筆者粗略估計，大約1/5～1/4的台灣植物，學名、變異等尚未充分掌握，問題多不可勝數；另粗估，大約4/5的台灣植物，除了植物分類初步的命名、形態膚淺的介紹以外，幾乎完全沒有研究，缺乏充分的資訊（註：筆者係依據長年所建立的物種資料庫，而下達此等數據之粗估）。

第二，國家對基礎科學之不重視每況愈下，只在形式創新面向打轉，不求實事求是的底層建構。此歪風乃國家欠缺科學涵養、科學哲學的背景與人才之所致。假設國家主導大局者得有見識與智慧，理當以至少十年時程，拋出大量經費，重新訂正《台灣植物誌》，整合過往迄今，各大學府老死不相往來的通病；物種分類群應予全面統一，有任何問題、懸疑應該明揭，破除過往一味掩飾問題，隱藏無知與無能，或剛愎自用、閉門造車的陋習。先前《台灣植物誌》儼然為台北思惟，掌握代表台灣的另類霸權，長期漠視中、南、東部研究者的見解與經驗(註：特指對分類群的見解)，今後該予打破門戶，唯物是問，全方位整合。

第三，關於植物分類群的學名議題，除非已經由全台充分調查研究之後，且可掌握分類群全盤變異，對模式標本等皆已檢驗，否則不應徒依命名法規，玩弄排列組合、草率新命名或之類的行為，徒增別人困擾而於自然事實無有瞭解之助益；過往迄今，龐多存有疑義的物種及其學名、異名等，在無法確知且無從知曉始源命名的情況下，毋寧採用原始命名者的學名，避免增加後代困擾。

第四，迄今使用之學名乃形態至上的傳統，今後亦難改變，但任何學名的更改等研究，應以現今族群學、生態學、分子生物學、遺傳學、任何新科技等新觀念從事之，最最重要者，台灣野地實況、分類群本身的充分掌握才是真正依歸；現今分生等技術突破，誠然為偉大的貢獻，但形態及野外實況若不能掌握，亦難有助於釐清事實。一味追求高科技術，而無能作野外辨識，乃以小失大，不解自然。

第五，植被生態調查乃奠基於植物分類的掌握能力，奈何台灣四、五千種植物(即令隱花植物不計)，由蕨類以迄禾草、莎草、蘭花，誰人得以全盤瞭解透徹？各方人才合作、任務編組或團隊研究，才有可能逼近事實，或至少得有足夠的分類學者真正協助，始有較完整的結果。日治時代台北帝大之所以得享泰斗美譽，其研究室名為「植物生態．分類教室」，集結分科專才，互助合作而得創佳績。今後台灣能否產生「夢幻團隊」，依然是植被生態調查良窳的關鍵。

第六，筆者過往迄今的植被調查，禾本、莎草有勞郭長生教授長期協助；早年調查工作往往向高木村先生、廖日京教授、郭城孟教授、謝長富教授等人請益，且在標本館中查鑑比對；中期調查，以工作居家地點在墾丁、水里、中部等囿限，只能借助歷來收集文獻、圖書而為之，諸多懸疑標本堆積如山，撰寫報告之際充滿困頓，時而少量幾份標本寄請郭長生教授、彭鏡毅教授等解危，畢竟遠遠不能周全，因而許多物種登錄，舉凡不能確定者，筆者往往加註問號，而不能自欺欺人，即令如此，繁多誤鑑、誤判物種，誠罪過也，卻無法避免；後期調查主要係向楊國禎教授及郭長生教授請益、討論，而對諸多拙作之誤謬者，文責自負，錯誤者向台灣土地生界致歉。

第七，依個人淺見，培育大學以上此面向人才，或可循下列方式進行之。大一、大二學生，以培育興趣、產生山林情感為主軸，啓發為原則，且以廣度為導向，不必要求任何專精，否則難成格局與氣候；大三、大四學生，以台灣全面認知、概括知識及全球概況為內涵，實例如：大學畢業前，對自玉山頂以迄嘉南海邊，各主要植被帶、林型、優勢或代表性植物，具備大概認知與鑑別能力，同時，漸次體驗野外工作各步驟之詳實動作，由採集、標本製作、標本館工作、鑑定初階等，已具備初步經驗，更且，對台灣植物研究史，原始文獻(諸如早田文藏等各大著作)、各專科或物種原始發表等，具備初步認知，瞭解物種從採集至命名、修訂等全套知識生產之過程，行有餘力，進一步進行個人研究資料庫的建立，或研究方法論的學習。也就是說，打基礎的工作，若能在大學畢業前具體、化約瞭解已屬上乘。而經此系列訓練，估計其對台灣原生植物的認識，大約可達1,000種或以上。

然而，植物認知早期固然以博學強記爲常態，及至研究所階段，或可達到對台灣原生物種1,500～2,000種的立即辨識能力，然而，人腦記憶畢竟有其極限，重點不在強記，而在系統分類知識之認知與推演，以特徵分群、搜尋能力爲導向，也就是說，直覺、記憶等，必須轉化爲思惟系統化，懂得如何找尋相關分類群，例如對不認識的物種足以判斷何科、何屬的整合與分析能力。至於物種認知則沒有時間順序，隨時有新的學習，也伴隨著遺忘。

在此等能力的大致養成後，研究生得以開始進行專業化、專精化的訓練，對特定科、屬、種、分類群、生態群、特定議題等，進行鑽研，同時，學習新技術，得以運用新發明，使用在最眞實的自然實體之上。

第八，筆者這代人的任務，有必要將百餘年來，台灣植被、台灣自然史的研究釐清，提供新生代的基礎或背景知識，此即筆者《台灣植被誌》撰寫之於教育面向的意義之一，同時，因應現今研究風氣、潮流、慣習，之難以瞭解台灣有意義的問題，吾輩有責任在消化前人著作、自身調查研究所知所識之後，提出値得探討的各面向問題、議題、方向等，提供新生代進一步研究的廣泛題材。

因此，經由植物分類及植被調查基礎工作的瞭解之後，筆者認爲對諸多台灣原生植物的全面資訊之提供，乃爲我輩責任之一。即令個人所知有限，至少有必要將任何植物物種(或分類群)，盡可能整理出歷來所有相關的知識或資訊，或疑義、困惑，誠實臚列，也就是針對台灣原生植物或已馴化外來種等分類群等，作歷來所知的總整理，此等全方位資訊最好涵蓋從植物始源發現、命名、變革、形態、分佈、生態特徵、植物社會歸屬、林業等應用、木材特性、藥用、特定用途、與野生動物的相關、物候、演化、演替，乃至與人類文化、生活之任何相關，以及其他資料，此一全方位資訊之總收集、消化與整理之工作，可以建立任一物種(分類群)最最根本的資料庫。鑑於歷來研究者或報告罕有如此作法或認知，在此特地賦予一名詞，謂之「物種生態誌」。

唯有物種充分認知，植被調查基礎才能穩固；而植被調查可以提供物種研究寬闊的演化鑽研題材，兩者相輔相成。

在此背景下，筆者撰寫植物種(分類群)即以「物種生態誌」爲原則，筆者以個人收集的歷來文獻逐一搜尋，找出足以記載、討論者作敘述，並以個人數十年野調經驗及記錄，試作詮釋。而個人撰寫風格，早已拋棄過往學風之「藏拙」慣習，因爲，筆者始終堅信，科學是腳踏實地做誠實事、說誠實話，知之爲知之，不必隱藏自己的無知與不足。

事實上，台灣大部分的植物根本無啥研究，所知貧瘠且極其有限，而筆者受制於能力、時空、資源或任何個人缺點，得以撰寫出者只是野人獻曝，更且，1990年代以降的許多文獻、報告，筆者尚未收集完整，有待補充之，期待同好、前輩、後進多予批判、新詮、指正是幸！台灣理應到了擺脫20世紀不健康的心態，出離個人囿見，同心為台灣生界，了盡每代人、每個研究者的天責，更期待台灣得以建立自然情操的生態學。

此外，「物種生態誌」並非「解說文稿」，因為，知識的堆砌與表達絕非「解說」。筆者自1984年任職墾丁國家公園管理處解說教育課技士，1985年調升玉山國家公園管理處，擔任解說教育課暨保育研究課兩課課長，因業務所需，在自行認知、試驗、研讀、參與、瞭解與體會之後，深切認為，「解說」乃知識、情感、藝術、經驗、性格與機緣，乃至整體環境左右下的活體即興、當下的表演與創作。二十餘年來，台灣誤將破碎知識的販賣當解說，誤將有知識的研究者當成解說員，無法瞭解「演講」要「講」更要「演」，好的演員不是演自己、論自我，而是融入客體、群衆、他人身心體悟的流暢，絕非生硬的推銷自己之所知，但卻可以完整自如地表達其主體、堅持與獨特的風格；好的解說，知識是基礎，體驗、悟解並帶著濃濃的眞情之後，才有可能在解說的當下，融入聽講者的情境，瞬間將所知、所識、所感，以聽講者或觀衆的情境表達而出，他必須作甚大幅度的增刪知識、轉化知識，並當下創造新語言，包括肢體語言與沉默。此面向在此非旨趣，有機會另行論述之。

在此提註者，解說文稿是死的解說，可以是「解說文本」，但非「解說」；「物種生態誌」可以提供「解說文稿」的基石，但兩者的撰述體例天差地別，解說文稿必須由撰稿者依據解說現地作調適，以欲解說的現地為準據，加上龐多寫作技巧、文學涵養、藝術創造的巧思，才可能撰寫出好的「解說文本」，提供不同解說者的參考。

附帶說明者，各植物種的排列順序，大致依據森林生態系喬木、落葉喬木、灌木、草本、蕨類等，再將同科者擺在一起，由於撰寫時較屬逢機性，故而排列順序並無特定意義，而字母順序等如索引。

二、關於原生植物、外來植物等名詞解釋或定義

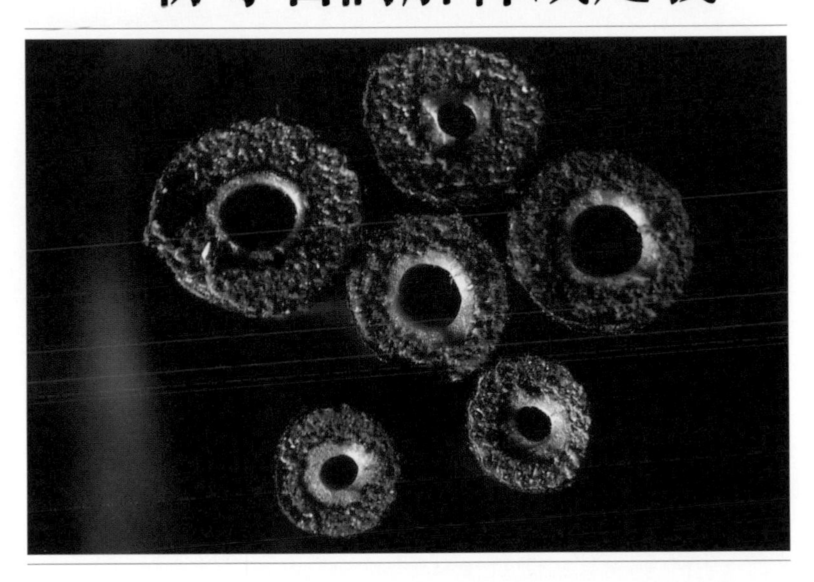

關於原生植物、本土植物、外來植物、馴化植物、固有種、特產種、引進種、初生植物、次生植物等名詞，近年來廣泛濫用或新創，各有所指，亦含混不清，在此僅就個人使用的界說，臚列如下：

第一，「原生植物」指台灣大致在1622年(明朝承認荷蘭佔領台灣係在1623年)荷蘭政權入據台灣之前，台灣及離島上所有自生、自然存在的植物及其後代，也就是說，筆者採取自然時代與文明入侵時代的邊界，作爲劃分的分水嶺。更籠統的說，即17世紀之前，台灣自然存在的植物及其後代，並非人爲種植者或引進者。

「本土植物」相當於「原生植物」、原生種，以台灣爲空間範圍(包不包括離島，可再定義)，有時「本土植物」等同於「本地植物」，但範圍可大可小，若要明確指稱嘉義縣植物，可冠上「嘉義本土植物」、「嘉義原生植物」等，但本土又與地區植物易弄混，地區植物通常指特定範圍內的所有植物，包括原生與非原生植物。

相對的，非「台灣原生植物」即「外來植物」，指文明世代以降(17世紀迄今)，藉由人爲刻意或無意間，突破海洋的自然隔離機制，由境外攜帶入台者。

第二，原生植物行列中，若僅止存在於台灣，也就是「台獨份子」，日治時代稱之爲「固有種」，這是日文漢字用法，與現今使用的「特產種」、「特有種」、「endemic」同義；若分佈不止限於台灣者，則是「非特有種」或「非特有原生植物」。因此，

原生植物─┬─特有種＝特產種＝固有種
　　　　　└─非特有種＝非特有的原生植物

第三，外來植物(種)指非藉自然力進入台灣的植物，或「非原生植物」即「外來植物」。依現今使用的字眼，外來植物包括：

(1)栽培種或栽植：完全靠人爲種植，無法自行生長更新的植物。

(2)馴化種：人爲刻意種植，且已可在地自然更新的物種，然而，這是借用動物養殖的名詞，例如牛、羊、馬、狗、貓⋯⋯，但有時人類無法控制，因而又可分：

- 逸出種：例如馬櫻丹、象草、大黍⋯⋯。
- 非逸出種(或稱為外來種)：或稱馴化植物即可。

(3)歸化種：不明原因或非人刻意引進的外來植物，卻可在台灣落籍、自然更新的「偷渡客」，例如裂葉月見草⋯⋯。

近年來，又多了名詞「入侵種」，也就是「馴化種」或「歸化種」，具有顯著繁衍、入侵、強佔其他植物的地盤，或造成爲害現象而給予的稱呼，例如小花蔓澤蘭等。

第四，次生植物，乃生態學演替現象的專有名詞，指任何地區的原生植被被破壞或消失後，再自然長出的植物。例如原森林被砍掉後，自然入侵的植物，當然，廢耕地長出的也叫次生植物，包括路邊自生植物、荒地自生植物、伐木跡地⋯⋯，通常其爲陽性物種。

三、植物個論

天龍二葉松 ***Pinus fragilissima* Businský**

松科 Pinaceae

2003年新命名台灣特產的松樹，以下依據捷克松樹分類學者羅門．布辛斯基(Roman Businský)命名發表的報告敘述(Businský, 2003)。

本新種的重大特徵包括甚稀疏的樹冠；6～9公分長的毬果乃對稱形，果鱗易脆折，鱗臍扁平；最相近或相關物種爲琉球松及台灣二葉松。

1991年12月18日，布辛斯基在南橫公路東段，霧鹿(Wu-lu)北方約1公里處的南向山坡，岩生稜脊上，海拔約930公尺，北緯23°10’40”，東經121°02’之處，採集的標本(編號32172)被指定爲「模式標本」(註：筆者認為有可能係在天龍古道上端，因此，中文名稱特謂之天龍二葉松)。

布辛斯基敘述爲「大喬木，達30公尺高，稀疏樹冠徑可超過20公尺」，筆者認爲該等地區的樹高，幾乎無有可超過20公尺者，布氏顯然對樹高的研判有問題，而且筆者沿南橫的調查顯示，絕大部分的天龍二葉松，樹高在12公尺以下；分枝開展而易折斷；新葉在第二至第三年後掉落；樹皮的發展，一開始爲不規則鱗狀，老樹的樹皮甚厚，深縱裂且稜深可達10公分；當年生枝條單節，前一年的枝芽灰褐色，芽筒狀，長達3公分；葉爲2針一束，偶3針一束(可孕性枝)，長(12～)16～20(～22)公分，寬(0.9～)1.0～1.2(～1.35)公釐，淡綠色，纖細而易彎曲(柔韌)，直線或略彎，葉內樹脂管4～6(7)；成熟毬果乾裂，略反捲，全毬果外觀卵形至長橢圓圓錐，易脆，而布氏命名使用的種小名「fragilissima」，意指易折的枝條及成熟毬果的果鱗，因爲他認爲天龍二葉松的枝條，遠比所有東亞的松樹都脆弱；成熟毬果長(5～)6～9(～10)公分，展開時的寬度約5～8公分，毬果可在枝上宿存多年，掉落時通常不帶柄；果鱗薄，密排(註：筆者認為是螺旋排列)，120～220片，最大的果鱗長2～3公

←台20-182.5K旁側溪谷岩隙上的天龍二葉松(2005.9.13)
→雄花穗及去年毬果(2006.3.13；台20-169.4K)

表一

特徵	天龍二葉松 *P. fragilissima*	台灣二葉松 *P. taiwanensis*	琉球松 *P. luchuensis*	馬尾松 *P. massoniana*
樹形	大喬木，具顯著稀疏的樹冠，而分枝展延	常為具有中等密集樹冠的大喬木	常為小喬木，具相對密緻樹冠，且分枝延展	樹冠中等密緻的大喬木
葉長(cm)	(12~)16~20(~22)	(6.5~)9~14(~17)	(7~)12~18(~21)	(10~)12~20(~22)
葉中樹脂管數目	4~6(7)	4~6(7)	2~6(7)	(4)6~11(13)
葉中樹脂管位置	大多在中間，一些在邊緣或近邊緣	大多在中間，一些在邊緣或近邊緣	中間，罕有在內部或(近)邊緣	常在邊緣
成熟毬果長度(cm)	(5~)6~9(~10)	(4~)4.5~6(~8)	4~6(~6.5)	4~7(~9)
成熟毬果對稱性	對稱	亞對稱或不對稱	對稱	對稱或亞對稱
成熟毬果方向(果鱗伸展)	果鱗斜展或略反捲	±反捲	亞直立至斜展	±反捲
果鱗硬度	易脆的	堅硬的	相當堅硬	頗脆弱
鱗背	±闊角錐形	闊角錐或圓狀突起至脹隆起	±圓狀隆突至腫脹	平坦或略圓狀突起
鱗臍	±角錐形或像屋頂狀，常凹陷	±角錐形或屋頂狀，時而凹陷	±角錐形	平坦，整體而言乃凹陷

分、寬1.2～1.5公分，長寬比1.5～2.5，最寬部位在下段，比鱗背(apophysis)還寬；鱗背肉桂色(暗紅褐)(註：以下筆者依實體自行敘述)：果鱗未張開前(毬果閉合)，鱗背外形由略不規則菱形至上半略圓、下半楔形，果鱗展開之後，因木質化組織收縮，上半變成略不規則三角形，下半變成不規則略高三角形，中間一條「水平稜線脊」略為隆起。事實上，由於毬果成熟度、開裂之後不均勻收縮，歷來靠形容詞形容鱗背等，完全描述乃不可能之事，何況每片果鱗都不盡相同；又，鱗臍(umbo)在毬果未熟或未開展時，在凹陷的鱗背裡略呈突起，或鱗背扁平(相較於其他松果)但鱗臍當然相對突起；種子約0.4～0.55×0.22～0.3公分，具翅，長約1.1～2.5公分，寬約0.45～0.75公分。

天龍二葉松在形態上，布氏列表比較相似的物種如表一。

坦白說，分類學家的比較及敘述，除非讀者是野外經驗豐富，且深諳植物種類者，否則單憑上表欲鑑定未知標本，恐非易事，更且根本無法確定係何物種。

茲將布氏的繪圖轉錄如圖一。

布氏所敘述的「分佈與生態」摘要如下：

天龍二葉松只在新武呂溪相對小山谷地區被觀察，海拔分佈約介於500～1,000公尺，或可達更高；存在峽谷的特徵為陡峭、岩生，且以闊葉樹為優勢的林分。天龍二葉松多見於南向至西向山坡，侷限於岩生立地，因為該等立地可降低來自闊葉樹的競爭壓力；推估花、東在中央山脈山區的其他峽谷系統可能亦存有。

依其比較標本，其推論海岸山脈的新港山(標高1,682公尺)，以及，海岸山脈的松樹應該

利稻部落東方的鋸山，自山頂以下，盡屬天龍二葉松的大本營(2005.9.16)。

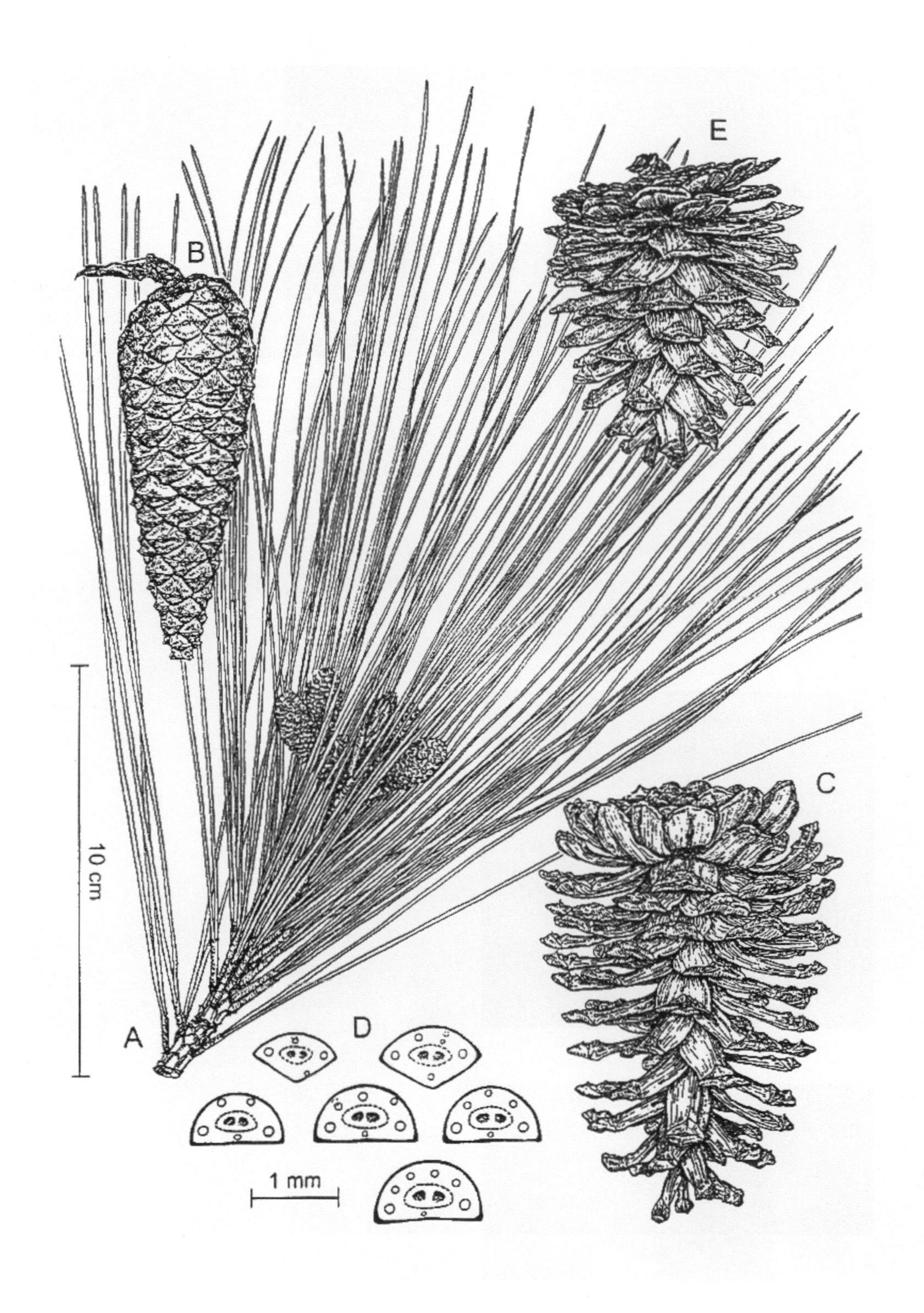

圖一　天龍二葉松圖示

A：冬季可孕性枝條；B：密閉的成熟毬果；C及E：毬果開裂；D：針葉中間部位的橫切面。
資料來源：轉引自Businský, 2003。

都是天龍二葉松。天龍二葉松存在地區的氣候特徵，總的說，乃冬乾、夏溼(註：筆者認為此乃由東亞大氣候的思考；若考慮台灣境內，東半部遠比西半部陰溼)。

布氏亦討論天龍二葉松、琉球松、馬尾松、台灣二葉松及中國的相關松樹等。

筆者於2005年再度全線調查南橫公路兩側植群(陳玉峯，2006)，對摩天附近的二葉松感到困惑，而天龍二葉松的最高海拔分佈，殆自台20-171.5K或1,485公尺(衛星定位高程約1,433公尺)以降，且分佈中心應在標高1,289公尺的鋸山山頭及其坡地，以迄溪谷底，此山之東南坡幾乎爲天龍二葉松的純林；至於下限，以南橫東段而言，南橫止於海端(台20-209.076K，橢球高程284公尺)，在台20-200.5K附近(海拔或橢球高程429公尺)仍然存有。

依據陳玉峯(2006)，1,289公尺(鋸山)山頭

2006年3月13日小毬果(台20-169.4K)

2006年3月26日小毬果已變色(台20-179.2K)

台20-177.5K所見，鋸山的天龍二葉松純林(2005.9.13)

(此山嶺主稜為東北至西南走向)的東南山坡(E138°S)，由山稜以迄中坡，甚或下坡段，外觀屬相對陽旱地者，全面形成「天龍二葉松優勢社會」或其純林，但同一坡面上，在凹陷地形或條狀凹陷崩瀉帶則可形成闊葉林，或松與闊葉樹混生帶，相對於岩塊、稜脊之松林。另一方面，在台20-177.5K附近的公路，由上往下的方向大約是E110°S，公路所在山坡地的坡向是東北(N40°E～N20°E)，隔著陡峭、深邃的V型溪谷的對面山坡，其坡向爲西南(S204°W)，此一西向坡的小山稜頂亦爲天龍二葉松林，稜下則以闊葉林(常綠及落葉樹)爲主。

簡約歸納，凡在此岩生植被區，陽坡、旱地、岩塊立地的植被以天龍二葉松爲絕對優勢，且在非陽坡的立地，只要岩塊基質佔優勢的地區，仍以天龍二葉松爲主要，也就是說，天龍二葉松存在的限制因子，以立地岩石至土壤的化育程度爲最重要因素，土壤化育愈差，松樹比例愈高；土壤化育(含堆聚)程度愈佳，闊葉樹愈多。

另一方面，天龍二葉松的岩生植被區(上限約在台20-171K)範圍內，約在台20-177.9K路旁出現第一株太魯閣櫟(分佈上限)，往下則漸次增多，而在台20-179.2K(天龍古步道與公路銜接點)的轉彎處，公路上方爲天龍二葉松

純林，公路下方則爲天龍二葉松與闊葉樹混生地區，且太魯閣櫟數量已趨顯著。

而植物社會單位則有「天龍二葉松／五節芒優勢社會」，即純林；「青剛櫟・台灣櫸木・阿里山千金榆・天龍二葉松優勢社會」，以上社會，存在於台20-177～179.2K段落；台20-179.2～188K的霧鹿峽谷（天龍峽谷）存有「天龍二葉松／台灣蘆竹優勢社會」；綜合言之，南橫東段海拔1,000公尺以下，或台20-179～200K段落之廣大地區山坡地，可統稱爲「太魯閣櫟・青剛櫟・台灣櫸木・阿里山千金榆・天龍二葉松優勢社會」。

整體而言，筆者認爲天龍二葉松或可代表其祖先傳入台灣之後，在東台環境條件下，天演而出的岩生指標物種，也可能代表近世東台演化最年輕的新特產，其生態、分類等，有待進一步研究。

2006年3月26日，筆者複於台20-179.2K（伊巴諾）前後，採集數株標本檢驗，以下敘述之；而更早之前，3月5～6日雄花穗已屬盛開後期，但因天雨，無法拍攝（筆者不採用數位相機，仍拍幻燈片）。

2006年新枝梢先端，有者新小毬果發育中，有者欠缺小毬果，而雌花穗當在2月份即已受粉。一般認爲雌花穗「頂生」，乃不正確的敘述，事實上雌花穗係於枝梢頂芽基部周圍發生，推測雌花穗及毬果可能皆由側枝演化而來。至於眞正的頂芽乃圓錐體形，先端即錐尖，以編號22553的標本爲例，圓錐尖基部直徑約0.4公分，高約1公分，其上披滿鱗片，鱗片由狹長三角形（例如其中一片，長0.4公分、寬0.12公分）至長方形而中間稜狀突起，且邊緣多不規則緣毛；而頂芽下方的新葉，一樣被褐色的鱗片所保護。一旦新枝漸漸伸長，也就是圓柱體綠皮的新枝，

台20-184.7K，典型峽谷岩生植群的天龍二葉松優勢社會（2005.9.14）。

2006年3月26日新枝椏及小毬果（台20-179.2K）

2006年3月26日所攝去年毬果尚未成熟（台20-179.2K）

2006年3月26日所攝2年生枝（台20-179.2K）

規則化佈滿新針葉，但這些新針葉皆是「短針型」，新小毬果下方的「短針葉」長度約在2～4.5公分之間，每束（2針，偶3針一束，而非常態針葉數將在最後說明）「短針葉」基部上方皆有一片褐色鱗片。

依據本標本之前一年生主枝條爲例，其在2006年沿著去年（2005年）之頂芽長出50.2公分、基徑0.7公分的主枝，主枝基部同時長出3條輪生側枝，而主枝基部起5.5公分處長出2006年的雄花穗，但主枝先端僅爲無性端頭。輪生側枝1：全長33.3公分，基徑0.5公分，爲無性枝；輪生側枝2：全長35.3公分，基徑0.5公分，由基部算起第9.5～10.5公分段落，長出2006年雄花穗；輪生側枝3：全長34.5公分，基徑0.5公分，由基部算起第9～10.5公分段落，長出雄花穗。

此一2005年生主枝條基部，與主枝同時產生的側枝亦有3，分別稱之爲2005年輪生側枝1、2、3，分別敘述之。

㈠2005年輪生側枝1

2005年生的2個毬果A及B，A毬果果柄長1公分，徑0.5公分，毬果長×寬爲3.4×1.8公分；毬果B，柄長1.15公分，徑長0.5公分，毬果長×寬爲3.8×2公分。假設此2個毬果2005年係位於枝頂周，則2005年的先端芽至2006年3月26日爲止，長出了13.1公分，之後，中芽死亡而停止生長，但死亡的中芽周圍，於2006年長出輪生5側枝，編號分別爲①、②、③、④及⑤。

- 側枝①：總長40.9公分，基徑0.7公分，先端有一新生毬果，果柄長0.8公分，徑0.3公分，毬果長×寬爲1.3×0.7公分。
- 側枝②：總長34.3公分，基徑0.7公分，先端有2個新生毬果，兩者幾乎等大，果柄長0.9公分，徑0.3公分，毬果長×

寬爲1.3×0.8公分。

- 側枝③：總長7.4公分，基徑0.3公分，先端無毬果。
- 側枝④：總長39.2公分，基徑0.8公分，基部算起約6.3公分處，側生2006年雄花穗(已枯)，先端芽周旁有3個新生小毬果，分別爲：果柄長0.7公分，徑0.27公分，1.1×0.7公分；果柄長0.7公分，徑0.29公分，1.1×0.71公分；果柄長0.7公分，徑0.26公分，1.15×0.7公分。
- 側枝⑤：總長9公分，基徑0.3公分，先端無毬果。

㈡2005年輪生側枝2

總長度34.7公分，基徑0.7公分；自基部算起12.5公分處，著生有2005年生的毬果1個，再往上，至自基部算起17.5公分處存有4分枝，最長的分枝之先端即總長度的34.7公分處，而在19.5～22公分處的段落，著生有2006年生的雄花穗；其他分枝的長度，分別爲2.3公分、3.2公分及9公分。

㈢2005年輪生側枝3

自基部起(基徑0.6公分)，到16.5公分處存有2個2005年生毬果，至20公分處有3分枝，其中2短枝長爲2.7公分及5.5公分，皆爲2006年生的側芽枝，主芽枝則在第22～25公分處，著生有2006年生雄花穗；且主芽枝終之以38.4公分處。

依據以上敘述及觀察，筆者認爲天龍二葉松的生長異於高海拔的台灣二葉松，其頂芽周的毬果形成之後，頂芽仍持續生長，例如2005年輪生側枝1，2005年生的毬果受粉之後，中頂芽於2005年內持續抽長了13.1公分，之後，再分生爲5側枝(包括1主枝)。然而，目前無法確定這5側枝何時抽出，何時段生長？有可能上述年度必

台20-184.7K，山稜的天龍二葉松族群(2005.9.14)。

台20-175.5K的天龍二葉松優勢社會（2005.9.12）

須再加上一年，也可能天龍二葉松的枝條是全年無間斷，欲明確掌握，必須在活株上繫上標誌，長期觀察之。

又，上述所謂2006年生新芽枝，測量其針葉，上段針葉長度在2.9～3.2公分之間；中段針葉長度在3.2～3.4公分之間，下段針葉長度在3.9～4.6公分之間。而其下，所謂2005年生枝條，上段針葉長度在14.8～16公分之間，中段（下至2005年生毬果處）針葉長度在15.8～16.5公分之間，毬果以下針葉長度多在20.3～20.5公分之間，目前推測，針葉的伸長，約在第二年的下半年才長成完整的長度？

茲另取一株天龍二葉松（採集編號22553，亦在台20-179.2K附近）側枝，可判斷其乃生長勢受阻的枝椏，敘述如下：

2006年3月26日採集之際，當年生頂芽枝僅約7公分長，中上段仍保持冬芽狀態，密佈褐黑色鱗片而不見任何新短葉伸出，顯然

台20-175.5K路側天龍二葉松植株（2005.9.12）

該芽枝已死亡，但其中下段則密生2006年的雄花穗叢，超過40條已枯褐的雄花穗（必然有許多條早已脫落）。

此雄花穗下方以迄2004年生已枯乾的毬果處，長度為23公分，基徑0.6公分，將此段落區分為上、中、下，下段即先長者，上段即最後長出的針葉，下段逢機量取13片葉，長度分別為14.6，13.5，14，14.1，14.4，12.6，13.3，14.3，12.4，14.5，13.7，13.8，13.2，平均13.7公分；中段逢機量取20片葉，葉長分別為13.6，10.6，13.2，13.5，13.5，13.9，13.1，13.2，13.2，13，13.1，13.6，13.7，13.5，12.3，12.9，13.1，12.3，11.5，13，平均13.0公分；上段逢機取16片葉，葉長分別為9.9，15.2，14.9，16，15.8，15.9，16.4，15.1，17，15.8，15，16.8，16.7，17.1，16.4，15.9，平均15.6公分。以上合計49片葉，平均葉長14.0公分，變距10.6～17.1公分。

在此2006年芽梢死亡的枝條下方，2005年生的葉片，最後生長的葉片最長，其次為最早生長的葉片，中間的葉片最短。

而2004年已乾毬果（長4.5公分，寬3公分，稍微張開）旁，有一側枝，於2005年生長了16公分長，基徑0.5公分，其於2005年春長出一毬果（2006年3月26日的長度2.1公分，寬1.4公分），2006年（迄3月26日）只生長7.8公分的新延長枝，且在基部至3.5公分處的段落，長滿雄花穗。

2004年已乾毬果下方，以迄2003年尚存乾毬果段落長度為20.5公分，基徑0.8公分，而2003年生毬果（略張）長5.7公分，寬3.2公分。其下方，2003年枝條，徑約0.9公分。又，2003年的老毬果旁，於2005年萌長2側枝，較長側枝13公分，有一2005年生毬果

2006年5月24日所攝去年毬果（台20-179.2K）

（2006年新枝8.5公分長）；較短側枝2005年長出8.5公分長度，2006年只長3.5公分，但密生叢生化雄花穗。

茲歸納本樣品上述觀察如下：

（1）2003年生的毬果宿存，也就是說毬果自雌花穗算起，可宿存樹上三年以上，同一枝條，三至四個年度的毬果可同時存在同一枝條（本標本並無2006年的小毬果）。

↑已成熟毬果（2006.3.13；台20-169.3K）
↓開裂毬果（2005.9.12；台20-171.8K）

（2）2003年的枝梢，在2005年（已變成粗枝）可再長出新側枝。

（3）同一主枝條，2003年長毬果，2004年長毬果，2005年欠缺有性芽，2006年長出雄花穗；2004年毬果旁，2005年則長出側枝且先端長毬果，但2006年卻長出雄花穗。或說，雌、雄花穗的生長似乎無必然規則。

（4）本樣品之針葉只存在兩年，針葉在第二年的平均長度爲14公分；又，葉片長度並非先生長者較長。

（5）本樣品枝條長度，2003年超過20公分；2004年生枝條長20.5公分（基徑0.8公分）；2005年生枝條長度23公分（基徑0.6公分）；2006年長至7.8公分後死亡。

2006年4月23日，筆者再度前往台20-179.2K附近，採集天龍二葉松枝條（採集編號22593），依據毬果著生判斷，以主枝條之2004年、2005年及2006年生段落，分別以C、B、A代表，每段各逢機取20束針葉測量之，得出表二。而本案例的松針可存在三年。

據表二可知，2006年生至2004年生的葉鞘分別爲1.3、1.1及0.7公分，而針葉平均長度則爲3、18.2及13.5公分，或可推測針葉長度的生長結果不規則，而葉鞘係隨生長時程而漸萎縮、脫落。

此外，對非常態針葉略作統計如表三。

計算逢機取樣的針葉1,826束，非常態2針一束的葉束數有22，變異率約有1.2%，也就是1,000束針葉有12束非2針一束，其中，以5針一束者較多，有10束，變異率0.55%；4針一束及3針一束皆有6束，變異率皆為0.33%。至於新葉變異率（1.71%）比老葉變異率（0.60%）高的原因，推測乃因非常態針葉壽命較短而早落使然。

又，5束非常態老葉的長度如下：

5針一束者有2束，其中一束5針皆為6.7公分長；另一束有1針長11.7公分、2針10.4公分長、2針9公分長，平均10.1公分。

4針一束者1束，長9公分。

3針一束者2束，長度分別為7.8公分及7.9公分。

以上5束變異葉平均長度只有8.3公分，對比先前老葉平均長度之13.5公分及18.2公分，顯然偏短，是否針數較多會瓜分養分也未可知，只能說是非常態的變異葉較短且易凋落。

綜上，補充若干天龍二葉松生長及形態的敘述，而長期活株上的觀察及測量是所必須。

表二

（單位：cm）

	A段落		B段落		C段落	
針葉束編號	葉長	葉鞘	葉長	葉鞘	葉長	葉鞘
1	3.0	1.3	19.0	1.0	14.0	0.8
2	4.2	1.8	17.7	1.0	14.2	0.6
3	3.2	1.1	18.5	1.2	11.5	0.9
4	2.6	1.0	17.9	1.1	13.9	0.7
5	3.1	1.5	18.7	1.2	13.0	0.5
6	3.4	1.5	18.7	1.3	13.8	0.6
7	3.0	1.3	18.5	1.0	14.0	0.7
8	3.6	1.3	16.9	0.9	13.6	1.1
9	2.2	1.1	18.7	1.0	12.6	1.1
10	2.9	1.2	17.6	1.2	14.7	0.6
11	3.2	1.4	19.0	1.1	13.5	0.7
12	3.3	1.5	18.3	1.1	11.9	0.8
13	3.4	1.4	18.0	0.9	14.2	0.6
14	3.1	1.5	18.7	1.1	14.7	0.6
15	3.4	1.5	18.3	1.2	13.2	0.8
16	2.6	1.3	17.4	0.9	13.3	0.6
17	3.5	1.3	18.5	1.0	13.1	0.6
18	2.6	1.2	18.0	1.0	13.8	0.8
19	2.6	1.1	18.0	0.9	13.1	0.6
20	2.0	1.0	18.3	0.9	14.1	0.7
平均	3.0	1.3	18.2	1.1	13.5	0.7

表三

非常態針葉	2006年新葉	2005年生暨之前老葉	合計	變異比率(%)
5針一束數目	8	2	10	0.55
4針一束數目	5	1	6	0.33
3針一束數目	4	2	6	0.33
合計	17	5	22	1.20
觀察總針葉束數目	997	829	1,826	–
變異比率(%)	1.71	0.60	1.20	–

黃杞翅果（2005.9.14；台20-179.2K）

2

黃杞 *Engelhardtia roxburghiana* Wall.

胡桃科 Juglandaceae

黃杞最早期的採集記錄殆爲1902年9月，小西成章、川上瀧彌及森丑之助1906年於宜蘭及南投的採集品。Hayata(1908)據之而命名爲*E. spicata* var. *formosana*，也就是中南半島、喜馬拉雅一帶*E. spicata*的台灣變種，而1916年再度處理爲台灣特產種*E. formosana*，這次使用的模式標本是1910年，佐佐木舜一採自烏來社者。1963年李惠林氏(cf.《台灣植物誌》第一版)依Jacobs觀點，認爲台灣產者應與東南亞同種的今名，但筆者對早田文藏的處理尚持可能性看法。

中文俗名歷來皆依據金平亮三(1936)，北部稱黃杞或黃櫸，中南部稱仁杞。

黃杞乃落葉大喬木，先前登錄其胸徑可達80公分或以上。因落葉期甚短，故又有稱之爲半落葉；可具明顯板根；偶數一回羽狀複葉，小葉6～10片，亞對生，披針或鐮形，紙質，長達10公分，尾漸尖，歪基，近全緣；葇荑花序，雄花穗圓錐狀，長10～20公分，雌花穗狀花序；在受粉後，雌花的苞片長成三叉分裂的翅片，中裂片最長，側裂片較短，基部著生小堅果，翅片可藉風傳。野外鑑定可由羽葉及枝幹表皮刮破後，呈現淡黃色，隨氧化時間加長而色變濃暗，可肯定爲黃杞(其他有黃色汁液植物如黃藥、小藥、十大功勞等)。可能即此汁液具毒性，日治時代台中州竹山人搗碎樹皮用來毒魚；又因此等化學物質，標本烤乾後，葉枝皆呈黃褐黑色，因而標本可一眼辨識。

關於黃杞的生態方面，日治時代如金平亮三等熟習山林採集的人，皆認定黃杞爲海拔1,600公尺以下最普遍的樹種之一，亦被歸列爲暖帶林的代表物種之一。其蓄積量，依日治時代資料，林渭訪、薛承健編(1950)敘述，全台總蓄積量爲32,018立方公尺(大武156、里壟29,119、埔里323、恆春2,420)，但1967年中華林學會編的《台灣主要木材圖誌》，說是180,000立方公尺蓄積量，事實上先前必然更多。正因其爲優勢種，歷來被歸爲植物社會亦多。柳榗(1970)依據南部六龜南鳳山海拔1,200公尺處，命名「巒大香桂－長葉木薑子－黃杞群叢」，另有長尾柯、紅楠、錐果櫧、油葉杜、瓊楠、厚殼桂、五掌楠、烏心石、土肉桂、猴歡喜、台灣赤楠、紅花八角、山龍眼、樹杞、虎皮楠等樟殼帶物種伴生，並敘述黃杞上限僅至1,600公尺，中北部如鹿場大山海拔1,000公尺亦見類似社會；應紹舜(1974)欠缺樣區的「純觀察」，說北大武山麓海拔600～1,300公尺土壤深厚潤溼地存有「黃杞－木荷群叢」；楊勝任(1991)調查最潮溼、蕨類商數最高的浸水營地區，提出「黃杞－山龍眼－假長葉楠單位」，分

台20-177.6K路旁黃杞植株(2005.9.13)

佈於海拔1,250～1,450公尺，主組成另有墨點櫻桃、長果木薑子、薯豆、狗骨仔、菱葉衛矛等。

台東大漢山東南側900～1,550公尺的台灣穗花杉保留區內，林則桐、邱文良(1989)記錄有「黃杞－瓊楠－小西氏楠社會」，存在於中坡地段，樹高20～25公尺，共有74種喬木；台東事業區第7林班，海拔介於700～1,500公尺之間，葉慶龍、范貴珠(1998)列有「假長葉楠－黃杞型」(含木荷－黃杞亞型、大頭茶－黃杞亞型)以及狗骨仔－黃杞亞型，然而，依筆者東台經驗(陳玉峯，2006等)，對上述之假長葉楠懷疑鑑定上可能有問題；東台海岸山脈植群調查，120個100平方公尺的樣區，黃杞出現於60個(恆存度50%)，平均每百平方公尺內，胸高斷面積達7.199平方公尺，劉棠瑞、蘇鴻傑、潘富俊(1978)據之而劃分諸多單位，與黃杞優勢相關者如：「赤皮－黃杞－錐果櫟群叢」，800～1,100公尺緩坡、平坦稜線，土壤層化育良好處；「長尾柯－黃杞－樹杞群叢」，在海岸山脈中、北部700～1,000公尺西側斜坡，土層化育佳的立地，8個樣區中，黃杞出現於7個，屬於安定植群，另有江某、瓊楠、紅楠、九芎、細葉饅頭果、無患子等；「細葉三斗柯－樹杞－黃杞群叢」，位於海岸山脈南段的都蘭山1,000公尺左右斜坡、稜線，富興山700～800公尺東、西側緩坡，安通山600公尺，北段加路蘭山600公尺稜線，以及八里灣山背海一側700公尺處，伴生種如大葉楠、九芎、大頭茶等；另列有「馬尾松－太魯閣千金榆－黃杞過渡群叢」，位於新港山西側400～600公尺段落。此單位近似於頭嵙山系的礫石基質區，也就是孑遺自最近一次冰河期以來的變遷，筆者從而更加肯定基質為冰期植群殘存的關鍵。

花蓮縣境高嶺地區，謝長富氏為水泥開發公司所作的調查報告(Hsieh, 1989)

指出海拔550～1,360公尺的「瓊楠－黃杞(優勢型)」，1公頃林地中，黃杞有96株喬木，小苗幼木共59株，胸高斷面積有6.27平方公尺；劉棠瑞、蘇鴻傑(1976)對烏來山區，海拔540～900公尺山坡中側、支稜頂、主稜脊的中等潤溼地，訂有「白校欑－黃杞群叢」單位，25個樣區中黃杞出現於10個樣區，且將土壤水分程度分5級，黃杞與白校欑正是第3級(中等)的指標樹種。

中部地區的研究，黃獻文(1984)對日月潭近鄰山區列有「黃杞－大葉苦櫧－白校欑優勢社會」，其上抵海拔1,500公尺處銜接「長尾柯－台灣杜鵑單位」，分佈中心在600～1,400公尺，伴生樹種另有厚殼桂、捲斗櫟、南投石櫟、木荷、長葉木薑子、綠樟、三斗柯、江某、山紅柿、紅花八角、山龍眼、台灣紅豆樹、大葉木犀、頷垂豆等，黃氏認爲黃杞、木荷在其樣區爲高大喬木，林下幼苗甚少，爲「先期樹種」，筆者推測此乃林下調查或嫌不足之所致；夏禹九等人(1984)研究蓮華池相當於黃獻文(1984)的「黃杞及白校欑」社會，認爲在土壤水分充足條件下，二樹種在相同環境條件下，水分生理的反應有顯著差異，且白校欑的氣孔傳導度反應劇烈，黃杞的季節性變動緩慢。此地的土壤層深厚，根系深度約1公尺。

總結黃杞在歷來植群調查報告的角色，其爲台灣殼斗科、樟科森林或暖溫帶雨林中，中坡地段土壤層化育良好的穩定性植群優勢喬木之一，且可在次生演替擔任第二期森林的要角，苗木可適存於林蔭或半遮蔭，更新情況良好，應爲最後一次冰期結束後崛起的活躍族群。

先前應用性的研究指出，黃杞的生長稍快，中部蓮華池產31年生植株，樹高16.9公尺，胸徑已達18.5公分，木材無顯著邊材與心材之分，年輪不甚明顯，爲擬年輪狀(林渭訪、薛承健編，1950)；谷雲川、邱俊雄(1974)記載一株54年生黃杞，樹高10公尺，胸徑爲29.5公分，木材比重0.56；而馬子斌、曲俊麟(1976)的試驗，黃杞木材比重爲0.533，邊材與心材皆黃色，卻說年輪清楚、木肌粗糙。木材的各類性質詳見中華林學會編(1967)之《台灣主要木材圖誌》。

大坑頭嵙山系由於立地條件呈年度顯著旱季，且土壤化育差，黃杞在西向側稜僅以零散方式存在，只在黑山橫排的5號步道略爲發達，例如2號步道的終點，即爬上銜接黑山橫排交會點的左側，即可見到2株。黃杞在筆者設置的89個樣區中，佔第一優勢者僅1個，海拔840～850公尺；佔第二優勢者有2個，皆在800公尺上下，推測頭嵙山主稜東側的緩坡地，未受開發前其數量可能較多。

而筆者於2005年對南橫全線植物的複查顯示，黃杞被歸類爲「只存在南橫東段」的物種之一，存在於台20-164.5～182K之間，或海拔1,810～910公尺，更且，其在天龍古道上段伊巴諾附近，族群密度很高，或可形成局部優勢種。筆者認爲，黃杞由岩生植被以迄低海拔原始林內遍存，雖然南橫西段並無見及，並不表示西段沒有黃杞，只不過筆者沒有記錄到而已，而且，筆者傾向於視黃杞爲「對空氣中溼度要求略大」的物種之一，又，黃杞的翅果可能有助於其在山谷地形，乘著日環流的谷風上送而傳播。

黃杞分佈於印度、馬來西亞、華中、華南及台灣；全台海拔1,810公尺以下原生林內普見。

黃杞雄花穗(1988.6.15；日月潭)

蘭崁千金榆雄花穗（陳月霞攝）

蘭崁千金榆 *Carpinus rankanensis* Hay.

樺木科 Betulaceae

過往中文俗名皆寫成「蘭邯千金榆」，筆者認爲是由種小名（地名）音轉而來，而「邯」音ㄏㄢˊ，改爲「崁」字（音ㄎㄢˇ）爲宜。

1916年5月，早田文藏在宜蘭蘭崁山，海拔大約1,200餘公尺處，採集了蘭崁千金榆帶果穗的標本，同年底將之發表爲今之學名，且繪製如圖二。

早田氏命名之際，附註本種接近日本千金榆（*C. japonica*），但具有遠比日本產者長甚，且較細瘦的果穗，故而列爲台灣特產。

早田氏的原敘述，例如葉卵狀長橢圓，8～10公分長，3～4公分寬，先端漸尖，基心形，葉緣不規則鋸齒，平行側脈20～25對；線形圓桶狀果穗長10～12公分，柄2～3公分等。

金平亮三（1936）敘述，落葉喬木；葉長橢圓，長10～12公分，先端銳尖，基心臟形，重鋸齒緣，裏面沿葉脈有毛，第一側脈15～20條；堅果覆瓦狀著生，果苞卵形，先端尖，長約1.4公分。產地宜蘭蘭崁山、太平山等。金平氏的附圖將果穗繪成向上生長，易使人誤解，此後，亦有人跟著將之誤繪。

劉棠瑞（1960）576頁敘述，葉紙質，卵狀橢圓，先端漸銳尖，不整（齊）重鋸齒緣，長9～12公分，寬3～4公分，側脈16～22對，裏面沿脈有毛。果序頂生，下垂性，葉狀苞斜卵形，長約1.5公分，先端尖銳，近先端部爲不明2～3齒裂，表裏兩面均有毛。堅果有肋10條。產地說是中央山脈阿里山及太平山，海拔1,800公尺左右。

《台灣植物誌》第一版之敘述，大抵循早田文藏（1916）而轉述，產地則說，特產於中部、東北部中海拔1,000～1,500公尺地區；第二版《台灣植物誌》（49頁），卻說分佈於全島1,000～1,900公尺地區，引證標本1張，爲花蓮木瓜山（Kuo, 255），且將山本由松（1932）發表的*C. rankanensis* Hay. var. *matsudae* Yamamoto（細葉蘭崁千金榆）合併於蘭崁千金榆，但筆者看不出將近九十年來有何新研究，或增加什麼新見解。

台灣植物研究史上幾乎無有人詳實觀察或研究蘭崁千金榆，歷來植物誌、圖譜等，亦無人敘述其雌、雄花、生長變化等，而應紹舜（1979）132～134頁，加上了雌雄花穗的敘述，其分佈說是北部及中部約1,400～2,200公尺山地存有。

可以說，蘭崁千金榆除了被發表之際的原始形態記錄之外，世人對此物種所知極其有限，或係因其數量不多、零星分佈，且花期短暫之所致？

筆者過往於玉山地區，曾有少數幾次的採

集經驗，但一直未曾觀察花序等；2005年調查南橫之際，於台20-159～159.5K之間（海拔約2,100～2,071公尺），見有2株蘭崁千金榆（2005年7月14日採集果實枝，拍攝，標本編號22187），另於台20-161.5～162K，以及162～162.5K之間，見有3株（海拔約1,961～1,909公尺），故於2006年3月再度前往調查。

2006年3月26日，台20-159～159.5K之間的2株蘭崁千金榆正值盛花，海拔略低的一株，全樹尚未著葉，小枝側芽卻掛滿雄花穗，有若短珠簾滿樹垂懸，其花藥室尚未開展；海拔略高的一株，則雄葇荑花序生長成熟、花藥室開展，新葉已展，且頂生雌花穗伸展、授粉，茲將此2株樹的採集品分別敘述如下：

先取一小段長12公分的細枝爲例，該細枝

圖二　蘭崁千金榆繪圖

蘭崁千金榆年度新枝及雄花序（2006.3.26；台20-159～159.5K）

的側芽於2006年3月26日爲止，萌長出5條雄性花穗，且愈下方的側芽愈早長出，也就是說其生長順序係由下往上，5條雄花穗連柄長度分別爲8.7、8、6.5、5.9及4.2公分長，4.2公分長的雄花穗的苞片尚存，該芽苞約1.8×0.7公分，上方尚存8片完整苞片，下方因伸展出4.2公分的雄花穗，以致於苞片掉落至只剩1片，又，此枝條的頂端新芽長度4.9公分，正在伸展新葉及最先端的雌花穗。

取最下方8.7公分長的雄花穗觀察之。整條花序軸皆具毛，基部算起，先有1片無花的苞片，長0.85公分、寬0.45公分，邊緣多毛，然後，再1片無花苞片長橢圓形，長1.1公分、寬0.45公分，由許多平行脈組成，淡黃綠色，邊緣具許多白色或白褐色緣毛，毛長0.05～0.2公分不等，上下表面則無毛，先端兩不等突尖。其次，第一片具有雄花的苞片長0.71公分（加上毛則為0.81公分）、寬0.25公分，狹長披針或長橢圓形，其內，保護著9條花絲，花絲長約0.08～0.09公分，先端兩叉，分別著生1個花藥，因此，1條花絲配有1對花藥盒，每個花藥盒長約0.13～0.14公分，寬約0.05公分，花藥盒腹部有條縱向凹溝，自此凹溝開裂而花粉逸出。花藥盒上半段生有長白毛，毛長約0.1～0.2公分，在台灣植物當中，花藥盒長出白長毛，且如此顯著者，蘭崁千金榆是筆者經驗之首見。花藥盒背部略呈紫紅暈。

其次，第二片具有雄花的苞片保護下，著生11條花絲，花絲長約0.12公分之後分兩叉，兩叉分別著生1個花藥盒，花藥盒長約0.15公分，上半段伸出長白毛，毛長約0.15公分。第三片苞片內有11條花絲。第四片苞片內有9條花絲。第五片苞片內具有12條花絲。第六片苞片內11條花絲。

第七片苞片內有12條花絲，大致分成兩叢，長在苞片的短柄上，靠近花序柄端5條，另一叢7條。此後，大致皆是(5+7)條花絲型，以迄花序柄先端大約7公分內，筆者算得69片苞片。

也就是說，這條全長8.7公分的雄花穗，柄長約1公分，7.7公分的著花段落具有76片苞片(69+7)，各苞片內分別具有9～12條花絲，每條花絲通常具有2個花藥盒，其內充滿細小、球形，帶鮮黃色半透明的花粉粒。花序軸、苞片基部著生白色綿毛。本標本編號22551，所有雄花穗尚未生長完全，花藥盒尚未打開。

筆者檢視另一株較早生長的蘭崁千金榆(採集編號22552)，其雌花穗已展露、受粉，新葉已出，雄花穗伸展完成，藥盒開裂。

檢視小枝，2005年生枝上側芽長出的雄花穗下垂，長度約10.5公分，合計64片具有花絲苞片，各苞片背部轉紫紅暈，各花藥盒變褐色，花粉正逸出。而頂芽伸展出2006年生的新枝長2.8公分，有3片新葉，先端最後一片葉恰與頂生雌花序對生，對生銜接點中間見有一球形芽，長寬約0.09×0.07公分；雌花穗柄長1.7公分(含無花苞片1)，連柄總長6.1公分(生長中)。

此一枝條乃2004年生的某側枝，該年伸展4.7公分，基徑0.25公分；2005年則伸長6.4公分，基徑0.25公分，枝上多縱向皮孔(很像典型葉背氣孔細胞的形狀)；2006年3月26日為

←蘭崁千金榆雄花穗(陳月霞攝)

蘭崁千金榆雌花穗枝

止，新生頂枝2.8公分，含3片葉，即上段所述，因此可知，其生長甚緩慢。

雌花穗外觀密生覆瓦狀苞片，全穗線條圓桶形。花穗柄顯然是由側芽枝所演化出。花序柄自基部算起1.2公分處有一苞片(無花)，長1.15公分，寬0.25(0.28)公分，背部紫紅暈；花序柄基部起算第1.7公分處的苞片內生有第一朵雌花。此一帶花苞片長1.06公分，寬0.4公分，但因此苞片乃包捲起雌花，故而將之壓展開的寬度爲0.51公分。此苞片具有短柄，長約0.08公分，柄上密生白綿毛，毛長0.1～0.2公分；此等苞片可能即由葉片演化而來，外觀歪卵狀披針，有3(～6)條主脈，先端一銳尖(即中脈的延長)，旁側有另一短突尖(另一主脈的延長)，苞片背面主脈上生有長綿毛，基部亦有白綿毛叢，將苞片縱向放置，左側略包捲的苞片緣有一突尖，很像葉緣鋸齒，中間先端即上述長、短

蘭崁千金榆雌花序(陳月霞攝)

尾尖，右側邊緣較平滑，但在基部附近，此邊緣左旋，形成包圍、保護子房的構造，上端有細鋸齒，其上，伸展出2條花柱分叉，因此，欲觀看子房，必須以探針、鑷子，將此反捲苞片基打開，則可見完整雌花。

雌花子房具有短柄，柄上多白綿毛，柄上端著生略呈菱狀球形的子房，子房徑約0.07公分，子房中間以下，被一層薄薄的萼片所包圍，該萼片上緣多緣毛；子房上端伸展兩叉柱頭，長度達0.4公分，鮮紫紅色，分叉柱頭基大而朝先端尖細化，看不出有何「柱頭」的特化，分叉柱頭基部多白綿毛，兩分叉一條呈直線，另一條常於中段歪折，「柱頭條」上密佈略似腺點毛，沾滿大量花粉；花柱頭先端以迄子房基部長度約0.5公分，或說子房高約0.1公分。

自這條雌花穗的第一朵雌花以降，接著，以迄先端長約3.5公分段落內，全數都是1片苞片下，配上2片各自包圍著雌花的苞片爲一組，直到花穗先端，合計約有62組。也就是說，這條雌花穗共計有葇荑花序柄上的苞片63片（62+1），125個包圍著雌花的苞片（2×62+1），雌花125朵。依據解剖當時，所有雌花似皆已受粉。

其次，敘述其新葉。新葉甫出芽苞片之際，以顯著的白長綿毛披覆，以及摺扇般的摺疊爲特徵。單葉互生，卵狀長橢圓或卵狀披針形，先端漸銳尖，基心臟形。以該枝條3片葉的第二片新葉爲例，葉柄鮮紫紅色，長0.9公分，葉身長7.8公分，寬3.65公分，葉面呈現上下鋸齒形的稜與溝，中肋兩側各19～20條三角狀凹溝或突稜；由葉上表面觀察，主側脈平行、凹陷，19～20條，先端突出葉緣，形成葉緣最長的突出芒尖，芒尖長約0.2～0.3公分不等；每兩條第一側脈之間摺疊成三角稜，稜線上呈現鮮紅或鮮紫紅，

蘭崁千金榆新葉開展（陳月霞攝）

與葉柄同色，但此色條很快地隨時間而消失；主側脈之間的第二側脈相連，形成略不規則的格子或網格，在葉緣則由此等第二側脈之突出，形成遠短於主脈芒尖的複小鋸齒1～5個，但肉眼所見，大致形成1～2個所謂複鋸齒。

葉上表面所見，葉柄、中肋，以及兩主側脈之間凸起的紫紅稜線，具有許多長白綿毛，毛長0.2～0.25公分，細白、半透明，葉肉上亦有少量毛，但隨生長而漸脫落。

葉下表面或葉背之葉柄、中肋，以及各平行側脈上，密佈長、白綿細毛，毛長約0.26～0.35公分。至於果穗，則歷來多所簡述，在此略之。

蘭崁千金榆在全台的分佈，已知者如前述蘭崁山、太平山、木瓜山、阿里山、南橫東段等地，至於所有列出的海拔高度，很可能

蘭崁千金榆新葉開展（陳月霞攝）

只是「推估者」，充其量由標本館標本記錄隨意估計。

而1917年7月8日，E. Matsuda採自屛東里港（？，Ariko-banti），編號200的標本，山本由松（Yamamoto, 1932）在其《續台灣植物圖譜——台灣植物誌料》第五輯15～16頁（台灣總督府中央研究所林業部特別報告），即依據Matsuda的這份標本，增加命名了細葉蘭崁千金榆*C. rankanensis* Hay. var. *matsudae* Yamamoto，金平亮三（1936）承認之，《台灣植物誌》第一版46頁亦採納，說是此變種與本種的差異在於具有較窄的苞片（葉狀苞）長1.2～1.5公分、寬0.4～0.5公分，且小堅果呈亞長橢圓形，長0.3公分、寬0.2公分。然而，第二版《台灣植物誌》將之視爲蘭崁千金榆種內的小變異，不承認該變種。茲將山本由松的變種繪圖（如圖三）轉錄於此。

不論日治或國府時代的分類處理，絕大多數的處理或描述者，充其量只在標本館內作業，而非調查、採集、重新研究。凡此，筆者一概存疑。

應紹舜（1973）於1973年8月15～20日，取道宜蘭南山村，經基力亭、審馬陣而攀登南湖大山，其敘述：「海拔2,000公尺左右的山區，有不算小面積的蘭崁千金榆的生長，部分呈純林狀態生長，或亦有與昆欄樹混淆生長者。胸高直徑有高達40公分者，生長不算太壞」。

柳榗（1968b；1970）視蘭崁千金榆爲「暖溫帶雨林群系」（北部海拔700～1,800公尺；中南部900～2,100公尺之間）的元素，且隸屬於先鋒樹種，此外，罕見有蘭崁千金榆的所謂生態研究的敘述。

郭城孟（1988）調查東埔、玉山區維管束植物，在上東埔至塔塔加之間，以及沙里仙溪，存有蘭崁千金榆的記錄。

彭仁傑等八人（1994）登錄南投縣植物資源，在沙里仙溪、陳有蘭溪、丹大溪分別記載有蘭崁千金榆。

1980年代筆者在玉山國家公園任職期間，多次在八通關古道海拔約1,600～2,000公尺之間，散見蘭崁千金榆，塔塔加鞍部及沙里仙溪流域，海拔1,800～2,600公尺之間亦零星見及。

整合筆者在中部地區及南橫的有限記錄，蘭崁千金榆的物候大致如下：1～3月全株光禿，僅見冬休眠芽；3月先抽側生雄花穗枝，葇荑花序滿樹垂懸；3月底雄花穗大致盛花，新葉漸出，且先端抽出雌花穗而受粉，4月初即盛花末期；4月中旬以降初果漸生長；5月以降全樹綠葉及果穗；10月前後落果，且視有無寒流而樹葉漸變黃；11～12月葉黃化且漸落。

關於蘭崁千金榆的生態方面，筆者所知甚少，而野外經驗得知，其乃次生或依賴破空更新的先鋒落葉樹種，可能係溫帶落葉元素在台灣上次冰河時期以降，漸次衰敗的物種之一。依據南橫東段調查資料，筆者認爲蘭崁千金榆乃檜木林帶，以及台灣上部闊葉林帶的次生落葉物種之一，但分佈中心大致落在上部闊葉林帶，而朝上（檜木林帶）、下（下部闊葉林帶）作族群的減少或式微；南橫（台20）159～159.5K段落，大抵位於紅檜／假長葉楠優勢社會的範圍中，蘭崁千金榆周圍樹種如台灣紅榨楓、台灣赤楊、假長葉楠、長葉木薑子、大葉海桐、昆欄樹、青楓、台灣八角金盤、水麻、台灣五葉松等；而台20-161.5～162K段落，蘭崁千金榆處於台灣赤楊林分之中，台20-162～162.5K段落亦然。

顯然的，蘭崁千金榆隸屬於台灣赤楊次生林範圍中，但台灣赤楊的生態幅度更寬廣，蘭崁千金榆則較窄隘，傾向於退縮孑遺系列，但仍可在原始林的破空處，或局部更新中逢機散存。

由其結實率觀之，種源屬中等發生率，而植株存在處的土壤化育在中等以上，岩生環境似乎難以發生，競爭力不高，能否續存問題似乎以合宜生育地為較重要關鍵。整體而言，在上次冰河期退縮之後，蘭崁千金榆可能逐次衰退，且或因各地族群中斷而不連續，異地族群很可能發生變異，故而如山本由松之處理里港變種，似亦有可能合宜，然而，未經檢驗全台族群變異之前，筆者無能給予中肯判斷。

關於木材結構及纖維形態方面，吳順昭、王秀華(1976)於1974年2月，在溪頭取一株樹高14公尺、胸徑21公分的蘭崁千金榆試材，研究結果全文登錄如下：

「幹皮黑棕色，邊心材界線不分明，木材黃白色，木理微斜，木肌粗糙。生長輪尚明顯，早晚材轉變漸進，木材為散孔材。

圖三　山本由松的變種繪圖

蘭崁千金榆新幼葉

管孔區域性分佈，中數，單一或數個呈徑向鏈狀排列，少數為團狀集生。單一管孔近圓形，鏈狀管孔由2～10個細胞組成，團狀管孔則由4～8個細胞組成。近皮部分每平方毫米有管孔18～24，雙層細胞壁厚5～6 μ，近心部分每平方毫米有管孔16～29，雙層細胞壁厚5～6 μ。階梯狀穿孔，橫隔數4～7。導管弦向及徑向末端細胞壁皆陡斜。弦面壁紋孔及徑面壁紋孔皆為互生，圓形或扁圓形，直徑6～8 μ，內孔口長卵形。

射髓組織由同型及異型射髓組成，每毫米9～11串。同型射髓皆單列，直立細胞，高3～15個細胞。異型射髓1～3列，單列者高2～11個細胞，多列者高12～26個細胞，最高達30個細胞。直立細胞1～12層，或位於上下緣，或混生於橫臥細胞中。多角形體晶被發現於直立及橫臥細胞中。

縱向柔組織少數，呈離管線狀及輪緣排列，細胞俱為長方形。

纖維組織由典型直木纖維構成。早材纖維平均長1.43mm，寬15.5 μ，雙層細胞壁厚4.6 μ，晚材纖維平均長1.50mm，寬14.5 μ，雙層細胞壁厚6.6 μ。」

葇荑花序群植物欠缺花瓣，一般被視為較原始或古老的雙子葉植物，蘭崁千金榆等物種，值得進一步作生態及演化的探討。

長尾柯 *Castanopsis carlesii*（Hemsl.）Hay.

殼斗科 Fagaceae

現今二版《台灣植物誌》修訂學名爲*C. cuspidata*（Thunb. *ex* Murray）Schotty var. *carlesii*（Hemsl.）Yamazaki f. *carlesii*。

分佈於中國與台灣；全台殆自2,500公尺以下山區遍存。

常綠大、中喬木（視立地條件而變化），樹皮灰褐黑，老樹有縱裂，小枝多皮孔；單葉互生，卵狀歪長橢圓形，多變化，長尾漸尖（有些族群特別狹長），基鈍且歪基，上半部略有鋸齒或缺，葉表無毛，葉背帶茶褐色、淡褐色或灰白褐，顏色多變，側脈約6～9對，葉革質，葉柄約1公分上下；殼斗外圍有不規則短鈍刺，幾乎完全包裹堅果，成熟時則開裂。

長尾柯有關學名、異名等超過18個，自1899年以來爭論不休，反映其變化多端的植物實體與各地族群之歧異。筆者對學名的正確及最恰當用法仍有保留，在此仍採用1917年早田文藏的命名；中文俗名各家用法隨興，在此採用取意於早田氏1913年的種小名之義。

《台灣植物誌》一、二版（兩版只是換學名而已）說長尾柯的雄性葇荑花序長約5～7公分，3～5月開花，果實成熟於10～12月；沈中桴（1984）敘述的承名變種花期爲5～7月，果實隔年8～10月成熟；筆者個人在阿里山區、南投山區中海拔族群的登錄如下：每年約3月中、下旬，新葉芽與花序抽出，3月底已見雄花垂懸開放，4月則爲盛花，而4～5月乃一年當中新葉的成長期。全年可見不等生長程度果實，但顯著夠大的殼斗，多見於9～11月，12月見有落果且樹葉開始掉落，隔年1～2月大抵爲落葉期。然而，一片樹葉的壽命、殼斗及堅果的發育，全台似乎無人

長尾柯新枝葉（2005.5.17；特富野步道）

長尾柯雄花序（2005.5.24；台20-131.4K）

確知。

長尾柯的「種」問題從未徹底釐清，筆者不敢置喙，而長尾柯與白校欑（*C. carlesii* var. *sessilis*）歷來多被分為兩群，例如柳榗（1968a），他敘述長尾柯分佈於海拔400～2,300公尺，也分佈於中國南部、西部各省，而早田文藏1913年將長尾柯處理為獨立種（*C. longicaudata*），但說明其與日本及華中一帶的*C. cuspidata*極為相近（現今植物誌即採取此種名之下的台灣變種及型等），更且更早之前，松村任三與早田文藏（1906年之際）即認為長尾柯等同於*C. cuspidata*，雖則一北一南，咸認為至少兩者有共同的祖先，柳氏推測此兩者皆「來自南洋」；論及白校欑之際，則說是台灣「固有種」，「產於北部及中部海拔300～1,000公尺地區」，1908年早田文藏認為白校欑與爪哇所產的*C. junghuhnii*為共同種，且與長尾柯、*C. cuspidata*相近似，但1916年則將白校欑改定為獨立種*C. stipidata*，之後，1939年Nakai將之改訂為長尾柯的變種，1953年李惠林從之。然而，沈中桴（1984）很乾脆地將白校欑重組為新特產種單刺栲（*C. sessilis*），說是花期3～4月，果翌年10～12月熟，廣泛分佈於台北縣海拔300～1,000公尺，「常為局部優勢種；並自三峽一帶延入桃園石門水庫一帶，量頗不少；自卡保山延入北插天山……；宜蘭緇緇山、雙連埤、南澳均有記錄。另一分佈帶，自南投蓮花池經水社、日月潭至水社大山（……700～1,200公尺），常為優勢種；惠蓀4林班有採集記錄……惠蓀1、2、3、4林班極多。台中大湳坑、阿罩霧有記錄，新竹五指山亦有」；尤有甚者，柳榗（1968a）猜測，白校欑是烏來柯（*Limlia uraiana*）的雙親之一。總之，一大群學名環繞在偌大的血緣、倫理關係錯綜複雜的樹木大宗族，全球植物分類學者無人敢於宣稱「眞相」。

而筆者由植被生態調查經驗，將長尾柯與白校欑視同生態等價的「同種」。

國府治台以後的植被調查，將長尾柯視爲領導優勢種或各類社會單位的優勢種不勝枚舉，例如「長尾柯－黃杞群叢」、「長尾柯－豬腳楠群叢」(章樂民，1961；大元山)；「長尾柯－錐果櫟群叢」(柳榗，1970)；「長尾柯－厚皮香－大明橘群叢」、「長尾柯－黃杞－樹杞群叢」(劉棠瑞、蘇鴻傑、潘富俊，1978)；「長尾柯－奧氏虎皮楠－豬腳楠簡叢」(廖秋成，1979)；「長尾柯－台灣杜鵑－校力－西施花優勢型」、「長尾柯－台灣杜鵑亞型」、「長尾柯－台灣杜鵑－台灣杞李葠－巒大越橘亞型」、「白校欑－火燒柯－山龍眼－小西氏石櫟亞型」、「白校欑－厚殼桂－捲斗櫟－菱果石櫟亞型」(黃獻文，1984)；「白校欑型」(林則桐，1988)；「森氏櫟－長尾柯亞型」(郭耀綸、楊勝任，1990)；「長尾柯型」、「長尾柯－森氏櫟亞型」、「長尾柯－紅花八角亞型」(蘇鴻傑，1991)等，不及備載。

筆者的調查報告亦多所相關，例如「星刺栲－樹杞－嶺南青剛櫟－長尾柯－小葉木犀優勢單位」、「長尾柯－星刺栲優勢單位」、「長尾柯－錐果櫟－嶺南青剛櫟－大頭茶優勢單位」、「長尾柯－錐果櫟－星刺栲優勢單位」、「長尾柯－港口木荷－虎皮楠－台灣栲－台灣柃木優勢單位」、「長尾柯－香楠－細脈赤楠－江某－油葉杜－樹杞優勢單位」、「長尾柯－白臼－江某－烏心石舅－油葉杜－樹杞優勢單位」、「長尾柯－虎皮楠－紅花八角－台灣柃木－星刺栲優勢單位」、「金平冬青－長尾柯－小葉赤楠－紅花八角－小葉木犀優勢單位」、「嶺南青剛櫟－紅花八角－長尾柯－小葉木犀優勢單位」、「長尾柯－星刺栲－印度栲優勢單位」、「希蘭灰木－長尾柯亞基群」(陳玉峯、黃增泉，1986；轉引陳玉峯，1995a；以上，恆春半島南仁山)；「狹葉櫟／長尾柯／假長葉楠／木荷優勢社會」、「長尾柯／鬼櫟／大葉柯優勢社會」、「長尾柯／錐果櫟優勢社會」(陳玉峯，1995a；以上，郡大山脈)；「紅檜－長尾柯優勢社會」、「長尾柯－鬼櫟－森氏櫟優勢社會」(陳玉峯，1995a；以上，阿里山區)；「長尾柯－錐果櫟優勢社會」、「白校欑－裡紫錐果櫟優勢社會」(陳玉峯，1995a；台北烏來)等，長尾柯不僅分佈與紅檜林重疊，更構成上部闊葉林的主體。

林渭訪、薛承健(1950)編輯收錄日治時代的資料顯示，「白校欑」此中文俗名係南投及新竹南庄等地的稱呼，在林與薛氏的資料中謂之「柯仔」，卻指分佈於北部海拔300～500公尺的闊葉林中者。然而，依據當時(或1950年之前)林產管理局的統計，台灣的「柯仔類」(シヒ類)包括白校欑與長尾柯，而以

→長尾柯雄花序(2005.5.18；阿里山公路)

長尾柯雄花序（2005.5.24；台20-131.4K）

長尾柯佔較大部分，1950年之前長尾柯與白校欑的蓄積量約有8,062,757立方公尺，各事業區數據分別如下（單位為立方公尺）：文山663,784；宜蘭180,447；羅東170,336；太平山209,941；南澳880,897；大溪658,703；竹東550,336；南庄145,155；大湖96,097；東勢28,245；八仙山636,114；北港溪26,299；大甲溪43,182；埔里206,828；集集29,764；巒大山223,696；濁水溪312,459；丹大溪113,533；大埔157,272；玉井2,996；楠梓仙溪509,886；竹山156,654；阿里山229,280；恆春21,384；屏東340,470；潮州168,900；里壠101,389；台東6,864；大武85,775；關山349,100；木瓜山209,941；玉里234,459；新港5,585；研海129,106；大濁水177,880。（筆者將此35個區域數字相加核對無誤）

凡此數據，假設當年樹種鑑定無誤、調查詳實且統計可信，則可作爲各區域生態環境檢驗之檢討。

而白校欑的生長速率「中庸」，其所檢附的生長表如表四（柯仔總生長表）。

表中齡階30及35的胸徑似乎應予對調或35年者有問題，但尊重原稿。若準此數據之41年生者，胸徑40.16公分，材積爲0.925822立方公尺，將之換算回全台「柯仔」總蓄積，則約在1950～1940年間全台「柯仔」相當於870萬8,755株胸徑約40.16公分的喬木。如果以筆者調查新中橫海拔2,120公尺，西北坡向，坡度10～20°的樣區，面積1,100平方公尺爲例，該樣區爲豬腳楠／長尾柯的優勢社會，其內有18株長尾柯，大小胸徑皆有，籠統估算，則據樣區估算出全台長尾柯（包括白校欑）約佔據53,220公頃林地，比全台鐵杉林總面積52,600公頃（第三次航測）還要大。當然，此數據不精確，僅作評比參考而已。

林與薛氏的資料尚包括木材的種種力學數據、木材結構等，包括白校欑及長尾柯分別陳述之。其等木材提供作建築（柱、桁、樑、

長尾柯果實（1988.8.25；丹大林道）

表四

齡階（年）	5	10	15	20	25	30	35	40	41
胸高直徑（cm）	1.90	6.18	11.77	15.84	21.05	27.30	24.59	39.30	40.16
樹高（m）	2.30	5.80	9.30	11.70	13.80	16.63	18.97	20.34	20.60
材積（m^3）	0.000657	0.009374	0.043800	0.096938	0.206906	0.368502	0.658333	0.885118	0.925822

栿、楠)、陽傘柄、車輛、農具(把柄、犁轅)、橋樑、水槽、枕木、樽桶(酒樽、醬油樽等)、船具(櫓、槳)、舂杵、家具(圓凳、椅面)及木象嵌等用途;又,其提及,台灣在日治時代「柯仔類」的木材,年生產約7,000～20,000立方公尺,多由官營林場所生產,民營伐木者次之,私有林量微。光復後,各官營林產之生產,平均每月約計100餘立方公尺,分由阿里山、八仙山、竹東三林場生產之。自日治以迄國府時代,所有柯仔材只作內銷。

筆者弄不清楚是35個林場平均每月生產柯材100餘立方公尺,或僅阿里山等三林場。以日治時代水準,相較於急劇、大量砍伐的光復後,若以35個林場每月計,則光復後年產42,000立方公尺,自亦「合理」?則日治時代以四十年且年產量15,000立方公尺計,國府治台期以五年計(1950年為止),則已消耗約81萬立方公尺的材積(產量)。

長尾柯巨木(陳月霞攝;2004.3.7;大凍山)

又,長尾柯被列爲「高價櫧櫟類」的良好木材(楊寶霖,1967),歷來與赤皮椆(*Cyclobalanopsis gilva*;全台蓄積只有17萬立方公尺)並列爲最受歡迎者,加上原住民種香菇等利用,實難以準確估算台灣在原始時代或自然狀況下,長尾柯等柯仔到底佔據多少面積、立木株數有幾何!此外,中華林學會(1967)的資料說蓄積爲600萬立方公尺,則約十六年被砍掉200多萬立方公尺,顯然是筆者估算的大約3倍。

無論如何,若依個人近三十年野外樣區調查及採集經驗或印象,很不科學地說,筆者會將長尾柯列爲全台數量最多、捍衛國土或台灣維生生態系最力、自然度最佳、中海拔山區生態地位最高的闊葉樹,它對全台、對世代顯然爲台灣的守護精靈,值得珍惜、認知與研究。

台灣在營林時代(20世紀)對木材研究甚爲

長尾柯堅果成熟（1985.12.13；南橫）

長尾柯雄花特寫（陳月霞攝；2005.5.24；阿里山公路）

重視，此乃經濟誘惑力使然，各面向探討紛雜，其中，木材的耐腐性頗爲有趣。林勝傑、王松永（1988）敘述，木材天然耐腐性主要係來自心材形成時，所沉積的毒性可抽出物，已知成分可歸納爲40類，大多爲芳香族酚類化合物，凡此成分，主要是由韌皮部、形成層及邊材的活細胞內的醣類前體，轉移到邊材與心材轉移區之老化薄壁細胞內合成者，因此，同一株樹的耐腐性會由外心材向內至髓心附近逐漸遞減。又，天然耐腐性與木材的物理性質亦有密切關係，其中，比重大致與耐腐性成正相關。林與王氏以10樹種的抽出成分，測試其對天然耐腐性的影響，結論指出，各樹種的不同處理方式，對4個菌種的共同耐腐性，依序爲紅檜＞長尾柯＞台灣杉＞台灣櫸木＞光臘樹＞台灣二葉松＞相思樹＞台灣赤楊。也就是說，長尾柯乃很耐腐的樹種。

此等研究讓筆者想起日治時代，永山規矩雄對木材耐腐性的試驗（林渭訪、薛承健，1950；183～186頁），永山氏將各樹種木材切成長約0.6公尺、寬約6公分、厚約4.5公分的木條，直立埋入戶外砂質黏土、溼度中庸的苗圃，木條入土深度30公分，留置地表30公分。每個月檢查木條與地表接觸部分之木材，是否被蟲菌侵害，其將耐腐性最小（或最差）者訂爲一至二年；耐腐性小者爲二年一個月至四年；耐腐性稍大者四年一個月至六年；耐腐性大者六年一個月至八年；耐腐性甚大者八年一個月至十年；耐腐性最大者超過十年（原文使用耐朽性），其所列出的84種樹木，數據測至第十一年八個月試驗尚未結束，還在試驗的，或說超過十一年八個月的，尚有台灣赤楠、紅檜、肖楠、瓊崖海棠與台灣櫸木（註：台灣赤楠有些木條已腐，有些尚未）。

此試驗顯示，白校欑的耐腐性爲六年十個月，屬於耐腐性大者，但一般列爲好木材的赤皮椆才四年。更有意思的是，林勝傑、王松永（1988）只用4個菌種共同耐腐性的順序，對照永山規矩雄的實驗，列之如下：

紅檜（＞十一年八個月）＞長尾柯（永山氏為白校欑六年十個月）＞台灣杉（五年八個月）＞台灣櫸木（＞十一年八個月，尚未結束試驗）＞光臘樹（無試驗）＞台灣二葉松（五年八個月）＞相思樹（六年二個月）＞台灣赤楊（無試驗），此間可資探討的面向，從科技到人文的議題多如牛毛，饒富弔詭與啓發。在此只是趣味性提供參考，茲將永山規矩雄的耐腐性比較表臚列如表五。

長尾柯優勢社會（陳月霞攝；2005.5.17；特富野步道）

表五　台灣產木材耐腐性比較表

植物中文俗名	學名	耐腐時間	備註
Ⅰ.耐腐性最小者(1～2年)			
白匏子	*Mallotus paniculatus*	1年2個月	
澀(糙)葉榕	*Ficus rigida*	1年2個月	
杜英	*Elaeocarpus elliptica*	1年4個月	
有樰	*Alniphyllum pterospermum*	1年4個月	
紅淡	*Adinandra formosana*	1年4個月	
構樹	*Broussonetia papyrifera*	1年4個月	
冇樟	*Cinnamomum micranthum*	1年6個月	
紅皮	*Styrax suberifolius*	1年6個月	
白桕	*Sapium discolor*	1年7個月	
朴樹	*Celtis sinensis*	1年7個月	
山黃麻	*Trema orientalis*	1年7個月	
黃杞	*Engelhardtia formosana*	1年7個月	
猴歡喜	*Sloanea dasycarpa*	1年9個月	
九芎舅	*Beilschmiedia erythrophloia*	1年9個月	
楓香	*Liquidambar formosana*	1年9個月	
江某	*Schefflera octophylla*	1年9個月	
烏皮九芎	*Styrax formosanum*	1年9個月	
俄氏虎皮楠	*Daphniphyllum oldhami*	1年10個月	
綠樟	*Meliosma squamulata*	1年10個月	
樹杞	*Ardisia sieboldii*	1年10個月	
香楠	*Machilus zuihoensis*	1年11個月	
無患子	*Sapindus mukorossi*	2年	

Ⅱ. 耐腐性小者(2年1個月～4年)			
火燒柯	*Casianopsis taiwaniana*	2年1個月	
榕樹	*Ficus retusa*	2年1個月	
山紅柿	*Diospyros morrisiana*	2年1個月	
大葉白門	*Symplocos theophrastaefolia*	2年1個月	
木荷	*Schima superba*	2年3個月	
楊桐	*Cleyera japonica*	2年3個月	
大葉杜仔	*Lithocarpus brevicaudata*	2年4個月	
楝樹	*Melia Azedarach*	2年4個月	
山菜豆	*Radermachera sinica*	2年4個月	
面頭菓	*Glochidion fortunei*	2年6個月	
鐵冬青	*Ilex rotunda*	2年6個月	
白雞油舅	*Fraxinus taiwaniana*	2年6個月	
烏皮茶	*Thea Shinkoensis*	2年7個月	
三斗石櫟	*Lithocarpus ternaticupula*	2年7個月	
大葉楠	*Machiius kusanoi*	2年9個月	
細葉楠	*Machilus longifolia*	2年9個月	
厚殼桂	*Cryptocarya chinensis*	2年10個月	
豬腳楠	*Machilus thunbergii*	2年10個月	
山肉桂	*Cinnamomum pseudo～loureirii*	2年11個月	
台灣冬青	*Ilex formosana*	2年11個月	
山桂花	*Osmanthus lanceolatus*	3年1個月	
山蒲荊	*Vitex quinata*	3年1個月	
大葉鉤栗	*Lithocarpus kawakamii*	3年1個月	
九芎	*Lagerstroemia subcostata*	3年2個月	
大頭茶	*Gordonia anomala*	3年2個月	
中原氏掌葉槭	*Acer oliverianum*	3年3個月	
油葉茶	*Eurya japonica*	3年4個月	
烏來櫧	*Castanopsis uraiana*	3年5個月	
楊梅	*Myrica rubra*	3年6個月	
厚皮香	*Ternstroemia gymnanthera*	3年8個月	
山枇杷	*Eriobotrya deflexa*	3年9個月	
茄苳	*Bischofia javanica*	3年10個月	
赤柯	*Quercus gilva*	4年	
青剛櫟	*Quercus glauca*	4年	
Ⅲ. 耐腐性稍大者(4年1個月～6年)			
黃槿	*Hibiscus tiliaceus*	5年3個月	
松柏	*Pseudotsuga wilsoniana*	5年4個月	
鐵杉	*Tsuga chinensis*	5年5個月	
森氏櫟	*Quercus morii*	5年8個月	
台灣五葉松	*Pinus formosana*	5年8個月	
台灣二葉松	*Pinus taiwanensis*	5年8個月	
竹柏	*Podocarpus nagi*	5年8個月	
台灣杉	*Taiwania cryptomerioides*	5年8個月	
Ⅳ. 耐腐性大者(6年1個月～8年)			
龍眼	*Euphoria longan*	6年2個月	
相思樹	*Acacia confusa*	6年2個月	
華山松	*Pinus armandi*	6年8個月	
杉木	*Cunninghamia lanceolata*	6年8個月	
五掌楠	*Neolitsea konishii*	6年9個月	
白校欑	*Shiia stipitata*	6年10個月	

烏心石	*Michelia formosana*	7年1個月	
錐果櫟	*Quercus longinux*	7年6個月	
台灣雅楠	*Phoebe formosana*	7年6個月	
V. 耐腐性甚大者（8年1個月～10年）			
薯豆	*Elaeocarpus kobanmoshi*	8年6個月	
牛樟	*Cinnamomum kanehirai*	9年4個月	本種經更正與冇樟為同一種但其耐腐性相差極大故仍列其舊學名以示區別
巒大杉	*Cunninghamia konishii*	9年6個月	
VI. 耐腐性最大者（超過10年）			
台灣樹蘭	*Aglaia formosana*	10年9個月	
台灣扁柏	*Chamaecyparis taiwanensis*	11年4個月	
紅豆杉	*Taxus chinensis*	11年5個月	
赤蘭	*Eugenia formosana*	11年8個月	一部試材尚不止此數仍在繼續試驗中
紅檜	*Chamaecyparis formosensis*	11年8個月以上	試驗尚未結束
肖楠	*Libocedrus formosana*	11年8個月以上	試驗尚未結束
瓊崖海棠	*Calophyllum inophyllum*	11年8個月以上	試驗尚未結束
台灣櫸木	*Zelkova formosana*	11年8個月以上	試驗尚未結束

註：學名等依據原文而不修訂。

資料來源：永山規矩雄，轉引自林渭訪、薛承健，1950，加以簡化。

至於長尾柯的木材性質，包括構造、物理性質、機械性質、化學性質、加工性質、用途、產地與蓄積、通性或其他，以及彩色圖片，請參考中華林學會編（1967）《台灣主要木材圖誌》第69頁。往後關於木材性質等，請逕自參考該圖誌或繁多研究報告，而筆者不再一一贅述。

而長尾柯的種子資訊，鐘永立、張乃航（1990）記錄花期4～5月，採種期11～1月，種子成熟時，總苞片（殼斗）3片開裂，種子1粒，紫黑色，採種後避免日曬，應即刻播種；種子發芽約需25～50天；1公升種子有465公克重，1公升有646粒，1公斤種子有1,390粒，1,000粒種子720公克；其種子發芽如圖四。

圖四　長尾柯種子發芽圖

資料來源：轉引鍾永立、張乃航，1990，86頁。

台灣栲（甲仙）

台灣栲 *Castanopsis formosana*（Skan）Hay.

殼斗科 Fagaceae

喜馬拉雅山系有一種殼斗科植物*Castanopsis tribuloides* DC.分佈廣泛、數量繁多，且在各局部地區產生變異，而被植物分類學家命名為種下的許多變種，例如在錫金、印度阿薩姆一帶被命名為*C. tribuloides* var. *longispina*；在Khasia一帶的族群被命名為var. *wattii*；在雲南為var. *ferox*；在緬甸、雲南及海南島為var. *echidnocarpa*（柳榗，1968a）。

英國人奧古斯汀．亨利（A. Henry）於1892年來台擔任高雄海關醫官之後，開始在高雄暨恆春半島大肆採集植物標本，而於1895年離開台灣，其三年間採集了標本二千餘編號。其中，標號1641者係在南岬（S. Cape，殆指恆春半島南端海角地區）所採，編號1710係在恆春所採，至少這兩個號碼的植物就是台灣栲的最早期採集品。1641號的標本分別存放於哈佛大學阿諾德樹木園標本館（Arnold Arboretum）、英國邱．皇家植物園（Royal Botanic Gardens）標本館及美國國家標本館（U.S. National Herbarium; Smithsonian Institution）之內（Li, 1971），此標本正是Skan氏1899年，正式於林奈學會《植物學報》上（24卷，524頁）首度命名發表台灣栲的依據之一（isosyntype），當時，Skan氏認為台灣栲只是喜馬拉雅山系*C. tribuloides*的地區性變種，故命名為*C. tribuloides* var. *formosana* Skan。

1910年2月，川上瀧彌及佐佐木舜一在恆春半島南仁山區，採集了台灣栲帶有花、果的標本，送交早田文藏之後，早田氏鑑定的結果，認為非常接近Skan氏發表的台灣變種（早田氏又註明也許就是等同於Skan氏的變種），然而，早田氏認為此標本與喜馬拉雅山系的*C. tribuloides*有很大的不同，應予成立新種，因此，1913年早田氏發表為台灣特產*C. formosana* Hay.。然而，後來的研究者認為台灣栲的最早命名者畢竟是Skan，而早田氏的命名只是將變種提升為種，但早田氏並無保留Skan氏的名字，因而補加上（Skan），即今之學名。

第三次台灣栲的採集者可能是法國神父福芮氏（U. Faurie），他於1903年首度來台，又

台灣栲（2005.6.5；茶山產業道路，海拔735公尺）

台灣栲（甲仙）

於1913年再度來台，先在基隆、淡水、大屯山區採集，1914年則於北、中、南部採集，1915年到中、北部及花蓮採集，1915年6月病逝於台北。他採集的植物包括苔蘚、地衣、蕨類、種子植物，採了數千號、數萬份，大部分標本寄贈世界各大標本館，一部分寄至東京帝大給早田氏。關於台灣栲，福芮氏的編號25（存放於不列顛博物館）、60號及1536號（皆存放於阿諾德樹木園），係採自南岬，而編號1626者（不列顛博物館）則採自台北地區（林崇智纂修，1953；Li, 1971）。

早田氏發表後，後來又發現海南島亦存有台灣栲。

分佈於海南島及台灣；《台灣植物誌》一、二版記載，產於南部海拔200～700公尺的闊葉林內，引證標本如宜蘭Lankenshan，嘉義Yunsuwei，高雄扇平及Chiashan，屏東南仁山、牡丹、浸水營、大樹林、恆春，台東浸水營、大武等。

金平亮三（1936）記載，日名「Taiwan-kurikasi」，恆春人謂之「校力」。產地有宜蘭、嘉義澐水、甲仙、恆春半島、南仁山、クラル（？）等；省林試所資料（1957）說是海拔分佈於200～1,500公尺，產地有宜蘭蘭崁山、澐水、甲仙、六龜扇平、恆春半島、南仁山、武威山及台東，用途爲枕木、農具、木馬材；劉棠瑞（1960）之敘述與林試所資料同；沈中桴（1984）敘述海拔分佈爲200～1,600公尺，「自恆春半島最南端之草埔後山、墾丁、佳樂（落）水向北，逐漸爬升到浸水營兩側，即不再出現於中央山脈尾稜」；東部則自壽卡，經出水坡至姑子崙山以東，而宜蘭蘭邯山有記錄；西部經浸水營、大樹林、泰武、霧台、扇平、藤枝、甲仙，以迄嘉義澐水，「本種之分佈可能係溯溪谷而上至難以適應之海拔而漸稀」；徐國士、呂勝由、林則桐、劉培槐(1983)敘述恆春半島產於港口溪以北的山地森林中，性喜潮溼環境。

柳榗(1968a)敘述台灣錐栗(即台灣栲)產於東北部及南部，海拔300～1,500公尺，「爲一不連續之分佈，顯然爲退縮性者」；其推測台灣栲與喜馬拉雅的祖先的分化、分離較早，是古老物種；蘇鴻傑(1980)將台灣栲列爲分佈地點狹窄的稀有而有絕滅危機物種之一(在地可能數量很多)，分佈恆春半島海拔200～700公尺的山地，尤以南仁山區爲多，但因恆春半島的天然林急速減少，其以生育地減少以及經濟用材的危機，而被列名；蘇氏的文獻依據爲劉棠瑞、劉儒淵(1977)；陳玉峯(1983)地毯式調查眞正的南仁山，坡向E114°S，坡度約40°，由山頂往山腳10×53平方公尺範圍內，一株台灣栲也沒有；謝長富、孫義方、謝宗欣、王國雄(1991)調查南仁山區2公頃樣區中，將台灣栲列爲分佈在溪谷地的稀有種，另註明生育地爲背風坡，只有2株。

就筆者野調經驗，台灣栲最多的地方大抵在甲仙、建山一帶山區，而不是南仁山區。

台灣栲爲中喬木至小喬木，樹皮黑褐，多縱裂；單葉互生，具柄，葉厚紙質至革質，卵狀長橢圓形，長約7～14公分，寬約3～5公分，先端漸尖或銳尖，粗鋸齒緣，葉基銳或楔形，側脈6～8對，老葉葉表較無光澤的暗淡綠，葉背爲具光澤的銀淡黃白色；雄花序爲直立型葇荑花序，長度約5～12公分，一枝枝雄花序叢生於樹梢當年新生之枝端，夾雜有雌花序，雌花序爲同樣長度的穗狀，雌花無柄，顯著3柱頭，雄花花絲10枚；殼斗略成球形，外披直長分叉針刺，刺長約0.5～1公分，內藏堅果1枚。

《台灣植物誌》敘述花期自12月以迄隔年5月，果熟於12月至隔年3月，沈中桴(1984)記載花期12～4月，果實翌年12月至第三年的3月成熟；黃松根、呂枝爐(1963)登錄海拔約750公尺的六龜分所扇平境內的台灣栲，說是8月上旬有花蕾，10月中旬盛花，11月上旬落花，成果期爲11月中旬，果熟期爲4月中旬，筆者對此記錄表達懷疑。筆者在南橫的記錄，約在1月抽葉芽及花序，2～4月盛花，新葉黃綠色，且葉較薄、軟，5月展葉而成熟，轉深綠色，小殼斗緩慢生長，隔年4～5月果實成熟，果熟殼斗開裂，大量松鼠搶食，難以採到堅果的原因在此。

在植群生態研究方面，多數研究者皆認爲台灣栲屬於溪谷型或背風坡的樹種，而呂福原、廖秋成(1988)調查出雲山植群，列有「三斗柯—台灣栲—樟樹林型」，說是分佈於海拔850～1,200公尺，上層樹冠以三斗柯與台灣栲佔優勢，另有樟樹、香楠、瓊楠、厚殼樹等伴生，林下有華八仙、江某、細葉饅頭果、台灣赤楠、小梗木薑子、鯽魚膽等；筆者於1997年勘調甲仙地區，在建山等地的中坡地段，見有台灣栲的局部林分，可

台灣栲雄花穗及去年果實(2005.4.6；台20-70.5K)

台灣栲未熟堅果(陳月霞攝；1984；墾丁)

惜欠缺完整樣區調查；2005年4月6日，筆者在南橫70.6K的叉路口下方小溪溝地，「白肉榕一糙葉榕優勢社會」中，亦發現有台灣栲盛花，而去年果實正要成熟，該地海拔約485公尺。

筆者認爲台灣栲的分佈中心，殆落在南部如南橫海拔400～800公尺的山地中坡坡段，不幸的是，甲仙暨鄰近山區大致在1905～1945年間，被日本人大規模移民，進行伐樟取腦的樟樹大砍伐，1925～1945年則全面砍除闊葉林，且在1968～1990年期間剷除殘存闊葉林，進入全面人造林、果園及農地的徹底開發階段(陳玉峯，1988)，台灣栲的森林因而全面消失。

台灣栲乃南橫低海拔或亞熱帶地區終極群落的優勢樹種之一，其爲第一喬木層的代表性樹種，但可在次生林階段即已出現，而20世紀之前南台及恆春半島數量必定龐多，以致於恆春人稱之爲「校力」(常民皆認得，可見常見)，筆者推測往昔可能存有「台灣栲優勢社會」，奈何今已死無對證矣！而蔡振聰(1984)將台灣栲列爲「防噪音及病蟲害抵抗力強」的25種植物之一，然而筆者看不出有何研究可以支持此等見解？其建議爲庭園觀賞樹種。

奇怪的是谷雲川、邱俊雄(1974)在中台灣埔里附近的蓮花池林試所分所試驗林內，海拔約500公尺，砍了18種樹22株，作「林相改良」闊葉樹林混合製造紙漿試驗，其中列有台灣栲(中文使用校力，學名使用*C. formosana*)，說是樹高15公尺，胸徑50公分，樹齡47年，比重0.73，然而，林則桐先生寄給筆者蓮花池原始林植物目錄及樣區調查資料，並無台灣栲，筆者有限的調查也未發現有台灣栲，如果谷與邱氏鑑定無誤(不知誰人鑑定者？)，則豈非台灣栲的分佈新記錄？但筆者認爲鑑定錯誤的可能性較大，然而，由於台灣低海拔地區早經開墾，原始林多已消滅，加上歷來調查採集顯著不足，無人敢於確定何種之調查已踏遍全台，究竟台灣栲的眞正分佈爲何，仍待進一步詳細追查。

關於木材方面，林渭訪、薛承健(1950)輯錄日治時代資料，敘述其生長速度中庸，木材堅硬，導管長350～500 μ，弦面徑100～200 μ，徑面徑100～280 μ，木纖維長750～1,700 μ，徑14～16 μ，壁厚3～4 μ，髓線明顯，單性單列，罕二列，聚合線常存在。氣乾材比重0.782，全乾材比重0.652，Brinell硬度5.27。可供薪炭、枕木、農具等用。

筆者認爲台灣栲可代表「台灣一海南島」分佈型物種類型之一，學術意義重要，目前已甚稀少，常見地區如南橫淺山等，又因其位於保護區或國家公園之外，能否續存頗難逆料。1987～1988年筆者在甲仙天乙山，高雄興隆淨寺所屬道場推廣復育天然林，台灣栲即列爲該地中坡原始植被的物種，期待得以漸次長出未開發前林相，不幸的是，四周墓地每年清明節常遭引火整地，誤燒復育地區，小樹又遭焚毀。依據目前野外判斷，假設民間不再砍伐天然林木，則台灣栲仍可適存。

6

細刺栲 *Castanopsis kusanoi* Hay.

殼斗科 Fagaceae

台灣特產種；《台灣植物誌》敘述產於阿里山、花蓮Mukua山（註：即木瓜山）、浸水營、大武、南仁山。本植物（群）充滿疑義，在此敘述者，以奮起湖族群為準。

常綠大喬木；單葉互生，長橢圓形、略披針長橢圓形，些微不對稱或歪基，長尾狀銳尖，基銳或鈍銳，上半部葉鋸齒不明顯，Hayata（1911）命名時，敘述為長橢圓披針形，長18公分、寬5公分，先端長漸尖。葉柄長約1公分；總苞闊球形，徑約3公分，外面密生棘刺，刺長0.7公分；堅果3粒，三角狀球形，先端具小突尖（劉棠瑞，1960）。

早田文藏（Hayata, 1911）命名細刺栲的標本，是1909年2月S. Kusano（草野）所採集者，地點說是阿里山，然而1909年2月，正是日本第25屆帝國會議再度駁回阿里山森林事業官營預算案的時候，先前民營的阿里山鐵路尚未打通（陳玉峯、陳月霞，2005），且筆者自1981年8月調查阿里山以來，從未發現阿里山存有細刺栲，只在奮起湖發現大量細刺栲（陳玉峯、楊國禎，2005），而奮起湖過往亦泛屬阿里山區，故推測草野氏的採集品來自奮起湖。

早田文藏憑藉這份標本命名了*C. kusanoi*，種小名就是以草野氏拉丁化而得，故而中文俗名早期皆稱為「草野氏錐櫟」，其註記本種與*C. diversifolia King*（註：產於緬甸）相近，但細刺栲為披針形的樹葉，且側脈不明顯（相對於緬甸所產），又說很接近*C. argentea* var. *β. martabanica* A. DC，但細刺栲的葉較薄、較少革質，葉柄短甚，且主側脈較少。

早田文藏與金平亮三在1929年另發表了新

大凍山登山口的細刺栲（2004.11.20）

種*C. brevistella*，金平亮三（1936）又發表了在浸水營所採集的新種*C. sinsuiensis*，這兩個學名後來皆被併歸於細刺栲，柳榗（1968a）從而推測緬甸的*C. diversifolia*在間冰期進入台灣，且當時台灣與中國陸域相連（筆者揣摩柳氏想法），因而也進入中國，後來，台灣與中國分離，來自緬甸的*C. diversifolia*族群，在台灣落地生根、進行演化，「故本種當在台灣與大陸分離以前即進入本省者，故爲一古固有種」；筆者不瞭解柳教授憑藉多少標本、檢驗了何等緬甸標本，又比較了多少相近或含混的物種標本，而下達此「推論或結論」，但覺得撰文有時得靠想像力！

沈中桴（1984；15頁）則斷然說：「特產台灣，花期7～10月，果翌年10～12月熟。目前已知最大產地在阿里山奮起湖及藤枝一帶，另外在南仁山、屏東浸水營及玉里清水農場亦有記錄。本種爲稀有種。分佈海拔約400～2,000公尺」，而柳榗（1968a）則敘述：「產於阿里山以南海拔100～1,500公尺之處」；劉棠瑞（1960）謂：「產奮起湖及阿里山，惟產量較少；固有」；劉棠瑞、廖日京（1980）說是：「產中央山脈，如阿里山奮起湖、花蓮木瓜山、玉里山中、恆春半島浸水營及南仁山等地之森林內」。以上，或雷同，或相互沿用，然而，筆者搞不清楚（未研究）浸水營、花蓮等的「細刺栲」如何，因爲憑藉金平亮三（1936）之另外發表新種等，其與細刺栲似有「顯著差異」，筆者在南仁山曾調查到大量星刺栲*C. stellatospina*，未曾見有細刺栲，而星刺栲又與細刺栲那麼相像（殼斗差異較大），因此，筆者無法討論南台或東台個人欠缺經驗的「物種」生態，只確定奮起湖的族群。

筆者2004年調查奮起湖地區（陳玉峯、楊國禎，2005），由該地數量不少的細刺栲及樣區調查推論：「細刺栲可能爲大凍山、奮起湖山區長尾柯下部界以下的最重要殼斗科優勢

細刺栲堅果（2004.11.21）

林型，分佈中心約在海拔1,700～1,400公尺之間的中坡(或極相)社會，今之轎篙竹林往昔未開發前的原始林相」，殆即「細刺栲—假長葉楠優勢社會」，又，「奮起湖山區阿里山森林鐵路沿線以北或以上山坡，海拔約1,400～1,700公尺之間的中、下坡段，最主要的闊葉林型應即本單位。其佔據現今奮起湖被開發地區的原始林主體，推測可向下延展至海拔1,350公尺左右」，而本單位足以代表奮起湖聚落區的原始林。

台灣殼斗科與樟科植物數量極爲龐大，其等爲優勢的森林社會歷來被稱爲樟殼帶、樟楠—櫧櫟群叢、樟櫸帶、常綠闊葉樹林(暖帶林)、楠櫧林帶、櫟林帶下層及楠櫧林帶等(陳玉峯，1995a)，就林產而論，樟、殼合佔台灣過往出產闊葉材的2/3以上，也是台灣開發史上備受摧殘的對象，1960～1980年代所謂林相變更、林相改良、林下補植、各類變相伐木的處分，導致1990年代以降崩山壞水、土石橫流的結構及政策性主因，反應政治目的的取向，乃終結台灣活水源頭的最大敗筆，且幾乎無可挽回。

20世紀內被摧殘的台灣原始闊葉林不計其數，硬將生態天演的脈絡肢解成難以辨識，太多的物種根本來不及研究而消失！其中，繁多正在演化蛻變的全球最優良系列物種，包括殼斗科等諸多「較困難」的植物，更在統治者完全欠缺科學哲學、自然史觀念、科學本質涵養的膚淺之下，幾乎沒有任何研究價值，眞箇焚琴煮鶴、暴殄天物，且如今主流文化依舊停滯在伐木營林的老窠臼而難以回天。

台灣中、低海拔樟殼帶代表自上次冰河以降，自東喜馬拉雅山系生物大遷徙，在全球最南避難地的最後根據地，且在台灣千山陸島的歧異演化中，扮演著生命史的內在奧秘，若能解開諸多物種在台變遷之謎，必然可提供全球生命洪流史的關鍵議題，殼斗科樹種在台灣各山系的變遷，絕對是最佳題材，諸如細刺栲、星刺栲等探討，理當成爲生態研究顯學，奈何以現今所謂不學有術、不學不術的學風，筆者看不出有何希望。後世必將以筆者的讖言爲黑暗世代最後的嘆息！

細刺栲堅果熟裂

奮起湖地區殘留木多細刺栲(陳月霞攝)

2005年12月11日採集南橫（台20）
111K的青剛櫟果實，立即下種。

青剛櫟 *Cyclobalanopsis glauca*（Thunb.）Oerst.

殼斗科 Fagaceae

青剛櫟是記載於台灣最早期植物目錄的物種之一（英人亨利氏，19世紀末），先前歸之於*Quercus*這一屬，後來有人因*Quercus*屬中，一些物種的殼斗外鱗片，係完全合生爲同心輪，遂將此群物種另集合立之爲*Cyclobalanopsis*屬，但未必爲分類學界所全然接受，蓋「屬」的演化必須依據更充分的理由（沈中桴，1984）。青剛櫟的學名從見之於世人以來，並沒有種名上的眞正更動。中文俗名則甚多，如校欑、九欑、鐵椆、鐵櫟、白校欑等，宜蘭地區稱「九槽」，其實，這些俗名亦指稱其他物種，建議不再使用。

常綠小、中喬木，通常在10公尺以下，立地良好時可長成中喬木，有人敘述高可達20公尺，但20公尺者罕見；老木徑可達約1公尺，但尋常僅在0.5公尺以下，其壽命推估在二百五十年以下；單葉互生，倒卵狀、長橢圓或寬橢圓，上半部葉緣有鋸齒，葉的大小或形態變異極大，蔽蔭枝下葉尤其碩大，革質，葉背泛白或灰白，初生時具柔毛，成長而脫落；葇荑花序，雄花穗下垂，長5～11公分，具毛，雌花穗直立；殼斗杯狀，苞片形成7～10圈同心輪，外披柔毛，堅果變異甚大，可能屬於株間及環境的變異，從長橢圓、卵圓、倒闊橢圓、手槍子彈形以迄卡賓槍子彈形不一而足。歷來分類學處理如谷園青剛櫟（Liao, 1970）、柄斗鐵青岡（沈中桴，1984）等，依筆者全台各地生態調查經驗認爲，此等變異可能爲連續性、局部性，且可視爲種內變異。以大坑頭嵙山爲例，山腰族群之堅果爲典型長橢圓或倒橢圓，往山頂稜線則堅果小化，且在黑山橫排的局部植株，竟然縮小、狹長化，而成爲卡賓槍子彈形，且尾尖，故而那些變種的處理，除非有強力的其他特徵合併考慮且其恆定性高，否則並

2006年4月5日所攝之萌發小苗

無顯著意義，此外，南橫東段的青剛櫟，堅果有圓球形。又，劉棠瑞(1956)將之列爲有板根樹種，筆者似未見及顯著者。木材性質見林渭訪、薛承健編(1950)等。

關於青剛櫟的生態，由於青剛櫟族群龐大、生態幅度寬廣，立地從岩隙以迄壤土，從乾到溼，從全陽光到遮蔭林下，從蔽風至山頂風切面皆可適存；演替則由初生、次生各序列，皆得參與調適，行蹤遍佈海拔2,000公尺以下地域，因而形成各類森林社會的優勢、次優勢以至於伴生的地域甚遼闊。柳榗(1970)列有「青剛櫟－山漆過渡群叢」，說是低海拔向陽地，混有其他陽性樹種的演替早期群落；劉棠瑞、蘇鴻傑、潘富俊(1978)對東台海岸山脈的調查，例舉如安通山以北、八里灣山以南，海拔400～1,000公尺之土壤層淺薄，環境乾燥、陽光直曝之稜線、急斜地及石灰岩地區，且受海洋性氣候影響較少區域，訂爲「青剛櫟－樹杞－江某過渡群叢」，其11個樣區僅列50餘物種，包括如黃杞、大葉楠、樟葉楓、九芎、白匏子、猴歡喜、血桐、山漆、小葉桑、細葉饅頭果、台灣朴樹、山黃麻、刺杜蜜、杜英等，與全台各地組成類似；蘇鴻傑、林則桐(1979)調查木柵山區東南山脊交接鞍部，地勢高但因筆架山屏障之，故尙稱陰溼處，列爲「青剛櫟－水金京－楊梅－樹杞過渡亞簡叢」，次優勢喬木如大葉楠、大明橘、紅楠、山香圓等；黃守先(1958)舉台北縣海拔100～1,500公尺間，列有「青剛櫟－楓香社會」；南台大武山系東側，溪畔250～350公尺爲青剛櫟與山枇杷的群落，伴生有九芎、小葉桑、月桃、九節木等(楊遠波、呂勝由、陳擎霞，1988)；楊遠波、呂勝由、林則桐(1990)對太魯閣國家公園巴達崗石灰岩地，海拔600公尺、坡度40°、東向崩積地、含石率60%的2個樣區計量，100平方公尺內的青剛櫟有13.5株，胸高斷面積382.5平方公分，列爲「阿里山千金榆－青剛櫟社會」，是陳玉峯(1995a)宣稱之岩生植被，伴生種如石楠、山肉桂、疏果海桐、化香樹、土肉桂等；台北市近郊山區，陳玉峯(1987)則列爲「青剛櫟－銳葉楊梅－大明橘－大頭茶－奧氏虎皮楠優勢社會」；八通關越嶺路，海拔1,200～1,500公尺的岩生植被，則統稱爲「阿里山千金榆－化香樹－青剛櫟－栓皮櫟優勢社會」(陳玉峯，1995a)；高雄縣出雲山自然保護區範圍中，海拔650～800公尺近溪谷的東南坡面，呂福原、廖秋成(1988)列爲「青剛櫟林型」，伴生有樟樹、台灣雅楠、江某、無患子、九芎、台灣櫸木等。此外，如大甲溪700～1,000公尺的台灣二葉松林中，青剛櫟爲伴生種。另如筆者在鹽寮、澳底、中橫、

大坑的青剛櫟雄花穗及新葉(1996.3.27)

火炎山等各地的樣區調查，青剛櫟族群皆爲優勢物種之一。至於劉棠瑞、劉儒淵（1977）之敘述恆春半島植群中的青剛櫟可能是誤鑑定者。

台中大坑地區頭嵙山層的青剛櫟，盛行於海拔500～856公尺，且在社會分類方面，可列爲「青剛櫟—香楠優勢社會」及「無患子—青剛櫟優勢社會」，但評比全台低地類似社會之後，筆者認爲青剛櫟的分佈中心傾向於溼岩型單位（陳玉峯，2001b）。

筆者調查南橫全線植物及植物社會得知，青剛櫟在西段普遍出現於台20-110.5～120.5K之間，或海拔約1,450公尺以下地區；東段則存在於台20-167.5K以降，或海拔1,700公尺以下地區，呈現東高西低的現象，但無論東、西兩側，立地條件基本上是屬於岩生植被，且東段數量顯著多於西段。

個人的詮釋仍如前述，青剛櫟的分佈中心傾向於潤溼大氣的東北半壁江山。其在南橫西段可形成「青剛櫟・阿里山千金榆・台灣櫸木・菲律賓樟・山肉桂優勢社會」，即台20-109.6～120.5K之間，或海拔915～1,429公尺之間的植群；南橫東段則存有「青剛櫟・台灣櫸木・阿里山千金榆・天龍二葉松優勢社會」，例如台20-177～179.2K之間，或海拔1,100～950公尺之間，而台20-179.2～188K之間的植被主體，可謂之爲「太魯閣櫟・青剛櫟・台灣櫸木・阿里山千金榆・天龍二葉松優勢社會」，又，台20-188K之下，以迄海端之間的山地，存有「太魯閣櫟・青剛櫟・黃連木・台灣櫸木優勢社會」，以及「青剛櫟・台灣櫸木・黃連木優勢社會」（陳玉峯，2006）。

在天龍吊橋至台20-179.2K（伊巴諾）之間的天龍古道，海拔介於721～958公尺，步道長度約1,088.9公尺，步道兩側調查526株木本

青剛櫟小苗葉片多變異（2006.4.5；台中）

大坑的青剛櫟堅果（1995.11.30）

植物，青剛櫟高達71株（13.5%），佔所有56種木本植物之冠；而且，這些青剛櫟族群單株單幹者有18株，單株雙幹者及單株三幹者各14株，單株青剛櫟擁有16個分幹者有2株，也就是說，青剛櫟具有「駢幹現象」（陳玉峯，1996；2001b）。

這71株青剛櫟當中，胸徑介於41～50公分者僅1株，介於11～20公分之間最多，有30株，樹齡大約以15.7（～24）至28.6（～43.5）年之間爲最多，最大樹估計在108年以下。換句話說，更新速率快，且不易長壽。

青剛櫟的生長方面，谷雲川、邱俊雄

大坑的青剛櫟堅果變異（陳月霞攝；1996.1.26）

(1974)測量海拔500公尺，蓮花池東南地域22株的結果顯示，胸高直徑45公分者，樹高20公尺、樹齡64年，平均每年長出直徑0.7公分；亦有記錄胸徑58公分，樹齡125年，年生長只0.46公分，另錄有木材特徵等(張豐吉、杜明宏，1993)；日治時代即描述少見大徑木(金平亮三，1936)可見其樹齡有限，更新代謝迅速。

一般圖鑑或通俗性植物圖書皆介紹青剛櫟的堅果及嫩葉可食(鄭元春，1987)；郭達仁等(1986)則記錄櫃鳥吃食堅果；筆者見過多次松鼠啃食；民間則嗜用其作爲香菇種植木材，而胡弘道(1992)則指其可供高價的台灣塊菇(*Tricholoma formosanum*)的培育；另如胡弘道、鄭玉苹(2001)等；其樹皮含單寧13.7%、灰分8.3%，種子含油1.32%，本草綱目卷卅宣稱「仁苦、澀平、止渴、破惡血，治洩痢，令人不飢……嫩葉療瘡……」(甘偉松編，1970)；另有人記載可消腫、解毒等，但筆者不知有無經過研究證實？

傳染病變方面，1941年以降迭有報導，例如青剛櫟小煤煙病菌(*Meliola cyclobalanopcina*)(Chen, 1965)；1959年Sawada記載白粉病原菌(*Microsphaera alphitoides*)，初則在葉片上下表面及新梢形成白色圓形病斑，漸擴大而形成濃密白粉，與樟樹白粉病同菌種(謝煥儒，1983)。

綜合言之，筆者推論青剛櫟係成種演化完成後，才遷移至台灣低地者，也就是在最近一次冰河期或充其量里斯冰期(四十萬年前至三十二萬年前)，經由冰河期海底陸橋成功的引渡，且其尙屬活躍的演變階段，很可能正進行新種的特化過程也未可知。雖其高度適應台灣低山岩生環境，基本性格仍宜溫暖潮溼，故偏向中、北部立地。未來可能演化爲多個特產分類群；其傳播或與松鼠、鳥類等動物及重力有關；其族群廣佈低地，且近世以降，伴隨氣溫增高而向中、高海拔拓展。

青剛櫟分佈於喜馬拉亞山系、印度、中國、韓、日、琉球群島及台灣；台灣以中、北東部低海拔爲中心，集中於100～1,500公尺間，極限分佈可達海拔2,200公尺左右。

關於物候方面，以其分佈廣闊，故花、果期大致有2～3個月的時差，平均而言，每年1～4月可見新葉芽且老葉汰換，3～5月花期，4～6月果實生長，6～8月茁壯，8～12月果熟，9月以後落果，可延至隔年2月尙有殘果。而羅漢強、黃子銘(2005)敘述青剛櫟小孢子之發生，3月上旬可見雄花原體，4月中旬花粉粒散發；李權裕、陳明義(2004)以三年時程，觀察關刀溪包括青剛櫟等12種殼斗科樹種的物候，宣稱所有物種的果熟期皆在8～12月，落果期都在9月至隔年2月。

→青剛櫟成熟堅果(陳月霞攝)

←南橫霧鹿峽谷古道以青剛櫟的株數為所有樹種之冠（2005.11.11）

森氏櫟 *Cyclobalanopsis morii*（Hay.）Schottky

殼斗科 Fagaceae

台灣特產種；《台灣植物誌》敘述全台中央山脈海拔1,600～2,400公尺，時而形成純林分（？）。

常綠中、大喬木，直徑可達1公尺以上（金平亮三，1936，於阿里山拍得2公尺直徑的大樹），樹幹往往是不規則的圓柱狀，第一枝下高可達15公尺，樹皮茶褐色，小枝條灰黑色；葉革質，常亮綠彷同鍍蠟，長橢圓或倒卵形，先端突尖成小尾狀，基部鈍，且筆者在野外鑑定，常憑藉中肋左右兩側的葉基不對稱，或歪基，即可輕易判斷森氏櫟，葉上半段常有鈍鋸齒，新生葉背常有褐絨毛，葉長5～10公分、寬2.5～4.5公分，葉表中肋略成凹溝，葉背則中肋凸起，第一側脈約8～12對；植物誌記載4月開雄花穗，10～11月果熟，殼斗杯狀，質厚，成熟殼斗徑約2公分，高約1.5公分，鱗片7～10輪，杯內者有絨毛，杯外者有壓縮毛。堅果球形至長橢圓形，成熟時由綠轉亮褐色。又；Liao（1970）檢驗標本館標本，敘述葉長7～10.8公分、寬2.9～3.7公分，4月開雄花，10～11月果熟。

森氏櫟之所以命此種小名及中文俗名，乃因早田文藏博士於1911年命名之際，他所依據的模式標本，即1906年10月，川上瀧彌（T. Kawakami）及森丑之助（U. Mori）前往玉山採集，於海拔約1,970公尺附近所採到的標本，早田氏認爲是台灣特產種，遂以森先生（Mori）的姓氏來命種小名，中文俗名援用此義，即紀念採集者森丑之助也（川上及森氏的玉山行記錄，如陳玉峯，1997）；日文俗名亦稱Mori-gasi，另一名爲Taiwan-akagasi，aka即赤或紅色，也就是「台灣赤柯」；劉棠瑞（1960）書寫英文俗名爲Red oak及Mori oak，中文俗名則用「赤柯」。至於日本人爲何叫「赤」柯，依筆者經驗推測，森氏櫟在春季吐露大量新葉芽，新葉芽呈現漂亮的暗紫紅色，滿樹暗紅之故？然而金平亮三（1936；128頁）記載的台灣俗名叫「赤柯」，說是埔里及蓮花池一帶的稱謂，若屬實，則是台灣人（或原住民）依紅嫩葉而取名者？

據此，筆者認爲第一份森氏櫟的引證標本，係在二萬坪附近所採集。

日治時代森氏櫟最負盛名的產地是阿里山區，金平亮三（1936）敘述產於中央山脈海拔2,000公尺左右，檜木林的下部最多（註：劉棠瑞，1960；改述為針闊葉樹混生林內），阿里山的平遮那附近特別多見森氏櫟純林（今則砍伐殆盡，劉棠瑞，1960；594頁），金平氏加註：木材堅重，氣乾比重0.99，是最重要的殼斗科木材，但該時尚未廣加利用。金平氏在其著作的第124～125頁之間，還附上兩張森氏櫟的照片，金平自拍的森氏櫟樹幹直徑2公尺，另一張是佐佐木舜一所拍。

森氏櫟的海拔分佈除上述之外，林試所(1957)的資料說是1,750～2,300公尺，地點有阿里山、鞍馬山、八仙山；Liao(1970)記載中央山脈1,600～2,400公尺，廖氏檢查的標本是新竹縣Kuaishan，台中縣鞍馬山、佳

森氏櫟春芽新葉(2003.3.30；阿里山)

森氏櫟雄花穗(陳月霞攝；1986.4.18；新中橫)

陽、Saramao，南投縣巒大山，嘉義縣阿里山，台東縣鬼湖、大武，花蓮縣大禹嶺，宜蘭縣太平山。奇怪的是廖氏說森氏櫟的分佈是中國及日本，他在《樹木學》一書中(209頁)仍然說是「分佈我國及日本」(劉棠瑞、廖日京，1980)；柳榗(1968a)列為1,800～2,300公尺；沈中桴(1984)敘述1,600～2,600公尺，沿用金平氏平遮那純林之說，加上一句「本省常綠殼斗科植物能成純林者殆僅本種，顯見其祖先來自北溫帶」(註：思考跳躍太快，讀者難解)，「分佈北起竹東鹿場大山、觀霧、檜山、大霸尖山、南湖大山、棲蘭山、太平山一帶，南達知本鬼湖，花、東境內之中央山脈側諸高山如清水山、太魯閣山、木瓜山等地，至台東南橫沿線、延平、桃源(註：應在高雄縣境)等地，皆大量分佈」；陳明義等人(1990)對台東海岸山脈新港山(1,628公尺，最高山)與成廣澳山(1,597公尺)之間的林務局「台東海岸山脈闊葉林自然保護區」作調查，植物目錄列有森氏櫟、長尾柯、嶺南青剛櫟等，樣區只有9個，最高海拔為1,450公尺，但所有樣區完全不見森氏櫟的出現，報告中看不出有無攀登新港山，筆者由此猜測(假設植物目錄準確)，森氏櫟在新港山海拔約1,450～1,500公尺為孑遺殘存的最低界限。因為該植物目錄欠缺台灣紅榨楓，卻有昆欄樹、台灣瘤足蕨等，筆者推論上次冰河時期(註：筆者另文討論海岸山脈，認為其充其量只經歷一次冰河時期)部分檜木林帶的物種曾經下降至海岸山脈，但氣候回暖後，多數物種被淘汰，森氏櫟很可能是最後孑遺者之一。以東台植被帶而論，筆者認為台灣東部的檜木林帶比西部，海拔約下降100～200公尺，植物較之西部之下降乃屬合理，故而森氏櫟在台東海岸山脈應為極限分佈；又，佐佐木舜一(1922；轉引陳玉峯，2004)玉山山彙記錄之森氏

櫟，海拔介於1,515～2,727公尺之間。

又，以八通關古道爲例，以東埔溫泉登山口爲0K（海拔1,120公尺）算起，經樂樂山屋、乙女瀑布之後，在路程接近9K（海拔1,980公尺）附近才遇到森氏櫟（對關在10.16K，海拔2,130公尺；陳玉峯，1995a，176頁）；筆者在八通關古道的沿線密集調查，在海拔1,720公尺的西南坡樣區，即長尾柯／錐果櫟的社會中，記錄是森氏櫟的分佈下限地，這條路的森氏櫟族群並不發達，無法列入優勢種（陳玉峯，1995a；203頁）。

綜合上述，夥同個人經驗，筆者認爲森氏櫟的分佈中心應在1,800～2,300公尺之間，極限分佈（中部地區）爲1,500～2,600公尺，此所以筆者歷來皆將森氏櫟視爲紅檜林的指標物種，且其分佈較狹隘，有可能係隨紅檜由日本來到台灣者，而紅檜來台後演化出台灣特產種，森氏櫟亦成爲「台獨份子」，柳榗（1968a）亦提及在日本的相近種，推測森氏櫟爲「本省之一古固有種」。

森氏櫟之形成所謂純林，歷來只有金平亮三（1936）說是在平遮那地區，之後，許多人襲抄，但筆者不知道是如何「純林法」？然而，植被調查中，森氏櫟零散被列入優勢種或共配優勢種，例如郭耀綸、楊勝任（1990）敘述霧頭山海拔1,950～2,050公尺之間的「森氏櫟—長尾柯亞型」；陳玉峯（2001）之「昆欄樹—森氏櫟優勢社會」（小鬼湖，2,050公尺）、「台灣鐵杉—森氏櫟優勢社會」（知本主山小稜脊，2,160公尺）；陳玉峯（1995a）之「長尾柯—鬼櫟—森氏櫟優勢社會」（祝山，海拔

↑**森氏櫟堅果**（1987.11.15；卡社溪）
↓**森氏櫟雄花穗**（1988.4.29；中橫碧綠神木旁）

南橫(台20-135K)路旁傾斜的森氏櫟(2005.6.22)

森氏櫟初果(陳月霞攝；2005.6.22；台20-135K)

2,150公尺)；呂福原、歐辰雄、呂金誠(1994)之「紅檜—森氏櫟林型」(玉里野生動物自然保護區，1,800～2,400公尺)等。

森氏櫟的花果期，廖日京教授記載為雄花4月，果熟10～11月(見前)；沈中桴(1984)謂花期4～5月，果實隔年10～11月成熟。筆者在阿里山區夥同中部中海拔各地的登錄認為，森氏櫟在3月至4月初抽出大量新葉芽，亦有落葉，3月底、4月間開雄花，果實較大的季節在9～12月間，12月下旬開始較明顯落葉，直至隔年出新葉之際尚有落葉。森氏櫟的暗紅葉芽足以列為景觀樹盛景。

然而，森氏櫟的花果較難見及，往往不見開花或結實，但側幹萌長旁櫱的能力很強，阿里山慈雲寺正門口小鳥居下方，沿台階下來有一木製觀景台(2001年建)，觀景台之後右轉，下走步道，轉彎角那株森氏櫟筆者多年未見開花，但其幹旁側芽叢生；鄧英才、袁一士、李丁松(1992)敘述，森氏櫟4月開花，採種適期為12～1月，森氏櫟與赤皮椆的扦插繁殖均不容易成活。「森氏櫟之母樹開花者極少，甚或不開花，採種不易，是否與日光、營養及授粉不良等有關，擬繼續深入調查森氏櫟是否有長週期開花結實之情形」，若森氏櫟如此，則應在豐年時大量採種，始能育苗造林。依據鄧英才等人的報告，筆者無法得知其調查的森氏櫟位於何處，但個人無法同意與陽光的關係，因在阿里山區的族群植株，陽光甚為充足，筆者在阿里山長年所見，單獨一株樹生長的森氏櫟，其樹體長成近乎卵形、圓形，是所有阿里山樹木當中最渾圓者，2000年之前，第四分道火車站下方有株森氏櫟渾圓天成，筆者在夕陽下拍得幻燈片，可惜該株森氏櫟已被人伐除；阿里山木蘭園苗圃山坡(圍欄內)另有株森氏櫟亦屬略渾圓者；慈雲寺下方左遠側亦有株卵狀橢圓體型者，也就是說，森氏櫟體態屬於古「維納斯型」，豐滿肥腴。

由森氏櫟之花果少見，筆者擔心其是否屬於古老退縮型物種？但由日治時代資料及野調所見，森氏櫟仍然充滿生機，數量亦不少，但願其只是每隔多年始見大量花果的樹種，無論如何，研究欠缺乃台灣數十年來的通病。

林渭訪、薛承健(1950)收錄的資料敘述，森氏櫟的氣乾材比重0.91（金平亮三，1936，乃0.99）；中華林學會編印（1967）的《木材圖誌》則列爲0.91～0.99，筆者不瞭解這些數字是何人何時所做？多少樣品？幾年生木材？夥同龐雜的台灣林業數據，筆者頻常陷入天河恍惚！又，該圖誌將森氏櫟列爲「陽性樹」，不知係何人看法？有何依據？

森氏櫟木材的耐腐性，依據日本人永山規矩雄的十一年八個月的試驗（林渭訪、薛承健，1950，185頁），木條插在土中，五年八個月才腐朽，在84種試材中，屬於耐腐性稍大者（請參看長尾柯）。

鐘永立、張乃航編著的資料（1990）很實在，關於森氏櫟記載種子成熟時黃褐色，一般發芽率25～35%，約需25～60天發芽。1公升種子有322粒，1公斤有520粒，1,000粒種子重1,880公克。其所繪製的種子發芽如圖五。

佐佐木舜一（1922；轉引陳玉峯，2004，829頁）記載，森氏櫟根部寄生有台灣奴草。

阿里山木蘭園的森氏櫟植株（2003.3.30）

阿里山第四分道新火車站前的森氏櫟，不幸於2000年被伐除。

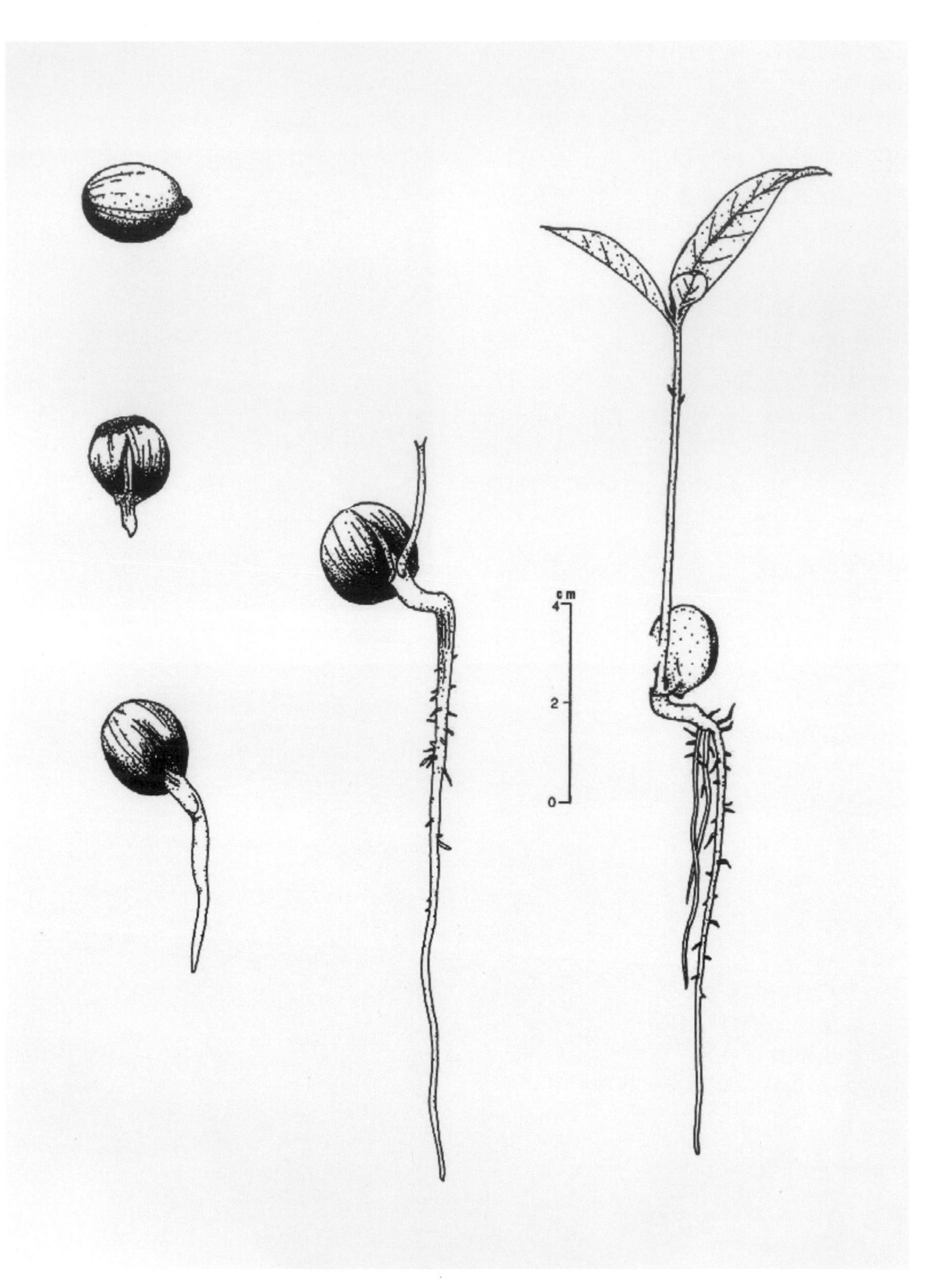

圖五　森氏櫟種子發芽描繪

資料來源：轉引鐘永立、張乃航，1990。

狹葉櫟

***Cyclobalanopsis stenophylloides*（Hay.）Kudo & Masamune *ex* Kudo**

殼斗科 Fagaceae

台灣特產種；分佈於全台海拔900～2,600公尺山區(《台灣植物誌》)。

常綠大、中喬木；葉爲厚紙質或革質(金平亮三，1936等，皆謂革質)，卵狀長橢圓或卵狀披針形，先端漸尖，基圓或鈍，側脈11～15對，平行整齊狀(在葉背凸出)，鋸齒緣的齒尖有芒刺狀，長約8～12公分、寬約2.5～4.5公分，葉背常爲粉白色、細毛，但會脫落，中肋在葉表平坦，在葉背則凸起；殼斗倒圓錐形，成熟者徑約1.4公分，長約1公分，鱗片作螺旋狀排列，約5～6輪，有絨毛，堅果橢圓形，成熟時長約2公分、徑約1.4公分。

《台灣植物誌》敘述雄花於5～6月開花，花序長約5公分。

狹葉櫟的命名是早田文藏於1914年所發表，模式標本係由K. Uyematsu於1912年9月，在阿里山所採集，編號112號(2份)。早田氏在命名敘述中加註，很接近*Quercus stenophylla* Mk.，但狹葉櫟的葉較厚，鋸齒也不同。因此，阿里山是「狹葉櫟」的誕生地，又是台灣特產。金平亮三(1936)敘述其分佈爲阿里山、玉山、鹿城(場？)大山、大武山、浸水營等地；林試所(1957)資料輯錄海拔分佈1,300～3,000公尺，比金平氏者多記錄了鞍馬山、六龜南鳳山；柳榗(1968a)延用1,300～3,000公尺之說，其認爲台灣的狹葉櫟由形態看來，與分佈於日本、韓國及琉球的*Quercus salisina*極其相似，從韓國南部至日本南部，經琉球而與本省相連，故本種或爲冰期進入本省而分化者」，「……爲一古固有種」。

筆者認爲台灣島由海底經地震、斷層逆衝而出，大約二百五十萬年前開始冒出海面，且二百五十萬年來大約經歷4次大冰河期，冰河期全球大海退，台灣島與中國大陸棚、日本、琉球、菲律賓島弧陸域相連，酷寒氣候逼迫東喜馬拉雅山系、日本等北方生物大舉南來台灣，第一次植群大南遷可能發生在二百萬年前至一百三十五萬年前，或一百五十萬年前前後，但台灣係在二百萬年前至一百二十萬年前期間蓬萊造山運動才形成今之高山；一百二十萬年前至一百萬年前第二次冰河時期發生，植物第二次大遷來

狹葉櫟雄花穗枯萎(2005.5.8；南橫)

台；第三次冰河期大約落在四十萬年前至三十萬年前；近十萬年來以迄約八千年前發生第四次冰河期（陳玉峯，1995a），而且，檜木林帶的諸多物種包括檜木，有可能即第一或第二次冰河期自日本遷來台灣者，此所以檜木、昆欄樹的分佈是日本、台灣，而不見於其他地區的成因（檜木在北美洲亦存在，推測係在更早之前，亞洲與美洲分離時，檜木的祖先分居北美及東亞之故）（陳玉峯，1995a；2001）；而狹葉櫟較有可能是第二次或第三次冰河時期，循日本、琉球的相同路線來到台灣（因為由地下孢粉的分析，殼斗科物種的崛起較晚），亦有若干可能係隨檜木來台者，但這些都只是薄弱科學證據下的推測。無論如何，狹葉櫟的祖先來到台灣以後，隨氣候變遷作海拔上下的推移，大抵跟在檜木林之下，而演化出全球僅止於台灣獨有的特產種。而有人認爲殼斗科等樹木大約三十萬年才會產生新種，則狹葉櫟自有可能在第三次或第二次冰河期來台後，蛻變成爲「台獨化」。

沈中桴（1984）的碩士論文詳述狹葉櫟的相近種在日本的學名變遷，檢驗早田文藏1914年命名的模式標本等，討論廖日京教授後來的處理，從而將狹葉櫟視同日本的柳葉青岡（*Quercus salicina* Blume），而採用此學名，附帶說明阿里山的柳葉青岡（狹葉櫟）比日本產者，具有葉較寬肥的植株，而且，將石碇皇帝殿等地所產的黑櫟〔*Cyclobalanopsis myrsinifolia* (Bl.) Oerst.〕，處理爲柳葉青岡（狹葉櫟）的變種。然而，迄今似乎無人討論沈氏的見解，遑論其命名與學名處理。而筆者認爲狹葉櫟與黑櫟應爲連續性（形態）變化，將黑櫟視爲狹葉櫟北降型的變異，而在中部地區如大凍山的狹葉櫟（陳玉峯、楊國禎，2005），筆者在野地鑑定時，實與黑櫟難以區分，倍感困頓。

←神木林道狹葉櫟的新葉（1987.4.15）

狹葉櫟初果（2005.5.24；台20-131K）

狹葉櫟落葉（陳月霞攝）

狹葉櫟舊葉、新葉與雄花穗（1987.4.15；神木林道）

狹葉櫟植株(2005.6.30；台20-141.5K)

沈中桴(1984)敘述的狹葉櫟，廣佈於中、高海拔1,100～2,600公尺，數量極多。花期4～5月，果翌年9～10月成熟，而海拔2,300公尺以上，有些狹葉櫟葉片極小、較圓肥等，沈氏認為或可處理為高地的變異群。

筆者在阿里山區及中部中高海拔的登錄顯示，狹葉櫟約每年4月抽出年度新葉芽，同時抽展雄花序開花，而落葉一併發生，但其花期似乎較短，前後僅約1個月；5～6月新葉成熟；較成熟的果實存在於9～11月，但全年似皆可見大小不等的殼斗，然而，筆者不確知果實的發育時期；12月以降至隔年4月為顯著落葉期。

調查經驗得知，狹葉櫟的上部界可上伸台灣鐵杉林帶，比長尾柯分佈更高(更接近溫帶樹種)，歷來有許多報告皆將狹葉櫟記錄成領導優勢或共配優勢種，例如廖秋成(1979)的「狹葉櫟－蘭崁千金榆－校力簡叢」、「狹葉櫟－大明橘－短尾柯簡叢」、「狹葉櫟－大葉柯－長尾柯群叢」、「狹葉櫟－短尾柯－薯豆－厚皮香簡叢」、「狹葉櫟－高山櫟－厚皮香中途簡叢」等；童兆雄(1980)之「狹葉櫟－三斗柯簡叢」等；黃獻文等(1984)之「狹葉櫟－奧氏虎皮楠－長葉木薑子優勢型」等；陳玉峯(1995a)之「狹葉櫟／長尾柯／假長葉楠／木荷優勢社會」(郡大山脈海拔1,650～2,100公尺之間)，以及其下的「狹葉櫟／木荷優勢社會」等，亦不乏與台灣鐵杉、紅檜共組社會者。

筆者認為狹葉櫟是銜接檜木林帶，以及上部闊葉林帶的指標樹木，係殼斗科少數海拔分佈最高的種類之一；其生態幅度較寬廣，自原始森林以迄次生林皆可存在；其可能(如上述)為台灣較古老的殼斗科樹種，被多數人認定為台灣特產，無論如何，狹葉櫟代表台灣「原住生民」在本土長期演化的悠遠故事，其秘密有待深入研究。至於狹葉櫟是否等同於日本的柳葉青岡，筆者檢視林弥榮(1985)的日本樹木彩色圖譜，乍看之下，筆者傾向於認為不同於台灣的狹葉櫟，故仍採用特產種的學名。

←狹葉櫟初果(陳月霞攝；2005.5.24；台20-131K)

10

猴栗（校力；杏葉石櫟）

***Lithocarpus amygdalifolius*（Skan）Hay.**

殼斗科 Fagaceae

分佈於中國及台灣；台灣產於中、南部海拔1,500～2,000公尺，恆春半島200～500公尺等地區（《台灣植物誌》一、二版）。

常綠大喬木，大樹直徑可至2公尺，且幹基常有板根，樹皮有灰白色斑點而剝落，樹幹通直；葉形披針長橢圓，長10～15公分、寬約長度的1/4，先端長尾漸尖，全緣，革質，葉背褐色，葉面中肋略凸起……（金平亮三，1936；又，《台灣植物誌》大抵沿用金平的敘述，而將葉寬改為2.5～3.9公分等；劉棠瑞，1960，則敘述長9～15公分、寬3～3.5公分云云），葉基銳尖至鈍，側脈10～13對，葉柄1.1～1.7公分（《台灣植物誌》）；葇荑花序近頂生，具金棕色毛，單性花，雄花於3～9月開放，7～8朵叢生於花軸上部，下有三角形之小苞片，花被6裂，雄蕊12枚，雌花5～6朵叢生，小苞作覆瓦狀排列；殼斗灰褐色，球形，徑2～2.5公分，單立或2～3叢生，其外側之鱗片（小苞）作覆瓦狀排列，互相癒合；堅果近扁球形，完全包藏於殼斗之內（劉棠瑞，1960）。

金平亮三（1936）敘述埔里地區謂之「校力」，全台分佈，特別是中部海拔1,500～2,000公尺附近很多，而邊材暗灰色，心材赭褐色，木材材質堅硬，氣乾比重0.95～1.16，是台灣「カシ」類之第一位，台灣人常用其材當土礱齒、下駄齒、楔等；林試所（1957）列其海拔分佈爲400～2,400公尺，用途如建築、枕木、橋樑、器具等；劉棠瑞（1960）記載中央山脈海拔1,800公尺左右，較常見；劉棠瑞、廖日京（1980）說是中、南部1,500～2,000公尺之間，恆春半島200～500公尺亦存有；柳榗（1968a）敘述產於全台海拔

猴栗植株（2005.5.17；特富野步道）

300～2,300公尺處，但以中部海拔1,000～2,300公尺處爲最多；沈中桴(1984)陳述，分佈於中部(2,300公尺以下)、南部，「大雪山、鞍馬山、八仙山、集集大山、九份二山、蓮花池、水社大山、惠蓀、霧社等地，向南經溪頭、杉林溪、和社、阿里山、望鄉一帶均甚多，再南經大武山沿中央山脈直至末尾之武威山、大樹林、浸水營等地皆有，進入恆春半島後尤多，雙流、牡丹至南山一帶海拔200～500公尺分佈極多，常爲局部優勢種。本種之最適生育海拔殆在1,000公尺以下(如蓮華池、集集大山一帶)。最北分佈可能止於清水山、和平林道一帶」，然而，1984年之前沈氏憑藉標本及有限經驗作此敘述，可能係因對台灣植被不瞭解之所致，而非前人的敘述錯誤。

佐佐木舜一(1922；轉引自陳玉峯，2004)對玉山山彙的登錄，校力係在海拔約1,500～2,400公尺之間存有，筆者歷來在阿里山區、南投地區的記錄，校力上接紅檜林，

↑猴栗植株(2005.6.9；台20-128K)
↓猴栗初葉(2005.5.24；台20-131K)

下接樟殼森林其他優勢型，海拔約介於1,700～2,400公尺之間，下限約在1,500公尺，上限為2,400公尺。然而，台灣島植被帶南、北兩端呈下降型，更且，自上次冰河期北退，台灣植被帶上遷，台灣又是千、萬座山頭不等程度獨立化、隔離化，物種、植物社會、植被帶往往被壓縮(陳玉峯，1995a)，因而單就海拔來區分或作說明，時而意義盡失。此所以近年來，筆者認為台灣的闊葉林帶無法單獨依據海拔劃分，更且劃分植被帶已無顯著意義，毋寧取決於坡向及土壤化育程度，而將海拔列為次要或變異模式的另一參數而已；此亦所以筆者認為沈中桴(1984)之將校力列為「1,000公尺以下，為最適生育海拔」的不妥之處或部分理由。

沈氏敘述校力「花期極長，2～9月，果翌年8～12月熟」，筆者認為有可能乃藉由各地標本之花、果而得出者，應予進一步實地、實物調查、解析，而筆者在中部中海拔的登錄資料得知，每年大約3～4月間新葉芽及花序芽抽出，5月新葉生長且雄花垂懸開放，6～7月仍見雄花盛花或漸掉落，7月以後可見不等大小的殼斗，12月至隔年3月較易在林地撿到落果。又，殼斗科許多樹種存有冬季或冬春交替間的大量落葉現象，校力、鬼櫟都屬之，森氏櫟甚明顯，但並非落盡，也無光禿現象，介於常綠、半落葉、半半落葉等過渡之間，值得就永久樣區、特定標誌之樹木進行長期觀察與記錄；而果實的成熟或發育，果實與松鼠、星鴉等大嘴鳥種的關係更應探討。

校力形態與鬼櫟時而難以區分，廖日京教授(劉棠瑞、廖日京，1980)的檢索表，說是校力的不稔性枝條(營養葉而非開花枝條)的葉片形小，長10～16公分、寬4公分以下，殼斗之鱗片扁平或稍微隆起，且堅果頂端截形或稍

猴栗去年果實(2005.6.10；台20-131K)

凸出；相對者，鬼櫟的不稔性枝葉，形大，長15～32公分、寬4～10公分，殼斗之鱗片幾呈龍骨狀隆起，堅果頂端凹入。更且，在物種敘述中說，校力小枝具5稜角，側脈10～13對；鬼櫟側脈13～15對。事實上，對植物無經驗的人，隨撿(剪)來的枝葉，很難由此等檢索確定何物種，而廖教授已是全台被公認最具經驗的極其少數前輩之一；沈中桴(1984，24頁)敘述校力幼枝披黃褐毛、漸脫落，葉長10～16(20)公分，側脈13～16對，葉柄及表肋基部黃褐色……，而鬼櫟的幼枝披灰黃至灰白毛、漸脫落，葉長12～24公分，萌櫱的葉長可達30公分以上，為極長之橢圓形，葉較薄，側脈數目與校力無差別云云。對不認識此等植物者，仍然是不知所云。

筆者在野外無殼斗的狀況下，區分校力與鬼櫟大致如下：校力葉背較呈金褐、黃褐色，葉為革質，通常葉較小；鬼櫟葉背較呈銀白、灰白色，葉為厚紙質，葉常較大，側脈較多，約13～18對(校力常在10～15對)；小苗的鑑定則較困難(指野外逢機)，但一般仍可一眼判別(即令筆者如此認為，對一般人而言，仍然是莫宰羊！)，然而，此間存有界限模糊的植株，陳玉峯、楊國禎(2005)在大凍山的族群，僅憑經驗、直覺，委實形成野調的難題，遑論書寫報告如何「安心」下筆，故而

猴栗雄花穗（2005.6.10；台20-131K）

只能加註疑惑。歷來，筆者對不確定、無法確定者，盡可能加註問號，而對許多報告之全稱肯定、武斷、隱瞞或之類者不予苟同。可悲的是科技決定論者無法認知生命非機械，貶斥生命科學、生態學之無法預測、沒有公式或定律、定理等，僅以科學決定論的偏見看待生界，實令人扼腕。

而校力與鬼櫟的疑惑，在於演化上其似乎尚未完全脫離，或正進行雜交（兩者為相反方向），柳榗（1968a）認爲台灣的校力亦分佈於中國海南、福建、廣東等地，Skan氏（1899；轉引柳榗，1968，6～7頁）謂校力與印東及緬甸之*L. truncata*兩種在分佈上相連，形態、親緣相近，或說校力是*L. truncata*的相關種，或衍生種；柳氏又認爲鬼櫟可能是校力的衍生之種，但尚未充分擴張。

簡單而直接的說，柳榗推測校力的親緣或血緣可能來自印度及緬甸的*L. truncata*，來到台灣之後，又演化出另一種鬼櫟。至於眞相如何，迄今無人瞭解或探討鬼櫟到底「搞了什麼鬼」？

校力「重要性僅次於赤皮而居第二位」，蓄積亦有相當數量。生長速度中庸或稍緩，生育於台中蓮花池者66年生時，樹高17.4公尺，胸高直徑17.6公分。其在新竹縣生育者（3株平均），生長如表六。

邊心材區別明顯……質最堅硬，比重之大居本省產櫧柯櫟類（註：與金平亮三，1936，敘述一模一樣，其將日文カシ類翻譯成「櫧、柯、櫟類」，而筆者不確定那些物種）之第一位……木材供建築、車輛、農具、榨油機楔木、土礱齒、木屐齒等用（林渭訪、薛承健，1950）。

而中華林學會編印（1967）的《木材圖誌》，敘述校力分佈於海拔1,500～2,000公尺，蓄積量頗多，全台「石櫟類等」蓄積約18,727,620.58立方公尺，僅次於短尾柯之蓄積量。然而，筆者不清楚石櫟類到底包括哪幾種樹，更無法理解……0.58立方公尺的精確度？

校力似可形成檜木林之下方（指脫離檜木林帶之後），台灣最高海拔的上部闊葉林優勢社會的領導優勢種，例如柳榗（1970）即引王

表六

齡階（年）	5	10	15	20	22
胸高直徑（cm）	1.73	3.97	5.94	7.64	8.12
樹高（m）	2.36	5.45	7.94	9.42	9.82
材積（m^3）	0.000696	0.005704	0.013357	0.019896	0.021426

仁禮(1968；轉引柳榗，1970)調查南投埔里濁水事業區第3、4林班，海拔1,750～2,250公尺處的資料，訂名為「苦扁桃葉石櫟(即校力)、卡氏櫧(即長尾柯)群叢」，係柳氏將台灣700～2,100公尺之間的闊葉林命名為「溫暖帶雨林群系」，其中，臚列有7個所謂群叢，而「校力—長尾柯」即為其一。然而，以筆者歷來的樣區調查經驗與結果，認為柳氏以有限他人資料而列出的此單位，不盡屬客觀，而認為長尾柯才是眞正的領導優勢種，校力容或在局部地區存有較大優勢度，畢竟屬於少數或罕見者，多數時候，校力乃長尾柯優勢社會或相關單位的次優勢，或僅為伴生物種。

毫無疑問，校力是台灣上部原始闊葉林的指標樹種之一，其耐陰、嗜好土壤化育良好之演替後期的原始林生育地，乃台灣終極群落的重要物種之一。

校力在《諸羅縣誌》中謂之「猴栗」；至日治時代被寫成「校力」(例如金平亮三，1936)，也有書為「校栗」，竹山、嘉義、鳳山、旗山台東地區謂之「厚栗」，新竹竹東則說成「狗栗仔」，謝阿才(1963)認為「校力、校栗、厚栗」等，皆是「猴栗」的訛傳。也就是說，台灣人在清朝時代對「校力」的命名，取義於「猴子的栗子」，故名「猴栗」，是日本人在中文、台語等「以音造字」，扭曲原義而變成「校力」；國府治台以後，植物分類學者、林業人員不察，沿用日本人錯用，故而今仍叫做「校力」，則是否該為「校力」正名為「猴栗」？

猴栗初葉、老葉及初果(2005.5.24；台20-131K)

鬼櫟巨木（陳月霞攝；霧太古道）

鬼(石)櫟 *Lithocarpus lepidocarpus*（Hay.）Hay.

殼斗科 Fagaceae

台灣特產種；《台灣植物誌》(一、二版)敘述其分佈爲中、南部海拔1,000～2,300公尺之間，但恆春半島的高士佛山，海拔約300公尺附近，數量特別豐富。

常綠大喬木，樹皮粗糙，老樹(徑可至80公分)時剝落(金平亮三，1936)；葉披針狀長橢圓至長橢圓形，長15～20公分、寬4～7公分，先端尾漸尖，略波狀緣，葉背灰白，第一側脈13～15對，葉片厚紙質(劉棠瑞，1960，敘述為厚革質)；殼斗單個或3～5粒簇生，球形，先端微凹，徑可達3公分，密披鱗片，且呈螺旋狀覆瓦排列；堅果先端截形。

金平氏敘述產地爲阿里山海拔1,800～2,300公尺，蓄積量少，原住民燒烤堅果食用；林業試驗所(1957)記載爲1,100～2,300公尺；劉棠瑞(1960)亦爲1,100～2,300公尺；劉棠瑞、廖日京(1980)則記爲「產台灣中、南部，如溪頭鳳凰山麓、和社山中，海拔1,100～2,300公尺……」；柳榗(1968a)亦承襲1,100～2,300公尺之說；沈中桴(1984)整理標本館的標本，敘述「分佈以中、南部較高海拔爲主(1,000～2,800公尺)。北起佳保台、八仙山，經九份二山、惠蓀、霧社、翠峰、幼獅、水社大山、和社、溪頭、杉林溪、阿里山、南橫向陽、扇平，達於屏東浸水營越附近；東部北起花蓮和平林道、清水山，經嵐山、木瓜山、西林、台東大浦山、知本32林班，至台東浸水營一帶……數量最多區域在投、嘉、高、花諸縣縣界稜線兩側之合宜海拔……本種特徵穩定，顯示……進入台灣而在台灣進行演化者」；而實證調查者如佐佐木舜一(1922；轉引陳玉峯，2004)，玉山山彙之鬼櫟分佈大約介於海拔1,200～2,100公尺之間，但因佐佐木氏係以每隔1,000日尺(303.3公尺)爲記錄者，故亦可能落

台20-126.3K旁的鬼櫟(2005.6.8)

在約1,400（1,500）～2,100公尺之間。而筆者在八通關古道的最高記錄約在2,400公尺。

筆者長期進行野調及文獻整理，深切瞭解，無人可以明確掌握台灣繁多植物眞實的分佈狀況（即令假設完完全全得知某種類任何一株的存在點，但隨時間進行，亦在作複雜的生、死變化），

鬼櫟小堅果（2005.5.24；台20-131K）

鬼櫟葉背側脈隆起（2005.5.24；台20-131K）

似値」，或歸納與推測，然而，歸納與推測完全建立在實證記錄之上，但免不了有時僅憑經驗記憶而爲之，而非有引證標本。標本館的標本罕見有採集者明確記載精準的採集點，以及海拔等資料（現今已可用GPS衛星定位儀），因此，要求眞正符合自然界的精準敘述，自屬難上加難，然而，研究者的個性、治學態度、嚴謹度的自我要求、耗費的時間或勞力、被研究物種客觀上的難易度、經驗水準……，林林總總的因素，導致結果的天差地別，故而難以「公平、客觀」評價之，或礙於人情世故，幾乎無人願意衝撞此等「蜂窩」，而在道德或社會風氣要求相對嚴格的時代，平均而言，其數據可信度較高，亦是不爭之實。

等而下之者，近二、三十年來，由於推廣教育、環境教育、生態旅遊與解說，流行病般傳染，一大票非研究者、業餘插花者著書立論多如牛毛，由於學養不足、欠缺實證精神與經驗，有樣學樣，天下資訊大亂抄，從歷來著作（例如早田文藏到金平亮三，已將樹木作了相對最精細的描述，國府治台後第一代大抵沿用之）的抄襲，下一代比上一代抄得更簡陋，或抄襲錯誤，或加上誤解與自我想像，或筆誤，從而每況愈下，且幾乎完全拋棄引證道德，因而現今坊間植物圖譜、解說叢書良莠不齊，荒腔走板者到處充斥。亂抄、誤抄且抄的功夫亦有天壤之別，弔詭、奧妙千變萬化，台灣誠仿冒、抄襲的海盜王國，於今達頂峰。

金平氏的1,800～2,300公尺敘述，很可能是自身的採集記錄，佐佐木舜一是實際現地記錄者；林試所自日本時代整理的1,100～2,300公尺，是資料彙整或日人撰述，依據無從得知。劉棠瑞（1960）及柳榗（1968a）可能係沿用而已，劉棠瑞、廖日京（1980）的1,000～2,300公尺爲何差100公尺，只能問廖

教授（筆者很尊敬廖教授，且相信他的水準）；沈中桴（1984）雖然以實證標本引述，但筆者懷疑1,000～2,800公尺是否為1,000～2,300公尺的沿用之筆誤？因為2,800公尺乃台灣鐵杉或有時冷杉林，出現鬼石櫟的機會甚低，如果是極端分佈，除非有精準的標本或其他引證，或誠實的自由心證，否則難以相信。

在此「吹毛求疵」之目的，在於引出處理野外實證經驗記錄之原則：

（1）敘述盡可能依據現地之時間、地點或位置的相對數據，野調有必要盡可能準確記載之。

（2）知之為知之、不知為不知，敘述平實，不必蓄意「藏拙」而浮誇欺騙。

（3）引證者一定註明出處，有許多不知最早敘述者，容或存有模糊地帶，但自己無法判斷者，仍盡可能列出撰寫者之所本。

（4）無法引證，或出自研究者、調查者、撰寫者自己的經驗、研判等，應予說明，文責自負。

（5）綜合、歸納式寫法，不宜以肯定、全稱、斷然、二分方式陳述，以免誤導別人。

（6）盡可能排除訴諸權威、威權的誤謬，任何人都免不了有所瑕疵，但愈是多加評比，愈能逼近「事實」；然而，在許多混亂現象中，時而只能直覺「相信」特定人士的判斷。

誠如前述，吾人在自然界中的記錄只是瞎子摸象，再嚴苛的要求，不過是自由心證的自我鞭策而已。

鬼石櫟的花期在7～10月，沈中桴（1984）敘述，果實翌年8～11月成熟；筆者的記錄顯示，6月底見有花序，7～8月雄花顯著，9月小殼斗成形，但似乎終年都可見到大小不等的殼斗，10～12月見有大殼斗或成熟者，12月至隔年3月，林下易撿到落果，但常被動物或昆蟲等蝕蛀；12月至隔年3月，落葉似乎較多，4月可見新葉芽較顯著抽出，但夏季仍斷續有新葉長出。而筆者的印象中，鬼石櫟的分佈係在校力之下，也就是脫離檜木林帶之後，台灣的上部闊葉林中的伴生或偶見優勢種，至於恆春半島的高士佛山等，筆者認為是植被帶南北兩端下降型使然，或說最後一次冰河引退後，植物上遷，而南台低山植被帶遂被壓縮。

鬼櫟既是特產種，鬼字如何而來筆者尚未查出，而鬼櫟與校力之間似乎存有模糊地帶，陳玉峯、楊國禎（2005）認為大凍山的鬼櫟族群很詭異，形態介於校力與鬼櫟典型者之間，很難憑葉片鑑定。柳榗（1968a）認為鬼櫟與校力的形態相似，工藤（Kudo, 1931；轉引柳榗，1968a）曾將鬼櫟訂為校力的變型，而其分佈亦在校力的分佈範圍之內，「從形態與分佈而言」，似為校力之衍生之種，但「分佈尚未充分擴張」，「故本種當為本

→鬼櫟未成熟堅果（2005.9.12；台20-131K）

省之新固有種」，言下之意似乎認爲鬼櫟是從校力分化而來，近來才演化出新種；沈中桴(1984)說鬼櫟與后大埔石櫟(*Pasania kodaihoensis*)的分佈型接近，另只敘述：「本種特徵穩定，顯示爲早期自分佈中心進入台灣而在台灣進行演化者」，但筆者看不出是由何種源來「演化者」？

↑鬼櫟落葉(陳月霞攝；2004.5.2；奮起湖)
↓鬼櫟種子(陳月霞攝)

換句話說，筆者搞不懂鬼櫟的身世，以及形態的變異，只是對典型的校力、鬼櫟有所粗淺的認知而已。鬼櫟在原始上部闊葉林內可以是「長尾柯－鬼櫟－森氏櫟優勢社會」的次優勢種(陳玉峯，1995a，255頁)，該地係祝山山腹，海拔2,150公尺，東南坡向的殼斗科優勢森林，「本單位夥同相近優勢型或其變型，廣泛分佈全台2,500～1,500公尺地區」，筆者視鬼櫟爲上部闊葉林的指標樹種之一，在八通關、觀高、對關，以迄東埔溫泉的所謂古道沿線，似乎以鬼櫟而非校力而存在，鬼櫟在此郡大山脈的陳有蘭溪側之海拔分佈，約介於1,600～2,400公尺之間(除非筆者野外鑑定錯誤！)。

大葉柯 *Pasania kawakamii*（Hay.）Schottky

殼斗科 Fagaceae

1906年10月，總督府植物調查課川上瀧彌（主任）在森丑之助的嚮導下，展開玉山植物採集的探險之旅，其眾多採集品送至早田文藏處理命名與發表，其中，大葉柯的標本，筆者推測係採自阿里山區者，早田氏於1908年命名爲*Quercus*（*Pasania*）*kawakamii* Hay.，也就是將川上瀧彌的姓氏拉丁化爲種小名紀念之。

殼斗科Fagaceae首創於1829年Dumortier氏，乃一群常綠或落葉的樹木，最重大特徵即花的總苞，在開花後長大，且木質化變成殼斗，承托著堅果或包圍堅果，殼斗外壁有一系列的衍生物或變異，通稱爲鱗片，有些變成長短不一的針刺（例如板栗），針刺又有多類分叉變異，有些只成瘤點狀，有些只成鱗片狀，或合生成輪狀、螺旋狀等，總之，總苞變成奇形怪狀的殼斗，承托著或保護堅果的成長；殼斗科的另一重大特徵即單性花、同株、無花瓣，雄花序直立成穗狀、略彎垂，乃至於柔軟下垂謂之葇荑花序。染色體以n＝12爲最多（沈中桴，1984）。

殼斗科下分幾個亞科，再分不同多個屬，以台灣而言，雄花序成直立穗狀或僅略下垂的，有栲屬*Castanopsis*及石櫟屬*Lithocarpus*；而雄花序形成下垂的葇荑狀者，有櫟屬*Quercus*等，但屬之下，又有人分成亞屬、或節（section）等，不同的分類學者存有歧異的見解。

早田氏在命名大葉柯之際，由於欠缺花的標本（川上等在10月採集，只有殼斗沒有花），他把大葉柯放在*Quercus*屬，但又不確定，所以加註可能是*Pasania*屬，前者雄花序是下垂葇荑形；後者雄花序是直立穗狀或略披垂而已。

大葉柯植株（2005.5.23；台20-122.3K）

然而，*Pasania*這一屬，只是石櫟屬*Lithocarpus*之下的一個節，前者的堅果並不完全被殼斗包圍；後者的堅果完全藏在殼斗中。有人認為不需要另立*Pasania*屬，只用*Lithocarpus*就可以；有人堅持*Pasania*屬應予獨立出來。日治時代金平亮三（1936）就是使用*Lithocarpus*，而認為可以省掉*Pasania*，然而，現今《台灣植物誌》一、二版皆採用較細的分法，承認*Pasania*屬。

大葉柯，台灣特產種；植物誌敘述，在全島海拔700～1,600公尺的闊葉林中非常普遍，雄花在4月至8月開花，果實隔年10月至2月成熟。

常綠中喬木，樹幹徑達70公分（金平亮三，1936；註：徑可超過1公尺以上），樹皮平滑、灰白；單葉互生，革質，葉屬大型，長橢圓倒卵型，一般長約12～20公分，寬約4～6公分，分櫱大葉有時長達25～30公分者，全緣但上半段常有粗鋸齒緣，先端短尾狀銳尖，葉基鈍或銳，葉表中肋平坦，葉背則顯著凸起，側脈約10～15對，在葉背亦隆起，葉表較深綠，葉背略黃白亮綠，葉柄長約3～5公分，半圓筒狀，葉柄基部膨大或粗肥；殼斗無柄，皿狀，徑約2.2公分（成熟者），高約0.8公分，鱗片為闊三角形，覆瓦狀排列；堅果扁球型，徑約2.5公分，高約2公分，先端稍銳或具小突尖，基部截形。金平氏特別註明，大葉柯的根部常寄生有タイワンセツユサウ（註：即台灣奴草，但台灣奴草也常寄生在森氏櫟等根部）。

金平氏敘述的產地如巒大山、阿里山、埔里、恆春等海拔800～1,800公尺之間的闊葉林，邊心材區別不明顯，暗灰白色，氣乾比重0.65，材質脆弱，易腐朽；而排灣族謂之「カウツチ」。

省林試所（1957）記載海拔分佈為700～2,200公尺；劉棠瑞（1960）中文俗名採用「大葉校栗」，英文俗名為「Kawakami Tanoak」，海拔分佈於800～1,600公尺；林渭訪、薛承健（1950）中文俗名採用「大葉杜仔」，列為次要木材，氣乾材比重0.77（179頁），但在185頁卻叫「大葉鉤栗」，永山規矩雄的木條耐腐試驗，屬於耐腐性小者，三年一個月腐朽；Liao（1969）記載花期4～8月，果期隔年10月至2月成熟，分佈等同於《台灣植物誌》。其檢驗的標本採集地：台北文山、南投和社、嘉義奮起湖、阿里山、宜蘭大霸尖山、大元山、花蓮等；Liao（1970）發表大葉柯的一個新變種，謂之加拉段石櫟*L.*（*Pasania*）*kawakamii*（Hay.）Hay. var. *chiaratuangensis* Liao，說是產於台東、大武、克阿倫西部約9公里的加拉段山上，海拔700公尺處，該地為關山林區管理處大武第41林班內，廖氏於1970年12月16日採到具有果實的標本，編號11385，指定為模式標本，發表於《森林第四期》，後來，1971年廖氏將之提升為

←大葉柯花序（2005.6.10；台20-130K）

新種*Pasania chiaratuangensis*(Liao) Liao，謂之「大武柯(加拉段柯)」。

沈中桴(1984)認爲沒必要成立*Pasania*屬，故學名採用*L. kawakamii*(Hay.) Hay.，其記載花期5～8月，果在隔年8～11月成熟。海拔分佈於700～2,900公尺，但以1,500～2,600公尺段落爲最多。產地北起烏來、大桶山稜線、太平山、大元山、清水山、和平林道，而中部中高海拔特別多，如品田、大霸、鹿場稜線、雪山稜線、白狗一八仙稜線、慈恩、惠蓀、翠峰、人倫、巒大山、溪頭、和社、玉山、阿里山、北大武、武威山等，中央山脈東麓甚多，花蓮光復、奇萊、天長、木瓜山、向陽、南橫埡口，至知本(700公尺)及浸水營已甚稀少。

佐佐木舜一(1922；轉引陳玉峯，2004，886頁)登錄玉山山彙海拔分佈於1,616～2,727公尺；陳玉峯(2004)統計台灣鐵杉調查樣區88個，大葉柯僅存在2個樣區，因此，筆者認爲大葉柯分佈很難進入鐵杉林帶，甚至檜木林帶的上部亦罕見，其分佈中心應係落在1,500～2,200公尺之間，也就是約在上部闊葉林帶(中部山區)，較低海拔的分佈乃屬壓縮型。

以中部地區大葉柯中海拔的分佈中心族群，如楠溪林道1,800公尺地區，每年約3月底～4月間萌長新葉芽，4月底～5月間雄花穗抽出，6～7月雄花頂盛，8月花漸消失，9月見有小殼斗，以及去年的果實，10月至隔年2月皆可見到果實成熟，但筆者並不清楚果實生長變化如何，而每年冬春之間，樹下多見其落葉。又，老樹樹幹常腐蝕，樹幹基部常較膨大。

馬子斌、曲俊麟(1973)取茁濃事業區海拔1,550～1,650公尺的大葉柯樣木，試驗木材的機械強度，1株97年生者，樹高20公尺，

大葉柯雄花(2005.6.10；台20-130K)

胸高直徑44公分，生長速率似乎不快。木材暗褐色，年輪不明，木理扭曲，木肌粗，加工困難，含水率12.61±0.24，比重0.7967±0.0316，生長率以1公分而言，年輪5.92個；趙順中、張明基(1972)對茁濃林區闊葉樹的混合製造紙漿試驗，2株大葉柯試材平均比重爲0.596；吳順昭、王秀華(1976)研究木材結構，1973年12月採自烏來的大葉柯試材，樹高13公尺，樹徑16公分；中文俗名採用「川上氏石櫟」，別名列有大葉杜仔、大葉校栗；其敘述樹皮灰黃或銀灰色，具光澤，邊心材界限不分明，木材黃棕色，木理通直，木肌良好，肉眼可見射髓，生長輪十分明顯，肉眼可辨，早晚材轉變突然，散孔材，並檢附纖維等各項數據及描述。

關於生態方面，蘇鴻傑(1991)調查北大武山植群，列有「大葉柯一小西氏楠型」，說

大葉柯幼枝橫切呈現五角星形(2005.6.10；台20-130K)

是此單位分佈於海拔1,150～1,440公尺之間的溪谷及山坡中下側，含石率3～4級，坡度10～42°，全天光空域40～73%，直射光空域44～75%，其他上層樹種如杜英、小花鼠刺、大葉釣樟、豬腳楠、山肉桂、白雞油、山香圓、長葉木薑子、樟葉楓，偶見散生之狹葉櫟、李氏木薑子、大葉木犀、中原氏鼠李、山枇杷、瓊楠、墨點櫻桃等，由種組成看來，筆者懷疑取樣時是否均質？

呂福原、廖秋成(1988)調查出雲山區植被，列有「豬腳楠－川上氏石櫟(大葉柯)型」，說是海拔1,500～1,700公尺西南向及東南向坡面的盛行植群，豬腳楠佔優勢，大葉柯為主要伴生樹種，其次為瓊楠、長葉木薑子、香楠、三斗柯、錐果櫟、狹葉櫟、鬼櫟等，林下如台灣山香圓、長梗紫麻等。筆者有些困惑於豬腳楠的鑑定。

劉棠瑞、柳重勝(1975)調查溪頭台大實驗林的植群，列有「大葉柯－台灣雅楠群叢」，說是分佈於鳳凰山西麓，海拔1,000～1,500公尺之間，但因受開墾，林相殘破；劉儒淵、鍾年均、陳子英(1990)敘述溪頭鳳凰山麓一塊面積約620餘公頃的闊葉天然林，列有「瓊楠、假長葉楠、大葉柯、山香圓型」單位，說是位於海拔1,200～1,500公尺之處，因受開墾，林相甚不完整，則是否同於上一單位？瓊楠是否宜列為第一優勢，筆者有些懷疑。

Hsieh Chang-Fu(1989)調查林田山事業區的高嶺山區，海拔大致在800～1,300公尺之間，西向山坡的優勢物種有大葉柯、九芎、狹葉櫟、豬腳楠等，相對於東坡之黃杞、瓊楠、長尾柯、豬腳楠等。其估算大葉柯在每公頃林地喬木有52.94幹、小樹5.88幹、苗木1.96幹，合計60.78幹，每公頃幹基面積約4.71平方公尺；筆者視爲東降型；而陳明義等五人（1990）調查台東海岸山脈闊葉林，植物目錄中列有大葉柯，但樣區中完全闕如。

筆者迄今野調中，大葉柯未曾形成領導優勢種；陳玉峯（1995a）調查郡大山脈之八通關古道，列有「長尾柯／鬼櫟／大葉柯優勢社會」，分佈於海拔1,750～2,000公尺，也就是檜木林帶下方的闊葉林，大葉柯爲伴生略優勢；陳玉峯、楊國禎（2005）調查大凍山區，由登山口（海拔1,641公尺）以迄山頂（1,976公尺）之間，登山路旁見有大葉柯約15株，佔登記株數234株的6.4%，散生各段落，但以1,900公尺以下的中、下坡段潤溼地爲主分佈區。

陳玉峯（1989）調查楠梓仙溪林道永久樣區，坡向E125°S，海拔1,780～1,816公尺之間的樣區，面積1,734平方公尺範圍內，大葉柯計有44株，其中，在第一林冠層者有4株，高度25～29公尺，最大胸徑53.8公分，估計樹齡超過120年；第二層至灌木體型者有12株，苗木28株，可謂正在更新中，而較大的母樹老木不在樣區內；由空間分佈檢視，在此東南坡，大葉柯傾向於向排水潤集中，也就是較爲嗜陰溼；又，筆者1988年調查以樟科最頂盛的神木林道，在假長葉楠的優勢社會或陰坡環境中，海拔1,800公尺上下地區，大葉柯的大樹胸徑將近2公尺。

筆者認爲，大葉柯乃台灣上部闊葉林帶，殼斗科及樟科優勢社會中共有的伴生種，可以是林冠的局部優勢，但大多情形僅爲伴生；其大樹、巨木常見，但樹間距離頗大，因而給人零散疏生的印象；其爲永續長存的原始林中樹種，此類數量不很多，卻是穩定結構、節制出現的物種，生態意義仍屬不明；柳榗（1968a）由早田文藏的見解推測，大葉柯似爲古老的物種，則是否拓展能力已較狹限也未可知。

大葉柯在野外很容易由其大葉片油亮，且葉先端疏鋸齒，小枝條呈5稜形來鑑定，其老樹常由樹幹萌長許多新蘗。蔡振聰（1984）推薦其爲値得推廣的觀賞樹種，筆者認爲中海拔地區大葉柯値得推廣。

大葉柯落葉（陳月霞攝）

大葉柯葉（陳月霞攝；2005.5.18；阿里山公路）

三斗柯幼葉（2006.3.18；石門水庫）

三斗柯 *Pasania ternaticupula*（Hay.）Schott.

殼斗科 Fagaceae

自從1911年發表三斗柯（*Quercus ternaticupula*）以來，隨著各地族群的採鑑，龐雜的分類群之命名、重組、改隸，夥同與境外物種群的比較，複雜、細瑣得無以復加（Liao, 1969; 1991；沈中桴，1984），尤其廖日京（1991）將之併爲*Pasania hancei*（Benth.）Schott.之下的變種下的若干型（form），已達四名制的層次，但憑各地植株形態變異之處理，委實難以釐清演化與生態的實質內涵，在此毋寧延用較廣義方式，簡用上述學名泛指台灣的這種群。中文俗名如三斗石櫟、赤皮杜仔、紅肉杜。

本複雜種群的共同特徵在於葉背側脈細微，第三及四側脈已難分辨粗細，係殼斗科內獨特的葉脈型（沈中桴，1984）；殼斗常三枚合生而單枚發育，故謂之三斗柯。殼斗鱗片變異亦大，堅果、葉片等亦然；常綠中喬木，徑達60公分，高10餘公尺；小枝條有稜，折之而樹皮難斷；單葉革質，兩面同色，但葉背較黃亮，披針長橢圓，長10～12公分，尾端銳尖，尖端鈍頭，全緣，葉基漸縮至葉柄，野外易由葉片鑑定。

→三斗柯老葉與幼葉（2006.3.18；石門水庫）

生態方面，三斗柯種族群的分佈從2,500公尺標高以迄海邊，是廣佈型山地植物，其可以是台灣雲杉針葉林下第二喬木層的優勢木（陳玉峯，1995a），經檜木林、殼斗科森林（例如長尾柯－錐果櫧優勢社會）、樟科森林，以迄亞熱帶雨林的優勢或伴生種。以台東海岸山脈南段之都蘭山海拔約1,000公尺的斜坡、稜線中段西面支脈富興山700～800公尺左右之緩坡，安通山600公尺附近，北段加路蘭山600公尺稜線，以及八里灣山背海側700公尺，存有「細葉三斗柯－樹杞－黃杞群叢」，伴生樹種如大葉楠、九芎、大頭茶、山枇杷、青楓等（劉棠瑞、蘇鴻傑、潘富俊，1978）。

三斗柯在南橫沿線的分佈，筆者在2005年的調查，似乎只出現在西段台20-137.5～145.5K，或說針闊葉樹混淆林區，或中之關以迄西埡口段落，或海拔2,300～2,700公尺之間，然而，並不代表南橫東段不存在，只是沒有登錄而已。又，其跨越的海拔帶廣泛，各地族群變異頗大，但筆者尚未進行研究。

基本上三斗柯嗜生於土壤層化育至相當程度的立地，在演替階段屬於次生林第二波次以上喬木，原生林穩定成熟林分的樹種之一。

而地理分佈方面，境外物種不論，在此仍視為台灣特產，自海拔2,500公尺以降全台皆可見及。

物候方面，由於地理及海拔落差甚大，各地差異大，花果期幾乎散見於全年，但通常3～6月為花期，8～12月為果期。

三斗柯雄花穗（1983.8.19；雲稜山莊）

太魯閣櫟 *Quercus tarokoensis* Hay.

殼斗科 Fagaceae

台灣特產種；《台灣植物誌》(第一版)記載分佈於中橫之太魯閣、天祥、Kukuan、Loyin至Chihpen，花蓮，海拔350～1,250公尺；和平、南澳之海拔約400公尺；南橫東段天龍橋、霧鹿、海端等，在新武呂溪上方，海拔約700公尺處等(很抱歉，因為《台灣植物誌》是寫給英語系國家的人看的，不是給台灣人閱讀的，因此，書中地名並無附註中名，有時對照地圖也難以找出！)；植物誌二版119頁說，特產於台灣島東部，海拔300～1,300公尺之間。兩版引證標本雷同，只有兩個地點，即天祥與天龍橋。(註：此乃台灣歷史悲劇之一，但學界中人通常隱藏事實或弔詭，多以「學術無國界，不懂英文不必談學術」來搪塞，事實上此乃人格、國格及靈魂歸屬的問題。)

常綠小至中喬木(歷來皆依金平亮三，1936，說是中喬木)，初生枝條披有褐色星狀毛；葉有短柄，長約0.1～0.3公分，橢圓至卵形，先端銳尖，葉基心臟形或鈍，葉緣爲芒尖細鋸齒緣，長約3.1～6.3公分，寬約1.2～2.2公分，側脈5～12對，中肋突起；雄花序爲柔軟下垂的葇荑花序，雄花花被4～5裂片，長約0.2公分，寬約0.15公分，除了邊緣之外無毛，雄蕊3～5枚；雌花花被4～5裂，外圍有絨毛，花柱頭3，6～7月開花；殼斗淺杯狀或淺盤狀，徑約1～1.3公分，鱗片三角形，覆瓦狀排成多輪；堅果橢圓體形，長約1.4～1.8公分，寬約0.8～1公分，果熟於11～12月，堅果先端具柱狀小突尖(金平亮三，1936；劉棠瑞，1960；Liao, 1970)。

金平氏記載花蓮港廳太魯閣產之，日本名「Taroko-gasi」；劉棠瑞(1960)說是產於東部山地及花蓮太魯閣，用途爲薪炭，英文名

太魯閣櫟新葉(1988.4.28；南橫嘉寶)

太魯閣櫟雄花穗（1988.4.28；南橫嘉寶）

「Taroko oak」。

1917年4月25日東京帝國大學理科大學講師早田文藏博士，由南部北上抵達花蓮港，由總督府的佐佐木舜一受命作陪，前往外太魯閣的新城，且向內太魯閣前進，經由崎嶇險峻的山路往返陶塞社（?），回新城之後，再北渡立霧溪，前往清水斷崖、和平、大南澳，乃至烏石鼻、蘇澳、宜蘭；復由宜蘭經三星、土場而進入太平山營林局事業區，再經宜蘭、桃園縣境，最後由角板山下桃園，於5月14日抵台北。

這段二十天的植物採集探險之旅，一開始在Batakan（花蓮港廳バタカソ）首度發現太魯閣櫟。然而Batakan究竟眞正地點在何處，待查。

1918年早田氏在其《台灣植物圖譜》第七卷38～39頁，命名發表了今之學名，當時敘述有雄花、殼斗等，或說4月底、5月初已有開花。

台北帝大理農學部植物分類・生態教室（1936）的台大植物系標本館（今已與動物系合併），將太魯閣櫟的臘葉標本（一般植物標本），列爲珍稀植物展示16種的第九種，說明是早田文藏與佐佐木氏在花蓮港廳Batakan所發現，而鄰接Batakan的台北州也有出產，但其他地區未曾發現，故爲稀有物種也。

柳榗（1968a）說是產於「中央山脈兩側海拔500～1,200公尺」之間，「爲本省固有種，但分佈極爲零星，乃繁殖力較低之故，充分顯示爲一衰老之種，形態獨特，在本省及本省以外鄰近之地區中罕有與其相似者，但在日本及韓國中新世地層中發現一種化石植物*Q. koraica*則與本種極為相似，甚至與美國加州漸新世(Oligocene)地層中所發現之化石植物*Q. pregrahanii*亦極相似(Tanai, 1961)，如化石鑑定可信，則本種之出現或在始新世時，如此則本種當為一孑遺植物，如此則無怪其形態獨特矣，故此種為本省之一古固有種」。

究竟台灣西部或中央山脈以西產不產太魯閣櫟？誰人研究出太魯閣櫟因繁殖力較低，所以分佈極為零星？筆者未查Tanai於1961年之著作，其是否明確指陳台灣的太魯閣櫟「很像」日韓及美國的化石種？柳氏行文邏輯似已先認定，而後假設，再予「無怪其形態獨特、古固有種」之肯定？在此筆者暫無能論斷，但一切存疑。然而，柳氏觀念中對台灣島地體出現的年代，似乎存有重大誤解(陳玉峯，1995a，26頁等)，其推論必受影響。

Liao(1970)引證的標本產地有太魯閣、Nuei太魯閣(內太魯閣？)、文山、天祥及Batakan(金平與佐佐木舜一)等，產地說是花蓮海拔350～1,250公尺，地點如太魯閣、天祥、Kukueng、Loyin至Chipan(註：與一版《台灣植物誌》相同，但拼音略不同)。

柳榗、呂勝由、楊遠波(1976)發表台灣穗花杉、刺柏及太魯閣櫟的新分佈，宣稱觀察標本及文獻記載，太魯閣櫟分佈僅限於花蓮太魯閣一帶，海拔500～1,000公尺山區，但「多年前第一作者(柳氏)曾於大甲溪上游青山一帶之針闊葉混交林中見過(柳榗，1968a)，依當時之分佈看，本種植物僅見於中部山區一帶」，1974年11月，呂勝由氏由山地門往鬼湖途中，於阿禮附近海拔約1,000公尺處採獲本種標本，經廖日京教授鑑定為太魯閣櫟。「該處本種植物大者直徑可達30公分，稍小者達20公分，且為數甚

太魯閣櫟小堅果(1983.9.13；中橫綠水岳王亭)

多。此處山區與太魯閣及大甲溪上游相去甚遠，但環境卻非常相似，而有本種植物出現亦屬正常」；「過去第一作者(1968)鑑於本種分佈範圍狹小，曾指出本種為一古固有種，並屬於衰老之種，其分佈已在退縮中，此次在南部山區發現，更予此說法有力佐證」。

柳氏等人所稱查「許多文獻」，列出計有Hayata，1908；Kanehira，1936；Li，1964；柳榗，1965；業經，1972等，然而，1908年Hayata發表的《台灣山地植物誌》一書根本沒有太魯閣櫟的任何著墨，而太魯閣櫟乃1917年才由早田及佐佐木舜一首度採集，1918年才命名；又，「柳榗，1965」在其參考文獻中找不到，只有「林渭訪、柳榗，1965」；而原文之「業經，1972」係打字漏掉「劉」姓。

該文宣稱柳氏曾於大甲溪「青山一帶之針闊葉混交林中見過」，且文獻引證為「柳榗，1968」，筆者將柳氏1968年論殼斗科植物地理一文檢視，如前所述，並無「青山……見過」的佐證，只有一句「中央山脈兩側海拔500～1,200公尺……分佈極為零星」云云，該文主旨是修訂3種植物的「新

太魯閣櫟成熟堅果（2004.11.10；中橫天祥）

分佈」，爲何將柳楷(1968a)的「500～1,200公尺」改成「500～1,000公尺」卻沒有任何解釋？縮水的200公尺跑去那裡？又，顯然地，1976年之際尚未發現南橫東段大量的太魯閣櫟族群，但南橫全線已於1972年底通車。

筆者無意「挑剔」前人著作或論述，但欲瞭解事實如何，必須字句釐清而已，因此，筆者再查章樂民(1962)之「大甲溪肖楠植物群落之研究」；柳楷(1968b)之「台灣植物群落分類之研究 I.台灣植物群系之分類」；王仁禮(1970)之「松鶴及青山地區台灣二葉松天然林之植生」；劉棠瑞、蘇鴻傑(1978)之「大甲溪上游台灣二葉松天然林之群落組成及相關環境因子之研究」；蘇鴻傑(1978)「中部橫貫公路沿線植被、景觀之調查與分析」等，渴欲替「大甲溪青山一帶」之「見過」太魯閣櫟找證據，奈何無法如願，柳氏一句青山存有太魯閣櫟，且發表爲阿禮新分佈的附帶記錄，夥同其之前的一句「中山山脈兩側」分佈，又在「新分佈」一文中強調其先前敘述，然而，到底青山地區有無太魯閣櫟，事關若西部存有，則可推論台灣原先東西部皆存有，但西部族群被淘汰，或另一極端，由東部而新近朝向西部拓殖？還是只是柳氏記憶或鑑定有誤？尚待查清。

1970年代乃台灣全面伐木的時代，陳松藩（1972）引言，強調台灣天然闊葉樹林面積廣袤，約達百萬公頃，約佔全島林野面積之半，約為全台天然林面積2/3強，而殼斗科櫧櫟類、樟科楠木類、木荷等殆為主要經濟樹種，「應當提倡開發」，對台產殼斗科樹種之分佈則一一介紹，從而研究材積表及形數表之編製，其中，關於太魯閣櫟，仍然引述：「特產於本省花蓮港太魯閣500～1,000公尺處」。

蘇鴻傑（1980）發表台灣稀有及有絕滅危機的森林植物，關於太魯閣櫟說是分佈於中央山地東側之石灰岩地帶，北起大濁水，經太魯閣至南橫公路之利稻附近，呈現狹長帶的分佈，海拔介於50～1,200公尺左右，將之列為因面臨人類威脅而有絕滅危機的特產種，理由係因生育地減少所導致，附註說明本種為中央山脈東側結晶石灰岩地區之代表樹種，「其分佈地帶最近又在多處地點採到」，而其引證參考文獻即蘇鴻傑（1978）的中橫沿線調查。

蘇鴻傑（1978）敘述中橫西部天冷、和平、松鶴、谷關至青山一帶，東部由文山溫泉、天祥至太魯閣，海拔在1,000公尺以下地區路旁溪流兩岸，因開墾引起植群演替之初期階段，全由陽性樹木組成，多成叢或散生，「並不成典型之森林」，「……東部石灰岩地區另有太魯閣櫟、燈臺樹等特殊樹種……」，並歸之於「低海拔陽性樹木過渡群叢」；在蘇文127頁則另列「太魯閣櫟—青剛櫟—台灣櫸群叢」，說是東部石灰岩地區之代表性群叢，自文山溫泉、天祥、岳王祠、九曲洞至太魯閣均可見之，立地為地勢陡急之山坡或山稜，土壤甚淺，含多量之石灰岩石礫，局部裸岩，樹冠僅1層，高度在8公尺以下，除命名3優勢種外，另有山枇

→南橫天龍古道上的太魯閣櫟（2005.11.12）

杷、疏果海桐、石楠、紅皮、阿里山千金榆、黃連木、山櫻花等，地被以腎蕨、石葦、蘆竹(*Arundo donax*；註：筆者則鑑定為台灣蘆竹*A. formosana*)及五節芒爲主，屬「土壤之極盛相(edaphic climax)，係因特殊之石灰岩衍生其特有土壤所致」(註：此說法後來研究者似乎無人採信，筆者亦不以為然)。

沈中桴(1984)碩士論文研究殼斗科植物之分類，關於太魯閣櫟，謂花期6～7月，果實隔年10～11月成熟，第68～69頁敘述，分佈概在東部(海拔350～1,250公尺)，北起花蓮和平林道、清水山麓，中橫洛韶至太魯閣一帶極多，在石灰岩壁上爲絕對優勢種，大致花蓮境內切割石灰岩而成的各河流兩岸，河谷峭壁皆然。花東交界之富里、東河一帶低海拔亦存有；南橫利稻至嘉寶一帶甚多；屏東霧台阿禮附近可能爲其最南分佈區，沈氏「推斷台灣之大南澳片岩分佈帶即本種分佈帶」；沈氏另註明萌蘗葉較一般葉大甚多，側脈末端分叉現象極顯著，「甚至有分三叉者，每分叉末端皆延出爲小鋸齒，使整條葉緣出現顯著之重鋸齒現象，但在南橫天龍橋一帶之本種植物之正常葉即如此，若有其他花、果特徵亦發生相關之變異，則可再作種下分類處理」，也就是說，沈氏認爲有區域族群的形態變異。

徐國士、林則桐、陳玉峯、呂勝由(1984)調查太魯閣國家公園植被生態資源，筆者列出「太魯閣櫟植物社會」，並繪製其社會剖面圖，說是太魯閣櫟以立霧溪流域爲主分佈且最多的區域，一般分佈於1,200公尺以下地區，「樹種多偏陽性，因位於岩石之立地，林內鬱閉度低，且更新情形良好」，結構可分3層，組成植物除太魯閣櫟之外，海拔較高處有青剛櫟、化香樹、栓皮櫟等；海拔漸低時，台灣櫸木、黃連木、枸土(白雞油)、阿里山千金榆等數量漸增，其他常見物種如疏果海桐、台灣朴樹、小葉鐵仔、石楠、萬年松、奧瓦葦、擬密葉卷柏、桔梗蘭、絨毛石葦等；該文71頁另敘述太魯閣櫟常出現於乾燥、土少之岩石地，如太魯閣地區、台東富里、屏東霧台、南橫天龍橋、宜蘭大濁水溪至和平林道一帶。

章樂民、楊遠波、林則桐、呂勝由(1988)調查太魯閣國家公園峽谷石灰岩壁植物群落生態，列有「太魯閣櫟優勢社會」，說是「於石灰岩峽谷地區，其長在峭壁頂上的緩坡地或稜線處，而於非石灰岩地帶，一般生長在稜線上，偶見於近河谷的坡面；於長春祠(海拔90公尺)一帶，須至海拔250公尺才可見其出現；至燕子口，則可見其生長於海拔250～300公尺之岩壁頂上；至慈母橋、綠水(海拔約350公尺)，其已可見於路旁」，因而推測海拔爲分佈之重要因子，分佈於250～550公尺之土壤淺薄而多石塊立地，或直接生長在岩壁裂隙，僅少數生育地具較多土壤；樹冠層4～8公尺，一般樹木胸徑在10餘公分以下，僅太魯閣櫟、黃連木、石楠等，存有胸徑30～60公分之老樹；太魯閣櫟最爲優勢，佔全部優勢度之68％，每100平方公尺大約有9.7株，胸徑面積3,090平方公分。

相對於「青剛櫟優勢社會」，青剛櫟單位的生育地石質土的土壤較多，非石灰岩地區較多，較生長在山坡地，也就是說以土壤—水分梯度的表現而言，太魯閣櫟適合生長於土壤較淺薄、較乾的生育地。該報告指出「迄今爲止，尚未證實有植物只生長在石灰岩及其化育出之土壤上，而不能生長在其他的土壤上，故石灰岩植物應是指喜好生長在石灰岩上的植物」，至於原因則推測，石灰岩植物在一般土壤深厚的生育地「無法與其

→中橫岩生植被的太魯閣櫟(2001.7.20)

他植物競爭，故數量極少」，卻在大多數植物不適生長的岩石地，競爭壓力低，其可忍受貧瘠環境而覓得一席生長之地。

楊遠波、呂勝由、林則桐(1990)「太魯閣國家公園石灰岩地區植被之調查」報告，其列有「太魯閣櫟社會」，見於往大理第一、二索道之間，海拔250公尺，坡度45°，西向坡之大理石岩壁，「木本植物以月橘、白雞油最常見，太魯閣櫟、苦樹、樟葉楓、軟毛柿次之，株數以苦樹最多，月橘次之。優勢度以太魯閣櫟最高，雀榕次之。草本植物以台灣沿階草、猿尾藤(？)、菊花木(？)最常見，台灣蘆竹覆蓋度最高」；太魯閣櫟每100平方公尺有2.7株，有806.3平方公分樹幹面積(優勢度)，重要值最高，為33.4%。

而筆者自1983年調查中橫之後，曾撰寫台灣植被(陳玉峯，1983，未發表)，定義岩生植被，且於陳玉峯(1995a，81頁)臚列其特徵，同時將太魯閣櫟等列為東台指標型岩生植群，另在264頁、268頁以剖面圖示說明之，但對太魯閣櫟的海拔分佈，一樣援引過往文獻之1,200公尺以下地區，然而，該追查的是海拔1,200、1,250、1,300公尺等，究竟依據哪份標本？誰人採集或明確記錄在何處？

筆者於1988年進行南橫沿線植被調查，太魯閣櫟的最高海拔分佈，大約位於178K之後的990公尺附近，往下則進入其分佈中心區，也就是海拔990～900公尺段落有一集中處；另在天龍古道下方，海拔約800公尺以迄780公尺段落，亦有一集中區域；南橫187K或霧鹿站附近，海拔840公尺以下，以迄下馬檢查哨亦有成林者；嘉寶隧道附近亦然。此後，海拔535公尺等處亦存焉。然而，由於沿線多墾地，太魯閣櫟的生育地被切割或大多被破壞，依據當時粗略記錄，南橫東段的分佈，大致落在海拔990～530公尺，或南橫178～194K段落，以此為標準，而中、北台的東部地區，海拔分佈中心係落在250～600公尺，南北相差約200～300公尺。

綜合上述，太魯閣櫟在全台所有原生植物當中，實為珍異異數之一，可歸結以下現象：

(1)台灣特產物種，為生育地狹限的特殊族群，且只限於亞熱帶地區。

(2)退縮於其他樹種較難發展的岩生植被範圍中。

(3)性嗜強光照，並非陰生物種，只在岩生環境中才有更新發展的可能；其非眞正溪谷族群。

(4)長期看來，此一局部立地特化的物種，可能拜台灣島斷層逆衝，而有機會免於滅絕，且台灣島的隆升速率或週期可能與之有關。

(5)東台與西台的環境條件差異，是否與太魯閣櫟有關，目前仍是一大懸疑，更早年代台灣西部是否存有不得而知，是否與東台較為潤溼，而其乃常綠樹種，無法存活於西部冬旱季？其在其他東台非石灰岩(大理石)地區多所存在，是否無關於母岩基質？在在皆為疑點。

(6)由南橫東段族群的形態變異看來，存有基因池變異的現象，有違一般所謂退縮且難以變異的常態，則其演化是否尚存種種變化方向的可能性？

太魯閣櫟的分佈、生育立地、物候變化、生長、形態、解剖、演替、生態特性、生理生態、繁殖或育種與造林、生活史、演化……，舉凡純學術乃至應用科學，皆值得展開研究，更應全面保育之。

瓊楠 ***Beilschmiedia erythrophloia*** **Hay.**

樟科 Lauraceae

分佈於中南半島、中國南部、海南島、琉球及台灣；全台海拔250～2,000公尺（《台灣植物誌》二版）遍存。

常綠中、大喬木，樹幹常通直，徑可達1公尺，樹皮略平滑，灰褐色，但常作鱗片狀剝落，且呈現紅褐色新皮層（金平亮三，1936）；單葉對生、亞對生、互生，卵形至長橢圓，略歪，全緣，革質，先端漸尖或鈍，葉基鈍或銳，葉上下表面顏色略相近，略有臘質光滑，上下葉表之中肋及側脈皆凸起，細脈亦顯著，逆光透視而明晰；短圓錐花序於先端枝條上腋生，花序纖細，平滑，花小，兩性花，花冠徑約0.2～0.4公分，花被爲6裂片，每片長橢圓形，完全雄蕊9枚，第一、二輪同形且向內，花絲長約0.6mm，無腺點，花藥2室，向內，第三輪的花絲有

台20-122.2K所見， 中間喬木即瓊楠（2005.5.8）

台20-122.3K旁，歪斜的瓊楠植株（2005.5.22）

腺，有毛，花藥2室，向外；核果呈橢圓體或略倒卵形，長約1.5～2公分，徑約1.0～1.2公分，成熟轉紅褐色。

金平氏記載，瓊楠日名：「Akahadagusu」，台灣名：落殼欖（宜蘭及三峽地區）、九芎舅（新竹、能高）、木耳樹（能高、竹山）。此「木耳樹」令筆者想起野調時口訪山林人士，他們往往強調殼斗科物種宜種植香菇類，楠木等樟科類宜種植木耳，因為野外所見腐木上，樟科樹種長木耳，殼斗科樹種長香菇類；葉慶龍、洪寶林（1993）說是「葉近對生，形似九芎故稱九芎舅。枯樹易生木耳，又稱木耳樹。葉揉碎具龍眼果味」，然而，筆者怎麼看也難以聯想起九芎；劉棠瑞、廖日京（1971）強調瓊楠葉乾時，呈現深褐色。

金平敘述的產地為全台稍上部的闊葉林中，特別是新竹州李棟山及阿里山、奮起湖、十字路一帶甚多。而木材黃白色，多少帶有紅暈，年輪判明，材質硬而脆弱，容易腐朽，氣乾比重0.60～0.67。永山規矩雄的耐腐性試驗，瓊楠一年九個月即腐，係耐腐性最差的一群之一（林渭訪、薛承健，1950，183頁）。

瓊楠正式學名的命名係早田文藏，於1914年的發表，引證標本即金平亮三、I. Tanaka及早田氏本身，1914年4月在阿里山區所採集（海拔900～2,121公尺之間存有）。早田氏在命名發表文內，附帶說明，瓊楠的一份更早的，他所採集的標本，託請W. R. Price帶至英國邱植物園，去作比較鑑定，Price附帶了一字條送回給他：「Gamble先生鑑定本標本為瓊楠屬，但無法找到符合（的物種），葉脈及芽的形狀與樟屬不同」，早田氏又說，此樹在阿里山區非常普遍，他在1912年元月、1914年4月，皆採到果實，但尚未見到開花。

林業試驗所（1957）的資料記載，瓊楠分佈於海拔250～2,000公尺，產地如太平山、李棟山、加里前山、奮起湖、巒大山、郡大山、能高山、蓮花池、集集、恆春、花蓮、烏來等，木材易腐朽，需防腐後利用；劉棠瑞（1960）沿用此記錄，但在植物的別稱中，多了「雞眉、番仔灣」的名稱；王仁禮、廖日京（1960）報導恆春熱帶植物園中，瓊楠為原生種；徐國士等（1983）敘述，產於中、低海拔森林內，恆春半島則普遍分佈；佐佐木舜一（1922；轉引陳玉峯，2004）登錄玉山山彙，瓊楠存在於海拔606～1,818公尺之間；陳玉峯（1995a）敘述郡大山脈植被，瓊楠的最高分佈約在2,150～2,200公尺之間；筆者1988年前後調查神木林道，瓊楠最繁盛的分佈中心介於1,300～1,850公尺之間。綜合野調經驗及有限資料，筆者認為瓊楠乃脫離檜木林帶之下，台灣上部闊葉林的組成，而在南北兩端以及各低山的存在，乃最後一次冰河期之後，植被帶上遷而被壓縮的現象。

二版《台灣植物誌》敘述其花期爲3月至8月，果熟期爲2月至3月，但前述早田文藏說在1912年1月及4月都採到果實；廖日京(1959)登錄台北樹木物候，關於瓊楠只登記4月上旬萌葉芽；楊武俊(1984)對花果期及種子發芽形態之研究中，在六龜的瓊楠並無任何花、果期的記錄，只登錄種子含水量10.07%，1公升種子重545.5公克，1公升種子有1,117粒，1公斤種子有2,023粒等；筆者在楠溪林道、神木林道的記錄如下：

瓊楠於4月間抽長新葉芽，花芽亦隨新枝芽而出冒；5月新葉完成生長，同時開花；6月仍是開花盛相，但月底即凋零；7～10月爲果實生長期；10月底果熟而開始變顏色；11～12月皆可在樹上看見果實，亦有落果；隔年元月殘果尚在。

馬子斌、曲俊麒(1973)對茎濃事業區的闊葉樹種測試木材機械強度，對1株瓊楠試木記載，樹高26公尺，胸高直徑48公分，樹齡137年(但註明為不甚準確)，檢附其各項數據；潘家聲(1971)對蓮華池主要樹種的生長研究指出，瓊楠木材呈白粉紅色，紋理美麗細緻，材質輕軟，「砍伐後易罹蟲害爲其缺點，經適當之乾燥處理後，可供製造家具、地板、茶箱用合板及普通合板」，氣乾材比重0.6～0.67等引述資料，其研究則選樣木，分析生長。瓊楠長高到10公尺需要28年；5年生時，胸徑爲1.23公分，10年增爲2.6倍，15年增爲3.8倍，20年增4倍，25年增7.7倍，30年增9.7倍，35年增11.3倍，40年增13.8倍，45年增15.6倍，50年增17.2倍；胸高斷面積至10年生時爲0.00095平方公尺，至50年生時增爲38倍，生長至0.02平方公尺時需要38年；材積生長，5年生爲

→台20-122.3K旁，瓊楠大樹(2005.5.23)

瓊楠新葉及花序（2005.5.8；台20-122K）

0.00015立方公尺，10年生增為18.4倍，15年增51.3倍，20年增118.4倍……，50年增1,900.2倍。事實上該報告寫了很多諸如此類無啥意義的數字，只消由迴歸方程式即可代表者。而其由材積之連年生長曲線與平均曲線判斷，顯示該株瓊楠被伐採的50年生之際，正處於生長的盛年。此數據暗示瓊楠傾向於原始森林的長期生長者，而非次生的速生樹種類型。

吳順昭、王秀華(1976)研究木材結構，其中，1株瓊楠係1973年12月，自烏來所伐採，樹高為20公尺，樹徑為16公分。其檢

瓊楠樹皮紅棕色(2006.3.12；台20-122.2K)

附解剖顯微照片及木材特性的各種數據，其敘述幹皮灰棕色，邊材、心材界限不分明，木材黃棕色，木理微斜，木肌中等，生長輪十分明顯，肉眼可辨，早晚材轉變突然，散孔材；更早十二年之前，李春序(1964)發表樟部植物之木材解剖，於1961年11月7日，在恆春伐採的瓊楠樣木，說是「年輪不明顯」，其檢附解剖的系列數據等；馬子斌等六人(1979)輯錄「重要商用木材之一般性質」，瓊楠為該冊台灣97種木材之一，包括解剖性質、化學性質、物理性質、機械性質等，又，其他性質描述：「質硬而脆弱，易變色及腐朽」；趙順中、張明基(1972)則將荖濃林區17種試材，包括瓊楠等，作闊葉樹混合製造紙漿的試驗，4株被伐採的瓊楠，平均比重說是0.532。

謝煥儒(1987)記錄「闊葉樹等藻斑病(Algal Spot of Some Woody Plants)」，病原為*Cephaleuros virescens*，為害葉片及枝條，初期在感染部位可見直徑約0.1～0.2公分的圓形小點，呈黃褐色或紅褐色，病斑由中心點呈放射狀的細線組成，漸擴大為圓形、徑約0.3～0.8公分的斑點，病斑處較周圍組織稍隆起，長出許多直立而細小的毛狀物，呈黃綠色至黃褐色，末期病斑逐漸褪色或灰褐至灰白色，而表面變得較平滑，其所列出被感染罹病的植物，包括瓊楠(台東北花東山，1985年8月22日採)、黃杞等28種植物。

黃松根、康佐榮、蔡達全(1979；註：其報告第1頁之第二及第三作者名字列為佐康榮、蔡達金)對六龜試驗林的松鼠為害作調查，研究如何防治，其中，選擇針葉樹9種、闊葉樹23種，計32種植物的幹材或粗枝條，放在松鼠籠中二十四小時後，取出觀察被啃食面積、處數及被害率等，但該報告表7所列出被害試驗的樹種只有30種，其中11種無被害，而被害

的19種植物當中，瓊楠的被害率甚低，排名第18名，第19名爲台灣山茶，而第1名爲鐵刀木，茄苳、柚木、肖楠、扁柏、江某、台灣赤楊等，則未被食害，其下結論「松鼠喜啃食纖維質縱列長條狀樹皮」，但該報告看不出有解析樹皮等資料。無論如何，松鼠不是很喜歡瓊楠，但不致於都不碰。

關於瓊楠的生態特性幾乎乏人研究，歷來植被調查或社會分類單位，瓊楠亦罕見被列爲優勢物種，但它在楠梓仙溪林道的永久樣區中（陳玉峯，1989），面積1,734平方公尺的原始林中，被量測的瓊楠高達421株以上，平均約每2×2平方公尺即有1株。然而，由於瓊楠乃第二層樹種，並非林冠木，屬於倚賴種，故而歷來被忽視。Hsieh（1989）調查東部林田山事業區高嶺地區闊葉林，其所設置的17個10×30平方公尺的樣區，12個樣區海拔介於1,000～1,300公尺之間，東向坡有4個樣區海拔介於1,000～1,100公尺之間，有1個樣區海拔約900公尺，海拔最低的1個約爲700～800公尺之間。此等東向坡的優勢樹種爲黃杞、瓊楠、長尾柯、豬腳楠及短尾柯。其統計重要值最高的瓊楠，計算（推算）出每公頃計有瓊楠233.33株（幹），其中喬木有127.45幹、小樹有54.9幹、小苗有50.98幹，而每公頃的幹面積有4.76平方公尺。筆者認爲這是台灣上部闊葉林「東降型」的瓊楠分佈中心的下限；又，林則桐、邱文良（1989）調查大武事業區台灣穗花杉自然保留區植群，列有「黃杞－瓊楠－小西氏楠型」的社會單位，說是生育於中坡、支稜的植物社會，而該保留區範圍海拔介於900～1,550公尺之間。該社會樹高約20～25公尺，出現74種喬木，以黃杞、瓊楠、小西氏楠爲最優勢。

筆者認爲多數的瓊楠屬於第二層樹種，但在第一樹層更新或老倒之際，瓊楠可充當林冠層，甚至加高樹高生長，故時而介入第一層樹，但無論如何，乃原始闊葉林下陰生樹種，族群年齡結構多屬反J型，而可永續生存，種苗在林下幾乎恆定發生。

附帶說明，筆者在林業資訊中，屢屢爲物種不清不楚而苦惱，畢竟以木材生產爲導向的年代，罕有人在乎自然生物知識，而闊葉林樟科、殼斗科，乃至於繁多「雜木」，從來皆被大包裹，故如瓊楠、楠木等，資訊混亂非常，例如在森林經營中的調查，王德春（1975，12頁）敘述：

「闊葉樹樹種繁多，為方便起見，可按以下各樹種群（species group）而統計：

烏心石

樟類（包括樟樹類、巒大桂、土肉桂、香桂、桂、香楠等）

禎楠類（包括阿里山禎楠、豬腳楠、假長葉楠、日本紅楠、大葉楠、竹葉楠、楠木等）

白花八角

櫧櫟類（包括杜仔、校力、大葉校力、台灣石栗、長葉柯、柯、火燒柯等）

其他商品性（包括瓊楠、九弓舅、木薑子、水柯、石楠、栲、台灣黃杞等）

非商品性（包括上列各類樹種以外的樹木）……」

筆者眞的看不懂瓊楠是不是九「弓」舅？香楠不是禎楠類？爲何放在「樟類」？「栲」是什麼碗糕？又，不知歷來汗牛充棟的林業報告誰人引用？耗費龐大國家資源除了剷除台灣根系之外，成就了什麼？又有幾人如筆者，勤奮不懈地翻閱一份份報告，試圖拉出有用的研究心血？坦白說，長期浸淫在台灣的所謂「研究報告」、「學術報告」……，你只能慨嘆台灣之沉淪，往往無話可評。

土肉桂花（1996.4.6；大坑）

土肉桂 *Cinnamomum osmophloeum* Kanehira

樟科 Lauraceae

土肉桂是台灣在日治時代最負盛名的樹木學者金平亮三，於1917年所命名的新特產種(註：美中不足的是並無拉丁文敘述，就命名法規而言還未成立)，第一份正式標本即金平亮三與佐佐木舜一，於1916年10月採自埔里山北坑(北坑山？)者。然而，潘富俊在林試所編印(1992)的「土肉桂專論」，關於分類地位的說明中，卻說是早田文藏1913年的發表，由其文獻引證比對，顯然是錯誤的敘述。金平亮三認定土肉桂爲台灣獨有，並說明其與山肉桂很近似，但土肉桂的葉爲闊橢圓，花梗、花被有柔毛，且花徑稍大。而土肉桂的木材削片浸泡液可作「黏柴」之用，所謂「黏柴」是指中國婦人取特定數種樟科植物的浸泡液作爲梳黏頭髮的化粧品者，日治時代亦然。當時台中蓮花池一帶稱土肉桂爲「土玉桂」。另有稱「假肉桂」。

常綠中喬木，全株具肉桂芳香，小枝圓細、亮綠；葉互生、亞對生，革質，卵狀長橢圓、卵狀披針，全緣，長8～12公分，寬3～5公分，但枝下葉時而長達17～20公分，寬達7～8公分者，三出脈顯著；聚繖花序腋生或頂生，具細柔毛，花被漏斗狀，徑約0.5～0.6公分；核果橢圓體，長可達1公分，徑達0.5公分，成熟時由綠轉黑。木材性質可參考李春序(1964)等，其爲散孔材，年輪

土肉桂(1996.3.27；大坑)

明顯。染色體n=12。

由於肉桂類葉呈三出脈，土肉桂、山肉桂、胡氏肉桂、日本香桂等分類群之辨識不易，或可藉表七於野外區分。

另，筆者在中部地區包括頭嵙山系的簡易辨識法，即採得三出脈葉片後，咀嚼葉柄，有肉桂香甜味者即土肉桂。

土肉桂爲台灣中、低海拔土壤化育不佳林型的伴生種，以頭嵙山系爲例，幾乎爲各種植物社會的恆存種，天然更新良好，生態幅度寬廣。另由歷來標本登錄顯示，原先分佈應爲全台1,500公尺以下林地，尤以丘陵、台地爲多，但因文明開拓而式微，今則以台中縣境爲殘存數量最龐多的中心，也因先前調查不普遍，致令歷來不乏歸之爲稀有植物的行列，例如蘇鴻傑(1980)將其列爲分佈廣泛，但在「分佈範圍內產量稀少的植物」，

表七　易混淆肉桂類特徵

分類群 特徵	土肉桂	山肉桂	日本香桂	胡氏肉桂
芽	無鱗片	具鱗片，鱗片光滑或僅邊緣有毛	無鱗片	有9鱗片，鱗片呈覆瓦狀排列上被褐色毛
葉	廣橢圓形	狹長橢圓形	卵狀橢圓形至卵狀披針形	橢圓形至披針形
花序	花梗有絹毛	花梗光滑	花序花梗光滑	花序花梗有毛
花被片	外有絹毛	光滑	光滑	外有白色絹毛

資料來源：潘富俊，轉引自台灣省林業試驗所編，1992。

也就是一般生態調查所稱之稀有種(筆者毋寧稱為伴生種或量稀種，以別以真正稀有物種)，其重要值(I.V.)偏低，且係因大量被採用爲香料及生育地驟降之故，被列爲「稀有」。然而，此或乃研究者並無足夠實地調查所產生的誤判，但蘇鴻傑(1988)仍列之爲「易受害的稀有植物」；賴明洲、柳榗(1988)亦列爲「狹隘固有、漸危」；林務局劉瓊蓮編(1993)也稱之爲「稀有植物」。

由於20世紀本土自然資源的調查研究判然可分日治與國府治台兩期，前者純學理與應用並重，後者唯用主義掛帥，因而如土肉桂等有用物種遂得到密集研究與應用推廣，此或因台灣每年進口肉桂製品價值超過1億2千萬元之所致，目前遂產生如林業試驗所編印(1992)的「土肉桂專論」成果，包括營養系庫建立、分類介紹、繁殖種苗、栽植造林技術、組織培養、病及蟲害、葉部精油萃取分析、食品上的利用及產銷等，又，農委會、林務局也將土肉桂列爲獎勵農地造林樹種，各地亦興起大量栽培，但在生態研究方面卻罕見有多少進展。然而，應用性探討亦可反映生態意義，尹華文(1991)對全台92個土肉桂族群的取樣分析顯示，各地葉油的性質，依地區而有極大差異，而葉油收率在0.6～1.2%鮮重，釐析出34種化學成分，其中以中部佳保台、上谷關族群的主成分爲桂皮醛(達66～82%)，是精油的優良品系，至埔里地區驟降爲僅3%，但伽羅木醇的含量則增至68.78%。往南，曾文區的伽羅木醇爲43.83%、扇平爲68.73%，至里

←土肉桂花序(1996.3.27；大坑)

龍山增至83.33%，顯見地區分化極強烈，可供探討族群生態之佐證；關於由土肉桂莖、葉抽離、分離出的化學物質另如Chang, Yeh and Chang（2002）；Chen, Hsieh, Hsieh, Hsieh and Hsieh（2004）；Wang, Wu and Chang（2005）等。

而鍾永立、張乃航（1990）敘述土肉桂種子乾藏，至少可維持一年內的發芽率，若採溼水苔4℃層積，儲藏四個月後，一半的種子發芽所需日數可自三十天縮短為五日，亦可說明土肉桂如今的「稀有」並非此植物在演化上的式微，實乃人為破壞之所致。

整體而言，筆者認為台灣的肉桂類的分類研究仍然不清楚，仍應進行深入詳實的探討！

關於分佈，土肉桂存在於全台低海拔山區，目前以台中縣境為集中處。

物候方面，3～4月萌新葉，（4）5～6月開花，9～12月結果及成熟。

土肉桂老葉（1995.11.30；大坑）

土肉桂果實（1995.11.30；大坑）

土肉桂新葉（陳月霞攝；1996.3.22；大坑）

山胡椒果實（1988.7.25；南橫）

山胡椒 *Litsea cubeba*（Lour.）Persoon

樟科 Lauraceae

分佈於中國、馬來西亞、印度、爪哇及台灣；全台中、低海拔伐木跡地、荒野散存（《台灣植物誌》）。

落葉小喬木或灌木，全株具胡椒味芳香（劉棠瑞，1960，說是刺激性薑辣香味）；先開花後長葉，嫩葉披壓縮絹毛，膜質，成葉紙質，線狀披針形，上表面粉綠色，葉背暗灰或略粉白色，長度常在5～10公分間，葉柄長約0.5～1公分；雌雄異株，繖形花序腋生，花4～5朵，總苞4枚，總梗長約1～2公分，雄花與新葉同時抽出（金平亮三，1936），雄花具完全雄蕊9枚，花藥4室，雌花比雄花晚開，花徑約0.2公分；漿果球形，徑約0.5公分，成熟由綠轉黑。

金平氏註解，台灣名即叫山胡椒，原住民名稱包括「馬告」等，分佈於「闊葉樹林的上部，最常在開墾地、伐木跡地生長」，木材灰白，芳香，含揮發油，但尚未被利用；北部泰雅族，將山胡椒視爲鹽的代用品，在缺鹽時代，他們禁止砍伐山胡椒，規定每天只能定量採集，公平分配族人。

最早鑑定山胡椒的早田文藏（1911），將其歸於*L. citrata*，當時依據的標本，正逢台灣總督府成立植物調查課（1905）之後的全台大

→山胡椒植株（2003.1.23；阿里山公路70.5K）

採集，因而引證標本繁多，早田氏加註了一句「可見廣佈台灣」，其中，最早的一份是1905年8月，中原源治(G. Nakahara)採自Mt. Chōron(清水溪的窟弄山？)者。後來，才鑑定爲今之學名。

依筆者採鑑記錄，山胡椒大致以檜木林帶爲上限，最高分佈約在海拔2,400公尺，但分佈中心乃在紅檜林之下，以阿里山區而言，係在第4分道大門口以下地區，或說2,100公尺以下，而下抵約500～600公尺山區。因爲分佈廣泛，數量衆多，各地族群或許已有分化，因而在植物分類的處理，曾有人再區分爲不同變種，或台灣變種，例如*L. cubeba* var. *formosana*(Nakai) Yang & P. H. Huang(1978)，或更早之前Nakai之定新種*Aperula formosana* Nakai(以上，轉引廖日京，1987)。

山胡椒花苞(1996.1.22；大坑4號步道)

以阿里山公路爲例，山胡椒大致在元月抽花苞，2月即已盛花，農曆春節前後爲盛放期，3月抽新葉且仍爲盛花季(註：金平氏敘述雄花與新葉同時抽出，又說雌花晚開；劉棠瑞說先花後葉，顯然尚待釐清)，4月殘花且見小果實，5月果實生長，6月果實飽滿，7月果實漸變色，8～9月果熟而色黑，且開始掉落，10月葉開始轉黃，但隔年開花的花蕾已漸出現，11月黃葉開始飄落，12月大致葉落光。而先開花後長葉仍普遍現象，雄花先開亦似事實，金平氏有無誤植，有待全面檢驗。

山田金治(許君玫譯，1957)記錄泰雅族北勢人稱山胡椒爲「Mamao」，同族大料崁前山及北勢(部分？)稱「Matukao」，同族汶水群則叫「Makao」，即「馬告」，而新竹州大溪郡Kaubo社人將山胡椒的根打碎後煎服，治療頭痛，亦有將根打碎後敷於額頭，並以布包紮的治療頭痛方式；台中州東勢郡Robugo社人，將根置於酒中煎服之，謂可治療瘧疾；新竹州大溪郡Pyawai社人，取其種子咬食，說是消除疲勞。

李守藩、王仁禮(1964)介紹台灣主要芳香油原料之植物，引述日治時代資料等，關於山胡椒記載，用以蒸餾油的部位在葉與枝，成分爲Cineol、Dipentene、Terpinenol-4、Limonene等。

林天書(1983)繼其1981年發表山胡椒精油含量及其成分差異的報告之後，探討不同採集時期，精油含量及其成分的差異，是篇踏實實證、有體驗見解的文章。林氏引自日人加福與田崎，在1917年發表的「山胡椒揮發油」〔台灣總督府研究報告6(49)：30-32〕，說是山胡椒果實具有特異薑辣味，爲老一輩原住民所嗜食。往昔因交通不便，食鹽或調味料缺乏，原住民常爲採食山胡椒而發生集體毆鬥，導致部落與部落之間結怨，故而山胡椒曾經一度被視爲「寶樹」，禁止任意砍伐，由地方機關及原住民部落協議限制，並劃定區域公平分配，輪流採集，各自在所分配區域內酌予採取，不得越區採集或任意砍伐（註：金平亮三1936年之說，或即來自此篇報告）。

林氏以大甲林區佳陽事業區，海拔約1,800公尺的山胡椒族群爲樣本（佳陽工作站附近），選擇胸徑6～12公分、生長良好的優勢木，於1、3、5、7、9、11月採集一次，測出葉部精油含量及成分分析；對5月初成的果實，於5～9月每月採集一次，同樣測量含油量及成分。結果顯示，葉精油以7月份最高（5.1ml／100g），其次爲9月，而1月及3月最低；果實精油以8～9月份含量最高（4.7～5.9ml／100g），而5月份最低；不同月份的果實精油，成分含量以α-松油精（α-Pinene）及香葉醛（Geranial）的差異較大；山胡椒葉精油含1,8-桉葉精（1,8-Cineol）量甚高，果實精油以橙花醛（Neral）及香葉醛（Geranial）爲最高，皆爲香料界的重要原料。

林氏對佳陽的山胡椒物候敘述，認爲海拔700公尺以下的山胡椒終年長綠，未見有落葉現象（此說法尚有問題，因為筆者在台中大坑、大甲溪畔300～400公尺的族群，仍見冬季樹葉落光光）；佳陽族群：1月底開花，2月盛花，3月中漸凋；葉：花凋謝後才長葉，故3月中旬吐新葉，7～10月爲茂盛期，11～12月枯黃期，1～3月落葉期；花蕾：9月下旬果實熟落後，開始有花蕾，11～12爲盛期，1月底開花；果實：3月中花凋後漸成果，4～5月果初成，綠色，7～8月接近成熟而呈淡黃色，9月間成熟時呈黑褐色，落果或被鳥啄食。而果實不易採集的主因是被鳥群所收獲。

林氏以一次目睹鳥群爭食的感性敘述，說明「數千隻山鳩」的「數十年難得一見」，自山胡椒叢飛起，蓋有蔽天遮日的壯觀態勢，並認爲，山胡椒果熟時易脫落、鳥群吃掉一部分、鳥群啄食之際動搖樹枝，以及起飛時的振動，皆導致不易採種的結果。

林氏復轉引正田芳郎1972年的天然香料專

→山胡椒盛花
（2003.3.3；阿里山公路75K）

山胡椒冬落葉（1997.1.2；新中横）

書，說山胡椒精油可做頭髮油、洗髮精、肥皀及食品的香料，復引用1982年謝瑞忠對斑桉精油成分的報告，說葉精油主成分1,8-桉葉精可入藥，作支氣管刺激法的祛痰劑，又可治療如蚊蟲咬傷發炎的皮膚病。此外，尙可用作清潔劑、化粧品製劑等。而果實精油含量最高的橙花醛（Neral）及香葉醛（Geranial），兩者合稱檸檬醛（Citral），8～9月間含量高達80%以上，可用作食物香料、調合香料，以及供製紫羅蘭酮之用。

關於山胡椒的生態，林氏敘述「海拔300～2,200公尺」存有，尤以中部、東部一帶的開發跡地、崩潰地、復舊造林地爲多，「極陽性樹種，落葉灌木或小喬木，喜生長於日照強且長之西南向方位，在林蔭下或鬱閉林則罕有其蹤跡，在開闊地及伐採跡地，即往往形成大面積群狀或帶狀純林」，又說在陽光充足地的山胡椒，被砍伐後會迅速萌芽再長，但陽光不足或於林內砍伐少數幾株者，往往不會萌糵。林氏復述佳陽一帶「山胡椒爲叢生或單株獨生。純林面積愈大，叢生所佔的比例較多，反之，若在林道兩側或小面積零生散者，即大部（分）爲單生，單生之山胡椒其枝葉較爲擴展茂盛，果實之結實量亦往往較多。叢生者以2～6株爲多，其次爲7～10株，10株以上者即極爲稀少」。

柳榗（1970）敘述暖溫帶雨林群系（北部700～1,800公尺，南部900～2,100公尺），列出14個過渡群叢或單叢，第11個即「山胡椒過渡單叢」，說是「生於陽坡裸地或草生地，垂直分佈於本群系之上部」，然而，筆者長年野調罕見有稍大面積的山胡椒「單位」，夥同林天書（1983）說10株以上極爲稀少，是否宜成立山胡椒次生優勢社會不無可議。依個人見解，山胡椒之於檜木帶下方的上部闊葉林帶而言，相當於台灣鐵杉林帶的次生褐毛柳單位，但山胡椒位處植物競爭更形劇烈的中、低海拔，只能在短時程內略顯優勢，「純林」的氣勢幾乎無法形成，遠不及於同帶中的台灣赤楊林。當然，若勉強成立「山胡椒優勢（次生）社會」，殆爲短時程的迷你袖珍灌叢，也無不可。

筆者懷疑山胡椒是否需要冬季一段霜凍或低溫期才會開花，又，其在泰雅原文化中意涵豐富，1998～2000年的搶救棲蘭檜木林運動中，筆者曾藉「馬告」（山胡椒）說明人與地（植物）延展人與人的關係或土地倫理的本土文化（陳玉峯，2001），至於唯用主義、唯食文化的台灣，歷來介紹山胡椒，大抵側重如何大量採花，曬乾泡茶或烹調等。何其盼望台灣人，可以早日站在山胡椒本身看山胡椒，或可稍稍由認知、理性、情感、客觀等，沉思人與自然的關係。

山胡椒的木材解剖，詳見李春序（1964），其爲散孔材，年輪明顯。

長葉(南投)木薑子

Litsea acuminata（Blume）Kurata

樟科 Lauraceae

由於近三十年來台灣已熟用長葉木薑子如上學名，否則，筆者寧願採用南投木薑子(或南投黃肉楠*L. nantoensis* Hay.)；*Litsea*這群植物的「自然眞相」迄今無人敢於宣稱摸透了，究竟劃歸幾種(分類群)才合宜，現今所知的種群更是羅生門。

森丑之助於1906年7月，在南投Risekizan(?)，採集編號3242的標本，由早田文藏於1911年命名了南投木薑子，也就是以採集地南投爲種小名的學名發表，命名當時，早田氏註明其接近*L. acuminata*(Meissn.) Makino，但由中肋發出的第一側脈的角度較鈍，且雄花序較疏鬆、較小；另亦近於*L. hupehana* Hemsl.，但葉脈不同。因此，早田氏處理爲台灣特產新種。

早田文藏於1915年，依據佐佐木舜一1911年3月，採自「Rinkiho」，帶有雄花的標本，另外命名了虎皮楠(*L. hypophaea* Hay.)，這是早田氏《台灣植物圖譜》十大卷中第五卷的167頁所記載；然而，第166頁，早田氏亦復依據他自己跟田中氏、金平亮三等，1914年4月，在阿里山鐵路沿線水社寮與奮起湖之間，以及奮起湖至多囉嗎之間所採集的標本，發表長果木薑子*L. dolichocarpa* Hay.，他註明接近南投木薑子(*L. nantoensis*)，但花及葉不同，葉較寬闊、小脈更凸起等，而虎皮楠他則註明接近*L. akoensis*，但葉脈不同等。

此後尙有一系列新發表、組合、變異之學名混亂期，而今《台灣植物誌》(一、二版)皆視爲等同於日本所產的今之學名。

常綠中喬木；單葉互生，較集生於小枝上半部，披針形、倒披針或筆者認爲倒長狹披針，甚至多線狀倒披針形，先端銳尖，葉基銳尖至圓鈍，長度、大小等變化大，葉表略

→長葉木薑子植株(2006.3.12；台20-134K)

平滑，略灰綠色，葉背帶粉白且略有毛，葉背之中肋及側脈皆顯著，野外鑑定時，筆者等常由葉基側脈近乎垂直於中肋來辨識，葉柄長度亦多變化；繖形花序腋生，總梗長約1公分，苞片5枚，花被筒有短毛，6裂片，裂片長橢圓形，完全雄蕊9枚，花絲有毛；核果長橢圓體。

金平亮三(1936)敘述，日本名「Nanto-kuromozi」，產於「中北部的高海拔，中庸之地」；金平氏同書216頁則描述虎皮楠(*L. dolichocarpa*)，將*L. hypophaea*置於虎皮楠之下的異名，說是特產於全台闊葉林中，海拔1,000～2,000公尺之間，木材黃色，俗名「キンタブ」等，材質優良，產量有限，市場上多以木荷冒充之。

長葉木薑子新葉及去年果實(2006.3.12；台20-134K)

林渭訪、薛承健編(1950)記載長果木薑子，即引用金平亮三的敘述，加上「中、北部爲多」；省林試所(1957)資料彙編，敘述南投黃肉楠海拔分佈於1,000～2,000公尺，產地如北插天山、桃園彩和山、南投桃米坑(挑？)、阿冷山、蓮華池、浸水營、六龜扇平、吉田。另又記載長果木薑子，說是海拔400～2,200公尺，產地如太平山、拉來山、巒大山、能高山、新竹丹大那、阿里山、武威山、南仁山、檜山、天長山、台東成廣澳、苗栗汶水溪、桃園彩和山；劉棠瑞(1960)敘述南投黃肉楠，分佈資料雷同於林試所，加上「北部陽明山亦常見之」，同書94頁，敘述長果黃肉楠，學名使用*Actinodaphne acutivena* (Hay.) Nakai，且將*L. dolichocarpa*及*L. hypohpaea*等置爲異名，敘述產地則雷同於林試所之長果木薑子，但林試所資料之拉來山在劉氏著作中翻成羅羅山(？；國府治台初期因對台灣欠缺實地瞭解，只能由日本人資料翻譯)，然而，學名似已搞混；廖日京(1958)臚列陽明山公園的樹木名錄，第十九種爲南投黃肉楠，海拔沿用1,000～2,000公尺；劉棠瑞、廖日京(1971)〈樟科植物訂正〉一文中，關於南投黃肉楠列了5個異名，有句註解說是由原文及圖視之，*L. dolichocarpa*應該屬於南投黃肉楠，但「省立林業試驗所臘葉標本館之模式標本，似有疑問」，產地列爲海拔1,000～2,000公尺之老資料。

劉棠瑞、廖日京(1971)調查蘭嶼樹木，列有南投黃肉楠，說是「少數於望南峰第三山一帶」；李瑞宗(1988)直接依學名之種小名譯爲中文俗名，謂之「銳葉木薑子」，說是分佈於中國福建、日本及台灣，海拔沿用長果木薑子的400～2,000公尺，但「陽明山

長葉木薑子新葉
（2006.3.13；台20-163.1K）

區唯於600公尺以上的高處較可發現，常爲孤立分佈，少成群」；佐佐木舜一(1922；轉引陳玉峯，2004，878頁)調查玉山山彙的詳實記錄，其長果木薑子的分佈，見於海拔909～2,414公尺。顯然地，歷來罕有人弄清楚長葉木薑子眞正的分佈，筆者在長年調查中也乏仔細確認其上下分佈，只憑經驗記憶，夥同如佐佐木舜一等較值得信賴的記錄，或可歸納爲，分佈於海拔900～2,400公尺的闊葉林中，上接紅檜林，下會亞熱帶雨林，但其分佈中心應落在約1,300～1,900公尺之間；筆者曾調查楠溪林道的永久樣區，海拔1,780～1,816公尺之間，東南坡，面積1,734平方公尺內，存有大小長葉木薑子290株以上(陳玉峯，1989)，正是其最旺盛的分佈地。然而，筆者不知下限之400公尺是出自何人調查，而只在林試所資料所載，卻爲人長期引用，又，此間困擾來自分類群不清不楚所致(例如南仁山長果木薑子並非此處所指物種)；而筆者認爲長葉木薑子的分佈最有趣之處在於，見於台灣本島中海拔中、下半段，也見於蘭嶼島，更且與日本的血緣息息相關，也就是說，冰河期物種南下與北退或海拔挺高的歷史因緣必爲其成因，筆者將此類型分佈的一群植物，列爲台灣中海拔以下，有意義且值得探討的生態暨演化的好議題。

蘭嶼的長葉木薑子，楊勝任、張慶恩、林志忠(1990)記載淡黃色的花，花期爲2月、4月、5月、8月，深綠色的果實爲2月；陽明山的族群花期6～7月，果期10月至隔年1月(李瑞宗，1988)；筆者於1980年代在楠溪林道等南投地區的登錄如下：1～3月間，零星見有綠色果實；4月抽出年度新芽，果實略變色；5～6月果實成熟，由綠轉黑，且漸掉落；7～8月年度盛花期，9月殘花；9月底見初果，10月以降核果緩慢成長，也就是說隔

長葉木薑子果實(2006.3.12；台20-134K)

年果熟。

林讚標、許原瑞、洪富文(1992)於4月中旬，採集福山海拔約600公尺的長葉木薑子的種子，其引述林讚標與吳濟琛1991年的報告，認爲長葉木薑子的種子「相當大」，「也是一種異儲型種子，一經乾燥，就會喪失活力。低溫層積對延長種子壽命略有助益，但時間超過九個月種子便迅速喪失發芽力」，而層積兩年後，約有5%種子發芽。此結果具有生態意義。筆者認爲一些森林下第二、三層樹或灌木，必有許多種類具有此類型種子，其可長期持續在原始森林下萌芽、更新。

馬子斌、曲俊麒(1973)試驗闊葉樹材的機械強度，來自巒濃溪事業區57及58林班，海拔1,550～1,650公尺的試木，其中，南投黃肉楠樹高18公尺，胸徑51公分者，不甚準確的樹齡爲113年；木材爲青白色，年輪不明，木理扭曲，木肌不粗不細，鉋削及加工容易，鉋面具光澤，而各項數據檢附之；李春序(1964)於1963年12月3日，在鹿場山採集的南投黃肉楠(臭屎楠、細葉楠)，作木材解剖的各項數據，「木材黃色」云云；1962年3月12日，採自大埔的長果木薑子(*L. dolichocarpa*；長果黃肉楠、金楠、竹葉楠、虎皮楠、南投楠)，英文俗名使用「Long Drupe *Litsea*；Long-fruited *Actinodaphne*；Long-drupe *Actinodaphne*」，說是木材淡黃色而帶有黃暈，心材灰褐色，散孔材，年輪顯明，極易發生假年輪等；李氏於討論部分，比較長果木薑子與木薑子屬(*Litsea*)及黃肉楠屬(*Actinodaphne*)，認爲長果木薑子的木材特徵，介於兩屬之間，「親疏均衡，難定取捨」，而對兩屬之分立或合併，尙須進一步研究。筆者檢視李氏所載之南投黃肉楠(*A. nantoensis*)與長果木薑子(*L. dolichocarpa*)，如纖維之有無隔膜等性質，似有不同，但這些學名與所指植物，現今一概被併入長葉木薑子，則究竟是「幾種」？或種下變異、雜交？夥同形態及其他考量，則該不該將長葉木薑子視同與日本等地同種？畢竟，目前之植物種乃「人種(人為之種)」也！

木材等資料尙可比較中華林學會編印(1967)47頁，以及馬子斌等六人(1979)6～7頁；而吳順昭、王秀華(1976)之長果黃肉楠(*A. acutivena*)說是取自溪頭的樣本，1974年2月所採，樹高21公尺，樹徑34公分，可能即*L. dolichocarpa*，但筆者無法肯定；吳與王氏另取溪頭(1973年4月)的南投黃肉楠(*A. nantoensis*)，樹高19公尺，樹徑18公分，分別作木材結構與纖維形態的記錄，一些特徵似乎與李春序(1964)相近或略異。

王松永、邱志明、陳瑞青(1980)試驗18種樹材耐腐性，其中，南投黃肉楠係取自台大實驗林的試材，說是氣乾比重0.57，心材黃綠色，平均年輪寬度爲0.21公分，而南投黃肉楠對白腐菌及褐腐菌的耐腐性中庸；謝煥儒(1987)由台東北花東山1985年8月22日所採集的南投黃肉楠，罹患有寄生性綠藻的藻斑病，這種綠藻引起的病害，台灣已達115種樹木發生。

關於植群生態方面，柳榗(1970)對全台灣所謂暖溫帶雨林群系(海拔700～2,100公尺之間)，列有7個原始林群叢，其中，第一個爲「巒大香桂，南投黃肉楠，黃杞群叢」，係依據六龜南鳳山海拔1,200公尺的調查作敘述者，且說鹿場大山海拔1,000公尺以下亦有分佈；第三個爲「錐果櫟，南投黃肉楠，木荷群叢」，說是鹿場大山海拔1,100～1,500公尺之間的山腹地帶，土壤肥厚，林相良好，結構層次分明，「組成第一層樹冠之優勢種，依株數順序爲南投黃肉楠、錐果櫟、厚皮香、火燒柯、木荷、巒大香桂……」；第五個爲「南投黃肉楠、長尾柯群叢」，記載自大雪山林區南坑溪海拔800～2,000公尺之間，「範圍較廣」。依其敘述，南投黃肉楠存在於第一、二、三層等，更且，南投黃肉楠在其他群叢中亦存有。

筆者認爲柳氏就全台佔地面積最廣大的闊葉林，列出所謂的7個群叢，可能因爲調查極其有限，且瞭解受囿，大約一半以上的命名單位並不恰當，亦難爲後人遵循，有可能因其企圖心太大，硬欲涵蓋全台，因而掛一漏萬，更且，南投黃肉楠並非眞正第一層樹種，較難以優勢型方式援用之。

黃獻文(1984)之調查日月潭四鄰山區植群，列出的第二大項「大葉楠—山香圓—長葉木薑子優勢型」，說是海拔900公尺魚池鄉水源地溪谷兩側，極溼潤生育地，喬木層以大葉楠、山香圓、長葉木薑子較佔優勢。顯然的，其將第一、二、三層的木本物種一齊列爲命名優勢種；另其列有「狹葉櫟—奧氏虎皮楠—長葉木薑子優勢型」，指魚池鄉水源地溪谷上側，海拔1,200～1,300公尺之間陡峭地的植群。

劉棠瑞、蘇鴻傑、潘富俊(1978)調查台東海岸山脈植群，列有「長葉木薑子(南投黃肉楠)—樹杞群叢」，說是分佈於海岸山脈中段之北花東山、花東山、八里灣山及南段都蘭山，海拔1,000公尺左右的傾斜地及谷地，且群落中「有少數陽性樹種，如九芎、粗糠柴、山豬肉……」，其等認爲乃「安定植生」，「森林結構，層次分明，第一層樹冠爲假長葉楠、黃杞，第二層爲樹杞、鹿皮斑木薑子及其他陽性伴生樹種，第三層有筆筒樹、台灣杪欏、牛乳房、水冬瓜、華八仙……第四層地被植物稀少，表示上層樹冠鬱閉度大……」，筆者頗懷疑本單位，因爲由組成來看，至少乃備受干擾的林地，其取樣是否有偏差，值得懷疑！

楊勝任(1991)調查浸水營闊葉樹自然保護區植群，作環境梯度分析，認爲長葉木薑子喜愛於環境較溼、日照較小的溪谷地形中出現，另一種長果木薑子(*L. acutivena*)亦然，其列有「長果木薑子—南仁鐵色林型」，說是海拔1,000～1,250公尺之溪谷、下坡或凹地地形，林型中存有台灣穗花杉2株，第二層樹種有南仁鐵色、山龍眼、長果木薑子、長葉木薑子等；而Hsieh Chang-Fu(1989)敘述林田山事業區之高嶺地區植群，長葉木薑子說是西坡的優勢植物之一，估計1公頃林地約有166.67幹，其中，樹木有84.31幹、小樹54.9幹、苗木27.45幹，1公頃有底面積2.59平方公尺；應紹舜(1974)敘述北大武山檜谷一帶海拔約1,700～1,900公尺，存有楠木類群叢(*Actinodaphne* spp. Association)，主要的種類有南投黃肉楠，「其他種類則較爲少見」；筆者調查北大武山登山沿線族群(陳玉峯，2001)，完全無法苟同應氏該文的敘述，更無法接受沒有樣區資料而可命名植物社會(除了一目了然的針葉純林等)。

關於北台鹿角溪集水區的植群，關秉宗(1984)列有「大葉楠—紅楠型」，再依組成分爲3亞型，其中之一謂之「南投黃肉楠—老鼠刺亞型」，位於山坡中段至稜線間，然而，筆者難以認同此等社會分類法；陸象豫、漆陞忠(1988)調查蓮華池天然闊葉林的枯枝落葉層，試區位於水里溪上游集水區內，坡向W30°N，坡度約28～40°，海拔728～797公尺之間，年降雨約2,210公釐，年均溫21.1℃，4～9月爲雨季，10月至隔年3月爲旱季，植被上層優勢木計有厚殼桂、長葉木薑子、巒大香桂、江某、裏白饅頭果、大葉苦櫧(*Castanopsis kawakamii*)、白校欑、短尾柯(油葉杜)、黃杞、台灣紅豆樹、香楠及烏皮茶等12種。其敘述該林相枯枝落葉層平均厚度3.78公分，每年每公頃枯枝落葉產生量約7.98公噸，其中，葉佔6.37公噸，以4～6月份較多，枝葉落地後，約經六個月才可觀測出有分解現象。pH值平均4.99，碳氮比爲30.54，每平方公尺的枯枝落葉層含氮量1.966公克、磷0.041公克、鉀0.836公克、鈣0.027公克、鎂0.035公克，以及87.91公克的有機質。其可截留本身乾重的183.8%的水，相當於2.97公釐的水深，平均含水量爲0.48公釐，且大約十二天可達最低含水量0.15公釐，對水土保持、森林養分補充有大助益；同樣於蓮華池地區，洪富文(1989)調查「孔」隙更新，在4個單株倒木所造成的空隙內，其中1個4×4平方公尺的空隙，出現的苗木樹種最多，有13種，最多株苗木的是巒大香桂，有34株，第二多者即長葉木薑子，有6株，其可以舉爲例子說明長葉木薑子，可在單木倒塌的孔隙中更新，事實上，長葉木薑子本來在林下就可恆定更新。

以上，筆者認爲長葉木薑子在植物分類上尚可多方探討，是否可再區分爲多個分類群也未可知；其乃典型台灣上部闊葉林下，第二層以下的恆存種之一，陰生，不斷產生種苗接替更新；而在第二樹層中的長葉木薑子，若逢第一層大樹死亡後倒塌，長葉木薑子有拓展枝葉，且再長高的傾向，而形成局部取代第一層喬木的現象，因而有些植被調查者會將其視爲第一層喬木，但整體而言，它並非林冠層的樹種；其在低山或南、北、東部，海拔分佈較爲下降，夥同中部低山的較低海拔分佈等現象，可能皆與冰河期引退後，近世植被帶上遷與壓縮有關；長葉木薑子雖可歸屬於原始森林中的倚賴種(dependent species)，歷來較爲人所忽略，但它的數量、分佈面積極其龐大，對台灣中、低海拔生態系的穩定舉足輕重，值得開展各面向的研究。

長葉木薑子花苞(1988.7.24；南橫天池)

霧社木薑子植株（2005.5.17；特富野步道）

19

霧社木薑子 *Litsea mushaensis* Hay.

樟科 Lauraceae

台灣特產種；分佈於全台海拔約1,500～2,500公尺之間的山地。

現今植物誌二版改用*L. elongata* var. *mushaensis*，也就是降爲變種的處理，筆者不以爲然，因爲早田文藏1911年命名之際，已說明霧社木薑子近於*L. elongata*，但因具有倒披針形的葉片，且葉基更爲楔形，故處理爲台灣特產；廖日京教授1988年將之改訂爲變種，或爲形態方面因人而異的看法。但筆者認爲，未經較爲科學檢證的研究，硬要將隔離甚久（至少一或二次冰河時期之前）的霧社木薑子，同中國及中南半島的L. elongata湊成「同種」，未免過於「促統」？除了命名上多了個異名或學名之外，有何生物、生態、生命科學上的意義？因此，在明確實證研究結果出爐之前，毋寧以早田文藏1911年的始源見解為依歸。

早田氏命名時的引證標本乃川上瀧彌與森丑之助，於1906年8月，在南投霧社山所採集，編號1142，早田氏以霧社地名拉丁化爲種小名命名之。

常綠小、中喬木，初生枝條具褐色絨毛；單葉互生，葉形爲倒卵披針，長約10～13公分、寬約3～4公分，先端短漸尖，葉基銳，葉背灰褐色（此乃金平亮三之敘述），中肋及側脈密生柔毛；筆者認爲葉表面暗綠色，葉背黃褐或金褐綠色，粗糙感嚴重，有時因毛沾黏灰塵等，外觀上髒髒的感覺；雄花之繖形花序腋生，總梗近於無柄，雄花5～6朵，總苞5片，花被筒狀，6裂，花被及花絲具毛；雌花之繖形花序具短總梗；漿果長橢圓體，成熟由綠轉暗紅色。

金平亮三（1936）謂日本俗名爲「Musga-damo」、「kintabu」（註：所以有人翻譯成金楠，指其心材之黃金色），木材用於裝飾用箱或製造洋杖（手杖）；劉棠瑞（1960）敘述，產於中央山脈海拔1,500～2,500公尺之間，南投霧社、南插天山、大霸尖山、八仙山、阿里山、大元山、太平山之闊葉樹林內；年輪及春、秋材區分顯明，春材在砍伐時呈黃色，秋材呈紅褐色，「心材尚具金黃色之暈，故稱金楠；木材軟硬適中，可製箱櫃及

霧社木薑子新葉（2005.5.17；特富野步道）

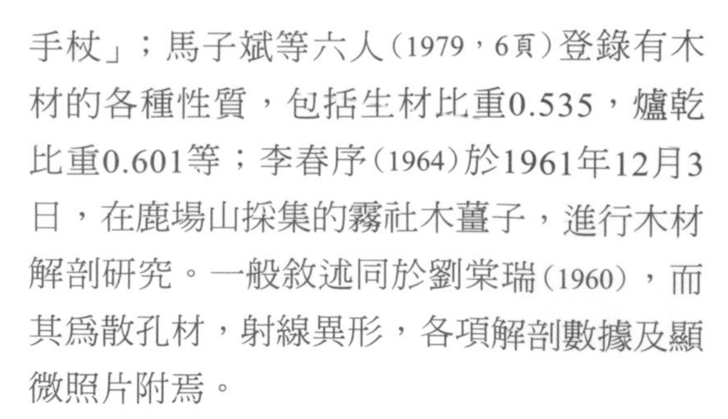

手杖」；馬子斌等六人（1979，6頁）登錄有木材的各種性質，包括生材比重0.535，爐乾比重0.601等；李春序（1964）於1961年12月3日，在鹿場山採集的霧社木薑子，進行木材解剖研究。一般敘述同於劉棠瑞（1960），而其爲散孔材，射線異形，各項解剖數據及顯微照片附焉。

《台灣植物誌》（第二版）記載雄花7～9月開花，雌花8～10月開花；劉棠瑞、廖日京（1971）引證早田文藏與佐佐木舜一，於1912年1月在阿里山所採集的標本，註明有雌花；另一份早田氏標本，1914年3月所採集者，註明有雄花。則是否年度開二次花？春花與秋花？筆者在全台各地零星記載的開花、結果並不完整，在二萬坪（海拔2,000公尺）附近植株，約在4月抽新葉，5月完成生長，9～10月開花；在阿里山祝山林道海拔約2,400公尺處的植株，2004年11月11日見有盛花（雄花），故而物候登錄尚待補充。

日治時代以*Litsea*屬各物種之花部結構不同，從而將各輪花藥全部向內、花藥4室、花爲覆瓦狀苞片包圍、完全雄蕊9枚、花序爲集團狀或繖形者，劃歸另一屬黃肉楠屬（*Actinodaphne*），但後來又被捨棄，全歸*Litsea*屬。然而，原歸黃肉楠屬的樹木，顧名思義，即木材黃肉色。林渭訪、薛承健（1950）之木材介紹，將*Actinodaphne*屬物種通稱爲黃肉楠類，包括霧社木薑子（霧社黃肉楠或金楠）、長

霧社木薑子果實及葉背（2006.5.11；阿里山區水山支線）

霧社木薑子花序（1986.11.13；望鄉工作站）

霧社木薑子花序近照（1986.11.13；望鄉工作站）

←霧社木薑子新葉
（2005.5.17；特富野步道）

葉木薑子、小梗木薑子等，木材皆爲黃色(事實上許多樟科樹木的木材都是黃色)，但霧社木薑子以其心材之具黃金色的暈紋頗美觀，因而廣受歡迎，也因而被大量伐採。

以阿里山慈雲寺正門下方步道下走，經阿里山神木站上方，再經神木群棧道繞回慈雲寺一圈爲例，2004年底，筆者計算步道旁可見樹木共有207株，其中紅檜70株爲最多，其次爲長尾柯20株，第三名是霧社木薑子，有15株，但多集中於東北坡向，且多屬5～6公尺以下的小樹；阿里山區各步道、鐵公路旁，皆零星可見，也就是說，在伐木、造林之後，次生而出者；大多數木薑子類的中、小喬木，屬於原始森林以迄次生林下的第二、三層倚賴種，而中海拔闊葉林(特別是陰坡)內，數量最多者首推長葉木薑子，其爲陰生物種，善盡當老二的地位，扮演樹冠層下部的結構分層，然而，霧社木薑子的特性介於老二的邊緣，常介入次生演替的行列，因而林緣頻見之，也就是說，對陽光的需求量較高，不甘於完全置身林下。

霧社木薑子以上部闊葉林帶爲其分佈中心，並上溯進入檜木林帶，海拔最高分佈則逼進鐵杉下限區；其似無特定植物社會歸屬，亦因具備次生演替物種特色，逢機零散發生，可歸爲「個體戶」，筆者對其所知有限。

此外，筆者於2006年5月11日，在特富野步道採集的霧社木薑子成熟果實，當天將種子擠出，在台中市家中立即下種，月餘後即見萌發，萌發率約5成，6月20日拍攝的種苗高約5公分。

霧社木薑子果實(2006.5.11；阿里山區水山支線)

霧社木薑子種子發芽（2006.6.20）

20

豬腳楠、香楠與大葉楠的簡單觀察

傳統植物分類學以形態特徵為主要內涵，大致以生殖器官之花、果實及營養器官之葉、莖等，作質的敘述，加上一些簡單的量化數據，例如整部《台灣植物誌》的物種（或分類群，Taxa）敘述，大多由生活型（草本、灌木、喬木……），幹、枝、葉，葉形及大小、葉質、葉緣等，乃至花、果、種子之描述，歷來自有一套術語（Terminology）的規範，以及描述的形式或範例。

然而，有無固定、標準、嚴格的敘述典範？就台灣植物百餘年的描述，除了命名之際遵守國際命名法規條文之外，例如拉丁文敘述等，對於植物形態述說，幾乎沒有限制，有的只是特定專業研究者所樹立的範例，而為後來研究者所模仿而已，例如金平亮三（1936）殆即木本植物敘述的範例。至於敘述本身或細節，充滿「反統計、不科學」等毛病，乃現行傳統生物分類學的本質性問題，因為學名的發表與使用的根據是模式法，也就是命名時的「模式」標本，而許多人誤解「模式標本」為正字標記，卻不重視變異範圍。

即令學名制難以修改或顛覆，但可以改良，而形態之研究理應全面掌握物種之變異，從而確定所謂某學名在某物種變異範圍中的定位，始有助於對物種較精確的釐清。

而凡此形態涉及數字的小問題，在此略加討論之。

歷來對葉片的描述，幾乎全都附上長、寬各幾公分等，然而，長、寬多長的依據，通常只是敘述者手中的標本，有人量度所有手上標本葉片；有人隨意挑幾片；測量精準度更是自由心證；有人到標本館，不等程度量度不同張數標本作「統計」，但所有「統計」有無違反統計學原義則不得而知；有人敘述植物種的一些數據，只將前人的敘述隨意加減幾公分（亂猜投機型），等而莫衷一是，且無人討論。奇怪的是，許多植物的比較敘述，卻多採用根本就無意義的數字遊戲。

一株木本植物，其葉片是否在年度生長之後，就不再有任何生長變化？那一種樹木的葉片究竟可存在多長時間？單株樹木由小到大（樹齡）的變異、所有葉片的總變異範圍如何測量或調查？不同株之間變異、局部地區族群變異、不同族群變異如何掌握？事實上我們對所有植物種，絕大部分的變異一向不清不楚，目前為止的植物分類學簡直像是「藝術」創作？

在此，筆者以逢機、隨意舉例方式，膚淺地提出微不足道的舉例討論。

2005年4月18日，筆者前往石門水庫旁佛陀世界，由台3乙線轉入山路，路口附近採集、拍攝大葉楠花謝初果，不到100公尺附近的中坡，採拍豬腳楠的果實（成長中，極少數近於果熟）、新葉芽與新葉，以及混生一地的香楠（尚在開花中）。

一般性扼要敘述如下：豬腳楠傾向存在於中、上坡段，而且，似乎愈上坡段、陽光愈充足之處的植株開花最早或結果最快（不確定），以2005年3月4日極端化寒流而雪線大降約2,300公尺的怪異天候下，2005年4月18日此地的豬腳楠族群已全數成果，且果徑已有達0.8～0.9公分者，而幼葉正在伸展中，紅色苞片掉落滿地；大葉楠傾向存在於溪谷地及下坡段，新葉多已長出，但新葉顏色偏黃，尚未成熟，花期已完全結束，初果果徑多在0.3公分上下；香楠傾向於中、下坡段生育地，其新葉已近完成生長，而仍處於開花中。

筆者以高枝剪剪下3物種枝條（頂生）各5～6段，各種逢機取一段觀察、測量之。由於樟科植物芽苞及其苞片脫落後，在枝上留下顯著的痕跡，因而恰好提供近數年來年度生長的段落判斷。

（一）豬腳楠

小枝粗壯，枝皮與木材容易分離，五年前的枝條上枝皮仍然維持綠色（與葉表同色），枝皮上有黏質（會牽絲，目視感覺上比香楠含有更多黏質）；2005年4月18日爲止，新生小枝長度2.4公分，已長出8片新葉，新葉之下，著生7根花序柄，花序柄帶深粉紅色；2004年生的第二段，長度10.4公分，長有12片樹葉，由上往下第九片葉腋，生有2004年的側枝，該側枝於2005年萌長花序及新葉，通常，豬腳楠年度花序包括長在主枝頂端（該年生枝的基部，以及去年枝的側枝先端基部者）；2003年生的第三段亦著生12片葉，段落長度爲3.4公分；2002年生的段落爲2.1公分，僅剩一片葉；2001年生的段落有7公分長，剩下3片葉。

小枝年度生長段落的基部直徑，2005年者有0.4公分，2004年0.7公分，2003年0.75公分，2002年0.65公分，2001年0.7公分，2000年0.8公分。而各葉片由枝先端往下，依序量其葉柄、葉長及寬度如表八。

據表八之數據則描述者如何敘述葉長、葉寬、葉柄長度或葉形等？2005年新葉尚未完全成長，大概無人會引

←豬腳楠深色的新葉
（2005.4.18；佛陀世界）

表八　豬腳楠逢機取1枝條葉片測量值

生長年度（年）	由上往下葉片編號	葉柄長（cm）	葉長：葉寬（cm）	比值	附註
2005年（4月18日為止）	1	1	7.1：2.7	2.63	倒卵長披針形
	2	1	7.2：2.8	2.57	倒卵長披針形，略歪
	3	1.5	8.1：3.6	2.25	
	4	1.45	8.4：3.7	2.27	
	5	1.2	8.1：4	2.03	
	6	1.1	7.7：4	1.93	
	7	1.1	6.3：3.3	1.91	
	8	0.8	5.7：2.5	2.28	
	平均	1.14	7.33：3.33	2.20	葉長5.7~8.4；葉寬2.5~4
2004年	1	1.2	5.6：3.3	1.7	葉片不完整
	2	1	6：3	2	葉片不完整
	3	1.2	8：3.1	2.58	葉片不完整
	4	1.7	9.8：3.9	2.51	葉片不完整
	5	1.6	9.6：3.7	2.59	
	6	2	11.1：4.4	2.52	斷尾
	7	2.2	12.3：4.45	2.76	最寬部位在中、下部
	8	2	12.1：4.9	2.47	最寬部位在中間
	9	2.6	13.6：6.1	2.23	紡錘形，最寬在中間；腋生側枝
	10	1.9	10.9：5.6	1.95	最寬部位在中、下部
	11	2	11.6：6.1	1.90	最寬部位在中、下部
	12	2	11：5.55	1.98	最寬部位在中、下部
	平均	1.78	10.13：4.51	2.25	葉長5.6~13.6；葉寬3~6.1
2003年	1	1.5	9.4：3	3.13	最寬部位在上半
	2	1.4	8：2.5	3.2	最寬部位在中上半
	3	1.5	9：3	3.0	最寬部位在上半
	4	1.8	10.4：3.7	2.81	最寬部位在中上半
	5	1.6	8.8：3.3	2.67	最寬部位在上半
	6	1.9	10.8：4.6	2.45	最寬部位在上半
	7	1.8	9.6：4.2	2.29	最寬部位在中上半
	8	1.8	9.35：4.1	2.28	最寬部位在上半
	9	2.1	11.3：5.1	2.22	最寬部位在上半
	10	1.3	8.5：4.4	1.93	最寬部位在上半
	11	1.6	9.6：5.15	1.86	最寬部位在中上半
	12	1.3	8.55：4.2	2.04	最寬部位在中上半
	平均	1.63	9.44：3.94	2.40	葉長8~11.3；葉寬2.5~5.15
2002年	1	1.2	8：4.5	1.78	僅剩此片葉
2001年	1	1.7	8.5：4.1	2.07	
	2	1.7	9：4.15	2.17	
	3	1.9	8.8：4.8	1.83	最寬在中下段
	平均	1.77	8.67：4.35	2.02	葉長8.5~9；葉寬4.1~4.8
5年平均	葉柄1.14~1.78		7.33~10.13：3.33~4.51	2.02~2.40	比值捨棄2002年單獨1片葉者

用此等數字，則採用2004年？2003年？或總平均值？歷來形態分類學者如何取捨？或逢機任意書寫？或循何等原則敘述？又，如何將變異全盤掌握？取比值是否較穩定？凡此多如牛毛的問題如何而能有客觀敘述？如何在龐大變異中，選取較爲穩定或關鍵特徵，毋寧才是傳統分類學者所欲找尋者，但對輔助用的數字引用，總該有所規範爲宜，則誰人定下遊戲規則而爲大家所願遵循？在此，筆者建議，描述者理應大致交代整體傾向或趨勢，而一旦引用數字，則明確說明如何產生該等數據，至少應以誠實、務實、明確交代依據的基本涵養爲原則，不該馬虎或草率胡扯。

任何人只要稍加仔細觀察，例如此例，即可發現前人所未看出的許多現象。上表數據至少可知，豬腳楠的葉片可維持五年或以上不落葉的「事實」，除非有人觀察同一枝條，且看到並非如此，而是一年可長2節以上，否則筆者僅檢視1枝條一次的敘述便無法否定。又，據此可推演過往常綠樹、落葉樹、半落葉樹等膚淺的古老用法，例如樟樹，其所有樹葉僅能維持一年左右壽命，卻在每年新葉長出後，去年葉片才全數落光，則是否可列爲所謂常綠樹？台灣朴樹到底是不是落葉樹？一系列連續變化的自然界現象，傳統觀察者欠缺完整觀察，其實，應予全面重新檢討。又例如溫帶國家所產生的1年生、2年生、多年生等說法，對熱帶、亞熱帶，事實上並不適用（陳玉峯，2005）。

至於上表數字若再加上多枝條的測度，全株樹各部位的取樣，乃至於石門水庫地區豬腳楠族群的葉片變異度等，可以存有多如牛毛的不同計量方式，且各有特定意義也未可知，在此不擬討論，只是要藉此最簡單的舉例，說明傳統或歷來植物敘述的何其主觀、逢機、馬虎等毛病。畢竟，習慣讓人安心，令人無知、拒絕新知，許多「專家」其實在龐多方面都是頑固愚昧的代名詞，特別是對其專業，也很可能形成最大的囿見，而拒絕

豬腳楠果實（2005.4.18；佛陀世界）

表九　逢機取香楠1枝條的葉片測量數據

生長年度（年）	由上往下葉片編號	葉柄長（cm）	葉長：葉寬（cm）	比值	附註
2005年	1	0.9	4.3：1	4.30	葉彎曲變形
	2	1.5	7.7：2.1	3.67	
	3	1.5	8：2.4	3.33	葉最寬部位在中偏上
	4	1.6	7.3：2	3.65	葉最寬部位在中間
	5	2.1	9.6：3.4	2.82	葉最寬部位在中上段
	6	1.6	7.3：2.4	3.04	葉最寬部位在中上段
	平均	1.53	7.37：2.22	3.32	葉長4.3~9.6；葉寬1~3.4
2004年	1	1.3	8.8：2.4	3.67	葉最寬部位在中上
	2	1.4	8.1：2.5	3.24	葉最寬部位在中略上
	3	1.7	10.4：3.12	3.33	葉最寬部位在中間
	4	1.6	9.15：3.21	2.85	葉最寬部位在中間
	5	2	9.8：3.85	2.55	葉最寬部位在中間
	6	2	10：4.3	2.33	葉最寬部位在中略上
	7	1.7	8.2：3.7	2.22	葉最寬部位在中間
	8	1.8	9.75：4.62	2.11	葉最寬部位在中略上；有2005年側枝
	9	1.4	6：3.1	1.94	葉最寬部位在中上
	平均	1.66	8.91：3.42	2.61	葉長6~10.4；葉寬2.4~4.62
2003年	1	1.25	6.9：1.84	3.75	
	2	2	8.2：3.5	2.34	葉最寬部位在中上
	平均	1.63	7.55：2.67	2.83	葉長6.9~8.2；葉寬1.84~3.5

進步與轉變。

（二）香楠

小枝細小，直徑遠比豬腳楠小至約1/2強；小枝長至第四年生之際，仍然維持同樹葉葉背顏色相同的青綠。2005年4月18日爲止的年度新枝長度3.6公分，直徑約0.2公分，著生新葉6片；2004年生的第二段，長度8.4公分，直徑約0.3公分，著生9片樹葉；2003年生的第三段，長度16.5公分，直徑約0.4公分，樹葉剩下2片；2002年生的段落已無樹葉，徑約0.5公分。筆者觀察的此枝條並無花序著生。

香楠在鑑定上通常由葉片不反光，灰青綠色，揉碎有股「電線走火」的味道可判斷。準上方式量度小枝葉片如表九。

（三）大葉楠

小枝粗壯，小枝長至第三年生之際，枝皮完全變褐色；2005年4月18日爲止的年度新枝段長度5.7公分，其上著生12片樹葉，第十二片葉下方存有1條花序（長度12.9公分），基徑0.75公分；2004年生的第二段，長度9.1公分，基徑0.85公分，此段落存有去年葉片11枚；2003年的第三段，長度爲19公分，枝皮呈褐色，徑約0.75公分，剩下4片樹葉，也就是說，大葉楠的樹葉可維持約三年。其數據如表十。

由表十之簡單數據，例如豬腳楠，如果描述者敘述葉柄平均長度介於1.14～1.78公分之間，則他係以各年度的平均值述說，然而如此敘述對於初學者採到標本作對照，便可能產生有0.8公分的葉柄，無法「符合」敘述，即令描述者以所測極值敘述，葉柄長0.8～2.6公分，但全株樹就有可能有0.5公分、3.2公分等「不符合」的狀況發生，何況不同株之間、不同地區族群之間的變異，因此，很難有「精確」的表達方式，此乃因生命現象的事實，總是會有例外的發生，故而描述者只能盡其所能地詳加說明。

又如大葉楠，廖日京(2002，25頁)列表比較假長葉楠與大葉楠，說是前者葉長10～13公分，寬2.5～4公分；後者葉長15～22公分，寬4～8.5公分，則筆者在此檢驗的大葉楠的數據(表十)，三個年度的葉長大約全部落在假長葉楠的範圍，葉寬則落在兩種之間，如此可見，分類學者的數據是毫不可靠！

由生命現象之畸型化、極端例外現象，導致量化敘述本身有所囿限，但在常態曲線分佈中，仍有其參考的價值，之所以在此贅言，乃因有太多或幾乎是全部的敘述者，放棄明確指陳依據，甚至於多由日治時代的描述胡亂加減，更少有人在乎此等細節問題，故而在此提醒數字化的「非常態」、「非統計」，只是逢機性的記錄。又，日治時代治學風氣畢竟嚴謹，雖以取樣不足，仍然是依據植物標本實體作記載。

而筆者自我要求，至少敘述時，資料若非自己的觀測，盡可能列出引證文獻；若以自己的採集品敘述，則明確交代數字、質性的引據，此乃一個態度上的問題，在教育面向必須強調與提醒者。

表十　大葉楠逢機取樣1小枝條葉片量度值

生長年度(年)	由上往下葉片編號	葉柄長(cm)	葉長：葉寬(cm)	比值	附註
2005年	1	1.5	8.2：2	4.10	葉最寬部位在上半
	2	2	11.6：2.7	4.30	葉最寬部位在上半
	3	1.8	11.3：3.1	3.65	葉最寬部位在中間
	4	2.4	13.6：3.7	3.68	葉最寬部位在上半
	5	2.2	13.5：4	3.38	葉最寬部位在中偏上
	6	2.05	12.8：4	3.20	葉最寬部位在中偏上
	7	2.3	13.5：4.61	2.93	葉最寬部位在上半
	8	2.1	13.5：4.4	3.07	葉最寬部位在中間
	9	2.6	13.8：4.7	2.94	葉最寬部位在上半
	10	2.5	13.8：5.45	2.53	葉最寬部位在上偏中
	11	2.0	13.2：4.45	2.97	葉最寬部位在上偏中
	12	2.5	12.8：4.8	2.67	葉最寬部位在上偏中
	平均	2.16	12.63：3.99	3.16	葉長8.2~13.8；葉寬2~5.45
2004年	1	0.9	6.6：2.1	3.14	
	2	1.5	9.2：2.81	3.27	葉最寬部位在中略上
	3	1.45	10：3.1	3.23	葉最寬部位在中間
	4	2.3	13.3：3.7	3.59	葉最寬部位在中略上
	5	1.5	11.2：3.1	3.61	葉最寬部位在中略下
	6	1.8	12.6：3.6	3.50	葉最寬部位在中略上
	7	1.9	13.2：4.3	3.07	葉最寬部位在中上
	8	2	15：4.6	3.26	葉最寬部位在中略上
	9	2.4	13.9：5.2	2.67	葉最寬部位在中間；2004年側枝
	10	2.2	13.4：4.5	2.98	葉最寬部位在中略上；2004年側枝
	11	2.3	11.8：6.1	1.93	葉最寬部位在中間；其下有2004年側枝
	平均	1.84	11.84：3.92	3.02	葉長6.6~13.9；葉寬2.1~6.1
2003年	1	1.4	12.8：3	4.27	葉最寬部位在中略上
	2	1.6	11.4：3.1	3.68	葉最寬部位在中略上
	3	2.1	13.85：3.55	3.90	葉最寬部位在中間
	4	2.1	13.7：3.8	3.61	葉最寬部位在中上
	平均	1.8	12.94：3.36	3.85	葉長11.4~13.85；葉寬3~3.8

豬腳楠 *Machilus thunbergii* Sieb. & Zucc.

樟科 Lauraceae

分佈於中國、日本、小笠原群島、琉球群島、南韓及台灣；全台海拔2,100公尺以下地區，以及蘭嶼、綠島存有（《台灣植物誌》等）。

常綠大、中喬木或小喬木，視環境條件而定；樹皮灰褐、粗糙；葉革質，倒卵至橢圓形、倒披針長橢圓形，先端有短鈍尾，葉基銳縮，葉表中肋略有凹溝，葉背則凸起，葉長約8～12公分、寬約2.5～3.5公分，第一側脈約8對；花於枝頭葉腋抽出，排成圓錐花序，平滑無毛，基部有苞片數枚，苞片橢圓形，紅色，花被片6枚，每枚銳頭，狹橢圓形，外輪略小，有褐毛，雄蕊4輪，第四輪乃假雄蕊，花藥4室；漿果球形，成熟轉紫黑，徑約0.7～1公分（修改自金平亮三，1936；劉棠瑞，1960）。

上述乃典型北部常見的豬腳楠敘述，而日治時代被命名爲阿里山楠（學名包括*M. arisanensis*等），而今被視爲豬腳楠的異名者，如中部中海拔（如阿里山區）的族群，其葉片兩端皆較銳尖，且葉背常見帶粉白，花被無毛，野外調查中，實與典型的豬腳楠存有顯著的差異，而今之豬腳楠整合歷來至少11個學名以上，表面上定於一尊，被視爲「同種」，實則未必合宜，筆者對台灣植物之分類群，時而大種而無所不包，時而吹毛求疵立了一大堆學名，莫衷一是，標準天差地別，委實不敢苟同。今之*M. thunbergii*即包山包海的「大種」處理方式。

中海拔地區的豬腳楠，最早殆由早田文藏於1906年，由阿里山區的標本命名爲阿里山楠*M. arisanensis*者；1911年早田文藏又依據川上瀧彌與森丑之助同樣於阿里山所採

豬腳楠芽苞（2006.3.18；石門水庫）

的標本(1908年3月，標號6215及3681)，改命了*M. macrophylla* var. *arisanensis*；1915年另命名綠島的新種；1917年金平亮三也依據頭份南庄的標本，命名了南庄楠；以後更有了一系列排列組合等學名或異名變遷，即至現今，筆者不認爲有人眞正搞清這群複雜多變的物種與學名，遑論豬腳楠與其他楠木之間可能尙存雜交、分化的一大堆頭痛問題。奈何筆者自己並未從事樟科分類研究，不敢置喙，只能尊重現今大一統的籠統用法，而以生態等價族群方式對待之。然而，李春序(1964)於1962年12月3日，採集自鹿場山的阿里山楠，以及1961年11月9日採自恆春的豬腳楠，兩者的木材解剖與敘述或數據等，似亦有顯著差異。

昔日如阿里山、二萬坪、平遮那、交力坪等海拔700～2,400公尺之間的族群，皆被認爲是阿里山楠(劉棠瑞，1960)，而劉棠瑞、廖日京(1971)已將上述十餘個學名統一，視同豬腳楠，說是由平地、蘭嶼、綠島以迄海拔2,400公尺存有之；省林試所(1957)敘述豬腳楠分佈於700～1,800公尺，而阿里山楠見於700～2,400公尺；謝阿才(1963)對諸羅縣誌輯錄的植物作名考一文中，敘述阿里山楠日文俗名「Arisan-tabu」，產於阿里山平遮那、二萬坪海拔1,500～2,500公尺；豬腳楠日文俗名「Tabu-no-ki, Matabu」，產於草山、宜蘭、浸水營、蘭嶼及綠島；陳益明(1994)則記載龜山島存有豬腳楠；下澤伊八郎編(1941)之《大屯火山彙植物誌》，敘述豬腳楠爲主要植物之一，「全山自生，山豬湖道路、造林紀念碑附近，以及竹子湖等量多」；黃增泉等(1984)敘述陽明山國家公園預定地內，「爲公園區內最常見之樹種，枝端之冬芽大而明顯，外被多數鱗片，春天發

←豬腳楠當年最後花朵(2006.3.18；石門水庫)

豬腳楠芽苞（2006.3.18；石門水庫）

豬腳楠新葉與初果（2006.3.18；石門水庫）

豬腳楠新葉（2006.3.18；石門水庫）

出新枝葉及花序。在天然闊葉林中常佔據優勢，上磺溪上游即有許多高大植株」；李瑞宗（1988）也說「陽明山區數量頗豐」，凡此，繁多文獻報告傾向於視中部中海拔的族群爲阿里山楠；北部低海拔及離島者爲豬腳楠，平心而論，此乃受到植物分類學者的看法所左右，日治時代及國府治台初、中期常見如此區分，但20世紀後半葉或1970年代之後，則將之統合爲豬腳楠的大種概念矣！

而佐佐木舜一（1922；轉引陳玉峯，2004）玉山山彙之阿里山楠的海拔分佈，於909～2,424公尺之間被登錄。綜合上述，夥同個人採集、調查記錄，筆者認爲大「豬腳楠」種的最高海拔大約在2,500公尺，分佈中心乃2,500公尺以下之山稜或山系之中、上坡段衝風處集結，而非連續分佈型（往下再論），至於下限，包括龜山島、蘭嶼、綠島，以及北台灣面海第一道主稜，或各稜頂集結群生。

由於族群分佈範圍甚寬廣，各地物候登錄舉例如下：

章樂民（1950）記錄台北植物園的豬腳楠開花期2～3月，換葉期2～4月，結果期6～9月；廖日京（1959）敘述台北市樹木生活週期中，豬腳楠於1月下旬出現花蕾，2～3月開花，2～6月上旬結果，5月中旬至6月上旬草山的豬腳楠果實大量成熟，3月下旬萌發新葉芽；劉儒淵（1977）記錄台大校園內豬腳楠的物候，與廖日京（1959）完全一樣；楊勝任、張慶恩、林志忠（1990）登錄蘭嶼物種，豬腳楠的花期爲1～2月，果期3～4月（紫色）；黃明秀（1993）敘述大葉楠及阿里山楠（原文作小葉楠），說是採種期爲5～6月間，「南早北遲……最好撿拾落果，如用剪枝（枝剪？）採果方法，必須保留大枝。漿果可後熟，成（熟？）度達90%以上時即可採取，果肉腐爛後，清洗選取種子，經陰乾混置沙中保存或即播」；筆者在中部中海拔地區的登錄，大約2月見有花序苞、葉芽，3月抽新葉芽且開花，下旬盛花，4月間新葉成長，花仍鼎盛，但至下旬則爲殘花、初果。5～7月果實成長，7月下旬果實變顏色，8～9月果實成熟(藍黑色)，9月間落果。10月以降隔年的葉芽或花序似乎正醞釀，11月至隔年1月皆可見休眠中的葉芽，而12～3月的落葉稍多。

林渭訪、薛承健(1950)輯錄的阿里山楠，說其分佈於阿里山、蓮華池、林田山等海拔2,000公尺以下之山地，木材灰白色，甚輕，脆弱且易腐，氣乾材比重0.639，全乾材比重0.552，含水率13.7%，產量少；而豬腳楠則分佈全島低海拔闊葉林中，「全省蓄積較大葉楠爲少」，「生長頗速，台中蓮華池產者，42年生時樹高20.8公尺，胸高直徑21.4公分，木材年輪稍分明……氣乾材比重0.575，全乾材比重0.499……」；省林業試驗所的蓮花(華)池分所位於埔里附近，海拔約500公尺上下，谷雲川、邱俊雄(1974)選擇東至東南坡向的原始闊葉林，砍伐18種樹、22株，作混合製造紙漿的試驗，其中，被砍伐的豬腳楠宣稱樹齡62年，樹高16公尺，胸高直徑33公分，比重0.61。其得出各種紙漿的性質，認爲單一樹種收率以香楠、江某爲最佳，豬腳楠、烏心石次之云云；馬子斌、曲俊麒(1973)取自南台茇濃事業區第57及58林班，海拔1,550～1,650公尺的17種樹，砍下18株，其中，豬腳楠說是64年生，樹高16公尺，胸高直徑46公分，木材淡青色，年輪明顯，木理波狀，木肌細，加工容易，鉋面略光，研磨後生光澤。含水率12.35±0.27，比重0.5747±0.0316，生長率每公分有年輪數2.69，夥同其他多項木材性質數據等；馬子斌、曲俊麒(1976)另以蓮華池分所「海拔高約500公尺……自東至東南傾斜方向」，取18樹種，其中豬腳楠樹高19公尺，胸高直徑垂直斜坡的數據爲46.5公分、平行於斜坡的胸徑爲48.5公分，其邊材褐黃色、心材暗褐黃色，年輪不清，木理橫斜，木肌略粗，加工容易。試材含水率12.01±0.14，比重0.631±0.025，生長率每公分有1.31年輪。據上述可知，豬腳楠的生長速率變異似乎很大，無法下達「生長頗速」或慢。

談及豬腳楠木材的物、化性質者，另可見中華林學會編(1967，43頁)，至於前述說其木材易腐，永山規矩雄的試驗(轉引林渭訪、薛承健，1950，184頁)顯示，其木條置土中二年十個月腐朽，耐腐性小；而謝煥儒(1987)敘述，1922年澤田兼吉報導*Aecidium machili*病原菌寄生於香楠，形成腫銹病，澤田氏又於1943年記載同一菌種亦發生在豬腳楠、大葉楠、臭屎楠等*Machilus*屬樹上，謝氏則於1985年、1986年，在台北鹿角坑、面天坪採鑑豬腳楠罹病，病原菌皆同一，謂之「紅楠(豬腳楠)腫銹病」，本病爲害葉片，尤其幼葉，一開始在葉片上出現黃色圓形小斑點，

豬腳楠無花序的芽苞及新葉(2006.3.18；佛陀世界)

漸次擴大，病斑部葉片組織漸肥腫，病斑呈橙黃至黃褐色，後期變褐色乾枯，病斑徑約0.2～2公分；黃秀雯、陳建名(1995)介紹溫帶林主要的外生菌根的紅菇屬菇菌類，其中，與豬腳楠共生的是點柄臭黃菇(*Russula mariae*)。

在植被或植群生態研究方面，豬腳楠牽連甚廣。柳榗(1970)轉引章樂民(1967)於恆春半島的調查，列出「禎楠類、榕樹類過渡群叢」，然而筆者認爲柳氏的許多植物社會單位乃因調查不足，欠缺實體意義；謝長富、孫義方、謝宗欣、王國雄(1991)於墾丁國家公園執行永久樣區的調查，其等認爲南仁山區2公頃地內，豬腳楠的生育地包括迎風緩坡區、溪谷附近及避風坡，也就是說除了「迎風陡坡區」之外皆存在，但筆者認爲此一看法有問題；中部地區，黃獻文(1984)調查日月潭鄰近山區的植群，列出「豬腳楠—西施花—大頭茶—杜英亞型」，說是分佈於集集大山山頂及該山脈主稜兩側坡面，「地勢高且受風之影響，土壤水分偏低，林內呈乾燥狀態(註：此或為相對說法，或調查者於乾季調查的印象？)，樹形矮小，僅約6～8公尺……上有黃杞、錐果櫟、狹葉櫟、頷垂豆、樟葉楓……」，而集集大山海拔約1,390公尺，筆者於1980年代曾前往調查，認爲該山區早已開發，多人造林及殘存與次生系列，黃氏所列單位即爲備受干擾的殘破或次生者。

及至北部山區，蘇鴻傑、林則桐(1979)調查木柵地區天然林，列有「薯豆—楊梅—大明橘—豬腳楠過渡簡叢」，出現於山頂、主稜、支稜及山坡上側之乾燥地或

↑豬腳楠淡色的新葉(2006.3.18；佛陀世界)
↓豬腳楠新葉與初果(2006.3.18；佛陀世界門口)

石質土，「土壤水分偏低……排水迅速、蒸發量大，且經常受風之影響，樹木多矮小，高度不超過4公尺，密度則極大……層次不明……」，另列有「薯豆－長尾柯－豬腳楠－綠樟過渡簡叢」(註：植物俗名筆者已修改)，出現於如筆架山等岩石稜線的鞍部；陳賢賓(1992)調查台灣東北部大屯及基隆火山群之間的五指山區，認為豬腳楠、大明橘為主優勢種，海拔300公尺以下的沿海地區，以豬腳楠、森氏楊桐、樹杞較優勢；海拔300公尺以上的山頂及坡面，以大明橘、小葉赤楠為主；海拔400公尺以上的衝風稜線，以鏈子櫟、白背櫟、刺格、紅星杜鵑等為優勢。筆者認為此等區域具有植被帶北降壓縮型(陳玉峯，1995a)的現象。

郭城孟(1989)列舉了大屯山區二子坪，海拔850公尺，西北坡向，坡度30°的「豬腳楠－狹瓣華八仙－赤車使者」樣區，10×20平方公尺內存有62種植物，其以2株(？)巨大豬腳楠為主體，繪製有剖面圖；黃增泉、謝長富、陳尊賢、黃政恆(1990)針對陽明山國家公園內，七星山東北坡，於1988年7月18日火燒11公頃林地後，設置永久樣區調查之，該樣區海拔約725～730公尺(原文圖1)，其中，依枝葉體積及覆蓋度判斷，最優勢的喬木種為豬腳楠等，但若依樹幹底面積計算，則昆欄樹最優勢，豬腳楠排名第6，但其在16個小區的相對頻度為37.5%(即出現6個小區)；而之前黃增泉等(1989)列有「豬腳楠－昆欄樹優勢社會」，皆為大屯火山系的豬腳楠族群之敘述。

再往東北角，即澳底、鹽寮地區，Hsieh Chang-Fu, S. F. Huang and T. C. Huang(1988)調查鹽寮附近次生林，豬腳楠亦為優勢木之一，且認為未來森林乃將以豬腳楠等為優勢種，也就是說，即令豬腳楠並非最優

兩株豬腳楠，右株著生花序；左株僅有新葉(2006.3.18；佛陀世界門口)。

集集大山的豬腳楠(1986.3.6)

神木林道的阿里山楠(1987.4.15)

神木林道的阿里山楠（1987.4.15）

阿里山楠（1987.4.15；阿里山）

勢，但無論次生林乃至其未來演替更後期的森林，其皆長存；而蘇仲卿等十人（1988）對鹽寮核四廠區等陸域生態調查（黃增泉、謝長富、黃星凡、許世宏等人）指出，豬腳楠年生長速率爲0.23公分，在82個樣區中總覆蓋度佔第5名，相對頻度爲57.3％（出現47個樣區）；豬腳楠的冠長÷樹高＝0.632，冠幅÷樹高＝0.599，冠幅÷冠長＝0.989。生物量之幹：枝：葉＝57.03：37.71：5.26。含水率之幹：枝：葉＝70.16：78.26：132.92；用以和楊桐及山黃麻作比較，說是山黃麻的樹冠擴張指數（冠幅÷冠長）最大，達1.678，豬腳楠次之（0.989），楊桐再次之（0.810）；其引1976年Farmer看法，說是同一地區之不同樹種，若樹冠愈擴張者愈不耐陰，屬於演替較早期的樹種云云。然而，就黃等之討論，筆者不認爲此等簡單參數可以評量演替不同階段的樹種區分，充其量可以討論而已，蓋自然界的生存策略，絕非樹冠等簡單比例所能模式化或公式化代表之。

再朝東北角極端，Hsieh Chang-Fu, T. C. Huang, K. C. Yang and S. F. Huang（1990）調查隆隆山海拔75～200公尺之次生林，優勢種有大明橘、樹杞、豬腳楠及水金京等，筆者認爲凡此植群皆屬東北部、北部近海低山地區，終年潤溼型植被。

台東海岸山脈方面，劉棠瑞、蘇鴻傑、潘富俊（1978）調查其植群，列有「豬腳楠－厚皮香－江某群叢」，說是海岸山脈中段之加只來山、北花東山及三間山，海拔900～1,200公尺之平坦稜線上之穩定植物群落，第一喬木層的優勢木之豬腳楠及厚皮香，樹高達20～25公尺；第二層爲江某、樹杞、楊梅、青剛櫟等中喬木；第三層由大明橘、薄葉柃木、雨傘仔、天仙果等所構成；草本層植物極稀，而豬腳楠大、中、小徑木、苗木皆存有。

而Hsieh Chang-Fu（1989）調查林田山事業區之高嶺地區植被，海拔900～1,300公尺之間17個樣區（10×30平方公尺）顯示，東坡及西坡的植物社會類型各異，西坡優勢種有大葉柯、九芎、狹葉櫟、豬腳楠、長葉木薑子及青楓；東坡的優勢種則爲黃杞、瓊楠、長尾柯、豬腳楠及短尾柯（油葉杜），顯然的，豬腳楠在東坡、西坡皆可蔚爲優勢。

至於海拔挺高地區，呂福原、廖秋成（1988）調查楠濃林區的出雲山自然保護區，列有「豬腳楠—大葉柯型」單位，說是海拔1,500～1,700公尺西南向及東南坡面盛行的植群。

由上述可知，關於豬腳楠植群生態等調查研究，多集中於北部、東北部低山或海岸地區，中海拔的「阿里山楠」植群罕有人述及；陳玉峯、楊國禎（2005）則列出大凍山區海拔1,800公尺以上山稜、中上坡段衝風立地，存有「豬腳楠—墨點櫻桃優勢社會」；神木林道上方、新中橫地區另見有「阿里山楠．長尾柯優勢社會」（陳玉峯，未發表）等。

關於台灣的豬腳楠的最古老敘述，有可能是1697年來台採硫黃的郁永河，其謂大屯山區的「楠」：「……巨木裂土而出，兩葉始櫱，已大十圍……楠之始生，已具全體，歲久則堅，終不加大……」，陳玉峯（2001）評爲神話，當然其所謂楠，有可能是大葉楠、豬腳楠、香楠等。清朝時代的各種方誌亦多提及楠木，謝阿才（1963）「諸羅縣誌錄植物名考（六）」謂：楠即*Machilus* spp.，日名「Tabu- rui」，漳志「枏」今「楠木」也，宋子京曰「讓木」即楠，其木直上，柯葉不相妨。山海經：枏負霜騰翠，今古以爲美材。然而，今人如李瑞宗（1988，96頁）之解說豬腳楠，敘述：「楠，是產於中國南方的大

阿里山楠葉背（1987.4.15；阿里山）

阿里山楠初果（1987.4.15；神木林道）

樹。在台灣低海拔的闊葉林中，數量最豐，最具代表性的就是紅楠……，春季時紅色的葉苞、花苞挺立待展，甚爲醒目，狀如紅燒豬腳，故又名豬腳楠……低海拔至2,200公尺的闊葉林中，均有生長……」；所謂中國南方的大樹之說，不知有何所本？抑或望「字」生義，有待考據也！而狀似「紅燒豬腳」倒是傳神之說，不知哪位台灣人首創？但言之成理；至於「低海拔至2,200公尺的闊葉林中均有生長」，則筆者不敢苟同，如前述，其乃較屬稜線衝風處的集生族群。然而，阿里山楠、豬腳楠、假長葉楠、香楠、臭屎楠……的「眞相」實在很「難」，楠者「難」也，有待深入研究！

附帶加註，徐國士、呂勝由、林則桐、劉培槐（1983）敘述豬腳楠，說是「……散見於海拔2,300公尺以下的闊葉樹林；恆春半

島見於港口溪、老佛山一線以北之山地，尤以里龍山海拔800公尺以上，近稜線處較多」，再度符合衝風稜線之看法；而豬腳楠除了美麗的春芽苞（紅燒豬腳）之外，郭武盛等（1987）另述樹皮可製褐色染料，種子可以榨油，工業應用頗廣泛。筆者認為，台灣除了吃與用的文化之外，今後可以進入自然情操矣！

阿里山楠（2006.3.13；台20-162.2K）

↑阿里山楠（2006.3.13；台20-162.2K）
↓阿里山楠（2006.3.12；台20-136K）

假長葉楠 *Machilus pseudolongifolia* Hay.

樟科 Lauraceae

假長葉楠在《台灣植物誌》第一版中，係置於*Persea japonica* Sieb.之下，也就是大葉楠的名下。第二版則改置於*Machilus japonica* Sieb. & Zucc. var. *japonica*（中文俗名假長葉楠），而海拔分佈較低的大葉楠，訂名爲*M. japonica* var. *kusanoi*（Hay.）Liao，此即廖日京教授1982年的處理。

Machilus（禎楠屬）或*Persea*（酪梨屬）的外部形態大抵雷同，有些分類學者認爲不需要*Machilus*屬，全部併入*Persea*即可，此一倡議者即Kostermans，他在1962年，將舊世界的*Machilus*屬，歸併入新世界（美洲）的*Persea*屬，而Li Hui-Lin（李惠林，1971）跟隨之；1976年，《台灣植物誌》第一版第二冊也採用*Persea*屬的用法，並說明原因，但有些人認爲*Machilus*這群植物應單獨成立屬，例如李春序（1964），他強調*Machilus*這群植物的花被筒宿存、展開或反捲於果實基部，而*Persea*的花被筒僅止宿存於果柄周，並無展開或反捲，更且，依據李氏的木材解剖，*Machilus*年輪顯明，木材纖維皆具隔膜纖維，「此一差異絕非偶然」，因而力主分立不同二屬。

《台灣植物誌》第一版的樟科係由張慶恩教授執筆，他採用*Persea*；第二版的樟科改由廖日京教授撰寫，廖氏一向沿用日治時代的*Machilus*用法，故而第二版換回*Machilus*屬。然而，不論一、二版，一概將大葉楠與假長葉楠視爲同種，只不過第二版將假長葉楠置爲承名變種，而大葉楠置爲其變種。

廖日京教授爲何在1982年將假長葉楠處理爲等同於日本的*M. japonica*，是否他同意張

假長葉楠植株（2006.3.9；台20-122.7K）

假長葉楠芽苞（2006.3.12；台20-128.1K）

假長葉楠芽苞與新葉（2006.3.12；台20-122.3K）

假長葉楠花序芽初展（2006.3.9；台20-122.7K）

慶恩教授在1970年的見解？卻又將大葉楠處理爲變種？二十年後廖日京（2002，24～25頁）始說明之。

廖教授敘述*M. japonica* var. *japonica*（假長葉楠）產於海拔1,300～2,000公尺之間，產地如台中新山、枋寮浸水營、台東知本大埔山等地；其附註：其在1981年4月，前往日本東大資料館標本室，檢驗*M. japonica*的標本95張，認爲葉呈倒披針形，且葉基爲狹楔者21張（22%），而葉呈狹披針形且鈍基者有74張（78%），也就是說，狹楔基：鈍基＝1：3.5；另一方面，由初島住彥教授檢驗九州鹿兒島大學標本室者，狹楔基：鈍基＝1：19。

而台灣的*M. pseudolongifolia*，狹楔基者有73.3%，鈍基者26.7%，狹楔基：鈍基＝1：0.36。但除了葉基比值不同之外，「其他葉質是相同的」，因此，廖氏「同意合併此二種之呂福原教授之高見，此狹楔基與鈍基間尙有許多雜交種」。

據此，筆者有些疑惑如下：

（1）二十餘年來似乎沒有任何人作新採集，依據全方位形態特徵作檢驗？或依據族群觀點作評比？或新技術等作討論？

（2）現今植物誌第二版的假長葉楠之見解，仍然是二十餘年前完全訴諸簡單外表形態的標本檢視，或古典分類者的主觀區分？

（3）台灣的假長葉楠標本共有幾份？採集自何處？有無採集到其分佈中心的典型植株？花果等其他特徵，夥同葉枝等形態之變異爲何？因爲研究者既然以統計評比數據，則有必要檢驗統計依據，或依族群學觀點作討論。

（4）狹楔基與鈍基者之間「尙有許多雜交種」是何意義？如何知道是「雜交種」或雜交後的個體？單獨一株假長葉楠由小到大，由樹幹下部或萌櫱新葉，到花序葉片或不稔枝樹冠葉片的變異如何？歷來有無人給予檢驗及敘述？或有新研究並未被採納？

（5）早田文藏博士先前在命名或鑑定之際，難道都不知道日本的相關或相近種？

其次，廖教授將大葉楠（*M. kusanoi* Hay.）置放於*M. japonica*之下的變種的理由，廖日京（2002）敘述，台灣的*M. pseudolongifolia*與*M. kusanoi*的正模式標本比較之，「尚可以區別，但考慮其中間型者就頗難區別之」，在台大植物系標本館有14張、森林系有3張（無法區別者？），「故筆者於民國71年處理爲一變種」，同時，其檢附1986年6月，廖教授與初島住彥教授共同歸納承名變種與大葉楠變種的差異如表十一。

以上，即廖教授之說明。然而，筆者在中海拔所調查的假長葉楠爲優勢的社會中，老樹胸高直徑超過1公尺者比比皆是；神木林道的樣區中，筆者每木調查確定有直徑超過134公分者，怎麼會是「直徑0.3公尺以下」？其他數據中，冬芽的確兩者有大差異，葉亦有所不同，然而，若不能掌握單株樹內的變異、變距、平均值、標準偏差等，族群的變異、變距、偏差等，則上述數據並無科學意義。（註：請參考豬腳楠、香楠與大葉楠的簡單觀察）

吾人在野調很容易瞭解假長葉楠及大葉楠的不同，但如何證明其爲「同種」？與日本同種？誰是誰的變種？如果自然史當中，

假長葉楠植株（2006.3.9；台20-122.7K）

假長葉楠花序芽苞（2006.3.9；台20-122.7K）

表十一

var. *japonica*	var. *kusanoi*
1. 中喬木（直徑0.3公尺以下）。	1. 大喬木（直徑可達1公尺）。
2. 末端小枝徑1~3公釐，冬芽小型，長0.9~1.3公分，寬0.4~0.5公分。	2. 末端小枝徑4~10公釐，冬芽大型，長1.3~1.6公分，寬0.8~1.1公分。
3. 葉質稍薄，乾時葉背呈紫色；葉小，長10~13公分，寬2.5~4公分；葉之最寬部分在中央之上部至中央部，葉基狹楔至鈍形。	3. 葉質厚，乾時葉背呈黃褐色稀有呈紫色；葉大，長15~22公分，寬4~8.5公分；葉之最寬部分在中央之上部者多，葉基狹楔形（漸細形）者多。

假長葉楠花（2006.3.9；台20-122.7K）

假長葉楠花序（2003.4.20；阿里山）

假長葉楠花序（2006.5.11；水山支線）

假長葉楠花序（1987.4.15；神木林道）

這「兩群」植物的確是由「同種」而分化，依演化順序，誰是老大、誰是老二，尚有爭論（註：傳統形態分類學完全不管演化事實？）；如果大葉楠眞的是由假長葉楠經由多倍體的演化，或其他途徑，在台灣逕自產生新分類群，則現行二版植物誌的學名或可恰如其份？筆者歷來在全台調查中，於中海拔下部，屢屢遇見大葉楠與假長葉楠無法分辨的困惑，因而對目前或過往之合併爲一種，認爲不失爲好的權宜或逼近混雜的事實。然而，在植物社會調查中，假長葉楠明明是緊接於紅檜林的上部闊葉林中，陰坡、中坡極爲優勢的獨立群，其與分佈於亞熱帶或低海拔岩生溪谷、溪溝的大葉楠族群，實在具有很大的區隔，無論由形態或生態特性，筆者無法將之硬是湊在一起，也不苟同大、小種處理的漫無原則，但此或許是研究不足，不得已也，在此僅註明，將假長葉楠指稱中海拔地區之優勢闊葉林的族群，不同於低地溼生岩生群的大葉楠。

台灣特產種（若處理為*M. japonica*，則分佈於南韓、南日本、琉球群島及台灣）；全台中海拔1,300～2,000公尺存有（《台灣植物誌》第二版）。大、中常綠喬木，樹高15～30公尺，視生育地而變化；單葉互生，長橢圓倒披針形至倒披針，長約10～13公分、寬約2.5～4公分，薄革質，先端爲漸尖的凸頭，葉基銳尖或漸尖，全緣，葉表平滑（幼葉有毛），中肋凹陷，葉背中肋則凸起，劉棠瑞、廖日京（1980）特別強調葉乾後，背面呈現青色（註：請比較廖日京，2002），而產於海拔1,000～1,800公尺（註：此等敘述並不精確）；聚繖狀圓錐花序近頂生或腋生，無毛，花序梗5～10公分長，花小，黃綠色而偏黃，花被片線狀長橢圓，外披少量毛，雄蕊4輪，花藥4室；漿果球形，基部具宿存且反捲之花被，果熟變藍黑，徑約1公分以下。

金平亮三(1936)謂，產於阿里山、多囉嗎、平遮那及南投人倫社等，排灣族將之作爲建築用材；劉棠瑞(1960)敘述產於海拔1,000～1,800公尺，如溪頭、阿里山、八仙山、蓮華池及台東大針山均盛產之。木材新鮮時呈淡黃白色，而後變黃褐色，年輪顯明，質較堅硬，而中文俗名採用「臭屎楠」，別名「細葉楠」；省林業試驗所(1957)資料，海拔列爲1,000～1,750公尺，產地即劉棠瑞(1960)之所沿用者(由年代推測，當然是劉氏引用林試所的資料)；而最準確的過往資料，即如佐佐木舜一(1922；轉引陳玉峯，2004)之玉山山彙植物登錄，其中假長葉楠分佈於海拔909～2,424公尺之間。

筆者於1988年調查南橫沿線兩側樣區，由樣區資料顯示，西部海拔約1,508公尺以下殆爲大葉楠，海拔1,550～1,585公尺之間，時而鑑定容易(假長葉楠)，時而分不清是假長葉楠或大葉楠，海拔1,590公尺以上盡屬假長葉楠，而上至2,010公尺以上，則漸次由阿里山楠所取代；就東部而言，海拔2,165～2,335公尺段落，假長葉楠與紅檜混交，海拔1,781～2,100公尺段落爲假長葉楠鼎盛的範圍，但往下植群備受開墾而消失，海拔980公尺見有大葉楠，往下盡屬大葉楠族群的分佈地。

1987年筆者調查南投神木林道樣區，海拔2,100公尺以上殆爲阿里山楠的天下，約2,000公尺以下則假長葉楠增加；海拔約1,700～1,850公尺之間，假長葉楠蔚爲領導優勢種，數量龐多；及下至樟樹大神木附近，海拔約1,305公尺，仍然是假長葉楠的族群，但在植群中並非最優勢者。

而筆者在楠溪林道於1988年設置永久樣區，位於12.4K附近，海拔約1,780～1,816公

假長葉楠葉背(1987.4.15；神木林道)

假長葉楠果實(2005.7.14；台20-159K)

假長葉楠葉背(2005.6.10；台20-128.1K)

假長葉楠(左)、**大葉楠**(右)(2005.5.24；台20-125K(左)及78.6K(右)

尺的東南坡，其內之假長葉楠並不發達，而以長尾柯爲領導優勢種，但楠溪林道亦有以假長葉楠爲主的優勢社會；又，陳玉峯(1995)調查八通關古道，假長葉楠最高出現於紅檜林內，海拔約2,450公尺或13K以下，而在里程數6.8K上下地區，海拔在1,700～1,900公尺之間，出現「假長葉楠／木荷優勢社會」；至於大葉楠在陳有蘭溪流域，已知蔚爲社會者如彩虹瀑布及東埔溫泉地區，海拔約1,200公尺以下。

在北大武山區，陳玉峯(2001)之樣區調查顯示，假長葉楠與紅檜交會，較高海拔約出現於2,250公尺；而檜谷附近，形成「紅檜－假長葉楠－長尾柯優勢社會」，該地海拔約2,200公尺上下。往下，則復出現「假長葉楠優勢社會」、「假長葉楠－瓊楠優勢社會」，大致介於海拔1,500～2,200公尺之間。

呂福原、歐辰雄、呂金誠(1994)調查東部玉里野生動物自然保護區植群，列有「日本禎楠－狹葉高山櫟林型」(註：即假長葉楠－狹葉櫟單位)，說是多在32及33林班，海拔約1,700公尺之西北及東北坡，其下亞型列有「日本禎楠－台灣杉－紅檜亞型」，殆爲筆者註解爲假長葉楠與紅檜的交會區者，而東部檜木林帶低於西部(陳玉峯，2001)。

郭耀綸、楊勝任(1991)之調查浸水營闊葉樹自然保護區植群一文中，將假長葉楠列爲「喜愛上坡接近稜線，且日照較大的地方」之9種樹種之一，另列有「山龍眼－假長葉楠林型」，說是生長在全區中坡或支稜地區，海拔約1,250～1,450公尺之間，其他共配優勢者尚有樹參、李氏木薑子、厚皮香、長葉木薑子、錐果櫟、小花鼠刺、杜英、長尾柯等。然而，筆者對此敘述存有疑惑，是否浸水營地區過於重溼，而因子補償作用發

←假長葉楠果實(2005.5.24；台20-125K)

假長葉楠（左）、**大葉楠**（右）（2005.5.24；台20-125K（左）及78.6K（右）

生？「假長葉楠」的鑑定有無問題？

無論如何，欠缺詳實專論探討之下，依據筆者個人經驗，摘要來說，假長葉楠性嗜土壤化育良好的陰坡，海拔上限可抵達約2,450公尺，但屬極端或例外現象。整體而言，紅檜林下部界之與闊葉樹相交會的地域，存有長尾柯、森氏櫟等殼斗科優勢林木類型，亦有假長葉楠類型，或樟殼相混類型；海拔往下，紅檜族群將屆消失的完整闊葉林或上部闊葉林帶中，也就是海拔1,500～2,100公尺之間，陽坡或較中生或略乾，且土壤化育程度中等地區，以殼斗科爲主優勢或領導優勢種；陰坡或中偏溼生環境，且土壤化育良好的坡地，以樟科樹種如假長葉楠、瓊楠等爲領導優勢種。至於1,500公尺以下的溪谷地，土壤化育不佳的岩生、溼生環境，可以大葉楠爲優勢物種，或形成其優勢社會。

假長葉楠是台灣上部闊葉林帶，土壤化育良好的陰坡環境，最最重要的優勢林木，很遺憾的是，歷來林業調查對於「楠木類」似乎未曾釐清，含糊籠統，雞鴨共籠，甚至連植物分類學亦從未眞正瞭解，也在此等和稀泥、窮攪和的「心虛」狀況下，生態意義從未見天日。茲以一些數據略加討論之。

林渭訪、薛承健（1950，110～111頁）在《台灣之木材》一書中，第六章「各論」中介紹200種台灣原產及外來材的樹木或竹子，其中第三十六種即大葉楠，學名使用*M. kusanoi* Hay.，說是台灣通稱楠仔，日名「オホバタブ」，全島低海拔闊葉林中多有之，「爲本省主要楠木之一種。按台灣全島楠木（包括*Machilus*、*Phoebe*、*Neolitsea*、*Litsea*、*Lindera*、*Actinodaphne*諸屬之林木）蓄積共計16,209,715立方公尺」，各事業區蓄積材積（立方公尺）分別如下：文山456,364；宜蘭129,584；羅東351,311；太平山787,616；南澳1,613,083；大溪411,377；竹東486,726；南庄320,715；大湖222,318；東勢136,131；八仙山826,534；北港溪88,443；南投67,455；大甲溪96,303；埔里229,704；集集71,336；巒大山187,437；濁水溪198,512；丹大溪95,559；大埔332,390；玉井4,186；楠梓仙溪860,372；竹山52,747；阿里山248,534；旗山201,383；恆春90,935；屏東406,847；潮州150,561；里壠729,911；台東499,737；大武204,034；關山1,092,890；木瓜山787,616；林田山724,776；太巴塱847,127；玉里831,385；新港293,427；秀姑巒227,525；研海640,910；大濁水223,914。（然而，筆者將此40個數據相加，得到16,227,715）

林與薛氏敘述，大葉楠究竟多少「雖無詳

細統計數字，但以各地楠木分佈情形而論，大葉楠最為常見（註：筆者認為此處所指，較可能是假長葉楠），其分佈範圍亦最廣……以總數1/5計，即有三百餘萬立方公尺之多」。

換句話說，所謂「楠仔」包括三十餘種樹木（按其所列屬名，排除外島者），而樹木分類不清，卻認定「大葉楠最常見」。類似狀況，中華林學會編印（1967）的《台灣主要木材圖誌》第41頁，物種介紹為「大葉楠（*M. kusanoi*）」，土名列出「楠木」、「楠仔」，說是分佈全台闊葉林下部，也有分佈海拔1,800公尺地區，是「省產楠木類之代表樹種」，「如陽明山、士林、太平山、新竹加里前山、台中埔里、蓮華池、南投新年莊、岳大山（？）、嘉義阿里山、奮起湖、關仔嶺及恆春等處均為主要產區。現低海拔生育者多經砍伐，蓄積減少，惟以全省楠木類總蓄積量約計15,920,000立方公尺」，又說「……大者徑可1公尺，高24公尺……好生向陽肥潤之地，溪岸叢林中尤為發達」。

筆者無法瞭解的是，溪岸不多為土壤被沖刷甚嚴重的谷地，如何「向陽肥潤」？而物種龐雜，又如何確定使用一個學名？而木材特性所描繪的數據是那一種樹木？又，此書出版於1967年，對照林渭訪及薛承健發表的1950年，相差十七年，楠木類蓄積相差16,227,715－15,920,000＝307,715（若以16,209,715－15,920,000＝289,715），或說大約十七年砍掉了30萬立方公尺左右，誠「少量」也！？

林業界人士最常放話之一：「林業是粗放的」，信然！誠「夠粗」也！然而對多數其他物種而言，不致如此。是以筆者慨嘆「楠者，難也」。無論如何，以筆者有限經驗，仍然認為所有敘述「楠木」者，中海拔地區殆以假長葉楠為大宗，絕非大葉楠。

在世糧方案援助下，台灣自1966年開辦林相變更案；1969年11月2日省府宣佈，自1970年開始，將以近6億元，辦理25,580公頃的林相變更，五年完成；1970年11月18日，經濟部宣佈1971年國有林預定伐木120萬立方公尺、林相改良伐木5千公頃（約生產40萬立方公尺），民間標購林班伐木20萬立方公尺；1972年元旦，省府認為多年來伐木量未達計畫，今後將增加林道，加速砍伐原始森林，用以林相變更云云，2月15日訂定5項開發原則，加速開發全省低蓄積林地、山地保留地、原野地等約二百餘萬公頃，發展農牧……（陳玉峯、陳月霞，2005），筆者僅舉1966～1972年期間台灣的政策及社會伐木氣氛，而上述1967年之前，砍伐楠木類等，乃屬微量者，林相變更之後，才是真正重大的伐木階段，而當時所謂的研究風氣如何，茲

→假長葉楠受寒害
（2005.5.17；特富野步道）

上有其他樹遮蔽，則2005.3.4寒害就不顯著（2005.5.17；特富野步道）

阿里山公路旁的假長葉楠，2005.3.4寒害嚴重（2005.5.18）

隨意舉一小例如下：

趙順中、張明基（1972）試驗荖濃林區闊葉樹混合製漿，其報告之緒言敘述：「本省林地總面積73%爲闊葉林，……爲天然生之混淆林，林相惡劣，經濟價值甚低，欲發展本省林業，必須作徹底之整理。林務局目前正實施之林相變更工作，即有計畫之砍伐，然後選擇更有價值之樹種造林。現有之天然林不但林相惡劣，而且樹種複雜，大多數均不能作重要材料之用……」，而荖濃林區當時正實施林相變更，於是在林試所德國籍顧問Schlumbom博士帶領下，前往荖濃林區砍了17樹種18株作試驗，混合爲試材，試驗製造混合紙漿等性質，其中，包括1株假長葉楠，其平均比重爲0.499。

然而，此面向非此處旨趣，筆者只爲舉證說明如假長葉楠等闊葉林的被殺戮時期的背景而已，1970年代以降才是全面開發的階段，導致今日天災地變、土石橫流的伐木、造林悲劇，更是全台闊葉林生態系瓦解的結構性原因，而全球最繁盛的樟殼美林如今殘存無幾，但「楠木」的研究卻始終停滯於幼稚階段或裹足不前。

再回主題。籠統的大葉楠（*M. kusanoi*；或包括假長葉楠），林渭訪、薛承健（1950）的數據，其總生長表如表十二。

又，木材的各項性質與數據皆錄述之，「木材用途極廣，如建築（柱、栿、桁、桷）、造船、橋樑、農具、家具、裝飾材、牛車輪、車台、棺、雕刻、粗雕刻、水車、鞋模、樂器等無不合宜，其樹皮含黏質，可用

表十二

齡階（年）	5	10	15	20	25	30	35	40	45
胸高直徑（cm）	1.55	5.05	7.70	10.96	15.05	17.43	21.28	24.96	30.40
樹高（m）	3.30	5.30	6.13	6.97	9.30	13.96	16.48	16.95	17.50
材積（m^3）	0.000732	0.006762	0.025784	0.047828	0.085680	0.130242	0.222856	0.372252	0.554200

爲線香糊料……」，但製成火柴梗則點火困難、品質差……，1950年之前，「省產量豐富，林價低廉……官營林場以阿里山、八仙山、太平山、竹東四林場爲主；民營……以台北文山、新竹大湖、大溪、台中東勢、埔里、台南外車埕等地爲盛。在日治時代除供本省之用外，更有輸往我國及日本各地……」，輸出者各種楠木之主要者係「大葉楠、豬腳楠、香楠、五爪楠、內冬子楠等」，每年輸上海、廈門、東北九省約60～100立方公尺，輸往日本者約80～350立方公尺，但收利不大。

至於永山規矩雄的耐腐性試驗，大葉楠(楠仔)二年九個月腐朽。

中海拔假長葉楠的物候，筆者於1987～1988年的記錄如下：大約元月間，冬芽可見；2月開始漸次生長芽端；3月新枝、新葉、花序一併生長，開花；4月新葉生長，變一般綠色，而花由盛轉見初果；5～7月爲果實生長期；7～9月果實由綠轉藍黑色，漸落果；10月以降，隔年的芽苞已具備。

二版《台灣植物誌》記載花期3～6月，8～10月果熟。

筆者推測，假長葉楠等有可能如同檜木，於冰河時期，由日本循琉球群島等，前來台灣(陳玉峯，2001)。

筆者懷疑是霧社禎楠（長圓錐楠）與假長葉楠雜交的植株(2006.3.26；台20-165.5K)

大葉楠芽苞（2006.3.13；台20-179.02K）

大葉楠 *Machilus kusanoi* Hay.

樟科 Lauraceae

如假長葉楠(*M. pseudolongifolia*)介紹之所述，大葉楠自1982年，廖日京教授將其改置於假長葉楠的變種，而將假長葉楠視同日本禎楠(*M. japonica*)，然而，筆者基於對台灣自然實體的認知，瞭解假長葉楠乃上部闊葉林帶，陰坡且土壤化育良好山坡，主優勢社會之領銜樹種，而大葉楠乃亞熱帶雨林或下部闊葉林帶，溪谷地陰生潤溼的岩生環境的領導優勢種，常與江某、樹杞、榕屬樹種等，共組溪谷地優勢社會，更在寬闊溪谷地形下坡段，或崩積河床地形上，發展成爲第一層大樹的主體，例如花蓮的豐坪溪谷，其樹幹上繁多台灣山蘇花等大型附生植物，結構分明。而筆者認爲，台灣開拓史上，最早被消滅的低地森林，「大葉楠優勢社會」必爲其中之一。若坡度增加，則大葉楠的族群密度減少，其他樹種增加，而共同組成亞熱帶雨林的其他優勢社會。

假長葉楠與大葉楠在海拔分佈上隸屬於上下顯著的分化，但兩者有段交會的過渡帶，過渡帶的海拔落差約100公尺，或伸縮不一，端視環境條件，或土壤、岩石、地形之鑲嵌狀況而定，以中部而言，過渡帶約在1,200公尺上下，南橫公路東西兩側皆分佈在1,000公尺以下地區。凡此看法乃個人野調經驗之敘述。

基於目前的「人爲、形態命名法」，筆者認爲在未明白自然生界「眞相」之前，加上兩者的確存有明確的生態帶分化，因而毋寧採用早田文藏等命名始源者的見解，在此仍將兩群區分，分置於不同種，且皆歸爲台灣特產種。

大葉楠，特產於全台海拔約1,200公尺以下之山地溪谷或中、下坡段，極限海拔可達高度1,600公尺。

依據金平亮三(1936)敘述，常綠大喬木，直徑達1公尺(註：或更大)，樹皮略平滑，灰褐色；葉革質，長橢圓倒披針，長12～20公分，兩面平滑，中肋在葉表凹陷、在葉背凸起(註：葉背常具白粉色)；頂生圓錐花序，花徑約0.7公分，花被6分裂，長橢圓形；漿果球粒狀，徑約1.2公分，花被在開花後增大，於基部宿存(果)，裂片反捲。

台灣名：「大葉楠；楠仔」，日文名：「Ooba-tabu」，阿美族叫「アラワイ」，泰雅族謂「ルーカス」，恆春下蕃(?)爲「カザバイ」；產地註明爲「全島闊葉樹林的下部」，特產種(固有)；利用方面，木材淡紅褐色，中等堅度，氣乾比重0.57，加工容易，保存期長，樹幹又通直，是台灣產闊葉樹最重要的樹材之一，用途極廣。

《台灣植物誌》第二版記載，花期爲1～4

東台萬里橋溪畔的大葉楠優勢社會（楊國禎攝；1999.1.2）

月，果實成熟於8～9月；筆者的記錄顯示，2～3月開花，4～6月果實成長，7～8月果熟，9月以後，隔年的芽苞已出現。

早田文藏於1911年命名大葉楠學名，引證標本有1909年S. Kusano採自Kōshibussha者，川上瀧彌採自Shinko: Remogan者（編號1323），以及早田氏自己編號3456，採自巒大山的標本。早田氏以S. Kusano的姓氏，拉丁化爲種小名命名之，因此，若由學名翻中文俗名，是謂「草野氏楠」。

劉炯錫（2004）列有「大葉楠植群型」，乃對台東戶張山東稜、瑪卡卡打力歐度溪邊、大南北溪合流點之稜脊獵路上，以及太巴六九山南稜西坡上，海拔470～900公尺之間，溪谷、山腰及山頂皆有分佈。伴生種如江某、三葉山香圓、白匏子等。然而，大葉楠仍以溪谷爲分佈中心。

原住民達魯瑪克部落（魯凱族）稱之爲「bilong」，將果實曬乾、磨粉，作爲調味料，加於湯中食用；他們觀察許多野生動物如山羌、山豬、白鼻心、台灣獼猴等，嗜食大葉楠果實之後，成長迅速、活力充沛，從而效法動物食用之。每年產果期6～8月，以6月爲多，而該部落居民宣稱：「大葉楠果實的生產有豐年、欠年之分，兩年一輪迴」，他們只在豐年時採收，而1999年屬豐年。

1999年該部落保留地內14株大葉楠，以圍網收集的總採收，溼重403台斤，該14株大葉楠胸徑介於40～126.5公分，最大胸徑者採收57台斤，最小胸徑者採收18台斤，採收量與胸徑呈正相關。

值得注意的是，該部落的採收是「僅能撿取掉落的果實」。

2005年6月5日，筆者在台21-220.3K處，海拔415公尺，溪溝石塊上大葉楠結滿果實且掉落滿地，旁側亦多苗木；沿楠梓仙溪流域所見大葉楠亦結滿果實；抵台21-209.6K，海拔515公尺附近，也就是在民權部落中的公路旁，大葉楠亦盛果，顯然2005年亦爲盛果年。當筆者在採集標本之際，有路過貨車司機停下來探問我是否要飼養猴子，因爲鄉野人盡皆知，猴子吃食大葉楠果實才會肥壯，而大葉楠果實黑熟之際，群猴競相吃食，落果更是許多野生動物的佳餚。

關於大葉楠的觀察，筆者於2005年及2006年3月底爲止，比較南橫沿線、台21，以及石門水庫旁族群，加上歷來經驗，敘述如下：

台北及東部地區（例如花東豐坪溪）等台灣東北半壁的高度溼潤區，大葉楠仍以溪谷、溪澗等潮溼地爲分佈中心，但其族群數量較龐大，這是相較於中、南部或全台山坡西南半壁的相對乾旱區而言，因而在南橫西段，自玉井經內英山脈，以迄中央山脈梅山附近，只在溪澗排水溝兩側，呈狹隘地分佈的現象，例如台20-64K、66K（白雲寺前後）、67.5K、69.4K（珍藍橋）、78.5K（建山二橋）、82.5K等，以及台20-112K之前，或海拔1,000公尺以下，只要溪溝、山澗或陰溼地、凹谷、下坡段，大葉楠即可能存在。

而南橫東段，大致自台20-178.5K以下，或海拔1,000公尺以下，大葉楠即斷續出現，更且，有可能係因東台較潮溼或陰溼，大葉楠在山坡上即可出現（相對排水處），然而，在合宜生存氣候區的立地，多爲岩生等相對旱地，故而大葉楠仍以溪澗、排水環境爲適存，整體而言，東部比西部數量較多。

→大葉楠植株（2006.3.5；台20-178K）

2005年筆者分別在南橫、台20-220.3K（W306°N，排水岩塊地，2005年6月5日樹上大量成熟果實，地上滿佈落果，採集編號21597；附生植物柚葉藤亦為大量紅色熟果，旁側屏東木薑子亦熟），以及石門水庫地區（2005年4月18日，採集編號21201，初果）評比形態變異等；2006年，3月5～6日，南橫西段的大葉楠只剩殘花而結滿出生小果，3月13日，石門水庫地區的大葉楠由盛花期走下坡，推估台北與南橫東段的大葉楠的花果期約同步，但南台西部則花果期早約半個月以上。

就楠木類而言，石門水庫地區最早開花者多紅（豬腳）楠，花期2月；其次爲大葉楠，花期爲3月中旬；最慢者即香楠，3月底至4月下旬爲花期，此即2005年及2006年的記載。此3種的開花順序，依個人經驗，全台皆然。

先以台20-78.53K，也就是南橫建山二橋旁，採集編號22500（2006年3月9日）的枝條爲例，生標本紀錄如下：

3月9日之際，2006年的新枝，新葉及花序早已展盡，但主莖只長3.3公分，先端已長新葉12片，新枝基部直徑（指芽苞苞片掉落的痕跡的最下一線，此後簡稱基徑）爲0.8公分；而苞

大葉楠植株（2006.3.12；台20-69.5K）

大葉楠植株（陳月霞攝；2004.5.1；瑞里）

痕略上方，也就是2006年新主枝的基部，著生有輪生的4條花序，由此等花序看來，花序軸乃由側枝演化而來。

此4條花序資料如表十三。

而花序1及2，如圖六所示。

連接上述2006年新花序、主枝下方，2005年的莖枝長8公分，基徑0.71公分，存有5片葉，由上往下編號資料如表十四。

往下，2004年的莖枝長7公分，莖徑0.9公分，存有5片葉，由上往下編號資料如表十五。

而2003年的莖枝僅剩一片枯葉。

同一株樹取另一枝條觀察。2006年3月9日之際長出新枝3.7公分長，基徑0.8公分，新葉8片位於先端，而新枝近基部1.4公分範圍內，合計長出花序7條，叢生狀而不像輪生；其下，2005年生枝條長7.5公分，基徑0.6公分，存有9片葉子；2004年生枝條長21.6公分，基徑1公分，存有5片葉子（註：測量非真正主枝，而取主枝下方，生長較快的側枝，真正的主枝則有15片葉子）；2003年生枝條長12.9公分，基徑1公分；2002年生枝條長16.9公分，基徑1.2公分；2001年生枝條長度大於20公分，基徑大於1.3公分。

準上敘述，此份大葉楠採集品，一片樹葉可存活超過兩年，但通常無法活過第三年；其葉片在第二年似乎尚可再生長得更大；其莖枝直徑可連年生長，但長度似乎只能生長到第三年（尚有疑問）。

再以台20-64K處，另一株大葉楠為例，採集編號22494（2006年3月9日）的生鮮標本，2004年生枝條長18公分，基徑1.4公分，枝條上有6條側枝，另有10片葉子；向上延展2005年生枝條長19.5公分，基徑0.8公分，存有8片破葉；另側生2條側枝；其後，2006年3月9日為止，長出新枝5.7公分，先端8片新

表十三

花序編號	長度（cm）	連同先端花長（cm）	基徑（cm）	花柄長度範圍（cm）
1	10.6	11.9	0.4	0.4~1.0
2	11.2	12.3	0.44	0.4~0.9
3	10.1	11.6	0.43	–
4	9.9	11	0.44	–
變距	9.9~11.2	11~12.3	0.4~0.44	0.4~1.0

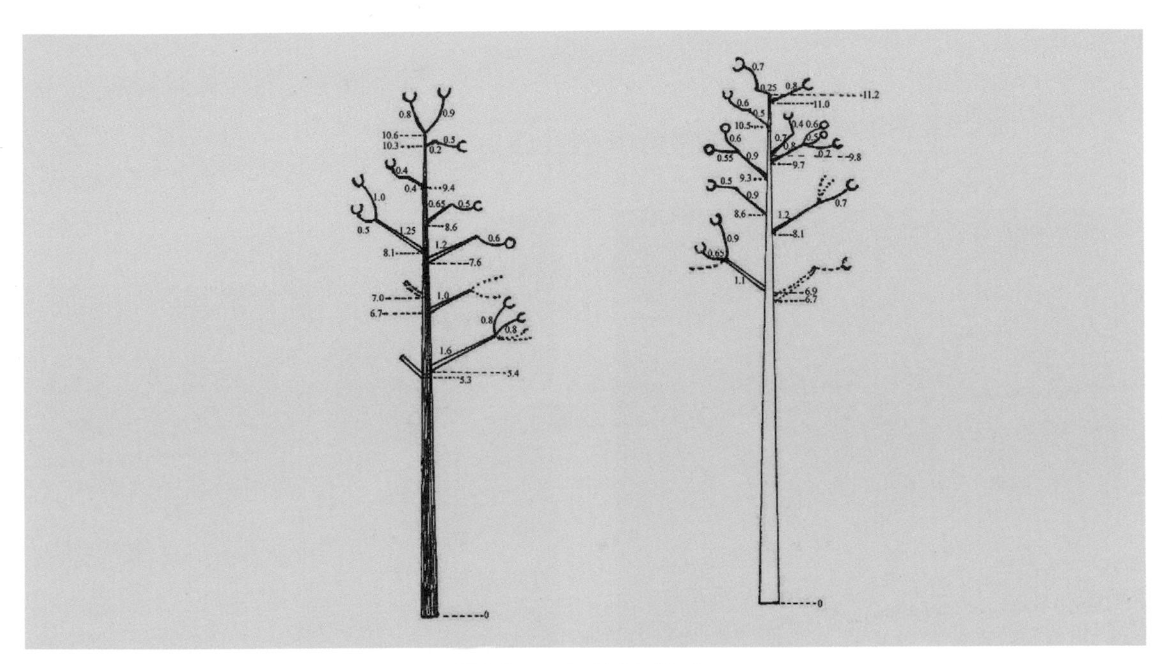

圖六　大葉楠花序

表十四

由上往下葉片編號	葉柄長（cm）	葉身長（cm）	葉最寬（cm）	葉最寬部位	側脈數	附註
1	1.1	17.5	4.8	中間偏上	10	
2	1.7	19.4	5	中間	12	側脈偶分叉
3	2	16.8	5.75	中間偏上	11	
4	2.1	20.6	7.45	中間偏上	11～12	葉緣略波浪，先端短尖
5	2.3	18.2	7.3	中間偏上	12	
範圍	1.1～2.3	16.8～20.6	4.8～7.45	中間偏上	10～12	

表十五

由上往下葉片編號	葉柄長（cm）	葉身長（cm）	葉最寬（cm）	葉最寬部位	側脈數	附註
1	2.8	23.6	6.9	中間偏上	16	
2	2.9	23.7	6.56	中間偏上	16	
3	3.2	24.9	7.65	中間偏上	18	
4	3.6	26.5	8.1	中間偏上	16	
5	3.3	（24）	7.7	中間偏上	（14）	上段斷缺，比對數據
範圍	2.8~3.6	23.6~26.5	6.56~8.1	中間偏上	16~18	

葉，花序5條，近於輪生或亞輪生，而尚未見有側芽。

上述2004年生枝條上，由下往上算的第2側枝，長度28.2公分，基徑0.9公分，只剩3片葉（第2片葉，柄長3公分，葉身長16公分，最寬5.7公分，倒卵長披針形，最寬部位在上半部，側脈12）；此第2側枝於2005年伸展28公分，基徑0.7公分，其上有8片樹葉，另有3條側枝；而2006年3月9日之際，長出新枝5.3公分，基徑0.7公分，花序5條，新葉9片。又，2005年的3條側枝之最長者，長22.4公分，6片葉，先端長出2006年新枝8公分，花序5條，最長花序18公分。

筆者檢視這份標本其他諸多2006年的新葉、花序枝，其花序多爲5條，且爲亞輪生，其中花序條最長者爲19.5公分。

綜合上述可知，大葉楠生長迅速，枝條生長採取立體空間擴展原則，每新枝發生，大約在二至三年後，先端生長勢受阻，改由側枝（常為下側枝或較少左右側枝）爲主要延長枝。

大葉楠新葉及花（1986.3；台北）

大葉楠芽苞開展（陳月霞攝；2006.3.14）

大葉楠芽苞（1997.1.21；草嶺）

大葉楠果實（2005.5.24；台20-78.6K）

大葉楠木材（1988.4.27；南橫利稻）

大葉楠初果（2005.4.18；佛陀世界）

大葉楠初果（2006.3.19；台20-78.5K）

大葉楠果實（2005.6.5；台21-209.6K）

大葉楠花序及新葉（2006.3.18；佛陀世界）

大葉楠新枝、葉背（2005.6.5；台21-209.6K；海拔515公尺）

大葉楠新葉（1996.3.27；大坑）

大葉楠葉上蟲癭（1996.1.24；大坑）

大葉楠花（2006.3.18；佛陀世界）

香楠芽苞抽長（陳月霞攝；1996.3.22；大坑）

24

香楠（瑞芳楠） *Machilus zuihoensis* Hay.

樟科 Lauraceae

1907年3月，日本台灣總督府植物調查課主任川上瀧彌在基隆瑞芳，採集了編號4241盛花中的標本，經早田文藏1911年發表爲本學名，也就是瑞芳楠命名的始源。

然而，1910年3月，小西成章在台北縣烏來社亦採集了帶花標本的香楠，早田文藏於1913年另命名了*M. longipaniculata* Hay.（《台灣植物圖譜》第三卷，162頁），更奇怪的是，同一頁（162頁）下方，又發表了長萼楠*M. longisepala* Hay.，依據的標本產地是Kusukusu，沒有檢附採集人，或爲早田氏自己的採集品。凡此2個學名，後來皆被視同香楠而列爲同物異名，例如金平亮三（1936）的處理（224頁）。

難道早田氏對同一種植物命名了二次卻渾然不覺？當然不是，然而，早田氏習慣在命名之後，註明與相關、相近種之間的差別，怪的是上述2個異名的發表卻隻字不提近似種。筆者在未查驗其命名之際的始源標本之前，無法下達任何判斷，只能假設香楠各地的族群及各植株之間，可能存有很大變異，而足以讓早田氏區分成3個「獨立種」？而山本由松於1932年，將長萼楠改置於*M. longipaniculata* Hay. var. *longisepala* (Hay.) Yamamoto。

1969年呂福原另發表了霧社禎楠（*M.*

香楠植株（2006.3.12；台20-70.9K下方）

香楠植株（2006.3.12；台20-70.9K）

↑香楠植株（2006.3.9；台20-82.7K）
↓香楠植株（2006.3.12；台20-83.2K）

mushaensis Lu），模式標本採自霧社幼獅一帶（呂福原、歐辰雄、呂金誠，1997）；劉棠瑞、廖日京（1971）則將所有上述5個學名分爲2群，即香楠承名型及青葉楠型：

（1）香楠：*M. zuihoensis* Hay. form *zuihoensis*，異名爲*M. longisepala* Hay.及*M. longipaniculata* Hay. var. *longisepala*（Hay.）Yamamoto。

（2）青葉楠：*M. zuihoensis* Hay. form *longipaniculata*（Hay.）Liu et Liao，異名爲*M. longipaniculata* Hay.及*M. mushaensis* Lu。

劉與廖註明「據原文記載，*M. longipaniculata*之結實性枝條之葉稍小，長10～13公分，寬3～3.5公分，其生葉之色爲深綠或青綠色，以列爲*M. zuihoensis*之一型爲妥」，而香楠的產地爲平地至海拔1,200公尺；青葉楠的海拔分佈爲600～1,800公尺。也就是說，金平亮三（1936）已經將早田氏的3個學名合併爲單獨一種香楠，劉與廖又將之拆成2群，但不用早田氏的獨立種方式，改採重新組合爲「型」，卻又把霧社禎楠也「拖下水」，變成其所謂的青葉楠型。而筆者查看早田氏發表原文獻，並無比較與註解，劉與廖說是結實性枝條葉稍小等，乃劉與廖自行判讀者。

1981年劉業經教授不同意劉與廖的見解，將呂福原的霧社禎楠改置爲香楠的變種*M. zuihoensis* Hay. var. *mushaensis*（Lu）Liu。

此間還有另一插曲，即屏東農專張慶恩教授的看法，其1970年及1976年的《台灣植物誌》第一版（張氏撰寫者），張氏沿用金平亮三及李惠林觀點（李教授不用*Machilus*屬，而採用西方較大屬的*Persea*屬，那是分屬的另外問題），因而《台灣植物誌》第一版將日治時代的所有學名、異名全部歸併於香楠一種〔*Persea zuihoensis*（Hay.）Li〕，呂福原的霧社禎楠（禎或楨，兩種寫法，或從楨為宜，待考）也被列爲異名，但植物誌一版卻遺漏劉與廖的2個型的學名。

小小台灣，北、中、南所謂學府的歧異度（diversity），似乎比植物的變化還要大？是傳統形態分類學主觀的必然，或文化風格作祟？或誰掌握發言權誰成霸權？過往台灣的山頭主義今又如何？毋寧以自然實體爲準據，兼容並蓄諸子百家看法，且經由眞正更深入客觀科學研究後再予定論（何其遙遠之事？）爲宜？

1988年，廖日京教授自行出版的《台灣樟科植物之學名訂正》一書第126～127頁，香楠採用2變種，即：

（一）香楠

M. zuihoensis Hay.（承名變種），除了呂福原的霧社禎楠之外，包括7個異名，也就是繞了一圈之後，又重回金平亮三時代。其敘述花期爲12月至隔年4月，果熟期爲7～8月，台灣特產種，海拔分佈北部爲100～700公尺，中南部爲100～1,400公尺。引證標本1張，即廖日京採自淡水者。

（二）青葉楠

M. zuihoensis Hay. var. *mushaensis*（Lu）Y. C. Liu，異名僅止於呂福原的霧社禎楠。引證標本1張，即應紹舜編號3423，採自花蓮Taipalung，海拔900公尺者。台灣特產變種，分佈說是全島中海拔。（註：中文俗名捨棄呂福原氏之霧社禎楠！）

1996年，《台灣植物誌》第二版第二卷出爐，樟科改由廖日京教授執筆，香楠之敘述及分類處理同於廖日京（1988）。

2002年，廖日京教授自行出版《台灣樟科植物之圖鑑》，第26～27頁，分類暨簡述同於廖日京（1988）及二版《台灣植物誌》，但加

香楠巨木（陳月霞攝；高雄縣觀音山）

香楠巨木（陳月霞攝；高雄縣觀音山）

香楠芽苞與蟲癭（2006.3.9；台20-70.9K）

香楠芽苞（2006.4.22；台20-70.9K）

香楠蟲蛹（2006.3.12；台20-82.7K）

香楠未開花花序（2006.3.18；石門水庫）

註了香楠及變種青葉楠的變異比較表，香楠（承名變種）生葉呈黃綠至綠色，倒披針形，葉基楔形，長5～12公分，寬2～3公分，熟果徑0.7～0.8公分；青葉楠的生葉呈深綠色至紫綠色，長橢圓形，葉基鈍，長12～22公分，寬3～6公分，熟果徑0.9～1公分。

然而，此爲定論乎？不然，應紹舜（1985）即持反對看法，將劉與廖（1971）的2個型全歸之於早田氏最早的命名，包括霧社禎楠亦消去；呂福原、歐辰雄、呂金誠（1997）敘述霧社禎楠（*M. zuihoensis* var. *mushaensis*）之生育地「侷限於霧社至谷關、佳保台一帶」，香楠則說是「海拔1,800公尺以下之闊葉林中，相當普遍」；廖日京（2002，27頁）說林試所的青葉楠（var. *mushaensis*）被混在假長葉楠的標本堆中，而廖氏在「溪頭之鳳凰山登山路左側海拔1,500公尺處遇到（青葉楠），經呂福原教授於1981年在霧社採到花果而發表。此變種在林業試驗所福山分所辦公室前面各有1株並列（呈中喬木），林則桐先生稱花期各不同」，白紙黑字，廖日京教授及呂福原教授的看法顯然「分佈」就不同，再比對其敘述，亦有同有異，略有雞同鴨說之勢。

又，劉棠瑞、廖日京（1980）之《樹木學》（上）305頁，香楠海拔分佈列爲200～1,800公尺，青葉楠則爲300～1,800公尺。

以上敘述殆已涵蓋香楠變異將近百年來的主要問題，簡單的說，日治時代早期香楠被早田氏分成3個獨立種，到日治中期則歸併一種，國府治台以降，廖日京氏將其列爲2型，呂福原氏命名了一新種，後來廖氏又將原分2型融合呂氏、劉業經見解，區隔出2變種，由學名變遷檢視，廖氏相當於回復日治時代的歸併一種香楠，且同意呂氏的發現是一變種，然而，廖氏與呂氏等對植物實體及其分佈的看法，顯然存有矛盾與不統一。

筆者無法從上述文獻看出足夠的科學檢證內涵；似乎，將近百年來也無眞正全面性調查檢驗的研究報告，筆者尊重研究者的自由心證，但不苟同目前爲止研究的實質內涵，顯然地，應予充分探討之後再論之。

台灣特產的香楠，常綠中喬木（就闊葉樹而論，可謂中至大喬木），樹幹常通直，但上半多分枝，樹皮暗灰褐色，粗糙小枝具皮孔；單葉，披針至倒卵形或倒披針，先端漸尖，葉基楔形，全緣，厚紙質，葉表灰濛綠，欠缺反光或亮綠現象，葉背蒼綠或蒼白色（金平亮三即已強調葉面少光澤）；頂生聚繖狀圓錐花序，總梗長約20公分，事實上每年春季，花序總苞在枝頂膨大，伸展，花序不斷伸長，且下部新葉芽同時冒出生長；花被6裂片，開花時平展至略下斜，上下表面有毛，雄蕊4輪，第四輪退化爲假雄蕊；子房球形，柱頭3裂，漿果球形體。

金平亮三（1936）敘述台灣名爲「香楠」，日本俗名叫「Nioi-tabu」，原住民クナナウ社稱爲「チヤペル」；產於全島下部闊葉林帶，北部爲多；木材淡紅灰白色，輕軟，氣乾比重0.58，約在5～9月間剝下樹皮研磨成粉，即市場上販賣的「楠仔粉」，用以製造線香，故稱「香楠」，因其樹皮具有黏質，楠仔粉加水煉成線香時，恰成黏著劑。

林崇智纂修（1953）亦云樹皮製造線香，木材爲建築材料；省林試所（1957）資料謂，海拔分佈於200～1,800公尺，產地列有瑞芳、北投、士林、烏來彩和山、南投、埔里、水社、水社大山、蓮花池、集集、阿里山、交力坪至水車寮間、恆春、高士佛等，木材用於建築、橋樑、車輛、家具箱板；劉棠瑞（1960）所述分佈等同上；廖日京（1958），王仁禮、廖日京（1960）亦然。

林渭訪、薛承健（1950）的資料彙編敘述，

香楠已開花花序（2006.3.9；台20-82.7K）

香楠已開花花序（2006.3.9；台20-82.7K）

香楠花序（2005.4.6；台20-70.9K）

香楠初果（2006.3.12；台20-70.9K下方）

香楠果實

香楠果實（2005.6.5；高雄縣玉打山區）

香楠果實（2005.6.5；台3-322K；海拔450公尺）

香楠花近照（2005.4.6；台20-70.9K）

香楠果實（甲仙）

生長速率隨立地而異，台中（州）蓮華池產者，73年生，樹高18.3公尺，胸徑18公分；台中嶺東山產者，35年生，樹高18.3公尺，胸徑達25.3公分。而木材物理及化學特性等資料檢附之，另譯「樹皮含黏質，可製線香糊料」，又說「幼枝嫩葉所具黏質以水浸出，可供製紙黏料之用，惟色稍帶紅褐，如製高級純白紙張時，則不合宜」。

許建昌教授曾以台北的香楠計算出染色體n＝12（Hsu, 1968）；李春序（1964）於1961年12月7日，採自鹿場山的木材用以解剖。其謂，香楠英文俗名「Incense *Machilus*；Incense Nanmu」；木材質密輕軟，具芳香氣味，散孔材，年輪顯明；其描述各項顯微資料等；中華林學會編印（1967）的木材圖誌，關於香楠，列於45頁，敘述「……樹幹少有通直……」（金平亮三敘述樹幹通直，筆者在野外調查龐多，可列為通直幹，此資料或為筆誤）；馬子斌等六人（1979）第8頁亦臚列木材性質、數據等；馬子斌、曲俊麒（1976）取蓮華池的香楠測試木材機械強度性質，而樹幹通直性列爲「尙直」，其樹高18公尺的試材，胸徑垂直於斜坡者爲53公分，平行於斜坡者爲49公分。香楠的邊材及心材皆黃色，年輪不清，木理通直，木肌稍粗，加工容易，各項測試數據列爲。

關於物候方面，二版《台灣植物誌》列出花期12～4月，果熟於7～8月；廖日京（1959）及劉儒淵（1977）以台北市的香楠記錄爲：3月中旬花蕾；3月下旬至4月下旬開花；5～7月結果；7～8月果熟；3月初萌發新葉芽；筆者在阿里山區、楠溪林道等海拔較高的族群的登錄大致如下：2月見有花序團膨大，3月抽出花序，開花，並延展花序下部的新葉，4月仍屬盛花季，但地面可見許多落花，5月子房漸膨大，7月底至9月間果漸成熟，且掉落。10月可見明年開花的芽體位於株梢頂。

林讚標、許原瑞、洪富文（1992）討論闊葉樹混合造林一文，曾培育香楠等種子苗，其種子來自大湖海拔約500公尺處，係6月底（1989年或1990年）所採集。其敘述香楠種子可乾藏，在低含水率、4℃下，可維持活力至少一年以上，但過低溫（-20℃）反而對發芽率有害。利用層積處理四個月後對發芽整齊度及發芽率皆有幫助；其以穴植管育苗。

關於植物生態方面，柳榗（1970）列有「瑞芳楠、錐果櫟群叢」，係依據章樂民1961年對大元山植群的資料，說是海拔分佈於700～1,300公尺之間，主要組成有瑞芳楠、錐果櫟、長尾柯、豬腳楠、烏皮茶等，其他如九芎、薯豆、紅淡、紅花八角、白花八角、墨點櫻桃、山龍眼、白匏子、台灣雅楠、大葉柯、石斑木、長果木薑子、長葉木薑子……，由物種組成視之，依筆者長年野調經驗，筆者認爲本「單位」的調查樣區爲顯著不均質，空間分佈包括山坡中坡、下坡，甚至上坡段之不同的社會單位，時間上夾雜干擾、破壞等演替不同階段所組成，筆者無法接受其爲「有意義」的單位，而且，其對香楠的生態認知不足。

劉棠瑞、劉儒淵（1977）調查恆春半島南仁山區植群（第二作者的碩士論文），列有「大葉楠—香楠—香葉樹—黃杞群叢」，說是出現在背風坡面，林內較爲陰溼，第一層樹冠15公尺至20公尺等；呂福原、廖秋成(1988)調查出雲山植群，列有「香楠—大葉楠—雅楠型」，分佈於海拔500～800公尺之間的東向、東北向近溪谷較潮溼的生育地；蘇鴻傑、林則桐(1979)調查台北近郊木柵地區天然林，其敘述指南宮山後有造林地之「相思樹—山黃麻過渡亞簡叢」，也就是一些次生樹種入侵相思樹人造林，例如山黃麻、水金京、江某、樹杞、香楠及白匏子等，筆者舉此例，即要說明香楠兼具次生林的特色；又如林口台地(Hsieh Chang-Fu and T. C. Huang; 1987)，香楠亦是山黃麻之後的次生林第二期林木。

謝長富、孫義方、謝宗欣、王國雄(1991)調查南仁山區2公頃的永久樣區，將香楠列爲具有分佈類型分化的物種，傾向於集向溪谷地附近；陳玉峯(1995a；b)認爲高雄縣觀音山區，南勢崙砂岩所形成的低山群，山頂及上坡爲黃荊灌叢，中坡爲相思樹—黃荊—山柚優勢社會，山谷及下坡段往日存有香楠、大葉楠等優勢社會。此乃因南部地區具有年度旱季，而香楠嗜溼，只能存在於溪谷環境；中部地區亦然，例如陳玉峯(1996；2001)；而北部地區由於最爲潤溼，香楠尤爲發達，但其生育地仍以中、下坡段爲主。

佐佐木舜一(1922；轉引陳玉峯，2004，878頁)詳載的玉山山彙物種分佈，香楠存在於海拔1,515公尺以下地區；陳玉峯(1989)調查楠梓仙溪永久樣區，海拔約1,800公尺附近，少數香楠與多數的假長葉楠伴生於長尾柯爲主的原始林中。就極端分佈而言，香楠在陰坡或阿里山區等，海拔最高可上達約2,350公尺，但數量甚少，其主要的分佈中心係在1,500公尺以下地區，筆者認爲香楠爲全台下部闊葉林或亞熱帶雨林的代表樹種之一；通常，其於溪谷地土壤化育較佳部位生長，較之大葉楠則略呈中性，且其爲次生演替第一期森林之後的接替樹種，而可延展至原始闊葉林中長存。日治時代之前，以製造線香之故，台灣人似有種植現象。

歐辰雄、呂金誠(1988)的《高峰樹木園樹木圖鑑》第27頁描述香楠，說是樟科植物具有油腺，因而大部分種類都有特殊味道，而香楠葉片揉碎，可聞到「一股電線走火的特殊臭味」，「普遍產於海拔1,800公尺以下闊葉林中」，而其使用的照片，與呂福原、歐辰雄、呂金誠(1997)《台灣樹木解說(一)》第113頁的「霧社禎楠」之圖片，顯然是同一枝條同時所拍攝，由兩張圖片的樹葉蟲咬缺刻以及果序一目了然，然在樹木解說(一)中列爲「霧社禎楠」；同書112頁則介紹香楠，圖片則爲典型香楠所拍攝。

香楠在台灣未開發年代必然是低海拔山區，乃至靠山平地的主要樹種之一，推測昔日局部地區應存有「香楠優勢社會」，而被開採殆盡。香楠的各面向研究有待進一步全面展開。

中橫東部香楠冒新葉的族群(2001.3.17)

25

長圓錐楠 *Machilus longipaniculata* Hay.
或 霧社楨楠 *Machilus mushaensis* Lu

樟科 Lauraceae

談長圓錐楠（霧社楨楠）之前，請先詳閱香楠（*M. zuihoensis* Hay.），因為歷年來皆將香楠、霧社楨楠、長圓錐楠、長萼楠（*M. longisepala* Hay.）的實體混為一談，或說迄今為止，這大群楠木該區分為幾個分類群、該使用何等學名，以及自然界實體之間，仍然處於混亂狀態而未必見得已釐清。

呂勝由、陳舜英（1996）以豐富的野外採鑑經驗，宣稱香楠與霧社楨楠為兩個獨立種，然而，筆者認為霧社楨楠有可能即早田文藏1913年發表的長圓錐楠，而不需新命名霧社楨楠？

呂與陳指出兩者的形態診斷特徵在冬芽，香楠冬芽徑0.2～0.4公分，長0.3～0.7公分，芽鱗近光滑；霧社楨楠冬芽徑0.8～1.2公分，長1～2公分，芽鱗密披黃褐色粗毛。香楠海拔分佈較低，說是年均溫在18.5±0.5℃以上；霧社楨楠海拔較高，在年均溫18.5±0.5℃以下地區。其認為芽鱗主受遺傳基因控制，不隨環境而改變，是好特徵。相對而言，香楠葉片顏色較淡，質地較薄，葉較小形。

其調查與敘述北、中、南道路旁，該兩種的分佈，筆者將之整理如表十六。

至於呂與陳之年均溫區域的劃分較為粗放，在此不擬評介。有可能因為調查地區廣泛，難能周延，故而上表的諸多分佈等，筆者質疑其精確度。

例如南橫，其謂玉井至海端的全線，均未見香楠，事實不然，而且易混淆難辨的物

←長圓錐楠芽苞抽新枝葉及花（2006.3.13；台20-175.4K）
→冒新葉的長圓錐楠（2005.3.6；台20-120.5K）

表十六

海拔(m) 物種 道路或地區	香楠	霧社禎楠	兩種混和區	附註
北橫	大溪至巴陵：200~700 棲蘭山工作站至棲蘭：200~600	四陵—明池—棲蘭山工作站：700~900~1,200		
中橫支線(宜蘭至梨山)	500以下	1,000~1,700		500~1,000為農墾區
太平山林道	500以下	600~1,300		
宜蘭圳頭至福山植物園	600以下	600以上	600上下	混和區霧社禎楠較多
北宜公路	青潭至四堵：100~500			
青潭—烏來—福山	400以下		信賢苗圃：500上下	
小格頭—十分寮—瑞芳	600以下			香楠量多
大鹿林道	竹東—清泉：600以下	清泉—觀霧：750以上		
中橫	東勢—谷關：700以下	谷關至梨山、畢祿溪：600~2,000	和平至松鶴：600~700	
中橫東段		慈恩至洛韶：1,000~2,000		
魚池鄉蓮華池分所	820以下			
惠蓀林場	500~1,000	800~1,000	800~1,000	1,200以上未調查
日月潭地區	840以下；埔里至日月潭：400~780	800以上	800~840	
阿里山公路	未見	900~2,200		
奮起湖至竹崎	500~800	900以上		
六龜、扇平林道、南鳳林道、鳳崗林道	1,100以下	1,100~1,700	1,100上下	鳳崗林道霧社禎楠量多
大漢林道、穗花杉保護區	900以下	1,000以上		霧社禎楠量少
南迴公路	300~700			草埔、壽卡、森永、歸田、尚武、大武，香楠多
南橫公路西段		禮觀1,400~1,800		南橫全線由玉井至海端均未見香楠
南橫公路東段		向陽至利稻：1,000~2,000		

種，不只是香楠與霧社禎楠，霧社禎楠之與假長葉楠，甚至於其與長葉木薑子或其他楠木類，尚有由外觀、遠觀到自然實體的複雜變異交纏。

甲仙地區就存有許多香楠，從大樹到小苗所在皆有；台21沿途亦然；而南橫台20-70.9K路上方1株香楠庇蔭路面(海拔約500公尺)，路面下方約50公尺處另有1株香楠(2006年3月12日盛花，但路上方者冬芽尚未伸展)；台20-82.7K海拔約510公尺，也就是在已廢棄高中檢查哨之後約100公尺處，路右側至少有3株香楠；台20-83.2K路上方，間隔約20公尺，存有2株香楠(2006年3月12日盛花)；而東段亦存有。

霧社禎楠自台20-120.5K(海拔1,429公尺)之後出現，在台20-120.7～120.8K之間路邊至少存有6株，而且，在台20-120.7～123K之間，形成「霧社禎楠．瓊楠．菲律賓楠．五掌楠．狹葉櫟優勢社會」(陳玉峯，2006)，6個樣區調查統計，霧社禎楠乃領導優勢種，然而，在台20-122.3K(海拔約1,495公尺)出現筆者所知，南橫西段假長葉楠的最低分佈，台20-122.7K亦有株假長葉楠(路面下方獨立樹)，就植物社會調查而言，南橫楠木的混淆，香楠與霧社楨楠相隔遙遠、落差太大，根本沒有困擾，然而，台20-120.5K之前，盡屬農墾地，原始植群蕩然不存，僅零星孑遺，無法判斷究竟香楠與霧社楨楠有無重疊區，反而是海拔1,400公尺以上的局部原始林破碎林分，霧社楨楠與假長葉楠形成拉鋸，單憑望遠鏡頭常無法分辨彼此，且常懷疑兩者之間有無雜交個體（就筆者而言，假長葉楠與大葉楠甚易區分）？

台20-123～124K段落最主要爲霧社楨楠，而假長葉楠只有2～3株；之後，多次生林；台20-125.5～127.6K段落，也就是禮觀隧道之前，假長葉楠與霧社楨楠分庭抗禮，隧道之後，假長葉楠量多，而且，長尾柯（代表上部闊葉林）在台20-127.5K已出現，也就是往上即將進入假長葉楠爲主的楠木族群，但霧社楨楠在台20-128～130K段落仍斷續出現，而台20-129.5K的禮觀橋前右側，乃假長葉楠近於純林的優勢社會，又，霧社楨楠的最高海拔分佈，大約在台20-130.1K前後，或海拔1,915公尺。

也就是說，南橫西段霧社楨楠存在於台20-120.5～130.1K段落，或介於海拔1,429～1,915公尺之間，而假長葉楠近乎大半重疊，但作上、下段落數量的消長，假長葉楠屬於上部闊葉林之下部；霧社楨楠爲下部闊葉林的上部。

南橫東段，假長葉楠大致自台20-155K以下出現，或海拔2,320公尺以降，但其可存在更高處；假長葉楠的基本分佈乃檜木霧林的下部，以及上部闊葉林；而向陽暨向陽森林遊樂區位於台20-154～154.5K段落，海拔2,325～2,350公尺之間，自然狀況下不可能存有霧社楨楠，事實上，向陽地區植被主體爲紅檜人工林。

粗放而言，台20-155～163.5K段落（海拔

長圓錐楠植株（2006.4.22；台20-120.5K）

長圓錐楠植株（2006.3.4；台20-120.8K）

長圓錐楠芽苞，全株該年不開花（2006.3.13；台20-169.4K）

長圓錐楠芽苞（1986.1.7；梅蘭林道）

長圓錐楠芽苞抽花序（2006.3.6；台20-165K）

長圓錐楠新葉（2006.3.13；台20-121K）

長圓錐楠花苞（2006.3.6；台20-165K）

2,279～1,873公尺）盡屬假長葉楠天下，似乎不大可能存有霧社楨楠，而假長葉楠分佈下限大致降到台20-166.1K（海拔約1,725公尺），極端下界約下降至台20-164K（海拔1,843公尺），但這是因爲農墾破壞，致令眞正的分佈乃屬未知；另一方面，霧社楨楠最高分佈約上至台20-163.2K（海拔約1,880公尺），兩者的交會帶大致落在台20-163.5～166.2K段落，或海拔1,873～1,725公尺之間。

而台20-166.2～176K長約10公里段落，或海拔1,725～1,150公尺之間，霧社楨楠盛行，特別是台20-166.8～166.9K道路下方，幾乎形成純林，而台20-169.3K前後，或天露茶園下方，亦是成片叢生。脫離此盛行帶之後，式微或消失。

上述，在台20-163.5K以上高地，有可能被誤認爲霧社楨楠者，除了假長葉楠，有些長葉木薑子亦可能在調查時「魚目混珠」。

至於霧社楨楠的學名問題，表面上乃遲至1969年呂福原氏始予命名新特產種，然而，霧社楨楠數量龐多，甚至於形成優勢社會，難道日治五十年皆無人採鑑，或歷來皆被誤鑑？筆者找尋早田文藏1911年、1913年之命名香楠、長圓錐楠、長萼楠等，雖然這3個學名，金平亮三（1936）皆視同香楠，然而，筆者認爲長圓錐楠（*Machilus longipaniculata* Hay.）亦有可能是霧社楨楠，但若要確定，必須將小西成章1910年3月，採自烏來社的標本（早田氏命名長圓錐楠的依據），比對後才能解決。在此，僅將早田文藏發表時的繪圖轉引如圖七。

如果小西成章的這份標本是霧社楨楠，則霧社楨楠的中文俗名、學名等，必須讓位給長圓錐楠。

茲依據筆者2006年重新採鑑南橫的霧社楨楠，在此描述。

圖七　長圓錐楠

資料來源：Hayata, 1913.

長圓錐楠初果（2006.3.13；台20-175.4K）

（一）2006年3月6日採集，台20-120.5K，編號22488之一側枝。

取3年生枝條測述。2004年生枝已無樹葉，2005年生的側枝長24.4公分（2005年生主莖長14.7公分），此一側枝同樣在2005年另長一側枝，總長度亦為24.4公分，其2005年生的樹葉只剩4片，由上往下排序為l_1、l_2、l_3、l_4，列如表十七。

此枝條的葉片大多只存在一年，最長約存在兩年，一年以後半數以上葉片掉落。而2006年的新生小枝，於3月6日採集時，莖長為6.6公分，自基部（指苞片脫落後許多苞片痕跡小段落的最下端）算起，5公分範圍內長出8條花序，第5.2公分處長出第一片新葉，第5.2～6.6公分之先端段落計有7片新生葉，正在生長中。

8條花序由基部至頂花先端的長度，由下往上分別為6，10.6，10，10.9，13.5，10.5，11.7，9.5公分。這8條花序在新枝上的排列，大抵由下往上依反時針方向，每隔約大於120°角產生1條。而花序條上花著生方式如圖八舉例。

花的構造如下：

上花被3片，較為橢圓，上下表面有微細小絨毛；下花被3片。雄蕊4輪，最外1輪有6枚可孕性雄蕊，每枚相對於各片花被中間，4開孔向內或向上開裂；第二輪即3枚不孕性短雄蕊，外觀即萎縮的花藥囊，鮮鉻黃色（最鮮豔）；第三輪為3枚可孕性雄蕊，4孔向下或向外開裂；第四輪即3枚短但直立的不孕性雄蕊；花絲基部及其旁多白色綿毛；花柱略有彎曲，柱頭略成三角形，白色，受粉後則帶有紅紫暈。又，花被未打開前，花內見有八腳小蟲吃食花粉，藥室開孔已打開，令人懷疑花未開前即已自花受粉矣。花開展後，徑約1公分，9枚可孕性長雄蕊的花絲長

表十七

編號	葉長(cm)	葉最寬(cm)	長：寬	葉柄(cm)	側脈數	附註
l_1	12.1	3.6	3.4	1.2	–	最寬位於葉基之上3.7公分處，長橢圓披針；葉表淡暗綠，有蠟質反光，葉背略白粉的黃白綠。
l_2	17.8	5.1	3.5	–	15；15	最寬位於葉基之上6.7公分處，狹長橢圓形；側脈之間為網狀小脈。
l_3	17.5	5.1	3.4	1.95	15；15	略歪基；長橢圓形；葉背主脈顯著隆起。
l_4	10.6	4.7	2.3	–	11；11	側脈略圓弧伸展，先端偶分叉；以上之葉部敘述皆為普遍性質。

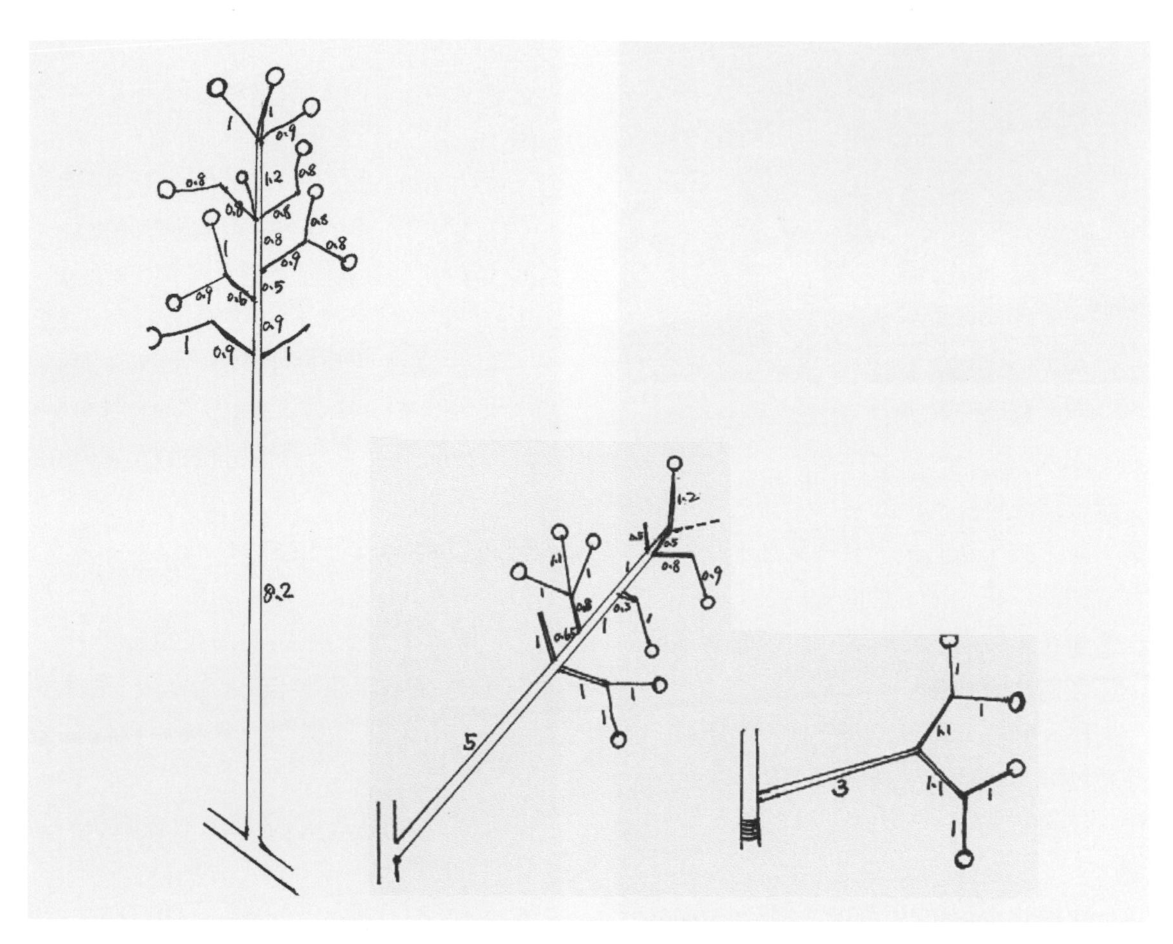

圖八　長圓錐楠花序

註：阿拉伯數字表示該段落長度（花序柄、小花序柄、花柄），單位：公分，◯示花謝，U示開花中；—虛線表示過程中掉落者。

長圓錐楠開花及新葉（2006.3.9；台20-120.6K）

長圓錐楠果實（2005.5.8；台20-123K）

長圓錐楠果實（2006.4.22；台20-120.5K）

約0.3公分。

霧社楨楠年度抽出的新枝，有些僅止於新葉、新主枝、新側枝，有些另加上花序枝；有些植株以花、枝、葉俱全爲主，也有植株全株無花，或僅少數具花，目前觀察不足以下達任何成因判斷。

主枝、側枝、新葉及花序俱全的新枝，在芽苞展開後先抽長主枝，由下往上生長，之後，下部花序先行抽出，可以說，先花後葉。

上述編號22488的生鮮標本顯示，2006年3月6日觀察之際，新主枝上恆有1～3個側枝正在生長，且其中至少有一個側枝在該年度的生長，長度超過主枝，也就是說，其枝條生長的模式爲「側枝優勢」，如此而可擴展枝葉的伸展空間。

本標本之2003年生的主枝長度13.4公分，基徑1公分，枝（或莖）皮仍然青綠色，也有些2003年生的主枝已呈「半樹皮化」，也就是約有1/3至一半的枝皮面積已變成褐色；2004年生主枝長度13公分，基徑0.8公分；2005年生主枝長度13.7公分，基徑0.7公分，其主側枝長度15.1公分（且2006年新枝長5.6公分，其上有8條花序及5片葉，而2005年生葉片亦5片）；2006年生主枝長度5.4公分，基徑0.5公分，上有7條花序，花序由下往上順序其長度各爲4.8（6.9），5.25（7.4），5.8（7.8），9.8（11.1），7.9（9.4），7.5（8.6），7.8（9.0）公分，括弧內的數字乃加上最先端1朵花的長度。

而上述2005年生主枝（長13.7公分）著生有7片葉，由上往下排列，各葉片數據如表十八。

表十八中，編號6的葉柄上腋之側枝，其9條花序的長度，由下往上分別爲7.5（9.0），7（8.7），9.3（11.3），7.3（9.2），10（11.5），10（11.3），8.6（10），6（—），6.7（8.2）公分，括弧內數字即加上頂花長度。

以上之花序，花序條長度介於4.8（6.9）～10（11.5）公分之間。

表十八

編號	葉柄長（cm）	葉身長（cm）	最寬（cm）	長：寬	側脈數	附註
1	0.9	5.1	2.25	2.27	7；8	葉上半被蟲吃蝕
2	1.6	14.15	4.81	2.94	12；3	
3	1.25	10	3.8	2.63	13；13	
4	2.4	16.3	5.91	2.76	14；14	短尾尖，基略圓鈍
5	1.8	12.4	5.81	2.13	10；11	短尾尖；葉柄上腋有側枝，長4.4公分
6	2.45	14.1	6.4	2.2	10；10	葉柄上腋有2005年最主要側枝，長15.1公分，基徑0.5公分，接2006新枝長6公分，含9條花序及7片葉
7	2	9.65	5	1.93	9；10	近橢圓形；柄基上有2005年側枝，長7.2公分，3片葉，加上2006年新枝長1.9公分，包括4條花序及1片新葉
變距	0.9～2.45	5.1～16.3	2.25～5.91	1.93～2.94	7～14	
平均	1.77	11.67	4.85	2.41	11	

（二）2006年3月6日另在南橫東段台20-165K，也就是栗園叉路口對面路邊，採集一株霧社楨楠（編號22491），全株幾乎全屬花苞，僅極少數花朵開花，也就是說，東台較西部晚開花。

取一枝條敘述。

2004年枝條長13公分，基徑1公分，尚存4片葉；延展2005年枝，長度12.7公分，基徑0.8公分，枝上著生有5側枝，由上往下分別編號側枝1～5，如下：

側枝1：全長10.3公分，2005年生葉片3片，2006年新枝有7條花序，3月6日之際只長出1片新葉。

側枝2：全長16公分，基徑0.5公分；枝上另長2條側枝，分別長出2006年的新花序、枝、葉，先端只剩1片枯葉。

側枝3：全長11公分，2005年生葉片3片，1片全枯、1片半枯、1片破葉；先端及頂下分別長出2006年新花序4條，3條爲頂芽，1條爲葉腋新芽。

側枝4：全長9公分，先端有2006年生新芽枝3條，另有1側芽，無葉。

長圓錐楠新葉及老葉（2006.3.26；台20-121K）

側枝5：長3.5公分，剩2片，2005年生葉片；2006年的花枝芽正在生長中。

而葉片量取資料如表十九。

由於東部族群開花較晚，本樣品上尚可見冬（春）芽苞，其上密佈金黃色或鉻黃色絨毛，隨意舉個芽苞（3月6日測量），長×寬爲1.5×1公分，以及2×1公分。

上述葉片的葉背及側脈皆有短毛披覆（解剖顯微鏡下）；又，南橫（東及西部）的霧社楨楠葉片之汁液，都會變紫色。

綜合上述，簡述霧社楨楠形態的若干歸納：

表十九

編號		葉柄長（cm）	葉身長（cm）	最寬（cm）	長：寬	側脈數	附註
2004年生	1	1.9	9	2.97	3.03	7；8	葉片編號乃由上往下；葉變黃、褐，局部紫，欲落
	2	2	9.3	3.2	2.91	8；8	葉片編號乃由上往下；葉變黃、褐，局部紫，欲落
	3	1.9	8.6	3.4	2.53	9；9	葉片編號乃由上往下；葉變黃、褐，局部紫，欲落
	4	1.8	5.62	1.87	3.01	9；9	葉片編號乃由上往下；葉變黃、褐，局部紫；歪基
	平均	1.9	8.13	2.86	2.84	8.38	所有葉片先端鈍
側枝1	1	2	8.4	2.8	3.0	7；7	上
	2	2	8.3	2.72	3.05	8；8	中
	3	1.8	8.4	3.2	2.63	7；8	下
	平均	1.93	8.37	2.91	2.88	7.5	
選大葉	1	2.5	16.7	5	3.34	10；10	
	2	2.6	14.3	5.8	2.47	10；10	
	3	2.2	14	3.7	3.78	10；10	尾尖

（1）枝條生長存有顯著的「側枝優勢」現象，此爲全株、枝幹朝立體化生長的基本模式。

（2）葉片通常存在約年餘，最長可達兩年餘。

（3）枝條生長方面，在第一個生長年度完成長度的生長，第二個年度以後大致不再伸長，只在直徑方面持續加粗；枝條的外皮，第一至第三個生長年度維持綠色，同時，第三個生長年度開始轉褐色。此項特徵可用於與假長葉楠的區別，後者第一個生長年度即爲樹皮狀，而非綠色。

（4）葉片變異大，但野外鑑定並不困難。

（5）花序、花的特徵如前述，而楠木屬物種的花，很難由文字敘述來鑑定。

（6）開花現象存有不同株、不同年度的複雜變化。

（三）2006年3月13日，於台20-175.4K道路上方，採集編號22509的標本觀察如下：

2005年生枝長24公分，基徑0.5公分，其上有6側枝，尚存9片葉，但僅3片大致完整，葉片資料如表二十，葉片編號係由上往下（其生長順序則相反）。

而2006年自上述枝條延展了11.1公分（3月13日為止），基徑0.7公分，但在苞片掉落處上方的新枝花序基處，基徑達0.9公分。在此11.1公分新生段落上，著生有8條花序（苞片掉落之痕跡段落最下部為0公分，則第0.9公分處長出第一條花序），4條側枝；第8～11.1公分段落，著生有9片新葉，每片葉腋（上部）都有芽體。以下，敘述8條花序，由下往上排列。

・花序1：距新枝基0.9公分處長出，花序條（含項花，以下同）長8.65公分，花序基徑0.25公分。

↓長圓錐楠開花（2006.3.6；台20-120.5K）

表二十

編號	葉柄長(cm)	葉身長(cm)	最寬(cm)	長：寬	最寬處	側脈數	附註
1	1.3	10.9	2.5	4.36	中偏下	11；12	
2	1.3	12	2.8	4.29	中偏下	10；10	
3	1.7	(13.5)	3.37	4.00	中間	–	(13.5)係推估者
4	1.5	11.4	3.05	3.74	中間	–	
5	2	–	4.4	–	中間	–	
6	1.9	–	3.9	–	–	–	
7	2.5	–	–	–	–	–	
8	1.9	–	4	–	–	–	
9	1.9	–	4.1	–	–	–	
平均	1.78	11.95	3.52	–	–	10.75	

長圓錐楠新紅葉（2006.3.13；台20-175.4K）

長圓錐楠新葉（2006.3.13；台20-175.4K）

長圓錐楠葉背（2006.3.13；台20-169.4K）

長圓錐楠葉背（2005.5.8；台20-123K）

・花序2：距新枝基1公分處長出，花序條長11.8公分，基徑0.31公分。
・花序3：距新枝基1.2公分處，花序條長9.7公分，基徑0.22公分。
・花序4：距新枝基1.4公分處，花序條長11.55公分，基徑0.3公分。
・花序5：距新枝基1.8公分處，花序條長13.2公分，基徑0.31公分；第一側花序柄長2公分，小花柄長0.8公分。
・花序6：距新枝基2.2公分處，花序條長11.4公分，基徑0.22公分。
・花序7：距新枝基3.1公分處，花序條長9.9公分，基徑0.25公分。
・花序8：距新枝基3.5公分處，斷落。

而距新枝基4.3公分處，長出第1新側枝，長度9.6公分，先端5片新葉。距新枝基5.7公分處，長出第2新側枝，長度14.7公分，先端6片新葉。距新枝基7.4公分處，長出第3新側枝，長度4.8公分，先端3片新葉。距新枝基8.1公分處，長出第4新側枝，長度6.8公分，先端3片新葉。此新枝之簡圖如圖九。

又，此份標本只在年度主枝上長有花序，而此主枝之側枝皆無花序；主枝上8條花序之花序軸、小花序柄、花柄、花被內外，皆披有細小金褐色毛茸；冬芽苞（至春季）上多金褐鱗毛。

（四）2006年3月26日，於南橫東段栗園處，採集編號22554的標本，取2片較大葉片，量得數據如下：

一片葉柄長3公分，葉身長19公分，寬6.8公分，最寬處即中間，側脈11及12條，略歪基，長橢圓形，先端漸尖；另一片葉柄長2.8公分，葉身長18.9公分，寬6.2公分，側脈12及13條。推測霧社楨楠最大葉片可超過20公分長、7公分寬。

依據觀察，2005年3月4日寒害，假長葉楠受害最嚴重，而霧社楨楠亦受波及，芽或新葉等死亡亦衆。

此外，栗園上方，採集編號22562的標本顯示，2005年芽端死於3月4日寒害，而形態上介於假長葉楠及霧社楨楠之間，其2004年生枝條爲典型假長葉楠的亮黃褐皮，但2005年生枝皮則爲霧社楨楠的綠莖；其葉片亦介於假長葉楠及霧社楨楠之間，或所謂中間型。

依筆者目前所瞭解，霧社楨楠的問題絕非只在於其與香楠之間的疑義，其與假長葉楠之間，狀似雜交的個體所在皆有。楠木群物種，筆者認爲在台灣從未眞正釐清。而Yang, Chen and Yang（2002）研究大葉楠、豬腳楠、香楠及霧社楨楠的蟲癭，由分子生物學嘗試討論有趣的物種系統關係；至於林讚標、簡慶德（1995）則討論包括霧社楨楠等6種樟科楨楠屬植物種子的儲藏特性。

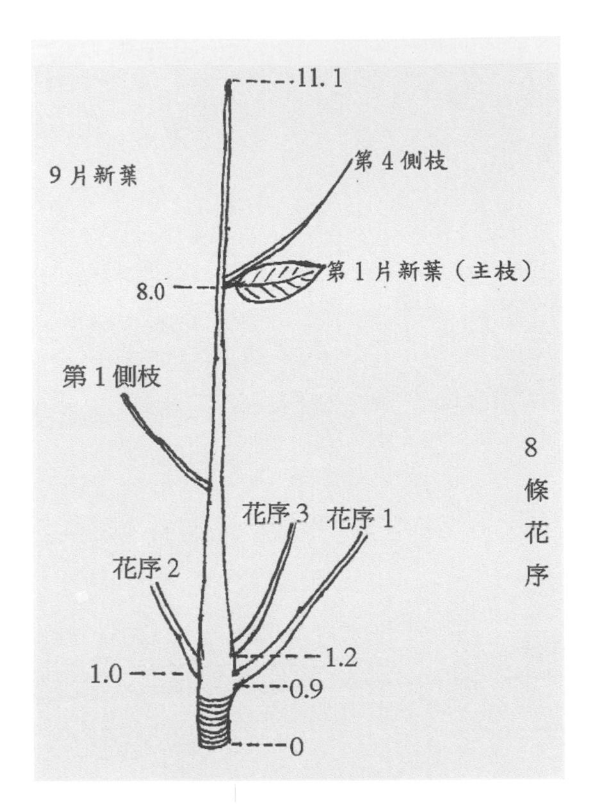

圖九　霧社楨楠

筆者懷疑可能是長圓錐楠與假長葉楠雜交的植株（2006.3.26；台20-165.5K）

長圓錐楠葉背（2006.3.9；台20-120.6K）

長圓錐楠葉背（2005.6.8；台20-120.8K）

五掌楠成熟葉片
（陳月霞攝；1995.12.7；大坑）

五掌楠 *Neolitsea konishii*（Hay.）Kanehira & Sasaki

樟科 Lauraceae

分佈琉球與台灣；全台低海拔闊葉林中散見。

常綠中喬木，胸徑可達80公分（金平亮三，1936），樹皮茶褐色，平滑；新出葉前的葉鱗呈瘦圓筒狀，頭尖；葉集中在小枝前端叢生，披針至長橢圓形，或略成倒披針，長約10～18公分、寬約3.5～5公分，厚紙質或革質，先端突銳尖，葉基楔形，全綠，三出主脈顯著，葉柄長約1～1.5公分，葉背略灰白色，嫩葉有金黃色柔毛，老葉則脫落；雌雄異株，雄花爲頂生或腋生繖形花序，5～6朵花，花被4裂，裂片披針形，外有毛，雄蕊6枚，等長，花藥4室，上部2室大致向外；漿果長橢圓形，長約1.5公分、徑約1.2公分，熟黑。

金平亮三（1936）當時敘述爲台灣特產種，台灣名北部叫做「竹葉楠」，宜蘭稱之爲「五葉楠」，而蓮花池則叫「五掌楠仔」，日本俗名謂之「Konisi-damo」，說是海拔1,500公尺以下的闊葉林內普見的樹種，中、北部特別多。其木材年輪明顯，帶綠、淡黃灰白色，供作建築及家具之用。

1911年早田文藏命名五掌楠之際，使用的引證標本有：川上瀧彌與森丑之助（1907年7月，南投檜山，編號3167）；川上與森氏（1907年7月，南投巒大山，編號3317）；川上與森氏（1905年12月，新竹五指山，編號1290）；同人等（1908年1月，Risekizan，編號4543）；小西成章（1908年3月，台北縣烏來，編號92）；K. Miyake（1899年12月，卑南，Murimuribussha）；C. Owatari（大渡？，1898年1月，採自Hokkokei，北港溪？）等。劉棠瑞、廖日京（1971，22頁）對樟科植物的訂正，所引證五掌楠的標本，也正是早田氏上述所列的標本（少了一份，即Miyake者），附加一句：「生育於全省海拔200～1,500公尺之闊葉樹林內，尤

五掌楠植株（2005.5.23；台20-123K）

五掌楠植株（2005.5.23；台20-123K）

五掌楠植株（2006.3.12；台20-122.2K）

五掌楠花序已謝（2006.3.6；台20-120.5K）

以北中部爲多」。

早田氏即以小西成章的姓，拉丁化爲種小名，故而日文俗名稱爲「Konisi-damo」（小西氏damo），今之中文俗名採用蓮花池舊名，合宜。

五掌楠的分佈較乏人詳述，省林試所（1957）的資料登錄爲海拔500～2,100公尺，但佐佐木舜一（1922；轉引陳玉峯，2004）則明確登錄每隔1,000日尺的存在，其於玉山山彙，自303公尺以下，以迄1,515公尺，全都存有，很可能這就是後人的引據。然而，以筆者個人的調查經驗，在台灣中部、南部，五掌楠最高分佈可上抵2,100公尺，但確定不會進入檜木林帶，更且，五掌楠的分佈中心，大致位於下部闊葉林，或海拔1,500公尺以下地區。黃增泉等（1983）說它在陽明山國家公園的範圍內，「在闊葉林中十分普遍」，然而，筆者經驗似乎不然。

依據筆者在中部中海拔以及大坑的記錄，五掌楠是冬季開花的樹種，每年約於12月抽花序開花，花期可至隔年2月；3月以降則花謝而新葉芽抽出；4月完成新葉生長，但局部地區仍多新芽；5月下旬可見果實形成；8月底果實漸變色；9～12月爲果熟期，變黑色。

就生態而言，五掌楠通常爲亞熱帶雨林或樟科爲優勢林型下，第二層的喬木，爲典型陰生樹種，也就是原始闊葉林下的伴生植物之一。楊勝任（1991）調查屏東林區浸水營闊葉樹自然保護區植群，認爲五掌楠乃「喜愛於環境較溼、日照較小的溪谷地形」樹種之一。至於其數量，筆者始終不認爲「常見」，只不過是散生型的「散見」，雖然也有人在植群調查中，將其列爲共配優勢的物種，例如劉棠瑞、蘇鴻傑、潘富俊（1978）之敘述台東海岸山脈植群，列有「台灣雅楠－九芎－五掌楠－樹杞群叢」，說是馬久答山、北花東山、加錄北山等東西側，海拔400～750公尺之間存有，而五掌楠、樹杞及三葉山香圓等，構成第二層樹，且五掌楠的在7個樣區中出現5個，頻度71.73％，但相對密度只有5.65％，惟其大小胸徑皆存在，符合其生態特徵。

關於五掌楠的木材，李春序(1964)以1962年4月7日由柳楷氏採自六龜的標本詳述，其爲散孔材，年輪顯明，並檢附解剖的各項數據；吳順昭、王秀華(1976)再度解剖，敘述內容有些差異，但參考文獻並無引用李春序(1964)，亦無比較或討論；而由日治時代編輯的資料(林渭訪、薛承健，1950)，敘述五掌楠的木材各種特性，亦包括化學組成等，而氣乾材比重0.621；生長速度中庸，以中部地區蓮華池所生產的一株57年生樹爲例，樹高14.8公尺，胸高直徑才19公分。

就1,500公尺以下地區的樹木生長而言，一般在陽光充足下通常迅速，五掌楠的生長速率似乎較慢，可能與其林下陰生環境有關，而其木材的耐腐度，永山規矩雄的試驗(轉引林渭訪、薛承健，1950，185頁)確定爲耐腐性大者，埋於土中的木條，六年九個月才腐化。

關於五掌楠筆者所知有限，但其爲新芽的奇特景觀，值得推薦爲陰溼生型本土植栽。

五掌楠芽苞(2006.3.5；台20-120.8K)

五掌楠新葉(2006.3.9；台20-120.8K)

五掌楠新葉(陳月霞攝；2004.5.1；瑞里)

五掌楠新葉(陳月霞攝；2004.5.1；瑞里)

五掌楠植株新葉
（陳月霞攝；2004.5.1；瑞里）

台灣檫樹 *Sassafras randaiense* (Hay.) Rehder

樟科 Lauraceae

台灣特產種；《台灣植物誌》第一版記載分佈於海拔1,800～2,500公尺的闊葉林內；第二版改爲全島海拔900～2,400公尺的闊葉林內。

已知全球檫樹屬（*Sassafras*）植物只有3種，最早發現的是特產於美國東部的北美檫樹（*S. albidium*），第二種是特產於中國湖北、江西、安徽、浙江諸省的華中檫樹（*S. tzumu*），另一即台灣檫樹。檫樹屬僅僅存在於東亞及北美，是所謂「東亞—北美分佈型」的物種之一，這是因爲學界普遍認爲，地質時代第三紀初期（大約八千萬年前至二千五百萬年前的某個時期，陳玉峯，1995a，27頁）北美洲與亞洲還連在一起，後來，因爲板塊漂移而分開（分開處即阿拉斯加），現今「東亞—北美分佈型」植物，殆即北美與亞洲還連結之際，該區域的

台灣檫樹（2005.5.17；特富野步道）

古老植物的後代，它們具有共同的祖先。

而且，古植物學者如E. W. Berry等，依據第三紀初期的化石研究證明，檫樹屬植物在北半球的亞洲、北美、歐洲及冰島一帶皆有分佈，後來，遠藤誠道亦在日本仙台第三紀的地層發現一種檫樹化石（耿煊，1956），也就是說，第三紀初期，北半球環繞著北極圈或溫帶地區氣候較爲溫暖，檫樹屬、木蘭屬（*Magnolia*）、鵝掌楸屬（*Liriodendron*）等落葉性大喬木組成森林，當時的林相，推測與現今北半球溫帶落葉闊葉林的景象相似。

因此，台灣檫樹的發現，實爲意義非凡的活化石再現。

1908年，來自日本東京帝國大學的S. Kusano（草野俊介，註：介或助待查）在南投縣巒大山區，小心翼翼地撿拾台灣檫樹的落葉，依據這些落葉等，早田文藏命名了台灣檫樹（Hayata, 1911），然而，由於台灣檫樹的花藥爲2室（2瓣裂開），不像北美檫樹等的4室，因此，早田氏將之置放於月桂亞科、月桂族的*Lindera*屬，也就是*Lindera randaiensis* Hay.，種小名即是巒大山，後來，1918年英國名採集家E. H. Wilson奉美國阿諾德樹木園（Arnold Arboretum）之命，來台蒐集樹木及花卉的種子、苗木並採集標本，曾深入阿里山、玉山、奇萊主山、烏松坑、日月潭等地，甚至由高雄至恆春再北上花蓮，Wilson的採集品包括了台灣檫樹，但他覺得，台灣檫樹與北美或華中檫樹的果實與葉片很相像，實在不應該放在*Lindera*這一屬（事實上，樹形、枝形、冬芽、葉形、花序及果實都很像），後來，Wilson的標本送至阿諾德樹木園，供當時該園的樹木分類學家雷德（A. Rehder）作研究。在Wilson的建議下，且雷德氏自己詳加比對研究後認爲，台灣檫樹的花藥雖然多爲2室，但偶爾尚可找到3室的花藥，很可能2

台灣檫樹（2005.5.17；特富野步道）

室的花藥是從4室退化而來，因此，1920年雷德氏將之改置於檫樹屬，自此定位迄今(耿煊，1956；林崇智纂修，1953；陳玉峯，1995a；另請參考金平亮三，1936，見後)。

然而，台灣檫樹的花畢竟與北美及華中檫樹存有顯著差異，因而也有分類學者不服氣，例如Kamikoti(上河內靜)於1933年，另創一個新的屬*Yushunia*重新命名，不過，金平亮三(1936)等並不認同，畢竟放在檫樹屬的意義似乎比較大。即令如此，呂福原、歐辰雄、廖秋成(1982)詳加切片觀察花芽分化，發現台灣檫樹的胚珠懸垂而卷生(circinotropus)，並非一般描述之倒生(anatropus)，夥同兩性花、雄蕊花藥2室等特徵，若以Hutchinson氏的分屬標準，呂福原等認爲台灣檫樹已具備另立一屬的資格，因而其分類地位頗值得再加探討。

台灣檫樹在檫樹屬3種植物中實爲最奇特者，不管成不成立新屬，它都是稀奇古怪(古老又怪異)的物種，不過，呂福原等氏說檫樹類植物曾經在新生代第三紀之上新世(其註明為一百八十萬年前)繁茂，耿煊(1956)說是第三紀初期，問題是新生代的時間自八千萬年前以迄二百萬年前，又分爲早第三紀(再分古新世、始新世、漸新世，時間自八千萬年前至二千五百萬年前)及晚第三紀(再分一千二百萬年前至二千五百萬年前的中新世，以及二百萬年前至一千二百萬年前之間的上新世)(中國科學院編，1986；轉引陳玉峯，1995a，27頁)，呂福原等「第三紀(距今約一百八十萬年)，但迄今多已絕滅，本屬全世界僅殘存三種」之敘述，其引用文獻說是劉業經教授的《台灣木本植物誌》及Hutchinson J. 1964年的*The Genera of Flowering plans, Vol. I.*，筆者認爲耿煊氏之強調北美及東亞陸塊分離之前即存有檫樹的祖先，而北美與東亞之裂開，至少是六千萬年以前的事，

台灣檫樹植株(1988.6.10；人倫林道)

台灣檫樹樹幹(2005.5.17；特富野步道)

呂福原等註明一百八十萬年前筆者不能說其錯(因為一百八十萬年前當然存有現代檫樹的祖先，重點是敘述所依據的化石年代究竟幾年？)，但卻無法突顯「東亞、北美」植物區系的關係，更且，容易誤導今人以爲檫樹屬的老祖宗才只一百八十萬年的歷史，因爲有些人就只引用此一百八十萬年之說(例如黃增泉、王震哲、楊國禎、黃星凡、湯惟新，1991，11頁；但筆者尚未查出

台灣檫樹樹幹(2005.5.17;特富野步道)

第一個提出一百八十萬年之說的作者是誰，誰又引用了誰之說，因為許多人都不說明引用出處，或真正的始源)。

台灣檫樹，落葉中喬木，樹幹通直，幹徑可達70公分，樹皮有深縱裂，狀似松樹皮；單葉互生，菱形狀卵形，但多變異，時而有不整齊之2或3分裂，長約10～15公分，寬約5～6公分，厚紙質，葉表淡灰綠色，葉背蒼綠色(淡白綠色)，第一側脈7～9對，網狀脈顯著，具長柄；圓錐花序，局部繖形狀，在近小枝頂下腋生，苞片橢圓形，外有毛，花梗細長，兩性花，雄蕊9枚，排成3輪，第一、二輪無腺，第三輪有腺，3輪花藥皆2室(偶見3室)，向內，花絲平滑；漿果球形，徑約0.7公分，果梗粗長，上端膨大(由金平亮三，1936；劉棠瑞，1960；呂福原等，1982)。

金平亮三謂產地如台北州下蕃地小林海拔900公尺處、太平山2,400公尺、台中八仙山2,200公尺，阿里山區的萬歲山附近多見之，但大樹多已砍掉了，而幼樹多發生於谷間向陽地。其特別註明，台灣檫樹具有環孔狀配列的導管是爲特色，同時，備考說明北美及中國(Hemsley氏1907年發表)檫樹諸特徵等，而1918年10月，金平氏陪E. H. Wilson上玉山採集之際，在阿里山採集到台灣檫樹，Wilson一見到該植物就告訴金平氏說是檫樹，後來Wilson也曾直接找早田文藏說明之，但因花藥2室、4室之爭，早田氏堅持放在*Lindera*屬，乃至後來交給雷德氏處理云云，金平氏亦提及上河內靜氏的新屬說。筆者認爲耿煊(1956)很可能亦是參考金平亮三(1936)的書作，但兩者對北美檫樹所使用的學名不同。

林渭訪、薛承健(1950)輯錄的資料多譯自金平亮三(1936)者，「……阿里山萬歲山附近多產之，今已伐採，不見大樹，在峰頂露出地見有幼樹。木材邊心材區別不著，年輪分明，生長頗速，導管大，爲環孔狀配列，春材向秋材急激移行……材紅褐色，輕軟，稍脆弱，氣乾材比重0.34……」，又說：「具有耐溼性及對鐵釘無腐蝕力，故爲造船之良好材料」；然而，李春來(1967)測出台灣檫樹木材粉的pH值，溫水是4.72，冷水是4.88。

省林試所(1957)資料記載海拔分佈900～2,400公尺，殆即金平氏產地舉例的海拔，且將之連續化表述之，但筆者認爲這種表達方式與事實不符；劉棠瑞(1960)、劉棠瑞、廖日京(1971)等，皆沿用900～2,400公尺的分佈之說；顧懿仁(1977；1978)則認爲絕大多數台灣檫樹分佈在海拔2,000公尺上下。

佐佐木舜一(1922；轉引陳玉峯，2004，878頁)詳載玉山山彙的海拔分佈爲1,818～2,414公

台灣檫樹果實(1982.7.16；阿里山至水山)

尺之間，正是標準的檜木林帶；呂福原等(1982)研究花芽分化的取樣，爲阿里山第17林班，海拔2,250公尺的母樹林；黃增泉等(1991)記載產於雪霸國家公園之大鹿林道東線、大雪山林道、大霸尖山登山口附近「之初期造林地均可見其成小片純林」，且依前人說法：「人工繁殖極爲困難，故有必要予以保護」，理由當然是世界珍異闊葉樹之一，一百八十萬年之說云云；江濤(1967)建議爲台灣造林應選擇的樹種之一，因「爲造船良材並可製合板」，建議實行人工造林，「但從未著手進行任何有關研究」；陳振東(1968)一樣引述900～2,400公尺之說，「係本島之珍貴樹種，可充合板用材，現大樹伐採殆盡，應研究育林之法以繁殖之」；柳榗(1970)論述海拔700～2,100公尺之間，全台(北部700～1,800公尺，南部900～2,100公尺)他所謂的暖溫帶雨林群系，其中演替的過渡型單位列有「台灣檫樹過渡單叢」，說是「生於向陽或陰坡裸地而土層肥厚處，零星出現於各地，垂直分佈亦遍及本群系」，也就是海拔700～2,100公尺之間？然而，筆者無法瞭解柳氏依據多少地區的登錄而下達此敘述？蘇鴻傑(1980；1988)敘述台灣檫樹分佈於全台1,800～2,500公尺的山區，在阿里山森鐵眠月線之溪谷中，2～3號隧道之間，以及11號

台灣檫樹果實（1982.7.16；阿里山至水山）

甚少，本區之分佈較多，……木材質佳，惟因數量甚少，且造林不易，已設置母樹林之外，本區設置爲自然保護區加強生態研究」；林景風等七人（1986）問卷調查之母樹林統計資料中，台灣檫樹：八仙山事業區35株，面積4.73公頃；阿里山事業區40株，面積4.88公頃；大埔事業區10株，面積9.14公頃；和平事業區128株，面積21.35公頃，以上爲天然純林型（？），而人工純林型之台灣檫樹在阿里山事業區有100株，面積27.16公頃，其附註係合併計算者；林讚標、楊政川（1992）記載「本省母樹林所保存的樹種與其母樹數目」，關於台灣檫樹列有455株，其說明林務局於1975年設置母樹林共計107個林地、31個樹種，面積共計2,449公頃。故而此455株之數目，當係出自林務局的資料。

王兆桓、邱錫柊、郭寶章（1993）在討論3種除草劑對紅檜造林地的除草效應一文中，提及試驗地爲退輔會森林開發處所屬太平山事業區第30林班內，一塊15.7公頃的造林地，也就是在棲蘭林區100線林道約11.5公里，

橋樑的下方處，「僅有少數直徑約20公分的大樹」。

程天立、林朝欽（1985）敘述「觀霧台灣檫樹保護區」，面積20.01公頃，位於竹東林區的大安溪49林班地，海拔高1,900～2,000公尺，係1975年所設立的保護區。附帶敘述台灣檫樹特產於900～2,400公尺，「數量

歷代神木園區上方的邊緣地帶，該地原爲針闊葉混合林相，伐木前3成爲紅檜，7成爲闊葉樹，1973年伐木（筆者推算），砍掉闊葉樹大徑木，亦保留一些紅檜大徑木，以進行天然更新，惟雖有大量結實，但少見幼苗。其等在1989年調查7株紅檜種木（包括3株神木，胸圍為3～5公尺，樹高為20～25公尺），以種木爲中心，設置0.02公頃的圓形樣區內，僅發現紅檜天然生幼苗2株，樹高0.4公尺及1.4公尺，卻有台灣檫樹8株，樹高2～3公尺。其推測係因火炭母草、戟葉蓼、芒草、竹葉草（？）、懸鉤子類等雜草之影響，紅檜苗木難以發生。

綜合以上相關報告，夥同筆者曾在阿里山區、太平山區、棲蘭169林道、水山、新中橫、雪山地區、鞍馬山區的採集調查經驗，筆者認爲台灣檫樹基本上是檜木林帶的次生演替前期的落葉喬木，分佈中心並非闊葉林帶，但是因其在紅檜的分佈下部界與闊葉林混生，故而《台灣植物誌》說台灣檫樹是產於闊葉林中，更可能因爲紅檜被伐除，而台灣檫樹次生而出，加上過往採集者的年代，大致介於伐木後的演替期，故而得出此說法。

關於台灣檫樹的木材顯微解剖如李春序（1964），其試木係柳榗氏於1962年4月9日採自六龜者；其他木材資料如馬子斌等六人（1979，10～11頁）、中華林學會編（1967，49頁）；而張東柱（1994）研究台灣檫樹種子苗的黑腐病，證實係*Calonectria crotalariae* (Loos) Bell & Sob. 病原菌所引起，罹病的樹苗，葉片、枝條及根部腐敗、黑化，最後死亡。該病係1992年，在林業試驗所溫室首度被發現；又，徐國士、呂勝由（1984）說是台灣檫樹的葉片，爲寬尾鳳蝶幼蟲所嗜食。

如上引述，歷來視台灣檫樹爲珍異，更因其木材爲環孔材，紋理美觀，以及諸材質特性深具經濟價值，甚至亦傳有醫藥上特定用途（甘偉松，1969，引述華中檫樹之根為發汗劑、利尿劑，但不知台灣檫樹如何，筆者尚未查明醫療生藥的研究報告），而且，其數量稀少，蘇鴻傑（1980）認爲其乃分佈廣泛，但在分佈範圍內產量稀少（生態學者所稱稀有種），且是特產種，其推論面臨危機的原因有三：因繁殖力弱而不能永久生存者、因生育地減少而引起危機，以及屬於經濟目的而被濫採者。因此，企圖突破人工繁殖的困難（種子量少，且具強烈休眠作用，插穗的發根性極為微弱）的研究或試驗已進行多年，呂福原、歐辰雄、廖秋成（1982）則爲研究花芽分化的第一篇，其於1978年7月至1979年2月期間，7次前往阿里山17林班母樹林採取花芽觀察之，故其部分物候的描述最精密。

1978年6月下旬至7月初，爲最初期的花芽分化，7月中旬已明顯分化；7月中旬之後，花序更伸長，呈卵圓形，進入活動最旺盛的時期，歷時短暫且變化劇烈，芽腋中形成總狀花序的雛形，花序基部花蕾的各部構造亦已形成（解剖等顯微形態見原文）；9月下旬花芽伸長、膨大、顯著，可與葉芽作肉眼區別，花芽爲廣卵形，徑約0.8～1公分；葉芽呈尖卵型，直徑約0.4～0.6公分；11月中旬，花芽發育完成、膨大，徑爲葉芽之3～4倍；12月初早花零星開放；1979年1～3月爲盛花期，總狀花序於枝端呈繖形排列；晚花或殘花可延伸至4月初。據此結果認爲，欲施肥等促進開花結實的行爲，宜於3～5月實施。

其分析種子主要成分，得知粗油脂含量佔絕乾重量之46.03%，澱粉含量低，平均總醣量佔絕乾重之5.00%；冷藏種子含水量9.51%；精油含量微少。而北美檫樹油脂含量47%，台灣檫樹與之相近似，凡此油脂類種子（相對於澱粉類）可維持較長時期的休眠；又，種實浸出液，特別是果肉及種仁浸出液，具有強烈抑制白菜種子的發芽作用。台灣櫸樹的種皮亦具有抑制發芽物質，而胚本身具有最強烈的抑制物質，因而洗去果皮、破壞種皮等，無法打破其休眠。

因而其進行林下休眠種子的發芽促進試驗。其先期觀察或調查認爲，林冠破空下方可見台灣櫸樹小苗，發芽之種子常見於地表下15～20公分處的腐植層內，發芽時子葉不出土，幼莖扭曲伸展而出，且推測此一陽性先驅樹種的發芽，充分的陽光是關鍵，其等遂於1978年12月29日暨之前，於巒大林區人倫工作站轄區90林班，海拔約2,500公尺之台灣櫸樹天然林分（面積約1.5公頃），伐除母樹旁的雜木、灌叢、雜草，設特定樣區框架等，1979年8月14日調查苗木株數，結果顯示，不同受光量有顯著發芽量的差異，天然下種的種子可休眠多年（幾年？），在上層林冠破空之後，可甦醒萌發。

王博仁、邱金春、李春祉（1986）則進行對台灣櫸樹種子的人工催芽與育苗試驗，其認爲人工催芽與育苗必須同時具備三要素，也就是濃硫酸的前處理、GA與BA的組合使用，以及播種前的土壤消毒，才可得到滿意的成果。王博仁等的先期研究認爲，包括日長變化、各恆溫與日夜變溫、熱處理、冰凍解凍、刻傷去殼、沖洗、滲透壓、濃硫酸、層積法、無氧催芽、多種激素之水溶液及有機溶媒、催芽之化學藥品等林林總總的試驗，除了層積法略有結果之外，其他可說沒啥效果。而王氏等利用人工催芽實驗成功的實生苗，於1982年1月，種植於蘭陽林區管理處太平山事業區98林班，面積0.3公頃，1985年已長成4公尺高。

顧懿仁氏多年關注台灣櫸樹的議題，前期研究等（例如顧懿仁，1977；1978）認爲3年生以上枝條扦插不易成活；種子不易發芽，種子發芽過程中易受細菌危害，種苗有畫圖蟲、尺蠖爲害；立枯病等；花期2～4月，採種期7～9月；種子每公升約有12,000粒等；顧懿仁（1982）則進行實生苗木生長的比較試驗，其敘述花期多在1～3月間，但若遇寒流或霜降，授粉不易且已授粉者被凍死；果實外皮香甜，台灣獼猴、鼠類、鳥類嗜食，加上若颱風危害，種子之採收困難而種子發芽率又低；又，其強調母樹不多，蘭陽、竹東、大甲、巒大、大雪山、玉山、玉里等林區內，母樹有多少「迄仍爲一謎」（註：程天立、林朝欽，1985之口訪，以及後來的林務局應有資料），而台灣櫸樹的苗木多在伐木跡地發生，造林不成功的林地上反而有大量苗木生長，「竹東林區大湖工作站轄內5年生柳杉造林地未成林，反被野生櫸苗取代」，除草工將之砍除後，隔年又萌發且極茂盛。

1975年10月，由阿里山眠月採得台灣櫸樹種子數十公升，貯存於林試所冷藏庫，1976年將這批種子移至基隆暖暖苗圃溫室，作層積處理均未發芽，1977年2月將此大批種子移至室外圃地堆積，恰逢1～2月雨量充沛，4月23日開始萌芽數十株，至5月31日萌發了1,251株，後來因基隆炎熱、立枯病等，僅356株成活，分送竹東大坪苗圃256株、四堵苗圃50株、林試所50株，分別培育之。

顧氏以四堵苗圃苗木作生長調查，該地海拔約500公尺，該批苗木係於1977年6月27日移至該苗圃（2個月生），觀察測量至1978年10月，16個月間死了3株，餘47株生長良好，死亡原因爲炭疽病（Anthracnose）。

其結論謂，1、2年生苗木在500公尺處生長，一年有兩個生長旺季，即4～6月及8～9月，2月間停止生長，頂芽萎縮以禦寒。15

個月生之際，苗木主枝及側枝皆已木質化；葉之萌長亦有4～5月及8～9月之2個月的生長盛期。1月間不長新葉，舊葉呈紅色，2月葉全落，3月見新芽，也就是說，1～3月爲全部落葉期，葉數則在4～5月及8～9月長出最多。而生葉數量受到氣候影響，突遇低溫則部分苗木的葉片反應靈敏而變紅色，且隨即脫落，各植株敏感度不一；其強調2年生以後，必須送至海拔1,000公尺以上地區培養，則生長正常。

筆者認爲此系列研究暗示次生種台灣檫樹的生長策略，在原始林時代仍利用台灣山崩、老木倒塌後的孔隙等方式而長期綿遠傳承，然而，各不同研究之間似亦存有一些疑問或矛盾，此間生理生化的探討或可擔綱，而後來的相關研究等，筆者尚未回溯，僅就此交代；而由保育觀點，筆者認爲台灣檫樹自冰河時期引渡台灣，迄今長存，野外次生而出者衆，除非生育地被人爲開發殆盡，否則並不會滅絕，數十年來的研究目的，乃以大量造林爲目標的相關探討，而自然生態的研究更該進行之。

筆者對台灣檫樹的經驗及所知有限，而在阿里山至水山的闊葉林曾見有大樹並採集果實，物候外表記錄大致如下，12月至隔年3月爲落葉期，2～3月開花，4月出新葉，5～10月爲果實成長期，10月落果。而筆者推測台灣檫樹由古老年代演化迄今，已呈退縮型的活化石物種，且完全台灣化，其演化意義豐饒，値得進行純學術研究，並宜推廣爲落葉景觀植栽。

人倫林道枯死的台灣檫樹（1988.6.10）

昆欄樹果實（1987.12.15；丹大7林班）

28

昆欄樹 *Trochodendron aralioides* Sieb.&Zucc.

昆欄樹科 Trochodendraceae

分佈於南韓、日本、琉球群島及台灣；《台灣植物誌》敘述產於中央山脈海拔2,000～3,000公尺之間，北部地區500～1,050公尺之間，有時可形成純林。3月下旬至5月中旬爲花期，8月下旬果熟。

常綠大喬木，樹徑可達4公尺，樹皮暗褐色，厚，枝葉等光滑；單葉具長柄，輪生或集生於枝端，菱形、菱狀倒卵形、橢圓形或卵圓形，先端有尾狀鈍頭或銳尖，上半部淺鋸齒緣，長約6～12公分，寬約3～7公分，葉表面油綠光滑，葉背蒼綠色或黃綠，側脈平行羽狀，細脈成網格，葉柄長約3～10公分，有溝；頂生短總狀花序，兩性花，小梗長2～4公分，缺花萼與花冠，雄蕊多數，具纖維花絲，環生於花盤周圍，心皮5～12枚，環列於花盤上，側壁大部分合生，子房1室，多數胚珠倒生；蓇葖果內有許多種子，沿內縫線開裂，釋出細小種子（金平亮三，1936；劉棠瑞，1960）。

金平氏記錄日文俗名爲「Yamaguruma」，台北竹仔湖一帶稱爲「水柯仔」；存在於闊葉林的最上部，屢屢與扁柏、紅檜相接或混生，時而形成純林，台北竹仔湖附近，成爲硫磺泉植物之一。其書《台灣樹木誌》第178～179頁之間，有一張拍自阿里山海拔2,300公尺處，昆欄樹純林的照片，筆者確定今已消失；劉棠瑞（1960）檢附的別名有：水柯、水柯仔、山車、雲葉、台灣雲葉、鳥黐樹、山豬肉，英文俗名「Bird-lime tree」，海拔分佈1,500～3,000公尺，台北竹仔湖約1,000公尺處；下澤伊八郎編著（1941）記載竹仔湖、礦嘴山、二子山等地存有許多昆欄樹，剝開其樹皮可用來煉製鳥黐，用以補鳥，但台灣產者黏度不高，清水俊秀氏有進行實驗（筆者認為這是1940年代之前的抓鳥技巧之一，但現今早已不合時宜，不過，現代的解說文稿或內容，多充斥農業時代的，完全消失的事實，卻罕見產生新時代的新解說）；廖日京（1958）記載陽明山公園，草山、竹仔湖海拔650公尺一帶量多，

昆欄樹植株（2005.5.17；特富野步道）

昆欄樹植株（2005.5.17；特富野步道）

昆欄樹植株（2006.4.22；南橫東段）

昆欄樹油亮葉片（1986.1.9；南橫大關山入口）

全台則見於1,500～3,000公尺之間；黃增泉等（1983）敘述在陽明山國家公園內，海拔較高處往往形成純林，例如七星山頂附近的山窪處，上磺溪上游有許多巨大植株；李瑞忠（1988）說陽明山區600～1,000公尺可見大片純林，又，「散生於中海拔1,800～2,200公尺的紅檜林帶」，七星山鴨池斷裂乾谷及大屯山西坡有純林。

省林試所（1957）資料記載海拔分佈1,750～2,700公尺，主要地爲阿里山、八仙山、林田山、太魯閣、鞍馬山、插天山、大元山、太平山、大武山等；黃守先（1958）敘述台北縣植物，說是南插天山海拔2,000公尺有昆欄樹，北插1,500～1,800公尺亦存有；Liao（1972）敘述海拔分佈1,500～3,000公尺，北部600～1,000公尺，引證標本的採集地：竹仔湖、陽明山，桃園Tommofushiroan，竹東，鞍馬山、八仙山、合歡山、Paikuotashan，南投巒大山、Ammashan（註：可能是鞍馬山，但拼音有誤）、溪頭、能高，嘉義阿里山、鹿林山、玉山、鹿林山莊，台東Kuarun、Chiakan溪，花蓮清水山，宜蘭太平山、太平、羅東等。

佐佐木舜一（1922；轉引陳玉峯，2004，846頁）詳實登錄玉山山彙海拔分佈，昆欄樹存在於1,212～1,515公尺及1,818～2,727公尺之間；陳玉峯（2004）調查鐵杉林88個樣區，合計出現植物303種以上，而昆欄樹出現在13個樣區中，相對頻度14.8%，在303種植物當中，排名第33，證明昆欄樹上部界伸入鐵杉林帶；筆者在中部山區登錄的昆欄樹最高分佈約在2,800公尺，對3,000公尺的說法持保留態度，事實上，昆欄樹的分佈中心應在中部的1,800～2,500公尺，也就是檜木林帶的指標樹種；陳玉峯、楊國禎（2005）記錄大凍山（海拔1,976公尺）登山步道，昆欄樹存在於1,712～1,910公尺之間；筆者認為北部下降型為600～1,000公尺，南部里壠山海拔近1,000公尺附近亦存有，但皆屬冰河期之後的壓縮。

除了植物誌說3月下旬至5月花期、8月下果熟之外，Liao（1972）敘述5月開花、10月果熟；黃增泉等（1984）記載花期4月中旬至5月初；Chaw Shu-Miaw（1992）在大屯山區，於1987～1989年3月下旬至5月中旬進行傳粉、育種試驗，其時間即花期；以上，可能都屬北台低海拔族群。

筆者在阿里山區、新中橫、玉山山區的記錄如下：

4月間葉芽陸續抽出，小葉或幼葉為黃乳白色或駱黃綠，至5月間才變成成葉亮油綠；4月花序、花蕾出現，5～6月盛花，6月下旬殘花；早花者6月見初果，一般在7月見果實開始生長；10月底綠果漸變成褐色，11～12月見開裂果實，細小種子逸出，隔年1～2月仍見殘果於樹梢。至於在鐵杉林帶，或海拔超過2,600公尺的上部界族群，一樣在5～6月開花，10月以降果熟，看不出有顯著差異。

關於昆欄樹，歷來被視為東亞特產的古老孑遺物種，耿煊（1956）中文科名採用「輻樹科」，將昆欄樹稱為「輻樹」、「輻樹屬」，是東亞極富學術研究價值的植物，其與水青樹屬（*Tetracentron*）、領春木屬（*Euptelea*）及連香樹屬（*Cercidiphyllum*）等4群植物，具有的共同特徵為：①均為木本；②花構造皆為子房

昆欄樹開花（1986.6.8；塔塔加鞍部）

昆欄樹開花（1988.4.29；中橫碧綠神木旁）

昆欄樹果實（1986.10.22；觀高）

昆欄樹果實（1986.1.9；南橫大關山入口）

上位、心皮完全分離或僅基部相連，心皮與雄蕊的數目不定（水青樹屬為固定的4數）；③果實皆為乾果，領春木為翅果，其他3屬為蓇葖果（follicles）；④種子的胚極小，胚乳則甚豐富；⑤各屬僅含1種，僅領春木屬有3種；⑥主要分佈於東亞：雲南與中南半島邊境、四川與湖北之間、日本南部、台灣山地（這4區是東亞特產植物最豐富的地區）。

古地質時代如中生代白堊紀、新生代第三紀的地層中，被發現有上述4群植物的老祖宗的木材、樹葉、果實、種子的化石，它們廣泛分佈於亞洲北部、歐洲與美洲北部，而且，古地質時代的種類更多。

不但化石可找到證據，上述這4群植物的共同特徵，如木本、子房上位、離生心皮、雄蕊及心皮數目不定、乾果、豐富的胚乳等，在植物分類學觀點，都是屬於「原始」的性質，尤其特別的是，昆欄樹（輪樹）與水青樹的木質部，欠缺眞正的導管（vessel），只有假導管（tracheid），被視爲活的現存古老的特徵。幾近於所有的被子植物的木質部都有眞正導管，已知欠缺眞導管的共有10個屬，除了1屬隸於胡椒目之外，全都歸屬於毛茛目（Ranales），而歷來分類學家、植物學家，例如19世紀末法國Van Tieghem、美國哈佛大學I. W. Bailey、Smith等，經由繁多比較，同意將上述4群植物分置於4個不同科，且皆置放於廣義的毛茛目之下。以上，取自耿煊1955年，原載於《大陸雜誌》11卷5期的「東亞的四群珍異植物」。

至於所謂東亞，係指亞洲東部，大致包括台灣、中國、日本及韓國等地；遠在1750年左右，林奈的學生Halen氏即已注意到，東亞與北美東部的植物區系存有密切關係，但直到美國的第一位植物分類學者Asa Gray，在1840年以後，反覆說明此一現象，才引起注意（耿煊，1956），而檜木類即屬於東亞、北美分佈型，但陳玉峯（2001）推論台灣的檜木，由日本在冰河時期來台，而且一齊前來台灣者包括許多物種，昆欄樹也是其中之一。

而昆欄樹由於在學術上的地位特殊，較易引發研究，中研院趙淑妙（Chaw Shu-Miaw, 1992）於1987～1989年針對陽明山國家公園的昆欄樹族群，研究傳粉與育種，其謂，昆欄樹的花期相當長，它的植株在開花時可區分爲兩型，即雌蕊先熟型以及雄蕊先熟型，有趣的是大屯山西坡的族群，雌先熟及雄先熟的植物數量大致相當（好像人類男生、女生比例差不多）；在花期的中期，雄先熟的植株的雄蕊已全部凋落，且雌蕊開始成熟而可授粉，相對的，雌先熟的植株多已授粉完成，且雄蕊漸成熟而釋出花粉。換句話說，它設計成不會同株樹自己交配，保證不同株樹才可結婚。更有趣的，一般認爲沒有花被的花，昆蟲等沒興趣替它傳粉，但昆欄樹是沒有花被的兩性花，而且是蟲媒花，它的花「僅含退化的線形花被」，它的花（香）氣及花蜜的分泌，在時間上恰好配合柱頭的可授粉度，以及花粉的釋出。許許多多的昆蟲幫昆欄樹傳粉，而雙翅目最爲常見。

趙淑妙指出，「二型植株的雌雄蕊之成熟期互相錯開，以及有相當高的花粉對胚珠的比例，顯示它們的育種方式爲自交不穩且爲彼此間異株授精」，人工及野外的授粉實驗皆證明如此。過往，昆欄樹科被放在金縷梅亞綱之下，但有研究者認爲昆欄樹的地位，介於金縷梅亞目及木蘭亞目之間的中間型，趙氏認爲由傳粉的型式與育種特徵，昆欄樹應該較接近木蘭亞綱的植物群，而不同於金縷梅亞綱群。

林渭訪、薛承健（1950）之日治時代資料輯錄，中名採用「台灣雲葉」，而台北竹仔湖的人稱呼爲「水柯仔」，台中八仙山地區謂之「山豬肉」，阿里山區叫做「昆欄樹」，日名爲「ヤマクルマ」，又名「鳥黐」，阿里山有純林，蓄積量豐，但數字不詳。生長迅速，假年輪很多。以八仙山海拔2,300公尺處的樣木爲例，其生長情形如表二十一。

又，木材接觸水溼時易腐朽。邊材、心材區分明顯，心材灰褐色，邊材淡紅褐色……云云，無眞導管，纖維爲假導管……，爲造紙之良好原料。

吳順昭、王秀華（1976）解剖44種闊葉樹木材，而以昆欄樹的纖維最長，構樹爲最短。昆欄樹的纖維早材3.64毫米、晚材3.87毫米，「因其所謂纖維實乃類似針葉樹之管胞也」，若就只論纖維長度，則昆欄樹爲優良的紙漿用材；李春序（1961）早已解剖昆欄樹的木材（55頁）；Yang Kung-Chi（1981）又解剖

表二十一　昆欄樹總生長表

齡階（年）	5	10	15	20	25	30	35	40	45
胸高直徑（cm）	–	0.65	3.00	5.08	7.38	9.43	11.10	13.23	15.05
樹高（m）	1.80	2.09	3.30	5.30	6.73	9.44	10.16	10.87	11.66
材積（m^3）	0.0000213	0.0001608	0.0017872	0.0059728	0.0148403	0.0289438	0.0452259	0.0729000	0.1039245

齡階（年）	50	55	60	65	70	75	77	連皮
胸高直徑（cm）	16.63	17.75	18.50	19.48	20.72	21.00	21.60	21.80
樹高（m）	12.57	13.38	13.80	14.22	14.85	15.54	15.82	–
材積（m^3）	0.1328046	0.1634849	0.1827951	0.2103876	0.2361507	0.2595682	0.2734630	0.2895200

資料來源：林渭訪、薛承健，1950，103頁。

昆欄樹木材，其兼含闊葉樹和針葉樹兩類木材的特徵；馬子斌等六人（1979）及中華林學會編（1967）等，皆有昆欄樹木材各項特徵、數據等資料彙編。

李春序（1961）則以採自東勢的昆欄樹葉，作葉之解剖研究，其下表皮每平方毫米有215個氣孔。

關於生態方面，劉棠瑞、陳明哲（1976）調查大屯山區植群，列有「昆欄樹過渡單叢」，存在於七星山南向坡面樣區中，乃昆欄樹及豬腳楠的社會；七星山北向坡則爲昆欄樹純林。其認爲楓香與昆欄樹爲大屯山區，森林群落演替的先驅樹種；李瑞宗（1988）也認爲「其爲溫帶氣候下的先驅植物，在演替早期大量出現，並於地熱區或火災頻繁地區，恆常維持相當族群與數量」，其亦解釋雄蕊及心皮多數，成單輪狀排列，外觀有如車輪，故又名「山車」，其形容具長柄的菱圓形葉，像一根湯匙；黃增泉、謝長富、陳尊賢、黃政恆（1990）調查1988年7月18日七星山火燒11公頃之後，設置永久樣區進行觀察。該樣區的喬木優勢度依序爲豬

昆欄樹果實（1986.12.28；鹿林山）

腳楠、楓香、昆欄樹、樹杞等；而林渭訪、薛承健(1950)敘述昆欄樹「每於老樹周圍發生稚樹甚多，自易保育成林」，而推廣造林來造紙。

林則桐、邱文良(1990)調查鴛鴦湖自然保留區植被，列有「昆欄樹型植物社會」，謂在鴛鴦湖西南側的局部區域，土壤深厚，地下水位高，地表常呈水溼狀，而以昆欄樹最爲優勢；劉儒淵、鍾年鈞、陳子英(1990)敘述鳳凰山麓存有「長尾柯—昆欄樹—西施花—玉山箭竹型」植物社會；陳玉峯(2001)列有「昆欄樹—森氏櫟優勢社會」(小鬼湖旁側)等。

1912年2月29日，英國植物學家W. R. Price (1886～1980年，卜萊斯) 由阿里山前往松山(海拔2,590公尺)，首度記錄了昆欄樹的「奇特行爲」(Price, 1982；轉引陳玉峯，1995，130～132頁)，說是昆欄樹在巨大檜木林下可長成半攀繞性，卜氏認爲係因難與檜木競爭，發展出纏繞攀附特性，用以爭取陽光；姑且不論卜氏解釋的眞或假，筆者在小鬼湖潮溼異常的環境中，曾見及昆欄樹類似的行徑，而狀似附生在其他樹種身上。事實上，昆欄樹在阿里山區的稜線上，例如祝山至對高岳主稜脈(恰為南投縣與嘉義縣的邊界)，嘉義縣境爲順向坡、南投爲反插坡，稜頂盡屬崩崖頂，其上岩塊間，多昆欄樹如同岩生植被般盤附。筆者認爲昆欄樹乃檜木霧林帶，極爲潮溼大氣下的指標物種之一，海拔略低地區則有向溪谷集中的現象，而溪谷等多爲岩生環境，昆欄樹如同岩生植被般，作生態轉位，狀似附生或攀纏性發展，而不盡然如同卜氏解釋之爭取陽光，但昆欄樹雖在原始森林中可適存，但多利用孔隙更新者，演替特性介於先鋒(驅)物種與演替後期原始林物種之間，因此，如陽明山、大屯山、七星山之滯留於演替早期森林類型中，其可形成純林或與豬腳楠共組社會；在檜木林帶的溪谷地中，由於上空並非完全密閉，故亦可更新；在原始林中則係老樹，且等待孔隙而更新苗木。

陳玉峯、楊國禎(2005)在奮起湖大凍山登山步道旁，海拔約1,745公尺處，敘述所謂觀光景點或賣點之一的「樹石盟」，即昆欄樹纏繞在一塊高、寬、深各約7～8公尺的巨大砂岩塊上，且「該株」昆欄樹有可能是兩株並生或相互纏繞的現象，該地附生植物繁多，且昆欄樹對面下方的另一塊砂岩塊上面，近乎垂直的岩塊壁，爬滿蘭科植物虎頭石，在在指示該地非常潮溼。也就是說，「樹石盟」正如卜萊斯1912年的發現一般，乃潮溼岩生環境下，昆欄樹的纏繞特色之一。

昆欄樹在南橫沿線的分佈，筆者2005年的調查，將之歸屬於「西部高於東部50公尺以上的物種」之一；南橫西段其見於台20-133～145.5K之間，或海拔2,070～2,650公尺；南橫東段其分佈於台20-153.5～166K段落，或海拔1,730～2,400公尺之間。

昆欄樹除了1950年代之前，被主張用來造紙的纖維特性之外，由於其葉片輪生亮麗，造形優美而不落俗套，甚適合推廣爲景觀樹種，陳振東(1968)對台灣造林樹種的選擇，昆欄樹則以「生長迅速、可以造紙」而入選。甘偉松(1970)敘述昆欄樹皮富含黏性橡膠質，樹皮可製作鳥黐、捕蠅紙，且可作爲絆創膏原料，以及口香糖的代用品等。

昆欄樹可列位於古老孑遺活化石植物，其形態、解剖、開花之防止自身交配的機制、冰河時期如何遷徙來台，如何進行適應、演化等，實乃重要非凡的研究好題材。台灣系列奇蹟般的物種，正是解開地球生界奧秘的大本營，有待全面深入探討之。

烏心石果實（陳月霞攝；2005.11.10；台20-131K）

29

烏心石 *Michelia compressa*（Maxim.）Sargent

木蘭科 Magnoliaceae

烏心石的學名問題，在於它跟日本南部的烏心石是否同種？有人認爲台灣的烏心石葉片較窄且薄，故而列爲台灣特產；有人認爲這些變異都在日本烏心石變異的範圍內，不必另立新種或種下分類群。現今《台灣植物誌》一、二版皆採認爲與日本同種，故而分佈於日本南部、琉球群島及台灣；全台海拔200～1,800公尺闊葉林中遍存，《台灣植物誌》引證的標本包括正宗嚴敬及鈴木時夫，1919年採自宜蘭外海龜山島者，陳益明（1994）龜山島的植物目錄，再度證明該島存在烏心石；不止於此，劉棠瑞、廖日京（1971）敘述蘭嶼島海拔300公尺左右較多存在烏心石，楊勝任、張慶恩、林志忠（1990）也登錄蘭嶼烏心石的花、果期；工藤祐舜及森丑之助在綠島亦有採集標本（編號310）（Liao, 1972）。

烏心石的屬名*Michelia*乃是紀念Peter A. Michel氏，他是義大利Florence的植物學者，生於1679～1737年（廖日京，1962）；烏心石屬於木蘭科，而木蘭科是依據另一屬木蘭屬（*Magnolia*）而來，而*Magnolia*則是紀念Pierre Magnol氏而訂名，他是Montpellier植物園的園長，生於1638～1715年；然而，中文的木蘭屬植物卻叫「木蓮」，夏緯瑛（1990）解釋，這是因爲明朝李時珍的《本草綱目》一書，誤把木蓮及木蘭混合爲一，加上日本學者松村任三沿用此錯誤，在其《植物名匯》中，將*Magnolia obovata* Thunb.的中文俗名叫做「木蓮或木蘭」，而李時珍還自圓其說：「其香如蘭，其花如蓮」，事實上，「木蘭」應該是樟科的植物，「有香氣而爲木本，故名木蘭」，則「木蘭科」要不要改名爲「木蓮科」？

烏心石最早係在日本南部發現而命名者，後來在琉球群島也發現，最後在台灣亦出現，松村任三與早田文藏（兩人是師生關係）1906年登錄台灣存有烏心石。

常綠大喬木，樹高可達30公尺，胸徑達1公尺（金平亮三，1936；廖日京，1962），樹幹少有通直者，樹皮平滑、灰褐色、稍厚質，但歐辰雄、呂金誠（1988）說是樹皮斑紋甚美麗，「類似大鱸鰻的皮」，因而山林現地從業人員稱之爲「鱸鰻」，枝條多數分歧；芽端與小枝條密披黃金褐或茶褐色絹狀毛，托葉包圍幼芽，托葉脫落後，殘留環狀痕跡於莖上一圈，特稱之爲「環節」，吾人在野外鑑定樹木，只憑金褐色芽及葉柄基部繞莖（枝）一周的「環節」，即足以確定是烏心石（至於人為栽培的含笑花等，亦有此特徵）；單葉互生，革質，狹披針、長橢圓形等，先端鈍或銳，葉基楔形，或兩端皆鈍，全緣或略作波浪，長度一般約8～13公分，寬約2～3.8公分，葉柄長約1～1.9公分，側脈約7～9對；花單朵，腋生，淡黃白色，花苞茶褐色，花梗長約0.8～1.3公分，花被約11～13枚，外花被倒披針形，長約2公分，寬約0.9公分，先端圓鈍，基楔形，而內花被呈細狹而縮短，最內花被呈倒披針形，長約1.5公分，寬約0.4公分。雄蕊約39～40枚，向內，長約0.5～0.65公分，寬約0.1～0.15公分，花藥2室，線形，縱裂，花絲短。雌蕊披有金黃色柔毛，長約1.1～1.5公分，寬約0.3公分，心皮27～33枚，但可成熟者僅約6～22個，1心皮1室，內含約6胚珠；蓇葖果排成穗狀，成熟後開裂，種托伸長達約9～10公分，每一果實爲長橢圓形或略成球形，長約1.5～2公分，寬約1.1～1.4公分。果皮具有少數斑點，內含1～3粒種子。種子桃紅色，長約0.7～0.95公分，寬約0.6～0.7公分，內種皮堅硬，褐黑色，表面有數條皺溝，長約0.7～0.85公分，寬0.6～0.65公分，厚0.25～0.3公分，胚乳白色（廖日京，1962）。

木蘭科植物如烏心石等，花萼、花瓣的形狀及顏色很相似，難區分故而合稱花被，也就是說尚未演化出花萼、花瓣的明顯區隔；雄蕊也難區分花藥與花絲，或花絲狀如狹窄的花瓣，或說花瓣與雄蕊尚未分化完全，亦指示花瓣等，係由葉片演化而來；更且，雌蕊是長在伸長的軸上（郭城孟，1990），加上果實種托隨果實生長而延長等，令人聯想花係由帶葉的枝條演化而來。因此，很多植物學者將木蘭科植物視同被子植物最原始的一科。

金平亮三（1936）說日文俗名：Taiwan-ogatamanoki；台灣名烏心石；泰雅族、「恆春蕃」謂之シカゾ；蘭嶼雅美叫パラオ；邊材、心材判明，邊材淡黃色，砍伐時心材爲紅褐色，而後變黃褐色，硬度中庸，氣乾比重0.60～0.71等；海拔分佈200～1,800公

烏心石植株（1981.2.1；台大校園）

尺；省林試所（1957）資料列爲200～2,000公尺；劉棠瑞（1960）說是200～2,200公尺，英名「Formosan Michelia」；Liao（1972）敘述分佈於海拔100～1,800公尺，引證的標本產地如新店、坪林、七星山、陽明山、烏來、內湖、台北市、桃園「Tonnofushiroan」、新竹鹿場大山、竹東、「Chialishienshan」、李棟山、苗栗大湖、台中能高山、鞍馬山、南投蓮花池、霧社、溪頭、嘉義阿里山、高雄扇平、旗山、屏東大武、港口、恆春、老佛山、牡丹、龜仔角、墾丁、高士佛、台東蘭嶼、綠島、台東、花蓮太魯閣等；廖日京（1958）敘述分佈於海拔200～2,000公尺；歐辰雄、呂金誠（1988）記載200～2,200公尺；徐國士、呂勝由、林則桐、劉培槐（1983）敘述恆春半島在港口溪以北可常見及，近溪谷處因蔽風，常長成大喬木（註：應亦與光照有關）。

楊勝任、張慶恩、林志忠（1990）記錄蘭嶼的烏心石，淡黃白的花可見於4月、8月及12月，而褐色果實見於8月；李順合（1948）記載5月有新芽及開花，9月果熟；章樂民（1950）在台北植物園的記錄，開花期爲1～3月，結果期爲5～6月；洪良斌（1956）敘述2～3月間開花，11月果熟；黃松根、呂枝爐（1963）在六龜扇平的烏心石（海拔約750公尺），10月上旬有花蕾，12月下旬盛花，隔年1月落花期，成果期1月中旬，果熟於9月上旬；徐渙榮（1965）在台東太麻里鄉與金峰鄉地區，海拔100～500公尺之間的烏心石，花蕾期爲11月下旬，1月中旬盛花，2月下旬落

↑↓**烏心石開花**（1987.1.25；楠溪林道）

烏心石芽端金黃（1985.3.25；南仁山）

花，成果於3月上旬，果熟於9月下旬；蔡達全（1967）於嘉義縣中埔鄉澐水林區，海拔約介於180～200公尺之間，記錄烏心石的花蕾期爲12月中旬，1月中旬盛花，2月下旬落花，成果於2月下旬，果熟於9月中旬；廖日京（1962）記載花期12月至隔年2月，果熟於10～11月間；黃明秀（1993）敘述花期在3～4月間，此後兩個月授粉受精，至6月間才有幼果發生，果實在成熟度達85%時即予採收，也就是在9月中旬至11月上旬，採收後令其後熟，保持水分五至十日，及至種實外皮呈紅色時，使其腐爛，去除肉質外皮而洗出種子，繼續保持一定的溼潤，或混以溼沙，可保存三個月，直到播種。

佐佐木舜一（1922；陳玉峯，2004，846頁）記載玉山山彙的烏心石，海拔分佈於909～1,515公尺，以及1,818～2,121公尺；筆者野調經驗，烏心石上可與紅檜交會，最高分佈大致可抵2,300公尺（新中橫），阿里山慈雲寺附近步道旁有2株；估計海拔2,100～2,300公尺之間爲分佈的上部界，其分佈中心應在1,900公尺以下；筆者在楠溪林道及阿里山區的物候記錄，12月間有花蕾，12月底開花（但2004年12月25日慈雲寺旁的大樹，白花瓣掉落滿地），12月至隔年2月爲盛花季，3月殘花，5月見初果，9～10月果實漸熟而開裂。

朱學華、郭幸榮、蔡滿雄（1993）探討烏心石種子的發芽促進與貯藏，得知其種子含水率很高，而種子活力隨含水率的下降而顯著降低，最後完全喪失活力，導致其不耐長期貯藏，是所謂「異藏型種子」。該文引1973年Roberts以「乾藏（orthodox）」及「異藏（recalcitrant）」來描述種子的不同貯藏行爲。乾藏型指種子在脫離母樹前已進行成熟程序，含水率大致低於20%，代謝靜止，漸轉爲耐旱，而可經由控制含水率及環境條件來達成長期貯藏，貯藏以低溫及低含水率爲理想；反之，異藏型種子脫離母樹之際含水率高，對乾燥及低溫甚敏感，且不耐久藏，在失去發芽能力時含水率仍然相當高。熱帶雨林、溼地及水生環境等種子多爲異藏型；林讚標、許原瑞、洪富文（1992）引述1991年朱學華的碩士論文，說是烏心石種子乃異藏型種子，一向採取隨採隨播的方式育苗，新鮮種子通常具有7成以上的發芽率，低溫層積則可維持烏心石種子壽命約一年以上；方榮坤、廖天賜、吳銘銓（1991）於1989年10月中採集烏心石的果實，立即洗去果肉，以H_2O_2作發芽促進，另以層積處理作試驗，結果顯示，H_2O_2處理未具有促進發芽的效果，層積亦無促進發芽或提升發芽整齊的功效，烏心石還是以即採即播發芽率較佳。又，朱學華等（1993）指出烏心石的假種皮具有抑制發芽的作用。

李春序（1961）於1961年2月15日採集台北的烏心石，進行葉子的解剖，其謂分佈於海拔2,000～2,200公尺之間的闊葉林內，2,200公尺顯然是200公尺的筆誤，而分別描述葉柄、上下表皮、葉肉及葉脈組織。

關於木材方面，歷來烏心石皆被視爲一級棒的良材，有人將烏心石、牛樟、台灣櫸樹、台灣櫸木及毛柿合稱爲台灣闊葉樹五木，意即最佳闊葉樹材（歐辰雄、呂金誠，

1988)，但一些人認爲烏心石生長甚爲緩慢；江濤(1967)提倡基本造林樹種選擇烏心石，說是「採種造林均頗容易，惟生長緩慢」；楊寶霖(1967)於1965年調查大湖事業區之56及57林班的闊葉林，提及並未發現有烏心石的群叢，只有少量的蓄積，該等林班海拔1,100～1,700公尺之間，而烏心石平均每公頃擁有材積0.3616立方公尺；其敘述烏心石爲台灣貴重木材，用途極廣，可惜全台蓄積量不過10萬立方公尺。

林渭訪、薛承健(1950)輯錄日治時代資料，關於烏心石，分佈於200～1,800公尺闊葉林內，全台蓄積約計87,366立方公尺，各事業區分別如下(立方公尺)：南投3；竹東14,607；大埔63；埔里111；竹山2,350；阿里山5,001；大湖11,781；八仙山4,320；濁水溪9,971；楠梓仙溪33,104；丹大溪21；大武113；潮州5,921(筆者將其合計後，無誤)，也就是說，楠梓仙溪地區的烏心石佔全台蓄積量的37.89%，是烏心石的大本營，次多者爲竹東，但遠不如楠溪。

林與薛氏敘述烏心石「生長速度中庸」如表二十二。

而檢附木材各種物理、機械特徵數據等，在此不贅述；木材用途如建築(柱、桁)、器械構造材(油車架、水車、布機臺)、臼(搗舂)、扁擔、轎槓、建築裝飾(門扉、窗戶)、樂器(弦類之支柱、鼓箸)、車輛、農具、榨油機、雕刻、家具、把柄、鑄模、象嵌等，木材製黑炭的材積收率67%，重量收率24.5%，

烏心石芽端金黃(2005.5.24；台20-131K)

眞比重1.577，容積比重0.368，硬度2，光澤良好，叩之發出木器之音響，橫段面具心裂。各官營、民營林場產量較多。日治時代除供內銷外，時有原木及板材，由基隆及高雄輸往日本大阪、長崎、鹿兒島、博多、名古屋等地，年數量0～150立方公尺；國府治台後，內銷，僅極少部分製成梭管，輸往上海，供各紗廠之用；造林僅竹東一處，計0.49公頃。

各類木材物、化、結構、機械力等特徵或數據，詳見馬子斌等六人(1979)；吳順昭、王秀華(1976)詳述木材結構及顯微照片等；王秀華、林曉洪(1993)更於1989年12月，由新竹林區管理處大湖工作站第55林班，海拔約1,500公尺，坡度約30°立地，伐採了1株樹齡159年、樹高32公尺、胸徑78公分、枝下高19.2公尺的烏心石，以電顯等描述木材的超微結構；此外，李春來(1967)將烏心石木材研磨成粉，篩分、加水、蒸煮，求取pH値，溫水爲5.73，冷水爲5.59，微酸性；廖日京(1962)另記錄有心材的植物鹼等。

表二十二　烏心石總生長表

齡階(年)	5	10	15	20	25	30	35	40	45	50	55	60
胸高直徑(cm)	–	–	2.65	6.28	9.76	12.20	14.61	17.68	20.81	23.51	25.49	27.36
樹高(m)	0.70	1.20	2.40	4.30	6.80	8.44	10.30	13.30	15.30	17.99	18.74	19.80
材積(m^3)	0.000130	0.000760	0.004091	0.010784	0.026645	0.046580	0.086986	0.140392	0.218426	0.305868	0.383646	0.464746

資料來源：轉引林渭訪、薛承健，1950，101頁。

林務局於1975年8月設置完成全台107處、31種樹木，面積2,449.66公頃，合計16,507株母樹林，用以生產種子，林景風等七人(1986)進行自然保護區母樹林地設置的調查評估，其中，提及烏心石母樹林者玉山事業區天然純林型27株、關山事業區33株；人工純林型烏來事業區659株、埔里事業區有212株；針闊葉天然混淆林型中，大安溪事業區烏心石有888株。

關於農業行政方面，先前推行農地造林政策，獎勵造林的樹種，烏心石列為其中之一(農委會林務局編印，19？；整本手冊沒有任何時間、年代)，造林的時間說是中北部及東部為12月至隔年2月，南部則在6～7月的雨季。至於實際育苗、造林、撫育等工作，可參考洪良斌(1956)。

而謝煥儒(1987)1985年7月25日採自屏東恆春的烏心石，新記錄罹患有藻斑病，也就是寄生性綠藻所引起的病變。

關於生態研究方面少見有報告提及烏心石，而李瑞宗(1985)調查林口台地植群，列有「長葉灰木－烏心石社會」，分佈於較平緩之谷地或谷地緩坡，或沿溪流分佈，尤以

烏心石開裂果實(陳月霞攝；2005.11.10；台20-131K)

下湖至大埔連線以南多見之；李松柏(1995)恆春半島永久樣區內的小苗更新，1994年1月的老苗總株數1,673株，強風區657株、緩風區569株、背風區197株、林隙250株，而烏心石出現在強風區有2株，到1995年2月死了1株，林隙有1株，1995年尚在，無法下達任何討論。可以說，烏心石的生態若何，台灣尚未展開真正研究。

陳玉峯(1989)於1988年在楠梓仙溪林道12.4K設置永久樣區，該地海拔約1,780～1,816公尺，坡向E125°S，坡度5～70°，調查面積1,734平方公尺，訂名「長尾柯－烏心石－狹葉櫟社會」，其中，烏心石佔第一層喬木者有10株，高度25～35公尺不等，胸徑最大者約75.2公分，對照吳順昭、王秀華(1976)那株159年生、胸徑78公分者，樹齡當約150年。又，小喬木及灌木29株，小苗79株，再檢驗空間分佈，可謂相對均勻，在地更新良好。

筆者推測，烏心石廣泛散見於海拔2,200公尺以下之闊葉林中，以較陽坡地區之海拔1,900～1,200公尺為分佈中心，或在低山群因應植被帶壓縮而存在，但數量不多，已脫離最適區域，或說其乃上部闊葉林中，最常與殼斗科如長尾柯等共組社會，且在局部地區形成共配優勢的原始林木；在分佈中心地段，1公頃原始林大約可存在大樹50～60株，第二層喬木及小樹約167株，苗木456株，可永續在地更新；筆者認為，烏心石有可能係在冰河時期，如同檜木林由日本，經琉球群島遷來台灣，且抵達龜山島、蘭嶼及綠島，且或有可能是在晚近最後一次，或最後第二次冰河期才遷來台灣者，演化上尚未脫離日本親源。又，自離島以迄檜木林的不同烏心石族群，其可詳細調查物候的變異，探討異地族群的生殖隔離與演化。

台灣朴樹 *Celtis formosana* Hay.

榆科 Ulmaceae

台灣特產種；《台灣植物誌》(第二版)謂分佈於海拔1,500公尺以下次生林及叢林中，而植物誌(第一版)說是中國亦有分佈，二版則改之。

英國人亨利(A. Henry)於1892年11月前來高雄擔任海關醫官，曾在高雄及恆春一帶作大規模採集，他獲得當時鵝鑾鼻燈塔監守人Schmürer及原住民的協助，深入山區1,000公尺以下地區採集，其標本寄至英國邱(Kew)植物園標本館，而1895年離台，1896年發表「台灣植物目錄」，其中，採集標號1616號的台灣朴樹，在該植物目錄中被鑑定爲*C. sinensis*(林崇智纂修，1953；陳玉峯，1995a)。

1896年，T. Makino(牧野富太郎)在Shizangan、基隆及Pikaku；1907年2月，G. Nakahara在Kōshūn：Naibun所採集的標本，由早田文藏於1911年命名爲特產新種的台灣朴樹。

金平亮三(1936)139頁英文敘述："A small evergreen tree... In thickets and secondary forests at low altitudes throughout the island"，分佈則記載：China，琉球(?)，筆者推測即《台灣植物誌》所引用的文本，然而，其日文的敘述劈頭卻說：「落葉喬木，樹皮灰白色，皮內有多數黑色斑點，葉卵形，平滑，長7～9公分，有尾狀漸尖頭，銳尖，上半部粗鋸齒，果實腋生，單一，卵形，成熟時澄黃色，花梗長約1公分」；「產地：全島低地至高地」；「利用：恆春用來製作杵臼，薪材很難燃燒」；台灣名：石博；日名：Taiwan-enoki。

劉棠瑞(1960)629頁，中文俗名用「石朴」，別稱石博、台灣朴樹，英名Formosan

台灣朴樹植株(1988.1.5；丹大林道)

台灣朴樹新葉、開花（1988.1.6；丹大林道）

Hackberry。形態的敘述殆由金平氏的「落葉喬木」開始引用，再予增加一些內容，例如：葉有柄，紙質，葉基呈不整圓形，葉長6～9公分，寬2.5～3.5公分，主脈3條，葉背灰白；花淡黃色，兩性或單性；花被4片，長橢圓形，有毛；雄蕊與花被對生；子房1室，1懸垂胚珠，花柱2歧。核果腋出，長橢圓形或球形，長約1公分，果梗長約1.2公分等（略加改寫）；產地：「全省低地以至高地，在中部有分佈至1,500公尺之處者，台北、台中及恆春等地均盛產之」；「分佈：中國、琉球」；「用途：木材淡黃色，年輪顯明，質堅硬，常爲欅木之代用品，恆春用製杵臼」。又，林渭訪、薛承健（1950）資料僅一、二句，「落葉喬木，分佈全島低海拔叢林或第二期森林中……恆春地方用製春臼與搗杵」；省林試所（1957）記載的石博，海拔分佈列爲400～800公尺，產地如台北芝山岩、霧社、南投眉溪、水里、玉山、恆春、太麻里等；林崇智（纂修；1953）沒有任何其他資訊。

第一版《台灣植物誌》加了「花1～3朵聚集於幼枝腋生……分佈至海拔2,000公尺」，所有引證標本全都屬於1907年以前的採集品，包括上述，以及森丑之助、Wilson、Nakahara、川上瀧彌及森丑之助的玉山行等；第二版《台灣植物誌》說是「常綠喬木」（第一版說是常綠小喬木），引證標本有外雙溪、木柵頭庭里、棲蘭、鞍馬山、Chingshan、清水溝、關仔嶺、屏東的Shetin、老佛山、花蓮的Chimei及Honku等。

也就是說，由19世紀末以迄21世紀初，百餘年來對台灣朴樹的瞭解，似乎沒有什麼進展，光是一項「常綠或落葉」似乎從來就不清楚。讓我們由文獻再度檢視。

島田彌市（1934）調查新竹海岸仙腳石原生

台灣朴樹果實（1987.11.20；神木村）

台灣朴樹果實（2005.5.23；台20-123K）

林，97頁介紹「石博」，說是「落葉喬木」，春季開淡黃色的花，果實卵形，台灣特產，全島存焉，恆春原住民製臼；俞作楫（1951）介紹台北市動物園樹木一文，關於台灣朴樹僅52個中文字，是金平氏描述的簡化；王仁禮、廖日京（1960）介紹恆春熱帶植物園的樹木，關於台灣朴樹亦引用「落葉喬木」等19個字；盛志澄、康瀚（1961）敘述台灣的防風林，台灣朴樹屬於廣泛應用於海岸防風林的樹種之一；劉棠瑞、應紹舜（1971）介紹台灣的行道樹，亦說「落葉喬木」，繁殖法採播種育苗，乃適用於海岸公路的行道樹。筆者推測，之所以將台灣朴樹當成海岸地區合宜植栽，乃因日治時代認爲海岸林存有本樹種（例如島田彌市，1934），至於直接敘述爲海岸造林而調查試驗，而提及台灣朴樹合用者如山田金治（1931）之於恆春半島海岸，他認爲，台灣朴樹主要分佈於內陸，但海岸亦有分佈，在潭仔附近的路旁，台灣朴樹樹容整齊，幹周有達170公分者（直徑約54公分），原住民取其大幹材製臼，而種子繁殖困難；歐辰雄、呂金誠（1988，62頁）亦說是落葉喬木，低海拔闊葉林常見，陽性先驅樹種之一，果實成熟可食；郭城孟（1990）對墾丁國家公園步道旁植物作基礎資料及解說教育系統規劃研究，說「台灣朴樹是演化上的活證據」，「本站所示植株，樹木高大難望其全貌，但是葉子具有顯著的三叉脈，先端尾尖，基部呈歪形、葉背灰白，而且落葉不斷」，又說，台灣朴樹有兩類型的花，一爲兩性花，另一爲只有雄蕊的雄性花，「原因可能是，由兩性花到單性花的演化過程當中，台灣朴樹保存了過渡期的特性」。

耿煊（1956）解說榆科（Ulmaceae），先以榆屬（Ulmus）說其性質爲單葉互生，葉常歪基，花多枚簇生在去年生的短枝上，通常爲兩性花，「亦有退化成爲單性花者」，翅果，種子無胚乳等；而榆科分爲兩亞科，即榆亞科（Ulmoideae），特徵爲：花著生於去年生短枝上，翅果，種子扁形、胚直立、子葉扁平、無胚乳；其二爲樸亞科（Celtioideae），包括樸樹屬（即朴樹屬，Celtis）、櫸樹屬（*Zelkova*）、糙葉樹屬（*Aphananthe*）及山黃麻屬（*Trema*），特徵爲：花著生於當年生之新枝上，圓形核果，種子圓球形、胚彎曲、子葉常卷曲、胚乳有時存在。榆亞科爲翅果，常靠風傳播，故而分佈限於大陸或大陸邊緣的島嶼；而樸亞科爲核果，中果皮常含糖分，內果皮堅硬如石，適於鳥類傳播，故其分佈常可遠及海洋中孤立的島嶼。

耿氏又介紹，樸樹（朴樹）的果實可供食用，今北美印地安人尚有取作食物，而且，古植物學者R. Chaney的研究認爲，中國華北約三十至五十萬年前的北京人，其洞穴旁挖掘出大批的果殼，被認為是朴樹的果實，乃其食物之一。

榆科在傳統植物分類學上，似乎被視為較原始的科，但現代演化學的研究又似得出大相逕庭的兩極端見解。

趙哲明(1960)整理榆科植物，關於台灣朴樹說是「常綠或半落葉性喬木，陽性樹，樹皮灰色粗糙多皮孔」，葉卵形至長橢圓，平滑，長5～10公分，寬3～4公分，上部具粗鋸齒緣，老樹之葉或為全緣，有尾狀漸尖頭，歪基，羽狀脈，基部三出，葉柄長1公分，光滑，托葉線狀披針形，對生，早落。雄花與兩性花同株，與新葉同開，雄花簇生於新枝之下部。雌花單生或2～3朵，著生於新枝上部之葉腋，雄花萼片5或4，微有毛，雌蕊與萼片同對對生。花絲直立外吐，花藥長橢圓形，2室，側方縱裂，背著生。兩性花子房1室，具1懸垂胚珠，花柱2裂，柱頭面在內側成乳頭狀，萼片早落。核果卵形，長0.6～0.8公分，徑0.5～0.6公分，果梗長0.6～1公分，平滑，翌年成熟，熟時澄紅色，內果皮骨質、堅硬，具皺紋。種子具微量之胚乳，種皮膜質，胚彎曲，具寬闊折疊之子葉，圍繞於向上彎曲之胚根。產地為全島平地、山麓，以迄海拔1,500公尺的闊葉林中，台灣固有種。

筆者認為，金平亮三及趙哲明的整理，差不多囊括所有後人的形態或其他敘述，但金平氏在其《台灣樹木誌》一書中，多數物種之敘述皆足以成為後世典範，但對台灣朴樹等少數物種，顯然是較不熟知，內容貧乏，或許正因如此，導致後人也抄不出什麼東西，而趙哲明氏雖謙稱習作，畢竟乃腳踏實地採集、檢驗，正可彌補金平氏之欠缺。

李春序(1965)以台北植物園內的台灣朴樹為材料，1965年3月15日採下的莖作比較解剖，他似乎引述趙哲明的「常綠或半落葉喬木，陽性樹，樹皮灰色粗糙多皮孔」(但並無列出趙氏的參考文獻)，加上「枝紅褐色，幼枝細，平滑無毛，復加註「筆者觀察有毛」；其敘述表皮、基本組織、維管組織等顯微解剖資料；吳順昭、王秀華(1976)於1974年3月，在和社採集一株樹高15公尺，樹徑52公分的台灣朴樹，作木材結構與纖維的解剖，其謂幹皮黃棕色，邊心材界限不分明，木材淡灰黃色，木理微斜，木肌中等，生長輪不明顯，早晚材轉變漸進，木材為散孔材，而木材資料在此不贅述；李春來(1967)檢測台灣朴樹木材，pH值溫水5.96，冷水5.98。

南橫(台20-131K)的台灣朴樹，2005年10月二度新葉並開花

關於物候方面，李順合(1948)只記載2月果熟；章樂民(1950)觀察台北植物園者，說是開花、萌芽同時發生，而開花期為2～3月，萌芽期一樣；結果期為2～4月；落葉期為10～12月，其檢附的換葉期則無記錄，也就是說10月至隔年1月殆即落葉及光禿的季節？廖日京(1959)記載台北的台灣朴樹，敘述花蕾期為1月上至中旬；開花期為1月下旬至3月中旬；結果期2～9月中旬；果熟期為6月中旬至9月中旬；落葉期1月上旬至2月；

萌芽期為1～2月；劉儒淵(1977)沿用廖氏結果。

佐佐木舜一(1922；轉引陳玉峯，2004，884頁)記載於玉山山彙台灣朴樹的海拔分佈，介於0～303公尺、606～1,212公尺；筆者在八通關古道沿線調查之記錄，認為台灣朴樹乃典型溪谷植群的伴生種，例如海拔1,500公尺以下的「大葉楠優勢社會」中，台灣朴樹即其伴生喬木(陳玉峯，1995a)；而1988～1989年筆者調查神木林道樣區，登錄台灣朴樹的最高分佈約達2,000公尺，而東埔溫泉區及神木溪樟樹神木以上(海拔約1,300公尺以上)的台灣朴樹族群，每年約於3月抽出花序、葉芽且開花，花期即3～4月；5月果實開始發育；8月而果實開始變色；9～11月殆為果熟期，而10月中、下旬開始落果，11月近乎落盡，且樹葉變黃色，變黃順序由樹梢向下，由樹冠外緣向內而黃化；12月則開始落葉，至隔年1月殆將落盡，2月僅剩殘葉。

自從金平亮三寫下「常綠」與「落葉」(一英文一日文)的矛盾以降，後人有人說半落葉，有人說落葉與萌芽同時期，有人說隨時落葉不斷，有人說是常綠樹，有人記載落葉樹，究竟實情如何？是否各地族群不同，海拔高度及生育環境之不同有無差異？或年度天氣或氣候變遷有無影響，恐怕得全面詳加調查才能釐清。又，其果實係當年成熟或隔年才熟？依筆者觀察，似乎是當年即可成熟，但皆應再予調查檢驗之。

依據個人野調經驗，筆者認為台灣朴樹乃台灣下部闊葉林中，溪谷地及下坡段嗜溼型伴生喬木，分佈中心應在海拔1,200公尺以下的山區，極端分佈可抵海岸林，另一極端則朝中海拔高挺，一般上部界至1,500公尺，而2,000公尺者應屬偶發事件。至於海拔分佈上限及海岸之存有台灣朴樹，筆者推測係因鳥類吃食其果實，不斷將種子傳播各地的結果，助長或加速其拓展領域。

台灣朴樹的典型生育地或為溪谷潮溼岩生植被物種，而非典型次生林樹種，只因其在下坡谷地或次生林中即可見及，故被視為陽性樹種。筆者與楊國禎教授討論，其認為接近中海拔的台灣朴樹，葉較小、葉背有毛，具顯著落葉期，與低海拔、北台灣低地之葉較大、無毛、常綠者，說不定是不同物種也未可知。無論如何，台灣朴樹身世未明、欠缺研究，目前無法下達任何肯定結論。

南橫(台20-131K)的台灣朴樹，2005年10月二度新葉並開花

阿里山榆 *Ulmus uyematsui* Hay.

榆科 Ulmaceae

台灣特產種；《台灣植物誌》第二版記載，中央山脈海拔分佈800～2,500公尺之間，採集地有思源埡口、梨山、大禹嶺、阿里山、玉山等；第一版則說是海拔1,500～2,500公尺，筆者由引證標本採集地，看不出從第一版到第二版的海拔如何驟降700公尺，而許建昌教授編號14384的標本，說是南投Tsufong所採，不知海拔若干？

最早的採集者是誰尚未查出，但植物誌二版引證的最早標本，係川上瀧彌與森丑之助1906年11月的玉山探險所採，但早田氏的命名發表係在1913年，且依據的標本是阿里山所採集，採集人是K. Uyematsu（1913年3月），早田氏即以採集人的姓氏拉丁化為種小名來命名，然而，日文俗名如金平亮三卻採用「Arisan-nire」，也就是以原採集地稱呼之，今中文俗名即沿用「阿里山」榆，英文俗名「Alishan Elm」。

落葉中、大喬木，徑達80公分（金平亮三，1936），樹皮粗糙，老樹則呈鱗片狀剝落，枝條細小且略下垂，芽棕色圓錐形，鱗片平滑覆瓦狀，螺旋狀排列（趙哲明，1960）；托葉披針形，對生，歪基，早落；葉粗糙紙質，卵形、長卵至長橢圓形，大小變異大，一般長6～10公分，寬2.5～6公分，巨大者長15公分、寬10公分，具尾尖，葉緣為雙重鋸齒，葉背側脈平行凸起，側脈常分叉而達鋸齒尖，上下表面皆有短剛毛；有短葉柄，長約0.5～1公分，具短毛；花兩性，花簇生或成短總狀花序，腋生，花萼鐘形，5裂，裂片邊緣有短毛，雄蕊5枚，與萼片對生，花柱2裂，花梗長約0.5公分；翅果扁平心形，長約1.5公分、寬約0.7公分（連翅），基歪，果翅膜質；種子無胚乳，有立胚，子葉寬

→阿里山榆植株
（1988.10.23；祝山至對高岳）

阿里山榆開花（1983.2.15；阿里山）

阿里山榆翅果（1986.3.13；楠溪林道）

闊、扁平，胚根短，位於胚上方。

許多榆科植物的翅果很像古錢幣，故而榆的翅果又叫「榆錢」，榆錢飄落翩翩起舞，誠一景也。

金平氏謂阿里山榆產於新竹州蕃地タバオ、阿里山1,800公尺附近。木材淡黃或淡紅白，年輪判明，但尚未利用；省林試所(1957)輯錄海拔分佈爲1,500～2,500公尺，產地如新竹、台中西卡也埔山地(？)、玉山、阿里山、二萬坪(註：玉山之說可能依據川上瀧彌及森丑之助玉山行所採集的標本，並非玉山本身所產)，用途說是家具、車軸；劉棠瑞(1960)敘述產於中央山脈海拔1,600～2,400公尺左右之地區，阿里山之二萬坪及姊妹潭、大雪山分場附近、新竹等產之，木材淡黃或淡紅白色；趙哲明(1960)記載的產地如新山馬崙6公里處等，海拔2,200公尺、2,000公尺、1,800公尺等。

李春序(1965)於1965年4月5日，由大雪山所採集的阿里山榆，進行莖部的比較解剖，敘述表皮組織、基本組織、維管束組織等。而阿里山榆似乎少有研究，亦乏報告。

依據調查經驗，阿里山榆的最高分佈，殆即由排雲山莊前往玉山西峰的山路，約1.5K前後，海拔約3,430公尺上下，筆者於1986年4月16日登錄了3株(陳玉峯，2004，324頁)，但其他玉山山區罕見，充其量在海拔2,650公尺上下的玉山前峰偶見單株，新中橫則略多，例如81.5K附近；阿里山區以姊妹池附近的一株大樹爲顯著，另零星在園區見及。佐佐木舜一(1922，轉引陳玉峯，2004，884～885頁)記載的玉山山彙，明確見於海拔1,212～2,424公尺之間，但總體言之，阿里山榆應是檜木林帶的指標落葉大樹，中部的分佈中心落在1,800～2,500公尺之間，至於冷杉林帶及下限的1,300公尺上下，乃極端例外的

阿里山榆翅果(陳月霞；1986.3.15；楠溪林道)

分佈。至於南、北、東之有無分佈，或下降型等，筆者尚未查明。

依據阿里山的族群，每年約2月或農曆新年之前萌長花蕾、花序且開花，3月盛花，3月底長出新葉芽，且早花者開始長出翅果，新葉芽為黃綠色，而新葉維持一段時間黃綠色；4月翅果滿樹，但尚未成熟，而黃綠葉形成美麗景觀；5月樹葉轉綠，果實漸成熟；6月葉轉深綠，且果實掉落；7～8月全樹深綠葉；9月中、下旬霜降，葉開始變黃，10月樹梢、衝風處盡為黃葉，且零星掉落；11月～12月大量飄落黃褐葉；隔年1～2月大抵光禿，或少數殘葉掛枝頭。

阿里山榆為台灣最高大的落葉樹種之一，隸屬於檜木林內的伴生樹種，可能靠藉檜木老死破空而作孔隙更新，其族群數量不多，有可能屬於古老溫帶樹種來台後的退縮型物種。溫帶落葉樹在冰河時期來到台灣，冰河期北退之後，台灣的高溼、高溫等環境條件，不利於落葉樹發展，多退居於溪谷兩側，具有年度顯著旱季的岩生立地等部位殘存，但阿里山榆較屬例外，多生於土壤化育較佳地段。

溫帶樹種來台後的演化研究，阿里山榆為最佳題材之一，且因其已發展出全球獨有，加上數量不多，宜加以培育，推廣為中海拔景觀樹種。

阿里山榆翅果（1987.4.15；阿里山）

台灣櫸木 *Zelkova formosana* Hay.
或櫸 *Zelkova serrata* (Thunb.) Makino

榆科 Ulmaceae

台灣櫸木或櫸的差異，大抵是不同分類學者的不同觀點，若認爲台灣的櫸木與東亞如中國、韓、日的櫸木相同，或說採取「大種」觀念，則使用*Z. serrata*；而早田文藏(1920)卻將台灣的櫸木命名爲特產的*Z. formosana* Hay.，同時，他認爲生長在東部太魯閣的族群葉子更小、瘦果也有變異，因而另命名太魯閣櫸木*Z. tarokoensis* Hay.；第一版《台灣植物誌》李惠林教授採大種觀念，將台灣櫸木併入櫸，卻將太魯閣櫸處理爲櫸的變種*Z. serrata* var. *tarokoensis* (Hay.) Li；第二版《台灣植物誌》，呂勝由及楊遠波則全部視同櫸；然而，台灣樹木泰斗的金平亮三(1936)，贊同早田氏的看法，認爲台灣櫸木應爲台灣特產，它與*Z. serrata*的差別在於葉較小型，但金平氏對太魯閣櫸的見解較保留，只說太魯閣地區大井氏編號1103的標本，的確可與台灣櫸木區別。

筆者暫持保留看法，而將此兩個學名並列，或只採用早田氏特產的學名。

金平亮三敘述，台灣櫸木乃落葉性大喬木，樹幹(常)通直(註：生長在溪谷旁的植株，常因向光及立地問題而呈傾斜或歪曲)；樹皮略呈灰白色，平滑，老木則樹皮作鱗片狀剝落，從而呈現褐紅色(註：筆者經驗，剝落樹皮時而甚大片)；單葉，(粗)紙質，長卵形，歪基，先端漸尖，鋸齒緣，葉面粗糙，長4～6公分，葉柄長約0.5公分，具短柔毛(註：葉大小變化甚大)；單性花，新葉與花穗同時開展，雄花無柄，花被凹杯狀，平滑，雌花柱頭2，子房1室，胚珠1；果實歪圓錐形(註：核果)，基部徑約0.3公分，無柄，有縱稜角及不規則網紋。

全台海拔1,000公尺上下闊葉林中散存，特別是新竹州洗水山及角板山量多，台中州大甲溪及北港溪流域亦盛行；其年輪判明，邊材淡紅褐，心材鮮紅赭色，氣乾比重0.91，材質粗糙，堅重，負擔力強大，是台

台灣櫸木冬景(2006.3.9；台20-122.9K)

灣闊葉樹材中最優良者；(日治時代)木材的利用如油車床、舂臼、米槌(註：杵)、車頭或車轂、車環、車輪等，船材如舵頭、舵甲、舵板，又如電線桿的腕木，建築用材的樑柱、門等，台北市總督府廳舍內，裝飾用的木材等。

金平氏註明台灣俗名謂之雞油，另附了6個原住民不同的稱謂，可見其廣受台灣人利用。又，金平氏檢附台灣櫸木的照片(34)，頗類似筆者於1990年調查屯子山(陳玉峯，1991)被伐除的巨木，該巨木胸徑爲131公分。

劉棠瑞(1960)採「大種」見解，關於形態敘述，大抵沿用金平氏，而另舉俗名有「櫸榆、台灣櫸樹、光葉櫸樹、雞母樹」，但不知其典故；復加註台大實驗林有小面積之人工林，筆者追查後，依據台大農學院實驗林管理處(1963)敘述，和社營林區內存有天然散生木，而日治時代曾於內矛埔及和社兩營林區內，利用天然下種的幼苗，予以撫育成林約15公頃，或即劉氏之所指；又王忠魁、陳玉峯(1990)記載「茎西溪」意即台灣櫸木之溪。又，王國瑞(1987)記載，竹東林區大湖事業區保存的巨木最多。

關於台灣櫸木的形態敘述，趙哲明(1960)重新採鑑描述，例如：冬芽褐色，卵形，鱗片覆瓦狀螺旋排列；葉長卵形，長3～7公分，寬1.5～3公分，頭尖基圓，兩面粗糙，單鋸齒緣，羽狀脈，側脈直達鋸齒先端，葉柄長0.5公分，有短毛，嫩葉棕紅色，托葉棕紅色，線狀披針形，長0.5公分，寬0.15公分，有短毛，早落；花單性同株，與新葉同開，雄花每5朵一簇，著生於新枝下部或單生於葉腋，雌花單生於新枝上部之葉腋。雄花無柄，萼紅棕色，5裂，偶見4或6，披

台灣櫸木冬景(1995.12.14；大坑)

柔毛，偶有退化之子房，雄蕊與萼裂同數對生，花藥黃色，長橢圓形，2室，側方縱裂，背著生，花絲細長，直立外吐。雌花之花柱2裂偏生，子房微毛，無柄，1室，1懸垂胚珠；核果，歪圓錐形，熟時仍爲綠色，外果皮薄，乾縮絲有網狀突起及一縱行稜脊；種子無胚乳，種皮膜質，胚彎曲，子葉寬闊，倒心臟形，胚根短，在胚之上方。

趙氏的工筆繪畫，筆者認爲最爲詳細，轉引如圖十。

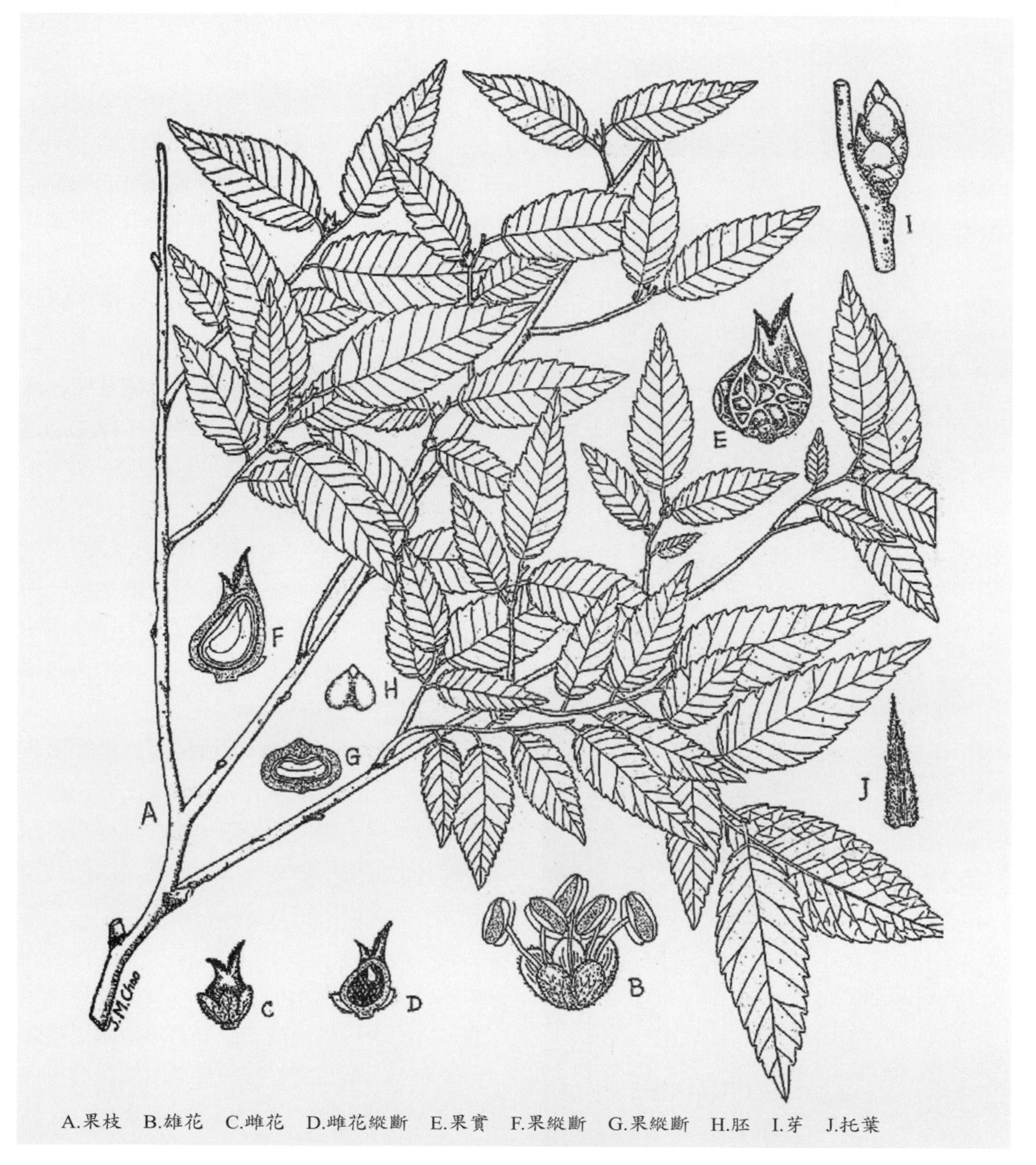

圖十　台灣櫸木

資料來源：轉引趙哲明，1960。

台灣櫸木冬景（1988.1.5；丹大林道）

台灣櫸木冬景（1986.1.8；南橫）

在植物或植被生態方面，鍾補勤、章樂民(1954)記載，南插天山西山麓的角板山，海拔500公尺以下之溪岸，存有台灣櫸木、白雞油人工撫育的自然林，而以台灣櫸木爲主的大群落，大徑木約40公分，林內多無患子、山黃麻、野桐、白臼、九芎、山漆、紅皮、假赤楊、江某、大頭茶、烏心石、大葉楠、厚殼桂、墨點櫻桃等；近溪谷則爲九丁榕、雀榕等；而其命名的單位爲「櫸木中途單叢」，存在於海拔600～800公尺。筆者推測，該敘述等，可能將異質社會混合說明。

柳榗(1961)對小雪山、中雪山以下之南坑溪流域(苗栗)調查，海拔800～950公尺之間，溪流右側東北地區，存有台灣櫸木、青剛櫟、紅皮、楓香、山枇杷、台灣朴樹、江某、大葉楠等植群，柳氏命名爲「櫸木過渡單叢」。柳氏似乎一向將岩生植被系列，視爲演替中的次生類型。

柳榗、章樂民(1962)調查新竹五峰鄉竹東地區，敘述海拔700～900公尺之間植被，如九芎、江某、台灣櫸木、山埔姜、山黃麻、台灣朴樹、烏心石等，其命名「櫸木過渡單叢」，說是位於海拔900公尺以下。

劉儒淵(1980)調查竹山竹林森林遊樂區，列舉有「台灣櫸木—九芎群叢」，存在於瑞龍瀑布、梯子嶺至番子田一帶，加走寮溪兩岸峽谷之峭壁、斷崖，或土層極淺之陡坡及山稜，沿溪而呈狹長分佈帶。

單層樹冠，高度15公尺以下，以台灣櫸木、九芎兩種落葉樹爲主，「其根群異常發達，以便攀附於岩縫，或固著於瘠薄之乾燥岩礫地上，有時樹幹扭曲成灌木狀，林下多見幼木生成」(註：筆者略加修改標點符號)，伴生樹種如台灣欒樹、山漆、楓香、糙葉樹等，林下如山棕、台灣蘆竹、揚波、五節芒及腎蕨等，劉氏認爲此群落乃局部裸岩等，

「經長久岩石演替(lithosere)而達成之地形極盛相，將可持續相當久時間」。

黃獻文(1984)調查日月潭鄰近山區，說是位於九份二山海拔800～900公尺稜線之東面坡，有一樣區被命名爲「九芎－相思樹－樟葉楓－台灣櫸木優勢型」，而稜線爲岩石地，坡面土壤淺薄且水分偏低，又受到風力影響，爲乾燥林型之代表，夾有若干落葉樹種，樹冠高約6～10公尺，以陽性樹種居多，喬木層除了命名的4種之外，另有山黃麻、小西氏石櫟、紅皮、無患子、台灣楝樹、屏東木薑子、小梗木薑子、中原氏鼠李、阿里山女貞(？)、山鹽青、黃荊等，而其將此單位視爲「演替中途群落」。依筆者經驗，此樣區可能屬於岩生植被區，經人爲造林相思樹等，再經次生演替與人爲干擾之後的破碎林分。

呂福原、廖秋成(1988)調查高雄縣出雲山自然保護區，列有「白雞油－九芎－台灣櫸木型」社會單位，說是分佈於海拔500～700公尺，西南向山坡的崩塌地或沖積地，以白雞油及九芎爲主，台灣櫸木乃伴生，餘如山枇杷、白臼，偶見青剛櫟、軟毛柿、江某、台灣朴樹、大葉楠等，下層以小梗木薑子爲主，其次如呂宋莢迷、土肉桂(？)、小葉桑、細葉饅頭果等，呈現「半落葉林形相」。依筆者經驗及觀點，此植群等同於南橫西段岩生植被(陳玉峯，2006)。

陳玉峯(1991)以六龜林試所分所21林區，屯子山地區海拔約1,200～1,500公尺之間的後期岩生植群爲對象，專論台灣櫸木生態，其敘述台灣櫸木的物候，由低海拔往高海拔，新葉及花穗萌發於2～3月下旬，梅雨季之前新葉完成生長，夏秋果熟，10月下旬葉起變化，11月轉黃，12月變紅且漸落葉，隔年1～2月大抵爲裸枝；海拔分佈中心大致落

台灣櫸木冬葉變色狀況視該年天候而定(1995.12.7；大坑)

台灣櫸木紅葉(1996.1.15；大坑)

台灣櫸木紅葉(陳月霞攝)

在800～1,400公尺，常態分佈約介於600～1,800公尺之間，極端分佈自平地以迄2,000公尺以上。

台灣櫸木自裸岩、石壁隙，以迄如屯子山區的純林皆可發生；其成熟林分，代表溪谷岩生植被地文亞極相；其檢附剖面圖、組成與結構，說明因伐木而導致台灣溪谷保育最重要關鍵的台灣櫸木林式微或滅絕；其綜論台灣櫸木的演替相關等。

筆者長年野調經驗得知，在中部地區鄉野人士習稱台灣櫸木及黃連木爲「貼壁虎」或「抱壁虎」，意即緊緊抱住溪谷岩壁，實乃民間對岩生植被貼切的瞭解與形容，事實上，所謂「岩壁」只是「岩隙」的同義詞，只因肉眼乍見之說，若詳加檢視，當可明白根系之所在，玆以中橫台8-9.9K附近，筆者於2001年9月8日調查繪製的台灣櫸木生育地剖面爲例(如圖十一)，可知其乃著根於反插坡岩隙上。

中橫過台電大甲溪馬鞍發電機組之後，約台8-9.9K處，調查一路邊母岩裸露陡坡即此剖面圖。

此一陡坡乃公路開拓之際，切割、爆破岩層之後，經次生或初生演替而成之植群，岩層露頭顯示其爲反插坡。剖面垂直上下約50公尺，坡向爲西南至正西，坡度平均約45°。

由上至下，喬木種苗沿岩層層次之間，露頭因崩落所造成的岩隙而著床發生；代表性天然樹種即台灣櫸木，間雜相思樹，可能係周遭原先人造相思林落子而自行長出者；草本以典型岩隙植物之台灣蘆竹爲大宗，伴生以五節芒；路面旁多石塊堆聚，其下，構樹次生而出，另有人植麻竹等；河床地以甜根子草爲主，伴生之次生雜草或灌木有五節芒、葎草、昭和草、馬櫻丹、大白花鬼針(大花咸豐草)、聖誕紅、青楓、含羞草、豨薟、山葛、牽牛花等。

往旁側農路前行，可見先前人工造林，包括相思林、桂竹林及小片溼地松，依溼地松的年輪計算，得知約35年生。此外，人造林、農業或果樹計有油桐林、樹薯、芒果、龍眼等，已進行次生演替多年。

次生系列於E150˚S坡人造林中發展，以血桐小林分爲主要，香楠、糙葉榕、小梗木薑子亦已發展出，伴生或林下如台灣山桂花、青苧麻、東稜草、姑婆芋、長葉腎蕨、三葉五加、山葛、小葉桑、厚殼樹、糙葉樹、土蜜樹、鐵莧、野桐、日本金粉蕨、旋莢木、地膽草、粗毛鱗蓋蕨、山素英、海金沙、疏葉卷柏、倒吊蓮等。

本剖面及旁側人工、次生林的生態意義，代表台灣中部低海拔河流兩旁，反插坡岩層或岩生植被之一類型，其爲初生或次生演替之前期森林，呈現半開放的簡化型森林，社會單位可歸於「台灣櫸木優勢社會」。此等社會爲穩定反插坡之免於崩塌的有機系統，提供生態復育的重要參考；又，其立地之土壤層甚少，物種皆偏陽性。

筆者全台的調查顯示，毫無疑問，台灣櫸木乃溪谷地形的先鋒落葉樹種，亦常形成特定林型，或與其他岩生植被物種共組優勢社會，中部地區如廬山溫泉、丹大林道、陳有蘭溪、中橫等頻見之；而台灣櫸木的天然

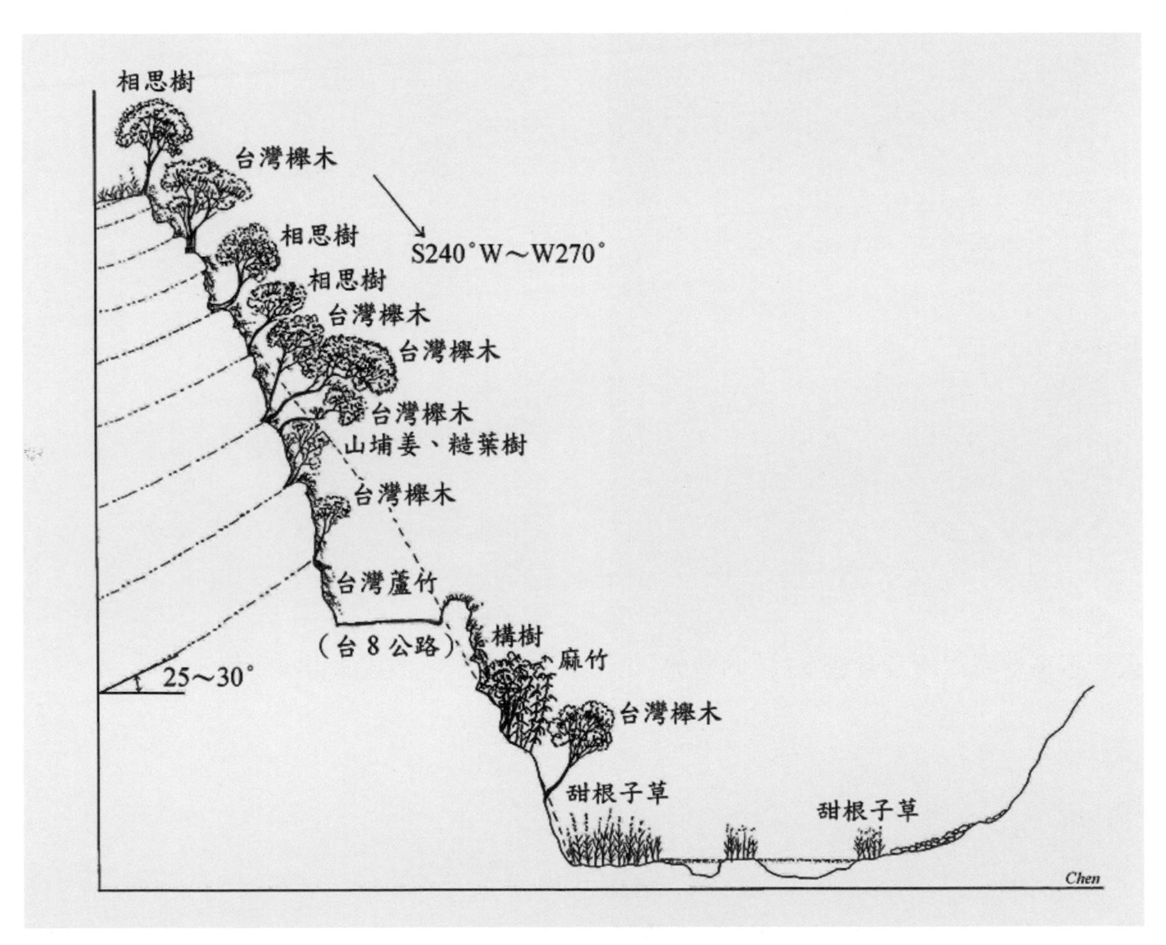

圖十一　台灣櫸木優勢社會剖面圖示(台8-9.9K)

台灣櫸木春芽（2006.3.5；台20-178K）

分佈，《台灣植物誌》第一版說是中部山區海拔1,500～2,500公尺，筆者推測係欠缺台灣實地調查經驗者的「推估」；第二版改稱中、南部低海拔以迄2,000公尺；台灣省林業試驗所（1957）記載300～1,000公尺，有可能是由金平氏資料，加以下界推測者，而存在地區則錄有：新竹上之島（註：即上島）、洗手山、台東太原、太麻里、台中北山坑、大甲溪、北港溪、角板山；佐佐木舜一（1922；轉引自陳玉峯，2004，886～887頁）對玉山山彙的記錄，存在於303～606、909～1,515公尺（註：佐佐木氏亦認為是台灣特有種）；筆者在南橫的登錄（陳玉峯，2006），台灣櫸木在東西兩側，海拔分佈傾向於無大差異類型，南橫西段自台20-71K以迄台20-123.5K，或海拔1,565公尺以下地區；南橫東段自台20-169.5K以降大量存有，或海拔1,565公尺以下遍在；此外，筆者在丹大林道的記錄，海拔分佈在1,400公尺以下地區；另就平面分佈而言，台灣櫸木雖可謂分佈全台，但東北部甚少見，而以西南部爲主要分佈區，屬於典型「西南派」（陳玉峯，2006），或冬乾氣候型，但在南橫東段卻數量繁多。

其他生態研究另見於陳玉峯（2001b；2001c；2006）等。

關於櫸木木材應用方面，任憶安（1993）「中國的櫸木家具」短文中敘述，櫸屬（*Zelkova*）植物有6種，分佈於亞洲東部及西部，中國有3種，即大葉櫸樹（*Z. schneideriana*）、小葉櫸樹（*Z. sinica*）及光葉櫸樹（*Z. serrata*），亦採認「大種」方式，將台灣櫸木視同光葉櫸樹，其解釋台灣的櫸木又稱爲「雞油」，可能由「圭柔」轉音而來，然而，任氏主述中國古代相關於櫸屬等家具用材；其文第二段劈頭敘述：「櫸木是非常好的木材，它的生材重量1立方公尺約爲1,230公斤，氣乾材1立方公尺重量約爲936公斤，材質堅重，很少發生乾裂……」，而「櫸木」可能由古字「椐木」轉變而來，且「椐」與「樻」字同義，因而「櫸木」或即「貴重木材」之義。然而，任文中並無明確敘述1,230公斤等數據是哪一種。

而任文關於台灣櫸木，僅說是可能由「圭

台灣櫸木新葉（1989.2.24；霧社至埔里）

大坑地區的台灣櫸木也有「駢幹」現象（1995.12.21）

柔」轉音，但「圭柔」是什麼意思並無解釋，只引洪敏麟(1980)，轉述台北縣淡水鎮忠山里稱「頂圭柔山」，義山里稱「下圭柔山」，新竹縣竹東鎮雞林里稱「雞油林」，寶山鄉油田村稱「雞油凸」，推測這些地方過去可能存有許多原生櫸木。

筆者查了洪敏麟(1980)《台灣舊地名之沿革第一冊》，95頁將地名與天然植物有關者，命名方式殆如「概括之或純以天然植物爲名，或按其形狀、大小位置、地點、地形、建築物等，附加於植物名爲地名」，其舉例：

(1)純植物地名：楓仔林、蔦松……。

(2)形狀：三角林、四角林、八角林……。

(3)大小：大竹圍、小榡榔、大榡榔。

(4)位置：林口、坪林尾、林內、林仔邊、下榡榔、上茄冬……。

台灣櫸木乃溪谷岩生植被的指標物種，木材質堅
(2006.3.9；台20-122.9K)

(5)地點：苦苓腳、茄冬腳、竹仔林、樹仔腳。

(6)地形：大坪林、楓樹坑、「奎柔山」、拔仔洞、樟樹窟、樟湖、草湖、埔姜崙、赤柯坪……。

(7)建築物：茅仔寮、茳萊宅、柑仔宅、九芎橋……。

而「奎柔山」是否即「圭柔山」？奎音癸或ㄎㄨㄟˊ，是星星名稱；圭音ㄍㄨㄟ，是玉器，在此，筆者只能推論洪敏麟書中「打字錯誤」，而「圭柔山」歸於「地形」，則是否指台灣櫸木滿山？

洪書第109頁，「雞油或圭柔」即台灣櫸木(敘述可能依金平亮三，但無註明引證)：①頂奎柔山：台北縣淡水鎮忠山里；②下奎柔山：台北縣淡水鎮義山里；③雞油林：新竹縣竹東鎮雞林里；④雞油凸：新竹縣寶山鄉油田村。(註：又有2個錯誤)

洪書第323頁，「圭柔山店」指淡水鎮義山及忠山二里，位於大屯山彙西麓，海拔10～160公尺之間的緩斜坡面；義山里日本時代稱爲「下圭柔山」，海拔50～70公尺間，在「頂圭柔山」之西方；「圭柔山」海拔約160公尺，包括椿仔林、三塊厝、相公山、番仔厝、水汴頭、後坑仔、中洲仔衆多散居小村莊而成。「圭柔山即往昔圭柔樹茂生之山」，「圭柔山原稱雞柔山或雞洲山，昔爲凱達喀蘭平埔族社所在地，以山名爲社名。後來在此形成漢人店舖故以名。今忠山里境內之番仔厝，當以雞柔社平埔族有關。雞柔社人後來遷至今屯山里番社前，形成圭北屯社」。

查安倍明義(1938)《台灣地名研究》106頁，敘述淡水街內的「圭柔山」，註明圭柔山又名雞柔山，乃凱達格蘭族「ケイジユサン」，而「ケイジユ社」的原來位置，在淡水

北方的圭柔山附近，現與圭北屯社合併，而「圭北屯」即圭柔山、北投及大屯3個社，前兩社取第一個字，後一社取尾字，合併爲新社的名稱。

如此看來，圭柔山或雞柔山係由平埔原住民的稱謂，音轉漢字而來，問題是，安倍明義並沒有敘述雞柔山、圭柔山就是台灣櫸木，安倍明義的書51頁，明指「雞油」才是台灣櫸木，「雞油林」、「雞油凸」才是明確依據台灣櫸木而來的地名；155頁，竹東街的「雞油林」指該地擁有台灣櫸木林；又，金平亮三（1936）列舉台灣櫸木的台灣俗名爲「雞油」，並無「圭柔」，更且金平氏列舉6個原住民對台灣櫸木的名稱，並沒有凱達格蘭族，而插天山等原住民稱台灣櫸木爲ケヤイ，台語聽起來很像「雞啊」或「雞仔」，筆者認爲很可能台灣人由原住民的音轉爲台語的「雞啊」，再由台語轉寫中文字「雞油」（包括由日本人的音ケヤキ，但キ指木，只讀ケヤイ正是台語的雞啊）。

換句話說，筆者認爲台灣櫸木之台灣話「雞油」，應是「ケヤ」，也就是由原住民及日本人的稱呼而來，後來才寫成中文字「雞油」，更且，由安倍明義及金平亮三的書籍，筆者看不出圭柔（雞柔）與雞油（台灣櫸木）有何相干？

筆者認爲許多台灣話由原住民音轉而來，卻在寫成漢字後，遭到很多扭曲〔另如地名蝦末，原住民音近於哈必，台語聽起來像蝦必，即小蝦米乾，寫成漢字竟然變成蝦末；陳玉峯，2006；再舉一荒謬「範例」，林渭訪、薛承健（1950）《台灣之木材》一書95頁，其敘述紅檜資料中提及「……在阿里山海神廟下……」，二十餘年前筆者無知，到阿里山到處查訪「海神廟」在何處？查遍全阿里山區，無人知瞭什麼「海神廟」，又，內山地區何來「海神」？後來，筆者得知阿里山森林鐵路一小站名為「平遮那」，台語謂之「ㄏㄟ

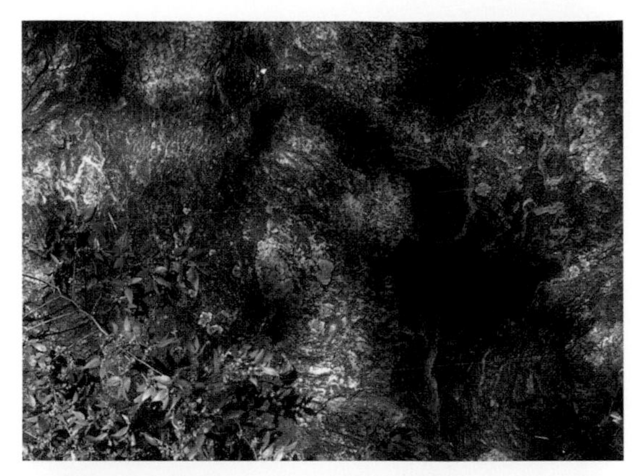

台灣櫸木樹皮紅褐（1989.2.24；霧社至埔里）

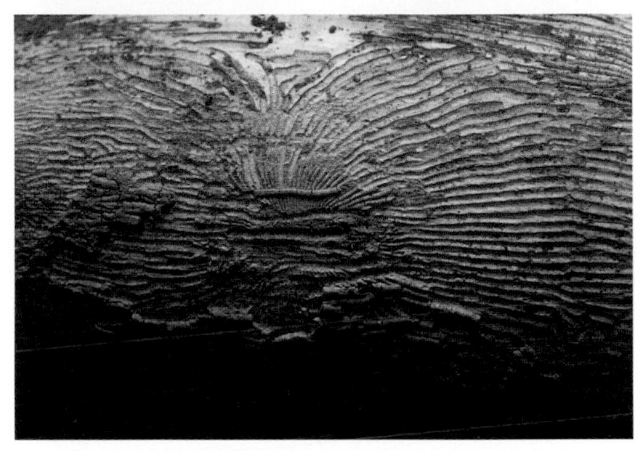

老山林工作者一睹樹皮下的此型蟲紋，即可斷定此為台灣櫸木（2001.7.20；中橫馬陵派出所）

ㄒㄧㄢˊ ㄚ」，恰可訛轉為「海神廟」，筆者從而推論「外省人」造字可能的問題，亦反映當年不求甚解的案例或社會風氣，必然罄竹難書〕。

因此，筆者認爲任憶安（1993）很可能由洪敏麟（1980）的錯誤（？），作二度誤解。然而，究竟只有洪敏麟如此解讀，或另有依據，由其著作看不到任何引據，遑論所謂考據。筆者花了一個晚上查驗，只因懷疑淡水之相關地區，是否可能存有台灣櫸木滿山，或茂生？

如果筆者看法正確，則圭柔山解釋爲台灣櫸木應予更正，台灣櫸木的俗名，更不該列有「圭柔或雞柔」。

以上釋名，筆者雖不敢宣稱十足把握，無論如何，只是不願隨意盲從，更盼望台灣人找回祖先在地的眞正事實與文本依據。

關於台灣櫸木木材方面，林渭訪、薛承健(1950)輯錄者，將櫸(木)(*Z. serrata*)與台灣櫸木(*Z. formosana*)視爲不同2種。

櫸(木)資料如下：分佈於日本本州、四國、九州、朝鮮等地；木理通直，強韌緻密，摩擦力大。木纖維長度多爲1.0～1.5公釐，平均1.5002公釐，寬度多爲15～20μ，平均18.1μ，長寬比83。木材化學組成，灰分0.51%，冷水抽出物4.47%，乙醇抽出物9.20%，全纖維素52.96%，α纖維素44.08%。生材比重1.06，氣乾材比重0.70，抗彎強度933kg／cm²，縱向抗壓強度573 kg／cm²，硬度1.89～2.59(含水率12.36%，壓力50公斤)。本種在日本蓄積量頗豐，僅本土即達937,379立方公尺，每年生產量豐，但仍不敷國內使用，另由台灣運送至日本(台灣櫸木)。

台灣櫸木的資料則全文泰半以上登錄如下：

「台灣名爲雞油，日名爲タイワンケヤキ，屬榆科。落葉喬木，樹幹正直，徑可達100～150公分，全島海拔1,000公尺附近之闊葉樹林中散生之，間亦有純林發生，尤以新竹洗水山附近及角板山、一稜間、台中大甲溪及北港溪流域、高雄潮州山地、花蓮港公埔鼈溪流域及台東都巒山大馬窟附近爲多。依據林產管理局之統計，全省蓄積約146,985立方公尺，內天然生者146,450立方公尺(大溪490立方公尺，竹東7,188立方公尺，南庄15,849立方公尺，大湖24,510立方公尺，東勢6,447立方公尺，八仙山27,443立方公尺，北港溪10,430立方公尺，南投1,340立方公尺，埔里2,195立方公尺，濁水溪6,133立方公尺，大埔97立方公尺，玉井614立方公尺，楠梓仙溪5,815立方公尺，屏東6,872立方公尺，潮州2,370立方公尺，里壠11,976立方公尺，大武4,781立方公尺，關山11,900立方公尺)，造林木爲535立方公尺(竹東506立方公尺，埔里22立方公尺，恆春7立方公尺)。生長尙速，在新竹產者19年生時(造林木)樹高達14.1公尺，胸高直徑17.3公分。其在台南中埔生育者其生長情形如表二十三。

木材年輪分明，屬環孔材，春材部導管孔單獨而大，秋材部管孔小，作花綵狀配列，柔細胞周圍狀或年輪狀，顯著，髓線微細。有邊心材之分，邊材淡紅褐色，心材鮮紅赭色，材質粗糙堅重，耐衝擊摩擦，強韌，少割裂反張，吸水性小，保存期久，木纖維長度多爲1.5～2.0公釐，平均爲1.5公釐，寬度多爲20～25μ，平均17.1μ，長寬度之比爲88。氣乾材比重0.731，抗彎強度1,008kg／cm²，彈性係數108,826kg／cm²，縱向抗壓強度566 kg／cm²，橫向抗壓強度115 kg／cm²，剪斷強度154 kg／cm²，縱向張力1,058 kg／cm²，割裂強度8.3 kg／cm²，Brinell. 硬度5.69，耐朽性定爲100，以爲與其他木材比較之標準。木材供車輛、農具、船艦、建築、榨油機、機械台、電桿腕木、梭管、墨斗(木匠用)、粗彫、裝飾材、舂臼等用途；亦可供公廨正廳之裝飾材。在日治時代，本種木材生產年約5,000～15,000立方公尺，各官營林場(前營林所)生產量約爲此數1/3，大

表二十三

齡階	5	10	15	20	21	連皮	心材
胸高直徑(cm)	0.95	5.60	9.85	13.50	13.75	14.30	9.10
樹高(m)	3.30	9.30	13.76	16.04	16.50	–	–
材積(m³)	0.0002891	0.0093540	0.0414319	0.0927643	0.0997214	0.1100108	0.0351197

部均爲國有林而歸民營伐木業經營所生產者。如以產地論，則以台中、新竹兩地爲多；他如台南、台東、花蓮港、高雄等地亦有生產。除供本省消費外，外銷頗多，一部分由基隆或高雄輸往我國上海、大連、廈門等地，年約100～300立方公尺（包括原木及板材）；大部分則輸往日本名古屋、大阪、門司、神戶及朝鮮等地處，年約150～400立方公尺（包括原木及板材）。光復後產量顯較以前減少，除民營伐木業者之產量因無數字統計無法獲悉外，官營林場產量甚微，僅竹東林場有之，月產量多則10餘立方公尺，少則不及1立方公尺。除極少部分供製梭管運銷上海等處外，餘均由本省消費之。本種造林收利率較低，如輪伐期定爲一百年，年利率爲5%……特用樹種……」

上述資料透露，日治時代以來，台灣櫸木幾乎是視同台灣闊葉樹第一優材，耐腐性被視爲全台之冠，而1950年代全台之蓄積146,985立方公尺，以上文連皮胸徑14.3公分的材積0.0351197立方公尺計算，1950年代相當於存有4,185,258株該等小徑木，數量甚爲龐大，可見溪谷生育地或岩生植被的普遍；又，上述生長數據只是單株小徑木，筆者認爲不足以下達「生長迅速或尙速」的說法。

其他木材性質可參考馬子斌等六人（1979，18～19頁），以及中華林學會編（1967，81～82頁）；而王秀華、林曉洪（1990）對台灣櫸木進行電子顯微鏡的超微構造觀察，「導管次生壁及其上螺旋狀加厚之電子著染度十分近似……化學組成應極一致，又導管間壁孔膜爲三層結構，各層於穿透式電顯下，可見十分明晰之細小開孔，截至目前爲止，此等發現係國內外闊葉樹超微結構之僅見」；其所取樣的台灣櫸木，係於1989年2月，採

台灣櫸木植株（1985.12.10；梅山）

六龜屯子山這株台灣櫸木被伐除，導致台灣二次森林運動，從而政府宣佈禁伐天然林（1991）

自竹東林區管理處大湖事業區28林班，海拔1,250公尺，一株樹高21公尺、枝下高8.15公尺、胸徑45.5公分、所在地坡度25°；另一株樹高23公尺、枝下高3.67公尺、胸徑43.9公分、所在地坡度18°，該兩株樹齡皆爲33年。

木材研究另如詹明勳、王亞男、王松永(2004)；Hsu, Chen, Lee and Kuo-Huang(2005)等。

此外，李春來(1967)對台灣櫸木樹材之溫水及冷水抽出液，pH值皆是5.69。

吳順昭、王秀華(1976)於1976年元月，在和社採集台灣櫸木的木材，進行結構與纖維形態研究，該試木高25公尺，胸徑28公分，幹皮深棕色，邊心材界限分明，邊材灰棕色，心材黃紅色，木理通直，木肌粗糙，生長輪十分明顯，肉眼可辨。早、晚材之轉變突然，環孔材。管孔均勻密佈。射髓由異形射髓及極少數同型射髓組成。纖維組織由典型直木纖維組成，早材纖維平均長1.44mm，寬16.2μ，雙層細胞壁厚9.9μ；晚材纖維平均長1.63mm，寬15.4μ，雙層細胞壁厚11.6μ。具多數管束管胞。其他，詳見原報告。

更早年代，李春序(1965)論及榆科植物幼莖之比較解剖，其於1965年3月15日，在台北植物園採集台灣櫸木幼莖切片解剖之。其敘述，台灣櫸木爲陽性樹，小樹樹皮褐色，皮孔顯明。冬芽褐色、卵形，鱗片覆瓦狀螺旋形排列。表皮組織系：表皮單層，細胞等徑，外壁稍形隆起，角質層不顯著，單細胞毛先端尖銳，基部膨大，厚壁鈣化，表面平滑。多細胞毛頭部膨大圓形，腺細胞1～4枚，柄部1～2細胞，單行排列。

基本組織系：皮層細胞5～9層，近表皮爲厚角組織，內爲薄壁組織，皆作縱向延長，菱形多面體之單結晶體甚普遍；擬內皮顯著，細胞等徑，分泌細胞極多。髓部細胞等徑，中央大而周圍小，亦有分泌細胞。髓射線細胞1～2列，達於皮層，多爲分泌細胞。

維管束組織系：維管束鞘區厚壁組織量少，有分泌細胞散在其間；並列維管束大小相若，排列整齊。韌皮部除了篩管、伴細胞之外，尚有纖維及大形之薄壁分泌細胞。形成層帶平直，連成環狀。木質部導管單行輻射向排列，與纖維及薄壁組織相互間隔，導管單位壁具螺紋，底壁平或稍傾斜，穿孔單一。

由於台灣櫸木優良，懷璧其罪，1980年代之前僅多掠奪，至於造林方面，陳振東(1968)敘述「生長尚速，材質優良，宜大量推廣造林」，如前述，日治時代即有造林，且木材測試等多所

←台灣櫸木新葉(1996.3.27；大坑)

著力，例如林渭訪、薛承健(1950)，日本人永山規矩雄將木條插入戶外苗圃，每月觀察一次的腐朽試驗，數十種樹材當中，測試到11年8個月，剩下紅檜、肖楠、瓊崖海棠與台灣櫸木尚未見有任何腐蝕，可見台灣櫸木的材質允稱台灣一絕；然而，陳氏所謂「生長尚速」，更且，林文鎮(1981)的資料輯錄，台灣櫸木2年生苗高可達2公尺，台大實驗林經營案對台灣櫸木的輪伐期訂為六十年(江濤，1967)；楊榮啓、林文亮、陳麗琴、汪大雄(1980)亦訂六十年；林渭訪、薛承健(1950；前述)之以幼齡木的生長速率舉例，或許是後人下達生長「尚速」的判斷也未可知，奇怪的是，既然如此，為何林與薛氏的輪伐期竟然說「如輪伐期定為一百年」云云，甚至比紅檜、扁柏的八十年還高，這不正意味台灣櫸木生長極緩？總之，欠缺大徑木的生長數據，故而無法中肯判斷，然而，歷來林業經驗皆下達輪伐期在六十年以上，可推論其生長遲緩，況且，台灣櫸木年週期光合作用時程僅在八個月上下，生長在岩生環境者，其生長速率絕非快速，其材質又十分堅實，故而筆者認為先前之生長速率的估算不足為據。

日治時代永山規矩雄的木材耐腐試驗，採取自然全方位實證方式，耗費十餘年時程尚未完成全部實驗；國府治台後的耐腐研究，改採接種菌種觀察與測試，亦有以木材(心材)抽出成分等作試驗。王松永、邱志明、陳瑞青(1980)以白腐菌、褐腐菌接種於18種木材，台灣櫸木係耐腐性最強的樹種之一；林勝傑、王松永(1988)以木材抽出成分試驗耐腐性測試，卻得出紅檜＞鐵杉＞長尾柯＞台灣杉＞台灣櫸木＞光臘樹＞台灣二葉松＞相思樹＞台灣赤楊的趨勢，且說木材抑菌成分主要為丙酮及甲醇等可溶性成分。

台灣櫸木雄花(1989.2.23；埔里)

台灣櫸木雌花(1989.2.23；埔里)

日治時代造林不多，而蔡丕勳、林德勝(1975)報導恆春半島林相變更，說是南迴公路兩側，海拔100～800公尺之間，1965年及1968年兩次執行林相變更，台灣櫸木的造林，初期成活尚佳，「惟受季風影響，逐漸枯死，殘存者生長不良且不整齊，引種防風林後改善」，然而，現今南迴公路兩側，筆者經常經過，頻加勘查，似乎未見得什麼大徑木或美林，真不知數十年來的所謂「改良」、「變更」、「造林」的成果安在？

既提造林，必得談育苗等相關研究。

陳明達譯(1956)「林木種子之休眠與促進發芽」，提及促進「櫸樹」發芽的方法：「未成熟種子需五至六個月進行後熟，成熟之種子須兩個月進行後熟。過度乾燥時發生二次休眠。浸水三至四日，0℃低溫處理十五至二十五天。採取後立即埋於土中浸水七至十天後，平鋪於陽光下晒十分鐘後，實行5～10℃之低溫處理一至二星期」，該「譯义」說是「譯自林業技術164、165期」，筆者看不出「櫸樹」是否爲「櫸」或「台灣櫸木」，上述「促進發芽法」也令人看得「霧煞煞」！

楊武俊（1984）由嘉義取種的試驗，1公升台灣櫸木種子重386公克，1公升種子有58,975粒，1公斤種子有152,782粒，1,000粒種子重6.47公克，而開花、結實的月份闕如，含水量資料亦缺；而促進種子發芽的方法是：「冷水浸種二十四小時」；楊氏繪製的種子發芽圖，包括種子外形、發芽第二、八、十六、三十、六十天，轉錄如圖十二。

方榮坤、廖天賜、吳銘銓（1991）試驗櫸木、烏心石及黃連木等，3種「闊一級木」、「長伐期林木」，台灣櫸木種子係於1989年11月初採回（註：來源並無敘述），「立即以風選方式，將雜質去除，然後置種子於陰涼通風處陰乾三至七天，以供發芽及貯藏試驗之用」；其發芽促進係：「浸水四十八小時，分別在常溫25℃及變溫（30℃～20℃），以不浸水在常溫爲對照，每一處理100粒種子，重複4次」；種子貯藏則：「5℃及-5℃，常溫爲對照，兩個月後取出發芽，每一處理100粒種子，重複4次」，其認爲櫸木育苗雖無困難，但一般採種後之發芽率僅約25%，因而其試驗希望提高之。

結果顯示，其表1中，浸水一小時的發芽率爲76.8%（註：奇怪的是前述說是浸水48小時？），變溫（30℃～20℃）的發芽率只有18%，對照組則高達80.8%發芽率，因此下結論：「櫸木採種後經淨化陰乾後，隨即

↓台灣櫸木初果（1989.2.24；霧社至埔里）

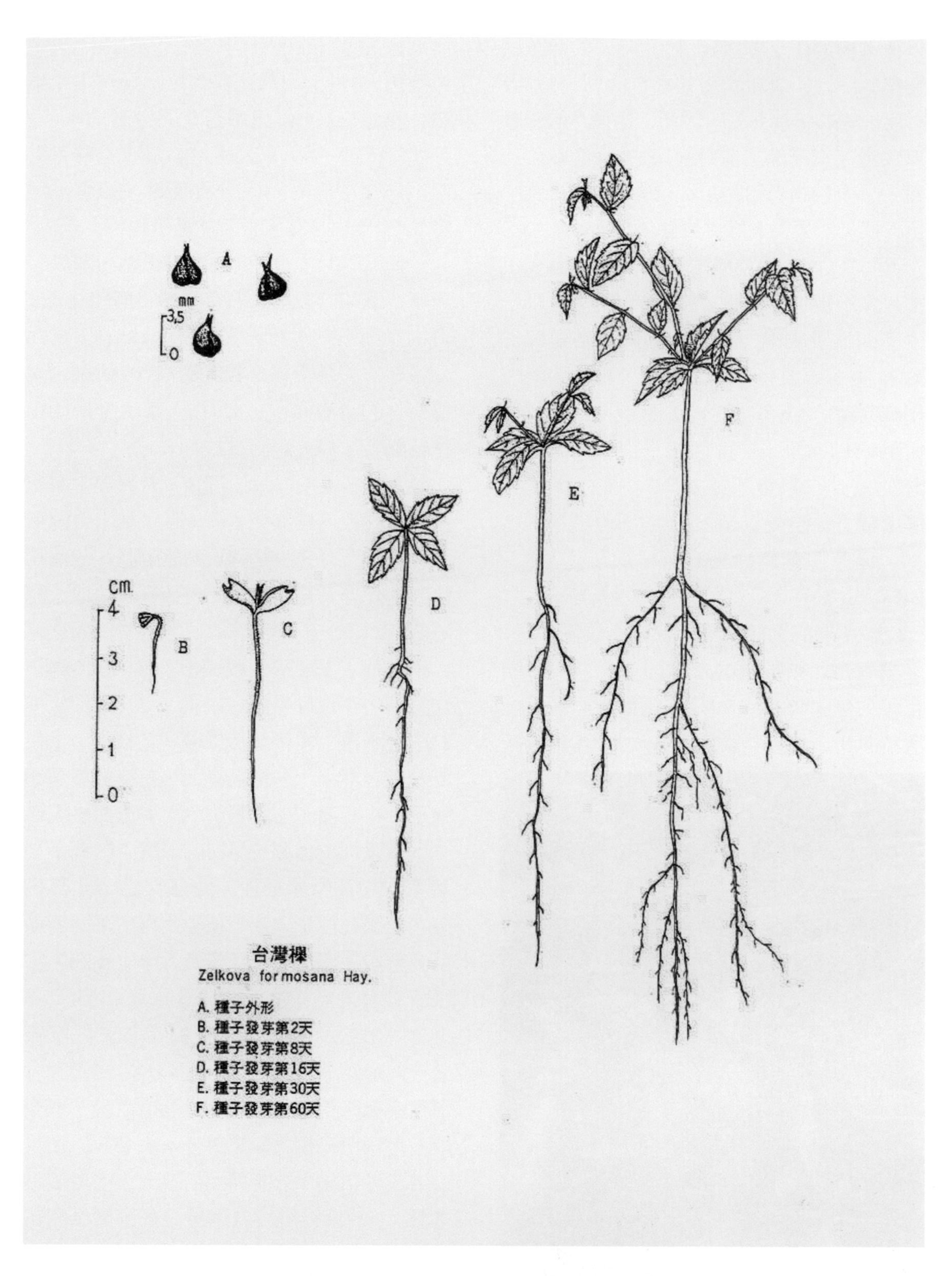

圖十二　台灣櫸木發芽成苗形態圖

資料來源：轉引自楊武俊，1984，59頁。

播種可得最佳之發芽效果」；種子的貯藏試驗得知，-5℃處理的發芽率有60%，5℃者61%，對照組爲55%，因此，兩個月的貯藏導致發芽率下降，但3種貯藏方式無顯著差異，「因此在秋天採集後，只要乾燥得宜，至春播仍能獲得良好之發芽效果」。

黃明秀(1993)述及櫸木(*Z. serrata*)最容易由葉片大小辨別是否結實或豐欠，「葉片細小密集即爲豐收季；葉片大而疏，常是種子難求」，但「要有幾年之觀察經驗，始能作正確判斷」；其敘述，櫸木採收期爲10月下旬至12月上旬，由南而北、由平地而山地漸次延後，「種實不能後熟」；「除去雜物，選出種子，陰乾五至十日」；「豐年種子充實，發芽率可達40%以上，欠年約爲5～10%」。

而較早期的物候記錄，例如章樂民(1950)之記載台北植物園的台灣櫸木，2～3月開花與葉芽同時(萌芽期同)，結果期4～9月，落葉期10～12月；蔡達全(1967)之中埔分所

台灣櫸木果實(2005.5.23；台20-111.5K)

澐水林區的記載，2月下旬爲花蕊期，3月中旬盛花，4月上旬落花與結果，10月中旬果熟；廖日京(1959)記載台北的台灣櫸木，2月中旬花蕾，2月中至3月中開花，4～9月果期，1～3月落葉，4月上旬冒芽，筆者認爲廖氏之記載4月芽，很可能是筆誤。

林景風等七人(1986)調查母樹林，關於台灣櫸木例如屏東事業區有49株、面積58.1公頃；大湖事業區有人工純林型480株、8.76公頃等；而林讚標、楊政川(1992)輯錄台灣母樹林的台灣櫸木爲529株，筆者推測即由林景風等，49＋480＝529而來。

從上述各家不一說法可知，台灣櫸木必有甚大變異性，且迄今莫衷一是，加上台灣所謂林學界，有些論述欠缺明確引證，故而無法判斷是非，充其量只知道歧異看法或大相逕庭，以下，再列舉一篇研究報告說明之。

姜家華、王亞男、張國楨(1990)於1989年10月下旬至11月中旬，在北、中、東部採集37株台灣櫸木種子進行試驗，其結論：①枝條結實者葉小，未結實者大，差異顯著；②種子大小受種源之影響小，而與母樹之關係大，重量則受種源及母樹的影響；③種子發芽率以中部所產最佳，北部次之，東部最差，差異在種源之間、種源內母樹之間皆顯著，但發芽率與種子重量及大小不相關；④種子似有後熟作用，採種後置室溫或4℃，三個月後發芽率升高，但經半年室溫貯藏者，其發芽率消失，置放在4℃及-20℃者，發芽率微降；⑤苗木六個月高度生長，種源間及種源內母樹之間差異皆不顯著。

姜氏等指出，台灣櫸木樹葉大小受環境影響較大，「即結實枝條因養分部分需供開花結實之用，故其葉比較小，否則單個葉面積較大」，然而，筆者對其「受環境影響較大」的用字表示不解，而此看法乃推論而已，其

敘述，葉面積有小於1平方公分者，有大於10平方公分者，最大差異達17倍。

台灣櫸木種子試驗中，最高發芽率即中部種源之4℃貯藏三個月者，達42%；中部室溫下三個月後的發芽率爲37%次之。

各母樹種子播種六個月後，苗高以東部種源爲最高，49公分；中部46公分；北部45公分；母樹之平均值最高達55公分，最低33公分。其栽植地點係在台大實驗林和社營林區之苗圃。

姜家華、王亞男、張國楨、周泰平(1994)將姜家華等三人(1990)在和社苗圃的台灣櫸木苗，於1991年移植至台大森林系苗圃，1992年8月分析葉綠素，調查苗木高生長及地際直徑生長，試驗結果顯示，中部種源的葉綠素總量最高，而葉綠素a含量的變化趨勢與葉綠素總量的結果一致，但葉綠素b的含量，在不同種源之間差異不顯著；二年半生的苗木高生長，以中部爲最大，平均227.3公分，北部平均194.4公分，東部平均177.8公分，以上乃北、中、東種源各5株苗木的數據；地際直徑，平均北部爲1.711公分，中部爲1.971公分，東部1.824公分，或說直徑生長差異不顯著；其認爲葉綠素(總量、a及b)爲預測苗木高生長的好指標。

或可以說，各家研究之比較基礎，或實驗設計不同，而難以論斷。

鍾永立、張乃航(1990)轉輯《台灣重要林木種子技術要覽》中，引用楊武俊(1984)的台灣櫸木發芽成苗形態圖，且敘述開花期4月，採種期10～11月；「種子過熟會與葉同時脫落，故採集宜於10月下旬間截枝採種，採後帶枝陰乾三至五天，可使種子充分成熟，然後攤曬約二日(本種子最忌發霉)，輕打即可脫粒，可篩或風選去除雜質，陰乾後置5℃乾藏，待翌春播種，如密封至0℃以下，可存三至五年」；種子發芽：「冷水浸種一日，20～25℃，發芽所需時間七至三十天，一般發芽率30%」；1公升種子重360公克，1公升種子43,900粒，1公斤種子122,000粒，1,000粒種子8.2公克。

其他雜項資料，例如劉棠瑞(1956)將台灣櫸木列爲具有板根的樹木，其定義所謂板根(brent root)，指樹木的側根(lateral root)，特別向上部漸次生長隆升，作薄板狀並露出於地面上而言者，依筆者經驗，不認爲台灣櫸木具有板根；謝煥儒(1985)記載，台灣櫸木苗在苗圃中有線蟲病害(Nematodes)出現，導致根系發育不良；謝煥儒(1986)另由南投霧社(1981年11月11日)、高雄六龜(1986年3月3日)的台灣櫸木標本，新記錄「台灣櫸白粉病(Powdery Mildew of Zelkova)」，此病危害葉片及嫩梢，嫩梢被害時常捲曲而葉片伸展不良，葉表初被害時，形成近圓形，由白色菌絲形成的斑點，擴大，並在表面生出濃密白粉狀的分生孢子，病斑常多數癒合，或覆蓋全葉面；郭武盛等五人(1987)列舉台灣可供觀賞變色葉植物，關於台灣櫸木，列出有：馬拉邦海拔800～1,200公尺，3月嫩葉期；八仙山海拔1,000公尺，2月上旬至3月上旬；埔里至奧萬大海拔400～1,500公尺，3月上旬；丹大林道海拔520～1,400公尺，3月上旬；谷關至德基海拔800～1,400公尺；其歸納全台海拔300～1,500公尺，溪旁、山峰稜線或陡壁之岩石上，台灣櫸木的嫩葉期殆由元月上旬以迄3月上旬可觀賞，而且，台灣櫸木素爲「盆景界的寵兒」。

以上，僅收錄部分文獻，以及筆者個人經驗陳述台灣櫸木的若干資料，眞正生態問題的探討有待展開。

杜英老木（1990.7.1；赤水）

杜英、薯豆與猴歡喜

植物分類學中，將花爲整齊花、萼片及花瓣皆爲5，雄蕊多數且合生成束，心皮2至多數，合生而具中軸胎座，種子有胚乳，葉具托葉或缺的一群植物劃歸於錦葵目（Malvales），包括杜英科、田麻科、錦葵科、梧桐科、木棉科等（劉棠瑞、廖日京，1981），其中，花瓣先端屢作剪裂狀，樹皮中欠缺黏液細胞者，是爲杜英科（Elaeocarpaceae）。杜英科植物在台灣可見到3個屬，即杜英屬、猴歡喜屬，以及來自熱帶美洲原產的外來西印度櫻桃屬。

西印度櫻桃（*Muntingia calabura* L.）栽種於中南部平地，其已馴化，不僅在嘉南平原逃竄，也朝山區滲透，但數量有限。它很容易辨識，其葉片粗糙紙質，脈三出，葉基歪形（中肋兩邊葉基不對稱），花瓣白色且爲波浪狀全緣，沒有花柱，漿果紅色可食，故名「櫻桃」，在嘉義、北港郊區，若看見中小喬木，樹葉平板鋪陳，葉片狀似充滿灰塵般的灰綠，即很可能是西印度櫻桃。

猴歡喜的果實是密披褐毛的木質化蒴果，繖房花序，葉變黃色後脫落；杜英屬植物則落葉前變紅色，總狀花序，光滑核果，台灣人熟悉的橄欖即屬之。

→杜英植株（1985.3.25；南仁山）

杜英開花（1996.7.12；大坑聖普宮）

杜英果實（1986.11.10；郡大林道）

杜英 *Elaeocarpus sylvestris*（Lour.）Poir.

杜英科 Elaeocarpaceae

分佈於中國南部、日本、琉球及台灣；全台中、低海拔山區遍存。

常綠中、大喬木；單葉互生，較集生於小枝上端，長橢圓披針或略倒披針，先端漸尖，葉基銳尖至漸狹尖，鈍鋸齒緣，齒端略有芒尖，葉長5～9公分、寬1～2.5公分，紙質，葉柄長約1.5～2公分；總狀花序腋生，萼5片，具短毛，花瓣5枚，上半部呈絲狀細裂；核果卵狀橢圓，種子堅硬，表面凹凸粗糙。

金平亮三(1936)泛稱杜英見於全台闊葉林中；劉棠瑞(1960)書載海拔200～1,700公尺；佐佐木舜一(1922；轉引陳玉峯，2004)詳實登錄玉山山彙的植物，海拔每隔303公尺登記一次者，杜英自1,818公尺以下皆有出現；依據筆者長年樣區調查的經驗，杜英乃脫離檜木林帶之後，台灣中地海拔原始至次生闊葉林的伴生種，海拔分佈大致在2,000公尺以下地區，極端分佈可上抵約2,300公尺。至於台灣省林試所(1957)自日治時代資料整理者，杜英分佈於250～1,700公尺，顯然爲後人襲用的文本。

台北市的杜英，於4月下旬至5月中旬有花蕾，5月中旬至7月開花，結果期在6～8月中旬，2月中旬落葉且萌發新葉芽(廖日京，1959)；筆者在中部中海拔的調查記錄顯示，杜英於4月下旬花序待抽，5～6月盛花，7月仍見花開，8月結果，9月核果漸澎大，10月大致果熟，由青色變深藍色，11月以降落果，12月至隔年2月有較顯著的落葉，2～3月新葉較多，然而，杜英全年皆不

→杜英植株(1997.1.21；南投縣同心)

斷零星落葉，且落葉前葉轉變爲鮮紅、橙豔紅等，野調時，樹上隨時零散幾片紅葉的樹種大概有杜英、薯豆、大頭茶等，杜英與薯豆的區分，筆者大致觀察葉形、葉寬及葉柄而可鑑定，杜英的葉寬等小一號，而大頭茶的革質光滑、倒長橢圓披針葉片，一眼可辨識。又，杜英的紅葉雖非全面，自日治時代以降即爲人所喜，故而迄今，許多校園景觀植栽多採用杜英，也留下了一些杜英的大樹。

杜英老木腐幹（1990.7.1；赤水）

杜英落葉（陳月霞攝；奮起湖）

又，杜英的種子採收、處理、貯藏、種子發芽的資料，例如1公升種子585公克重，1,250～2,000粒，1公斤種子有2,140～3,420粒，1,000粒種子重約467～294公克等，請參看鍾永立、張乃航（1990）。

馬子斌、曲俊麒（1993）砍伐17種樹18株（巒濃事業區第57及58林班，海拔1,550～1,650公尺處），測試木材的各項機械強度，其中一株杜英，樹齡爲74年，樹高20公尺，胸高直徑43公分；木材顏色黃白，年輪明顯，木理（grain）通直，木肌（texture）較細；1公分的年輪數有4.32，木材含水率11.97±0.26%，比重0.7263±0.0283；力學性質方面，各項數據顯示杜英都在後段班。

就全台原始闊葉林而言，杜英是常見的伴生種，幾乎在各種優勢社會當中都會出現，但似無以杜英爲領導優勢的社會，以奮起湖大凍山自登山口（海拔1,641公尺）至山頂（1,976公尺）而言，杜英主要出現在1,640～1,712公尺之間的「假長葉楠／昆欄樹優勢社會」範圍內，但在1,900公尺附近的「長尾柯－昆欄樹優勢社會」中亦存在。與同屬相近的樹種薯豆相比較，薯豆分佈的海拔略高，分佈中心在海拔1,712～1,976公尺之間（陳玉峯、楊國禎，2005）；低海拔地區以林口紅土台地，海拔220～250公尺之間的植被爲例（Hsieh C. F. & T. C. Huang, 1987）15～20年生的次生林當中，杜英已在其中出現喬木。因此，杜英的生態幅度可自次生林以迄原始森林中長存；而筆者於南仁山區的調查經驗，在30甲水田旁所見，單獨一株杜英生長得甚爲旺盛，也就是說，自全陽光以迄林下耐陰狀態，杜英皆可更新、發展。然而，這類樹種的生存策略，台灣委實欠缺研究。

杜英隨時有紅葉（2005.6.8；台20-126.3K）

杜英花苞（1996.7.12；大坑5號步道）

杜英果實及紅葉（2005.9.13；台20-178.1K）

薯豆果實（1988.7.25；南橫）

薯豆 *Elaeocarpus japonicus* Sieb. & Zucc.

杜英科 Elaeocarpaceae

分佈於中國、日本南部、琉球及台灣；全台中、低海拔山區散見。

常綠中、大喬木；單葉互生，通常較集生於小枝上半端，橢圓形，長5～10公分、寬1.5～3公分，廖日京教授（劉棠瑞、廖日京，1981）認爲長寬比爲3～3.3：1，第一側脈5～6對，葉緣有鈍鋸齒，先端突尖，葉基鈍或圓形，葉柄長2.5～3公分。筆者在野外區分杜英與薯豆，最主要係依據薯豆的葉較橢圓、較寬，葉基圓鈍，不像杜英那樣狹尖，而且，薯豆的葉柄接葉基處較爲膨大，葉柄另一端亦膨大；總狀花序，花瓣黃色，花萼、花瓣皆5枚；核果長橢圓形，表皮平滑。金平亮三（1936）敘述排灣原住民拿薯豆木材做槍桿、家具等，亦吃核果，但劉棠瑞（1960）敘述「果肉可食，但非佳品」，木材色白、質輕，爲平菇（Cortinellus）的良好繁殖材料。

佐佐木舜一（1922；轉引陳玉峯，2004）記錄薯豆於玉山區的分佈，海拔介於1,200～1,800公尺之間；台灣省林業試驗所（1957）的資料說是650～1,650公尺之間；劉棠瑞（1960）記載：「產全省闊葉樹林之上部（海拔約1,800公尺左右之地區）」；筆者的野調經驗及記錄顯示，杜英與薯豆皆以檜木林帶以下的闊葉林爲分佈區，但薯豆的海拔較高約100～200公尺，例如鎮西堡紅檜巨木林區，在「國王神木」旁存有薯豆，但杜英只在下方的闊葉林內，也就是說，薯豆可上抵紅檜分佈區（上限），杜英則不能；筆者另在玉山地區的調查，薯豆在八通關古道的最高分佈，約可達2,400公尺，杜英則約在2,250公尺左右。

筆者在中海拔地區的登錄，薯豆約在每年4月抽花序，5～7月爲花期，7月底果實成長，8～9月核果綠色，9月果實略變顏色，10～12月果熟而掉落，12月至隔年2月最多落葉，但如同杜英一樣，落葉前變紅色，且全年都有紅落葉。

林渭訪、薛承健（1950）輯錄的薯豆資料：「……生長速度中庸，台中蓮花池產者，46年生時，樹高17.5公尺，胸高直徑21.7公分；木材性質酷似烏心石，滑澤緻密……可爲烏心石之代用品，供製家具、雕刻、槍托、象嵌等」；筆者口訪原住民等得知，除了殼斗科樹材之外，薯豆也是種植香菇的良好木材。

就生態而論，薯豆偶而出現於檜木林下部界，但分佈中心在台灣的上部原始闊葉林內，然而，由於陸塊加熱效應，台灣島南北兩端氣候及植被帶均呈下降現象，因而中部1,800公尺上下的植被特性，可出現在北部的600～900公尺之間，南部的800～

1,000公尺左右，甚至低至200～300公尺。蘇鴻傑、林則桐(1979)調查木柵地區，海拔678公尺以下山區的天然林，得出的社會單位包括「薯豆—楊梅—大明橘—豬腳楠過渡簡叢」，其出現於山頂、主稜支稜及山坡上側乾燥地等區域，其下再分5個亞型等，由組成看來，相當於中部山區1,600～2,400公尺的植群；筆者認爲，薯豆可能比杜英更耐陰，是次生演替第二、三階段以後才出現的樹種，其乃原始森林的組成之一，或說台灣最穩定的植被元素之一。

薯豆新葉及花苞（1988.4.29；新中橫）

猴歡喜 *Sloanea formosana* Li

杜英科 Elaeocarpaceae

台灣特產種；全台中、低海拔山區散見。

常綠大喬木，樹皮暗灰色，大樹常有板根發生；單葉互生，長橢圓形，長12～18公分、寬3～5公分，先端銳尖，基部鈍形，全緣或粗鋸齒緣，葉表面的中肋凹陷，葉柄長0.5～3公分，葉片與葉柄銜接處有關節，葉色深綠，葉背黃綠，粗糙；繖房狀花序頂生或腋生，有毛，花具長梗，萼4枚，外披毛，花瓣4～5片，上端不整齊裂開，雄蕊多數，子房4～5室，各生1胚珠；蒴果近球形，熟裂爲4瓣，種子細小，具稜角。

金平亮三（1936）記載中高地區的闊葉林內有許多猴歡喜，木材暗灰色，柔軟，氣乾比重0.53；台灣省林業試驗所（1957）記載海拔分佈爲400～2,200公尺；劉棠瑞（1960）沿用之。關於它的木材特性，吳順昭、王秀華（1976）敘述，「樹幹皮棕色，邊材、心材界線不分明，木材淡黃棕色，木理微斜，木肌中等，生長輪於近心部分明顯，早晚材轉變突然，近皮部分不十分明顯，早晚材轉變漸進，木材爲散孔材」，並檢附詳細的木材結構資料等。

關於「猴歡喜」這中文俗名係來自台語「猴ㄊㄩㄥ ㄚ丶」，意即高興、快樂、歡喜加「est」，或極度爽之謂。筆者野調曾口訪山野之人，解釋，因猴歡喜枝條硬朗有彈性，不易折斷，台灣獼猴群很喜歡在其樹上遊戲、晃動樹枝，故名之。筆者1980年於恆春半島南仁山區植被調查之際，曾目睹猴群在猴歡喜樹上的玩樂現象，驗證所言非虛。

猴歡喜的物候記錄，廖日京（1959）在台北的敘述，9月下旬著花蕾，10～12月以迄

→猴歡喜新葉完成生長
（2005.6.8；台20-126.3）

隔年3月開花，1～10月有果實，9～10月果熟，3月落葉與萌發新葉芽。然而，對此記錄筆者有疑惑，依個人調查及採集記錄，中海拔的猴歡喜每年約3月抽葉芽，4月多見新葉，9月底抽花序，10～12月間開花，12～2月果實成長，2～4月果裂。然而，2004年9月25日及11月20日，筆者在大凍山登山口停車場旁那株猴歡喜大樹，所見皆屬幼果，而生長似乎甚緩慢，據上，筆者懷疑筆者先前記錄有問題，或者，猴歡喜的果實是否須越年才會成熟？又，花期亦有問題，有待進一步查證。

筆者對猴歡喜的生態認知甚有限，只知在中海拔地域，其爲原始闊葉林的伴生種，海拔分佈中心似在1,800公尺以下，奮起湖、大凍山的調查（陳玉峯、楊國禎，2005）似乎在1,850公尺以上即不見猴歡喜蹤跡；1980年代，筆者另在恆春半島的調查，猴歡喜似乎較集中在溪谷兩側，也就是略好陰溼地。曾維宏（1994）對南仁山區海拔介於240～290公尺的永久樣區討論林隙更新，其中，猴歡喜的小苗及小樹「顯然多在林隙樣區，且以老的林隙居多」，也就是說，筆者推測，猴歡喜係藉倒木的空隙進行更新，但出現的階段較晚，暗示原始林內亦可更新。

猴歡喜植株（陳月霞攝；奮起湖）

猴歡喜未熟果實（1988.1.27；南橫）

猴歡喜大樹（1988.1.27；南橫）

大頭茶 *Gordonia axillaris*（Roxb.）Dietr.

茶科 Theaceae

大頭茶也是在19世紀末即已爲植物學家所登錄的台灣植物之一，出現於1896年亨利氏的《台灣植物目錄》第20頁，Matsumura and Hayata(1906)則記錄全台有史以來第一位採集台灣植物的英人R. Fortune（1854年前來淡水採集），對採自基隆的大頭茶標本，於1903年的鑑定，以及更早期如1898、1899年他人鑑定的台灣標本，但當時皆用*G. anomala*的學名，金平亮三(1936)等皆延用之，國府治台之後始訂正爲今名。由於大頭茶族群龐大、分佈遼闊，各地族群變異在所難免，日人大井氏曾先後另命名了兩個種名，1950年耿煊氏將之降爲變種，《台灣植物誌》(第一版)從之。然而，Liu and Lu(1967)認爲其僅止於可接受的種內小變異，畢竟依據蒴果大小等性狀，實在不必處理爲變種，遑論新種。筆者亦看不出有何足以另行分群的必要。偏偏就有些「好名者」，利用命名法規難以規範的「科學倫理」或自由心證的漏洞，性嗜命名取一堆即令明知只能淪爲異名的濫竽充數群，不論爲發表而發表或預留以後的一席空間，徒增後世困擾！不幸的是，國內學界或國家體制內不乏此等人士。

中文俗名方面，台人稱「大頭茶」的「大頭」究竟係指柱頭很大，或花苞、葉芽苞較大，則筆者尙未查出。其他俗名另有花東青、大山皮等。

形態方面，大頭茶爲常綠中、小喬木，樹幹胸徑可達30～50公分以上，樹皮灰白或銀灰色，側枝上揚；互生葉厚革質，長橢圓、披針或倒披針，長寬約12×3公分，尾端呈圓頭且中微凹，全緣或上半部葉片有疏波浪鋸齒，葉表面深綠，葉背粉黃綠，落葉前變紅，終年可見更替中的零散紅葉；葉芽、花朵膨大，近似；花頂生或腋生，1～3朵，近

→大頭茶花（1989.1.10；水里）

於無柄，花苞片多數，外披柔毛，萼片5，大小不一，花瓣5～6片，色白，柱頭略大，花冠開展徑約8公分，雄蕊多數，鮮黃色，花落時花瓣及雄蕊一齊落地；蒴果長橢圓形，長3～4公分，熟裂爲3～5背裂片，種子扁平，帶翅，風傳。又，陳玉峯（1985）敘述「葉片大小與光線強度呈負相關」，尚待實證。

大頭茶族群的分佈中心隸屬於亞熱帶，基本生態區位爲先鋒不耐陰至半遮蔭物種，崩塌地及荒廢地尤多見群聚，形成次生演替小喬木社會，即如陳玉峯（1995a）描述八通關越嶺路，海拔1,450～1,600公尺段落的「大頭茶優勢社會」，社會結構三層次，以大頭茶爲絕對優勢，伴生種如阿里山千金榆、青剛櫟、中原氏鼠李、細葉饅頭果、山漆、山鹽青、賊仔樹、杜英、飛龍掌血、金毛杜鵑、紅毛杜鵑、山枇杷、杜虹花、台灣笑靨花、大葉溲疏、車桑子、桔梗蘭等，其不僅是中、低海拔崩塌地次生林常見林分，更常形成低山群之山頂稜線，以迄海岸第一道主山稜的衝風族群或簡化型森林社會。

例如台北市近郊各淺山頂、稜線，風強、日照充分、土壤層薄或巨石橫陳區，基本特徵爲乾旱地，陳玉峯（1987）訂爲「青剛櫟—銳葉楊梅—大明橘—大頭茶—奧氏虎皮楠優勢社會」；而蘇鴻傑、林則桐（1979）對木柵地區山頂主、支稜及上坡段乾旱地的天然林，命名爲「薯豆—楊梅—大明橘—紅楠過渡簡叢」，其下再分5個過渡亞簡叢，包括「大明橘—薯豆—楊梅—大頭茶過渡亞簡叢」，也就是說，在北部低山群大頭茶族群爲優勢木之一，雖其非領導優勢種。然而，全台海岸山稜及強風地段山頭或頂下，大頭茶躍居主優勢的機率不低，例如南仁山區閉鎖式灌叢的「大頭茶灌木單叢」（劉棠瑞、劉

大頭茶花（1986.104；雲龍瀑布，八通關古道）

儒淵，1977），及「大頭茶－恆春楊梅灌木群叢」；墾丁地區的季風灌叢群落之一「大頭茶－虎皮楠群叢」位於豬老束山迎風坡、佳洛水海岸上斷崖；而陳玉峯（1985）敘述「虎皮楠－大頭茶優勢社會」為從北海岸澳底以迄恆春半島皆可見發達的單位等；南投縣集集大山山頂及主稜兩側乾生地，黃獻文（1984）列為「紅楠－西施花－大頭茶－杜英亞型」，伴生有黃杞、錐果櫟、狹葉櫟、紅皮、金毛杜鵑、野桐、虎皮楠、頷垂豆、樟葉楓等；中橫、南橫、北橫低海拔岩生植群，海拔2,300公尺以下皆可見及大頭茶族群，而中橫東卯山（山頂1,692公尺）1984年11月底發生火災，1985年即已萌發大頭茶種苗，且在東南坡與栓皮櫟、楓香、楊梅等共組社會，在在印證大頭茶的生態區位涵蓋地文亞極相（岩生、崩塌地）及次生演替（含火災區）的先鋒及原生林範圍；群生度高（林渭訪、薛承健編，1950）。

與大坑頭嵙山最接近的三義火炎山，除了孑遺馬尾松的特色之外，林則桐（1988）區分的6群植物社會，包括「大頭茶型」，以大頭茶佔30～60％優勢度，且由山谷至稜線皆可發生，族群樹高5～9公尺，胸徑5～20公分最常見，伴生有金毛杜鵑、九節木、山黃梔、細葉饅頭果、杜虹花、楓香、米碎柃木等，顯然與火災及頭嵙山層地質有關。筆者認為火炎山的山谷之可出現大頭茶，乃因石礫地因子補償作用，發生移位作用（陳玉峯，1995a）的結果；頭嵙山系在筆者89個調查樣區中，大頭茶佔據第二優勢者有6個，海拔介於682～859公尺，大抵集中於頭嵙山主稜線。

筆者2005年調查南橫公路兩側植物，大頭茶被歸屬於「西部分佈高於東部分佈50公尺以上的物種」之一；南橫西段其見於台

大頭茶果實（2005.5.18；阿里山公路）

20-121～140.5K之間，或海拔1,470～2,445公尺，大抵散生於闊葉林之間，但可伸入針闊葉混淆林帶；南橫東段僅在台20-158～158.5K及台20-165～165.5K之間登錄，或海拔1,750～2,150公尺之間出現。然而，大頭茶真實或潛在出現範圍，遠超過上述登錄。筆者認為，若詳細研究後，大頭茶很可能存有許多生態型。

大頭茶的生長率中庸，台北產者15年生樹高7.3公尺，木材淡紅、密緻，樹皮可染先前狩獵用的網；恆春半島於日治時代燒製木炭曾有幾大名材，例如別名楓港炭的黃荊（Vitex negundo）（陳玉峯，1985）、相思樹及大頭茶，大頭茶炭收率體積43％、重量24.3％，質硬；過往曾有大頭茶的造林，專供礦場架設輕便鐵道之用（林渭訪、薛承健編，1950）；其木材的結構、解剖，吳順昭、王秀華（1976）予以詳細描述，邊心材界限不分明，生長輪顯著，早晚材轉變突然，散孔材，且附有顯微攝影；筆者對原住民文化的口頭歷史調查得知，泰雅族人曾取大頭茶作為雨天野地升火的優良木材；郭達仁（1986）記錄冠羽畫眉吃食大頭茶的花朵。

謝煥儒（1984）登錄病害有為害嫩葉、葉片的「大頭茶餅病」，但大體上較少見受害；由於其花果顯著，合宜遠觀，歷來已多見

推廣，常被列爲觀花物種（蘇鴻傑，1978）、插花材料（吳純寬，1987），其他報導亦多（葉慶龍、洪寶林，1993；邱志明等人，1994；劉棠瑞、應紹舜1971；張焜標，1994；鄭元春，1980……）；呂福原、廖秋成（1989）曾以葉面積指數探討綠化效果，量測得大頭茶的葉面積指數（LAI），即每單位地表面積上方之葉面積和爲$11.61m^2$，1立方公尺內葉面積總和爲4.33 m^2，說明其LAI值大，爲綠化好材料。同時，其花期長，是主要產蜜植物、產粉植物之一（鄭元春、蔡振聰、安奎，1986）。

胡茂棠（1957）詳述11月22日播新鮮種子，發芽率低，12月30日開始發芽，二至三天後種殼破，子葉出土，再經三至四天，子葉轉綠色，初長僅0.5公分，二十天後增大3倍，冬春之際生長八十四天的莖，高度不及5公分，子葉平展至頂芽出現之時生長幾近停止，頂芽出現後始緩速上長。關於育苗綠化方面，官方、民間近年來多所試驗、推廣，包括高速公路兩旁植栽，鐵路上方邊坡的水土保持（顏正平，1968）；而楊正釧、陳裕星、林讚標（2000）討論大頭茶等3樹種種子的儲藏議題；林哲毅（1999）的碩士論文，探討不同土壤中大頭茶菌根接種效應之研究；至於楊政峰（1997）的碩上論文敘述，大頭茶淨光合作用的生產力很高。

大頭茶純林（陳月霞攝；獅球嶼）

大頭茶果實（1985.3.25；南仁山）

關於分佈，大頭茶見於中南半島、中國與台灣；全台2,450公尺以下的山地、海岸丘陵，1,500公尺以下爲分佈中心。

歷來物候記錄甚多，例如章樂民（1950）對台北植物園敘述3～4月花，4～5月果，換葉期3～4月；李順合（1948）記錄1月芽，3月花，9月果熟，11月黃紅葉，12月落葉（？）；廖日京（1959）台北市植株，12月花蕾，12～1月花，4～5月果，6～8月果熟，3月下果芽；鄭元春（1980）每年11～2月盛花；胡茂棠（1957）秋初果熟；楊武俊（1984）9月採種。依筆者記錄，中海拔花期8～12月，1～2月殘花，全年可見蒴果，因其包括去年未落乾殼，且因花期長，新果4～7月可見，8～12月（1月）新果熟裂，2～3月抽新芽，但全年可見新舊葉不斷更替，而花期仍以秋冬爲主。

山枇杷 *Eriobotrya deflexa*（Hemsl.）Nakai

薔薇科 Rosaceae

台灣特產種；分佈於全台海拔1,500公尺以下闊葉林中（《台灣植物誌》）。

常綠中、小喬木，樹皮縱裂；單葉集生於小枝頭，小枝較粗，枝梢幼嫩部密佈紅褐毛，葉革質，大而厚，長橢圓形、長倒卵形或長卵形，長度約10～25公分，粗鋸齒緣，中肋粗大凸起，側脈亦顯著，有長柄；圓錐花序頂生，具褐色柔毛，花萼5裂，外披褐柔毛，花瓣5枚，白色，先端凹陷，花徑約1.5公分，雄蕊80枚，花柱3，子房下位，有芳香；果實橢圓體至球體，先端具有宿存萼片（金平亮三，1936）。

金平氏謂日本俗名「Taiwan-biwa」，生於全島低海拔闊葉林中，阿里山區分佈上抵海拔1,800公尺左右，材質淡紅色，果可食。

山枇杷標本的採鑑，係台灣植物研究史第一大階段的產物，也就是1854～1895年，凡四十餘年間歐洲人士的零散採集研究，其中，1892年11月，畢業於英國愛丁堡大學的奧古斯汀・亨利（Augustin Henry）抵達高雄，至1895年離台為止，在高雄一帶採集，更藉由原住民朝屏東潮州之萬金庄、里港山麓採集，於恆春地區則深入至海拔約1,000公尺搜尋。1896年亨利氏發表A List of Plants from Taiwan（台灣植物目錄）於《日本亞細亞協會誌》（陳玉峯，1985；119～120頁），此一目錄之顯花植物1,283種當中，第41頁即錄有山枇杷。而松村任三及早田文藏於1906年的專著裡登錄之，乃至早田文藏1911年的《台灣植物圖譜》第一卷246頁再度登錄，產地仍然說是高雄、萬金庄、南岬（South Cape），但當時歸在*Photinia*屬，尚未放在枇杷屬，1916年及1918年Nakai才將之改置於枇杷屬內。

佐佐木舜一於1910年3月，在武威山採集到小一號的山枇杷，早田文藏1913年台植圖譜第三卷100頁，將之發表為新種*Photinia buisanensis* Hay.，早田氏註明，很像山枇杷，但葉及花甚小。1917年金平亮三在他的《台灣樹木誌》第一版218頁從之，但Nakai氏1916年在《東京植物學雜誌》第三十卷發表不以為然的看法，認為這「武威山枇杷」不足以成立新種，而將之改成型（*E. deflexa* f. *buisanensis*），可是，金平亮三堅持這大小變

山枇杷植株亦隨時有紅葉（2005.5.8；台20-117.8K）

山枇杷未熟果實（2005.4.27；台20-114.5K）

山枇杷未熟果實（2005.7.15；台20-169K）

異夠大，處理成型太小，因而改為變種。金平氏（1936）強調武威山枇杷比山枇杷的葉片小且狹，說是產於恆春半島台東廳下太麻里附近的闊葉林中混生。不只如此，金平氏與佐佐木舜一另對恆春半島平地叢林或原始林林緣的一些山枇杷的變異，說是葉片闊倒卵形，而先前早田文藏1913年命名的武威山枇杷的有些標本，仍應改訂為*E. deflexa* var. *koshunensis*，而Nakai則處理為另一型。

換句話說，山枇杷分佈在恆春半島的族群，在日治時代認為存有2類型的變異，分別被金平亮三等處理成山枇杷下面的2個變種，或Nakai認為的2個變型。而今《台灣植物誌》（二版）採用 Nakai的「型」，但只採用1個型而已，區別仍在於葉形及大小，不過，筆者檢視此等處理，所有的標本引證及敘述，可能只是在紙上或文獻上作業，而非有什麼新研究的產物。

依據筆者野調經驗，中海拔原始林中的山枇杷族群，乃林下第二、三層的陰生樹種，但在發育不完整的半岩生植被中，山枇杷可躍居第一、二層的喬木，惟樹高（該等植群）通常較低，也就是半陽性、半陰性的特徵兼具；而在恆春半島或南、東台灣低山脊稜風衝地，林相矮小，強光照射下，山枇杷變矮、變粗、葉變小型等，乃合理的環境變異，但其生態地位較之中海拔原始林下，的確有巨大改變，在植物分類的處理，反映形態及生態的變異乃屬合理，至於處理為型或變種，或所謂ecotype，或為不同研究者的歧異見解。

林渭訪、薛承健（1950，179頁）列為次要木材，中名採用「夏粥」，氣乾比重0.76，而木材耐腐性小，永山規矩雄的木條試驗，山枇杷三年九個月腐朽。

省林試所（1957）資料說山枇杷分佈於海拔200～2,400公尺，產地如基隆頂雙溪、陽明山、台北、南澳、礁溪、五指山、內橫屏山、油羅山、仙塘坪、馬鑑嶺、埋石山、玉山、阿里山、浸水營、大武、六龜扇平等，木材用於農具、家具；劉棠瑞（1960）記載「台灣枇杷」，別名山枇杷、夏粥，英名Taiwan Loquat，產於全台海拔1,500公尺以下闊葉林內，「尤推恆春龜子角一帶為多」；木材桃紅色，質略密緻，年輪不顯明，無邊心材之分……」；廖日京（1958）登錄陽明山樹木，而山枇杷說是分佈全台低海拔至1,800公尺。

李順合（1948）記載山枇杷4月果熟；廖日京（1959）記錄台北的山枇杷，11月中旬有花蕾，11月下旬至12月開花；楊武俊（1984）說是4月開花，12月採種；徐國士等七人（1985）對恆春半島的族群使用「恆春山枇杷*E. deflexa*（Hemsl.）Nakai f. *koshunensis*（Kanehira & Sasaki）Li」，敘述原種為台灣特產，分佈全島低海拔1,500公尺以下山區，而恆春山枇杷特產於恆春半島，屬中喬木，可生長在珊瑚礁岩上，抗鹽力尚佳。9～12月開花，1～2月殘花，5～7月果熟，果皮由綠轉黃，球形至橢球形，果肉可食，以水搓洗去除果肉果皮，種子蔭乾後貯存，每公升種子約973粒。播種後約三週後發芽，一個月後發芽率達9成以上，苗木生長速率快，半年生苗木平均高度30公分以上，可出栽造林。種子含水率31.30±2.41%，100粒種子重77.82±1.44公克。1984年8月7日播種，開始發芽日數為十八天，發芽前後日數十二天。又說，1984年8月6日定植的山枇杷，三個月苗木平均高度10.7±0.2公分，六個月苗木31.9±0.7公分高。

佐佐木舜一（1922；轉引陳玉峯，2004，858～859頁）於玉山山彙記載的山枇杷，分佈於海拔606～1,212公尺、1,515～1,818公尺及2,121～2,424公尺；筆者個人的記錄，海拔最高及於2,400公尺，與紅檜交會，但其分佈以闊葉林為主，一般採零散或較均質的空間分佈，陳玉峯（1989）的楠溪林道永久樣區內，海拔約1,800公尺的東南坡，「長尾柯—烏心石—狹葉櫟優勢社會」的原始林內，山枇杷為第二、三層樹種，面積約1,734公尺內存有約50株，胸徑組級結構完整，呈現永續發展的反J型。

筆者記載的物候，以海拔1,700～2,400公尺之間的族群（上部界）為例，每年約1～2月間抽出新枝、新葉，且持續抽至4月底，但全年皆可見新葉生長，且全年隨時可見變金黃、紅褐的零星葉片斷續掉落；2月底至3月間抽出花序開花，3～4月為盛花季，5～9月果實由小漸長大，10月果實開始變化，由綠轉黃，11～12月果熟，且掉落。

筆者認為山枇杷乃全台闊葉林林下伴生種至恆存種，其存在或傳播可能與台灣獼猴及松鼠、飛鼠有關；其似無明確植物社會歸屬，但局部地區可形成略佔優勢的現象，例如蘇鴻傑、林則桐（1979）在木柵山區的天然林列有「樹杞—九丁榕—山枇杷—大葉楠過渡亞簡叢」的社會單位；其生態幅度寬廣，由陰生乃至全陽光生育地，由化育良好的土壤以迄岩生環境的隙縫皆可適應；其在恆春半島、東台海岸、中低海拔岩生環境下，可躍居第一層小喬木，陳玉峯（1985）在墾丁國家公園海岸植被中，將恆春半島的山枇杷族群列為內陸植物，且族群分化為前岸及後岸植物，數量多；在前岸植物帶中，存在於如鵝鑾鼻公園內，包括高位珊瑚礁岩上的「榕樹／山豬枷／山欖／葛塔德木優勢社會」，以及礁岩塊之下的平坦地上「毛柿—大葉山欖優勢社會」之內，山枇杷皆為伴生種；此外，在南橫東段的利稻，並非合於水稻種植，筆者口訪原住民，「利稻」乃布農話Li-do，也就是山枇杷，轉音而來，則是否該地盛產山枇杷，不得而知。

甘偉松編（1972）說是山枇杷葉含有皂素及配糖體，煎服有鎮咳效用；果實可治熱病，而種子含氫氰酸；鄭元春（1987）則教人果實可生食之外，可將熟果去子去皮，打果汁飲用或製成果醬，採集時間說是夏季。

山枇杷的落葉前變色，景觀效應佳，可列為鄉土植栽推廣之。

山枇杷紅葉（陳月霞攝；2005.4.27；南橫）

墨點櫻桃莖幹
（1996.1.4；大坑1號步道）

墨點櫻桃 *Prunus phaeosticta*（Hance）Maxim.

薔薇科 Rosaceae

分佈於印度之阿薩姆、中國南部之廣東、香港等，以及台灣；全台海拔500～1,500公尺闊葉林內甚普遍（《台灣植物誌》二版）。

常綠中喬木，樹皮平滑，有灰色斑點，形成層含有強烈杏仁芳香；單葉互生，長橢圓披針，長約6～12公分，先端尾狀漸尖，基銳尖至略鈍，全緣，罕見波狀緣或鋸齒，葉表略油亮綠，葉背淡黃、白綠，佈滿油球，於老葉時以黑色小點呈現，故名「墨點」櫻桃，金平亮三（1936）加註，本種的葉片搓揉後，發出強烈杏仁芳香味道，也就是油點破裂的揮發油散出，而逆光看葉背，除油點外，亦見細脈成網眼，而容易辨識，具葉柄；花腋生，形成短總狀花序，白花，花徑約0.6～0.8公分，花萼倒圓錐形，5裂，裂片圓形，齒牙緣，花瓣圓形，雄蕊多數，子房上位；核果球形，徑約0.7～0.8公分，成熟由綠轉紅紫黑。

金平氏謂日本名：Kurobosi-zakura，埔里、阿里山盛產之。

墨點櫻桃是日治時代之前最早期被採鑑的物種之一，早田文藏1911年登錄的學名為*P. punctata* Hook. f.，他引證的標本是中原源治1907年5月，採自Tikushiko，編號655者。

劉棠瑞（1960）敘述產於埔里、阿里山、大雪山海拔1,800公尺左右地區，以及北部竹子湖，木材黃白色，年輪顯明，可製各種用具，但主供柴薪之用；別名「桃仁」；英文俗名：Dark-spotted Cherry；廖日京（1958）登錄陽明山公園的樹木，敘述墨點櫻桃說是分佈海拔100～2,000公尺；李瑞宗（1988）介

→墨點櫻桃果實
（1996.7.12；大坑5號步道）

紹陽明山國家公園步道可見的植物圖譜，關於墨點櫻桃認爲海拔200～1,500公尺的森林中常見，「陽明山區數量頗豐，800～1,000公尺尤多，唯愈近稜線則愈少」；黃增泉等(1983)對陽明山國家公園常見植物的墨點櫻桃，說是「森林中極爲普遍……5月間發出新枝葉並開花」。

「……1、2月葉子轉黃方才掉落，其更新常在數日之內便可完成……花期4月」(李瑞宗，1988，97頁)；花炳榮(1994)敘述陽明山國家公園原生植物種源保存及培育方法一文中，將墨點櫻桃列爲值得推廣的觀賞樹種，記錄在菁山自然中心原生植物種子庫中，墨點櫻桃的花期列爲4月，100粒種子重15.335公克(註：原報告表1的標點符號可能全部弄錯)；楊武俊(1984)登錄蓮花池的墨點櫻桃，種子含水率29.67%，1公升種子重461公克，1公升有3,154粒，1公斤有6,835粒，1,000粒種子重144.5公克。

歷來對墨點櫻桃的分佈與物候記錄都不完整，花期多記載在4月爲多，5月其次，也有記載花期2～3月，而結實7～8月者；海拔另有說是600～1,800公尺者；佐佐木舜一(1922；轉引陳玉峯，2004)之登錄玉山山彙，墨點櫻桃記載於海拔606～909公尺及1,515～2,121公尺；而筆者的記錄，以阿里山區及南投山區爲例，海拔最高分佈約達2,300公尺，最低則視地區而定，基本上它是上部闊葉林帶的物種，分佈中心落在1,200～1,800公尺之間的闊葉林內，在低山系統乃因植被帶壓縮而海拔降低，故而100～200公尺的陰溼寒氣地亦可散存，以大坑爲例，台中市轄區的陽旱地無法生存，台中縣谷地地區則可見其分佈。

關於物候，以楠溪林道及神木林道海拔約1,800公尺的分佈上部爲例，每年約在11月

墨點櫻桃未熟果實(2005.6.10；台20-133K)

見花蕾，12月至隔年1月開花，2月見初果，3～4月果漸成熟，5月落果；而海拔愈低，花期反而愈晚，但筆者尙無完整比較的登錄，只推測其乃冬花反向類型，也就是說，如同山芙蓉的開花現象，海拔愈高、花期愈早，但仍應全面調查比較始可確定，至於落葉現象，理應一併觀察。

生態方面，墨點櫻桃爲原始闊葉林下第二層喬木，且生育地大抵皆屬土壤化育良好的林床；耐陰，但溪谷地並不適存，生態幅度略爲窄化，衝風山稜則族群蛻減至消失。郭耀綸、楊勝任（1991）調查浸水營山區植群，將墨點櫻桃列爲「廣泛分佈於中坡及支稜上」的物種，也就是執中型；陳玉峯、楊國禎（2005）調查奮起湖山區之大凍山，墨點櫻桃自登山口（海拔1,641公尺）以迄山頂（海拔1,976公尺）大抵皆存在，但較集中於中坡段海拔1,700～1,900公尺之間，並無明確植物社會的分化，但作乾—溼及陽—陰漸次變化的中間部位，筆者認爲它的「中間路線」性格較顯著；其林下更新斷續發生，且時而在林內，因上層喬木倒塌後，開花、結實豐，且隨之而苗木大增，但常態而言，其屬散生或逢機型。筆者對其研究不足，僅推測其不易在旱陽坡存在。

由於過往林業視墨點櫻桃等爲雜木，木材特性較無人著墨，而中華林學會編（1993，499頁）視其爲森林副產物的生產工具，將墨點櫻桃列爲「高產量之香菇栽培樹種」之一，以林試所選擇52種菇木，與公認優良菇木樹種的楓香作比較試驗，14年生的墨點櫻桃，每公噸鮮木材可生產乾菇24.64公斤，乾菇品質爲優等。

總之，墨點櫻桃除了葉背墨點及強烈杏仁味，易於在野外被鑑定、被解說之外，台灣人實在對其認知貧乏，或應多予研究。

墨點櫻桃熟果（1996.1.4；大坑1號步道）

山薔薇（陳月霞攝；2003.4.28；阿里山公路）

山薔薇 *Rosa sambucina* Koidz.

薔薇科 Rosaceae

分佈於中國、日本及台灣；全台中、高海拔山區散見。

攀延性有刺灌木，全株地上部分具短剛硬鉤刺，莖蔓性無限制生長；奇數羽狀複葉，小葉3～7枚，但常5枚，長橢圓至長橢圓卵形，長4～6公分，鋸齒緣，先端漸尖，基略鈍尖，上表面葉中肋成凹溝，在葉背則凸起，羽軸基部(連接莖)有托葉，托葉倒披針形，沿羽軸基兩邊對稱伸出；繖房花序頂生，生有腺毛，花托亦具毛茸，萼片亦然，反捲，花瓣倒卵形，白色，長約1～1.5公分，整朵花花徑約2～3.5公分，甚爲芬芳；果實近球形。

山薔薇最早的鑑定可能是早田文藏1915年，1917年Koidz. 認爲是日本及中國種*R. sambucina*的台灣特產變種var. *pubescens*，金平亮三(1936)沿用之。後來，《台灣植物誌》認爲不必成立變種，即今之學名。

金平氏敘述：「全島高地甚多」；應紹舜(1985)認爲：「見於北部中海拔約1,500～2,700公尺的山地，森林邊緣或路旁，較常見」；蘇鴻傑(1978)調查中橫公路沿線植被及景觀，列出的觀花植物之一的小金櫻*R. taiwanensis*，說是：「蔓性常綠灌木；可見於武陵農場、德基水庫等，海拔1,500～2,500公尺；花白或淡紅，花期5～6月份」，筆者懷疑有可能就是山薔薇，而非小金櫻，然而，依個人觀點，台灣的薔薇屬植物迄今似乎未見有眞正釐清，物種及學名存有諸多疑義，尙待研究。

依據筆者採集調查經驗，沿中橫公路，如梨山以下路邊常見；中橫支線台14甲於青青草原至霧社，或上抵梅峰之間，路邊樹上攀爬甚多；阿里山公路上半部及新中橫沿線亦然，但嘉義、南投筆者的記錄，海拔分佈殆在2,000～2,700公尺之間，也就是檜木林帶的次生灌木。

阿里山區通常在二萬坪以上至新中橫上半段的林緣出現，每年約3月底抽出花序，4～5月盛花，6月殘花而果實開始長成，7～8月果綠，8月底以降果實漸變色，9～10月果實紅色，11月落果或昆蟲、鳥類啄食，12月至隔年2月間，衝風或較乾旱部位有局部落葉現象。

山薔薇在薔薇屬植物當中，最大外觀上的特徵即無限生長的幅度最大，筆者曾見其在中橫的林緣，攀緣蔓長幾乎形成一面大圍牆，或說「坐大」的能力最強悍，然而，它是倚賴種(dependent species)，也就是說必須倚附在別的喬、灌木，而幾乎不見在地面團聚而生(推測在路邊或人跡處，因硬刺惹人嫌而頻遭剷除)，就生態意義而言，蔓藤類通常發生於次生演替的灌叢期，頻常形成搶盡陽光的天蓋，造成其下方陰暗，導致其下陽性物種滅絕，而能發芽長出者即較陰生的中期、後期森林物種，就筆者見解，蔓藤擔任演替過程的關鍵機制之一，而後，一旦形成森林，蔓藤類有些被淘汰，有些則變成所謂木質藤木，是以蔓藤類尚可區分爲多類生態群。

然而，如山薔薇等物種既非木質藤本，而是攀附性又非眞正攀延型植物，它無捲鬚、沒有吸盤，也不是靠莖捲旋，而是靠其體重與鉤刺，它又需要直接光照，因而通常只在林緣樹上「靠壁」方式發展，一旦有所倚靠，各方向側芽、主莖又無止生長，反覆在自己身上倚靠，而長成大叢群團。此類物種或應歸類爲林緣生態轉變帶的特定類型。

筆者認爲，此面向的生態研究若予詳加分析之後，必可形成研究的另一方向，既富生態意義又有趣。可惜的是，其似無顯著經濟利用價值(？)，台灣幾乎完全沒有研究，因而山薔薇雖數量龐多而常見，卻幾乎沒有資料。山薔薇另稱「台灣山薔薇」，係因使用台灣特產變種學名見解者，所加以區別者。

山薔薇特寫（陳月霞攝；2003.5.10；新中橫）

台灣楓樹科Aceraceae的介紹

全球被歸屬於楓樹科(Aceraceae)的植物計有3屬，大約200種，楓屬即佔約190種，多分佈於北半球地區；台灣只有1屬，即楓屬(*Acer*)，計6種(《台灣植物誌》第二版)。

楓科全數物種爲喬木或灌木，枝條保持綠色；葉對生，無托葉，單葉或羽狀複葉。花著生於腋生或頂生的總狀花序、圓錐花序、繖房花序、繖形花序或穗狀花序；花有單性、雙性、雜性，雌雄同株或異株；花數4或5；萼片有時合生；花瓣有時欠缺，或多與萼片同數；花盤呈環狀；雄蕊4～12枚，但常爲8枚；子房上位，常壓扁而與其隔膜成直角相交(劉棠瑞、廖日京，1981)，2室，每室具胚珠2，著生於中軸，花柱2；果實爲有翅之裂果(samaroid schizocarp)，成熟後裂爲各具1翅之懸果(mericarp)，但一般人皆稱爲翅果。

楓屬英文俗名爲maple，在美洲係具備甚重要經濟地位的闊葉樹類，主用途有三大面向，即用材、蒸餾物及製糖，所謂蒸餾物即如醋酸、甲烷等，製糖即有名的楓糖、楓糖漿(maple syrup)等，來自如糖楓(Acer saccharum)樹等，李宗可(1960)〈介紹美洲之槭樹〉(註：槭為誤用，筆者一律採用楓)一文敘述，早春時令，由糖楓樹幹上鑽孔，深1～2.5吋，則樹汁液流出，收集後以火力熬煮，或將水分蒸散掉即變成濃稠的糖漿。再加以脫水，則成粒狀糖。以美國爲例，一株糖楓每年可生產糖漿1品脫至1加侖，或楓糖1～8磅。一般而言，32加侖的楓樹汁液可製糖漿1加侖或楓糖8磅。

然而，美國的楓糖(漿)產量自1950年之後大爲遞減，現今國人旅遊買回國內者，似以來自加拿大者居多。筆者女兒2005年初買回的楓糖漿，250CC.玻璃瓶裝者，1瓶加幣7.25元，同樣價錢買得1瓶165公克裝的「楓油(maple butter)」，係將純楓糖漿烹煮至111.5℃，再攪拌成均勻的乳脂狀，其香味更醇厚，加在土司、麵包上食用；另一方面，台灣的楓樹似未聞可作糖漿者，或似可檢驗之。

台灣原生楓樹有6種。葉子全緣，且其

基隆仙洞的台灣三角楓(1983.5.15)

台灣三角楓經大量培育，普遍栽植（2005.5.1；宜蘭武荖坑）

尖葉楓雌花（1988.3.2；台20-154K）

葉背粉白者，即樟葉楓（*A. albopurpurascens* Hay.），分佈於全台中、低海拔山區；葉片成3淺裂，但裂片通常全緣者爲台灣三角楓〔*A. buergerianum* Miq. var. *formosanum*（Hay.）Sasaki〕，係產於基隆、仙洞、淡水富貴角地區的海岸林（金平亮三，1936），乾溝亦有採集記錄（許建昌，5328），可歸屬特有變種的稀有植物。以上2種的共同特徵，即通常葉片都沒有鋸齒邊緣。

其他4種的葉片通通有鋸齒緣。其中，葉片幾乎沒有裂片，全葉片呈卵形至長橢圓形，或罕見有輕微的3～5裂片，但幾乎可忽略者即尖葉楓（A. *kawakamii* Koidzumi），它的鋸齒不規則或不整齊。

剩下3種，其中，台灣掌葉楓（*A. palmatum* Thunb. var. *pubescens* Li）的葉片通常作7中裂（註：將裂片深度簡約分成淺裂、中裂及深裂），它較少見，在中部地區筆者視其爲檜木林上部或扁柏林的指標（但亦不盡然）；而葉片作5裂者，5淺裂、鋸齒較粗，且葉基較圓胖或心基者是台灣紅榨楓（*A. morrisonense* Hay.）；葉片作5中裂、細鋸齒，且葉基截形者，是青楓（*A. serrulatum* Hay.）（劉棠瑞、廖日京，1981），以粗俗話說，台灣紅榨楓葉片輪廓臃腫肥胖、圓屁股，裂片淺淺；青楓裂片深度將近中間，裂片清秀三角形，屁股（葉基）平板。

以上即二版《台灣植物誌》所宣稱的台灣6種楓樹。然而，早田文藏於1911年發表的三裂楓（*A. tutcheri* Duthie var. *shimadai* Hay.）被歸爲「不確定物種」；早田文藏1913年發表的裏白楓（*A. hypoleucum* Hay.），被金平亮三（1936）歸併於*A. oblongum*（即後來修訂為今之樟葉楓的學名者），又被劉棠瑞與廖日京修改爲樟葉楓的變種，在植物誌中只簡化爲樟葉楓，因此，台灣的楓樹是否確定爲6種，或7種，或8個分類群，仍值得探討。

尖葉楓新葉及花序（2006.3.12；台20-133K）

尖葉楓新葉及雄花（2006.3.12；台20-133K）

尖葉楓未熟翅果（2005.5.23；台20-123K）

尖葉楓落葉前變黃色（1988.1.27；南橫）

尖葉楓已熟翅果（1986.7.25；南橫）

尖葉楓植株（1988.7.25；南橫）

尖葉楓翅果（陳月霞攝）

尖葉楓初苗（陳月霞攝；2005.4.30）

尖葉楓小苗（陳月霞攝；2005.6.23）

尖葉楓芽苞（陳月霞攝；2005.2.13；阿里山公路70K）

→跨頁圖：尖葉楓全株雄花穗（2003.3.18；阿里山）

台灣掌葉楓葉及翅果（1988.8.25；丹大7林班）

台灣掌葉楓葉及翅果（1988.8.25；丹大7林班）

台灣掌葉楓紅葉（1987.12.15；丹大7林班）

台灣掌葉楓植株（1987.12.15；丹大7林班）

台灣掌葉楓植株（1987.12.15；丹大7林班）

台灣掌葉楓（陳月霞攝；1987.12.15；丹大7林班）

台灣紅榨楓莖幹初時為綠色，且多皮孔（1983.11.20；往大鬼湖）

台灣紅榨楓雄花穗（2006.3.26；台20-159.5K）

台灣紅榨楓雌花穗（1986.4.18；阿里山）

台灣紅榨楓春芽（1982.3.5；阿里山）

台灣紅榨楓新葉（2000.3.19；阿里山）

台灣紅榨楓新葉及花序（2000.3.18；阿里山）

台灣紅榨楓夏葉（1998.7.16；大雪山230林道）

台灣紅榨楓秋葉由上而下、由外而內變色（2004.11.11；祝山）

台灣紅榨楓變色中（1986.11.11；郡大林道35K）

台灣紅榨楓落葉（2003.12.22；小笠原山）

台灣紅榨楓落葉（2003.12.22；小笠原山）

台灣紅榨楓全株紅葉（1987.12.15；丹大7林班）

台灣紅榨楓紅葉及翅果（2003.12.22；小笠原山）

台灣紅榨楓落葉且落果之後（1982.2.2；對高岳山頂）

台灣紅榨楓葉多變異（2004.11.11；小笠原山）

台灣紅榨楓落葉後翅果尚在樹上（1986.1.29；新中橫）

台灣紅榨楓紅葉（陳月霞攝）

青楓樹姿（1996.8.25；仁澤）

青楓花序（1982.4.6；對高岳）

青楓翅果（1988.8.25；丹大林道）

青楓紅葉與否，與該年天候相關（1988.11.22；阿里山）

青楓紅葉（八通關古道）

青楓紅葉（陳月霞攝）

樟葉楓盛花（1988.4.27；南橫）

樟葉楓 *Acer albopurpurascens* Hay.

楓樹科 Aceraceae

樟葉楓殆指乍看之下像樟葉的楓樹，在清朝及日治時代原漢名謂之「飛蛾子樹」，取義於翅果宛似蛾，於秋及前冬季掉落，飛飄若飛蛾。學名方面在此採用早田文藏1911年發表爲台灣特產種者，但金平亮三(1936)則認爲應與印度、緬甸、琉球、香港等地的*A. oblongum*同種，惟早田氏發表時亦說明近似該種，而台灣產的葉漸尖，且基部銳尖，故而另立新的台灣特產(Hayata, 1911)。目前這兩學名都有人使用。

形態方面，大多數台灣樹木學者延用日本人早期描述(例如金平亮三，1936)，說是半落葉喬木，直徑可達60公分，樹高達15公尺；3月萌新葉，初有柔毛，成熟前後脫落。葉對生，葉柄長約爲葉身之半，葉爲披針狀的橢圓至長卵形，6～9×2.5～3公分；繖房狀圓錐花序，頂生；翅果長約2.5～3公分；野外鑑定本種的特徵爲：葉對生，葉背帶粉白、淡粉白，若有翅果則可肯定無誤。

基本上樟葉楓爲台灣中、低海拔岩生植被(陳玉峯，1995a)的落葉樹種之一，海拔落差從近海平面至約2,200公尺皆曾見及，但海拔分帶的意義不如立地基質顯著，其爲全台溪谷、峽谷兩側或陡峭山稜面，土壤化育不佳，且形成年度旱季地的落葉林集中處，即樟葉楓的分佈中心，但其可藉常綠林的孔隙期或次生演替階段，點狀入侵，形成伴生種；向陽至半遮蔭，甚或陰生環境亦有少量適存，族群視所在立地的環境因子條件，以不等程度的落葉策略作調整，通常較爲潤溼大氣下，呈現延緩落葉現象。事實上所謂落葉樹大抵指全樹樹葉集中於某段期間內掉落，且維持一段時期的光禿現象。若如樟

樟葉楓雄花(1988.3.3；南橫)

樹，在新葉長成後的5月間，年度舊葉完全汰盡則不稱落葉樹，一些樟葉楓族群其實在新葉長出後舊葉仍存在，但在冬季又有明顯黃葉掉落，故謂之半落葉。或落葉與新葉間欠缺明顯時差，或落葉並非全數短期落盡等，介於常綠樹與典型落葉樹的特性之間，或各不同族群、不同個體的不等程度的落葉展現現象而已。

樟葉楓在歷來的植群生態調查中，似乎未曾發現佔有最優勢的地位，充其量爲第二或第三優勢，例如日月潭附近九份二山海拔800～900公尺的岩生環境，在一樣區中位列於九芎、相思樹之後，且與櫸木、小西氏石櫟、紅皮、無患子、楝樹、小梗木薑子、卜萊斯女貞、羅氏鹽膚木等組成次生社會（黃献文，1984）。台中大坑山區的生態地位亦近似；樟葉楓翅果產量亦有凶、盛年之分，整體而言數量頗大，提供其在各地拓殖的機率。楊武俊（1984）10月採自谷關的種子處理後，測得種子含水率12.35%，1公升有4,655粒，1公斤有36,000粒；由於其有落葉現象，故在編列觀賞植物時，常常榜上有名，但如蔡振聰（1984）指其「花黃白色頗爲美觀」，筆者較難體會。

樟葉楓在火災跡地第二年即可發生下種成苗的現象（陳明義等人，1986）印證前述其次生演替的生態地位。

樟葉楓在海拔2,200公尺以下，全台各山區的岩生植被零散分佈。

關於物候方面，依各地記錄顯示，其花、果、芽、落葉等似乎無明顯差異，這就廣泛分佈的物種而言較罕見。通常2～4月爲花期，3月抽新葉，4月完成葉生長且種子的翅膜已長出。4～11月皆可見到翅果，10月以降則落果飛傳，也就是果熟期在9～11月。

樟葉楓小翅果（1988.3.3；南橫）

樟葉楓翅果成長中（1988.3.3；南橫）

樟葉楓未熟翅果（1988.4.27；南橫利稻）

樟葉楓翅果（陳月霞攝）

樟葉楓翅果（1996.7.4；大坑1號步道）

樟葉楓熟果（1988.1.4；丹大林道）

台灣楓香新葉
（陳月霞攝；1990.3.12；台中市）

台灣楓香 *Liquidambar formosana* Hance

金縷梅科 Hamamelidaceae

1854年4月20日（清・咸豐4年）蘇格蘭人Robert Fortune（羅勃・福穹；英國園藝學家）由福州搭船抵達淡水港，停泊一天並採集海岸生物，揭開台灣植物研究的序幕。自此以迄日本治台前，殆爲台灣植物調查史的最早階段，凡約四十年間沿海、低地的標本，大部分被送到英國皇家邱植物園，部分則進入大英博物館，由當時一流的植物學者以J. D. Hooker爲首，夥同A. R. Rolfe；H. F. Hance、J. G. Baker、D. Oliver、N. E. Brown等人所研究、命名（山本由松，1940；轉引陳玉峯，1995a），楓香的學名即由Hance（廈門代理領事，未曾來過台灣）所賦予，於1866年發表於法國自然科學年報，迄今此學名未曾動搖；至於中文俗名則長期以來混淆不清，尤以楓（*Acer*）與楓香（*Liquidambar*）最爲糾纏絮亂。

李學勇（1985）辨證楓香與楓樹的歷來沿革與訛傳，最早的錯誤可能是東晉郭璞，經蘇敬、邢昺等傳統不求實證的抄書，到1593年李時珍的本草綱目，更將楓香與楓樹混合爲一且「發揚光大」，幸虧1827年王筠提出糾正。然而，傳到日本的楓香亦引發混亂，日人小野蘭山先生弄清這分明是不同的兩大類，因而把古傳統中國的楓樹之名，誤判給了楓香，楓樹則另找出「槭樹」來稱謂，將Aceraceae（原楓樹科）叫做「槭樹科」（1852年），由是而廣傳。但牧野富太郎質疑，認爲「槭」未必就是*Acer*。不幸的是，中、日互爲誤傳至少二個世紀，而台灣近一、二十年來的自然教學、解說，爲認識植物方便起見，創造了「楓互槭對」的口訣，意即楓香是互生葉、槭樹是對生葉，成爲今日流行的舊錯誤。簡單的說，楓香就是金縷梅科的楓香，所有的槭（*Acer*）都應是「楓樹」。至於楓香字義殆因葉片像楓樹，且「有脂而香」，故謂之。

然而，夏緯瑛（1990）之專釋植物中文俗名的書，仍延襲舊誤，再度強調眞楓是楓香，看來兩岸的考證從未溝通。又，「楓」字即取義於該植物之葉易於感受天風，但「說文」說楓善搖，筆者卻懷疑「感受天風」是否僅指葉易受風搖，或指北風帶霜之葉變色或

台灣楓香新葉（陳月霞攝；1990.3.12；台中市）

落葉也未可知。

楓香其他的俗名如香楓、路路通、楓仔樹、香菇木等；其果實熟落地後，種子往往早已飛散，整個果實呈現許多小空室，因而中藥材稱楓香果實為「路路通」(郭武盛，1987)，謝阿才(1963)則指註「路路通」為南京用語。然而，筆者懷疑「路路通」並非指果實的空洞，而是指果實主治經絡拘攣，周身痹痛及手足腰痛等，意或為打通經絡。

依學名命名之直譯，中文俗名宜用「台灣楓香」。

台灣楓香乃落葉大喬木，樹幹通常通直，可達30公尺、胸徑1公尺以上，但立地不良處亦可成灌木體型。樹皮於幼木時期平滑灰褐，但初由頂芽或側芽長出的枝條為綠色，老木則暗褐粗糙，樹脂具有如蘇合香的芳香味；單葉互生，但往往叢聚枝頭，具3裂片但輪廓為菱形，有3條明顯主脈通至裂片頂端，3主脈間有許多網狀脈相連，幼葉常見有5裂片，葉基圓或略心藏形，長寬約10×20公分，紙質，細鋸齒緣。葉柄長達約8～10公分，圓筒狀，幼嫩時柄基見有2片線形的托葉，旋脫落。老葉於秋轉黃或紅、褐；雌雄異花，同株，與新葉同時展放，無花被。雄花為縮短的總狀花序，雄蕊數目不定，花藥2室，花絲平滑，長約0.15公分。雌花序有長總梗，球形的頭狀花序，花柱長約1公分，有毛，基部有4～5枚刺狀鱗片。子房2室；蒴果互相癒合成為頭狀聚合果，徑約2.5公分。花後花柱先端延長成為果實的頂刺。果實成熟時於先端開裂，種子有完全與不完全兩類，完全種子有翅，橢圓形，長約0.7公分，不完全種子有不規則的稜角，徑約0.1公分(金平亮三，1936；陸錦一，1974)。

關於台灣楓香的生態，金平亮三(1936)描

↓台灣楓香(大坑圓環)

述楓香的產地：「中部地區特多，特別是在開墾跡地，第二期森林地或溪岸爲多，屢屢形成純林」，數十年來大家習慣以此藍本反覆抄襲，無論形態、利用皆然。經由多年的墾植，台灣低海拔天然林相迭受摧殘之後，目前依記錄尚殘存較爲完整的林相或族群數量較多者，如宜蘭南澳、桃園三光、台中十文溪、南投惠蓀林場、南投奧萬大，林相不完整者如台北烘爐山、苗栗卓蘭、高雄寶來、屏東三地門、台東土坂村，其他地區多成散生林或散存（章樂民、林則桐，1986）。此外的報導，下澤伊八郎編（1941）敘述大屯山系之紗帽山南側、七星山東南及大屯山北側，皆存有楓香族群，有些胸徑達1.6～2公尺者，亦有地名「楓樹腳」之佐證，後來，劉棠瑞、陳哲明（1976）、黃增泉等人（1983）、黃增泉等人（1984）、關秉宗（1984）等，皆爲此地區的見證。以下依植群生態各家調查敘述之。

楓香爲美洲、亞洲古老化石種的後裔，目前全世界僅剩3種，即中美洲及美西的膠糖香樹、小亞細亞的蘇合香及中國、台灣的台灣楓香。台灣楓香經登錄爲植物或森林社會單位者，鍾補勤、章樂民（1954）樣區調查記載，角板山海拔500公尺上下，坡度40～45°，下有石灰基岩，砂質紅壤的向陽乾燥地，列有「楓香－青剛櫟－江某群叢」，且認爲是伐採後二期森林的不安定植群；黃守先（1958）觀察台北縣植相，粗略列記100～1,500公尺存有「楓香－青剛櫟社會」。

王仁禮（1970）調查大甲溪上游青山、松鶴地區的台灣二葉松林分，前者海拔900～1,250公尺，後者700～1,100公尺，30～40年生的二葉松林施以9個100平方公尺面積的樣區，宣稱楓香爲伴生種，分佈於700～1,250公尺，出現的樣區頻度爲44.4%；稚樹的發生率，在松鶴區爲55.6%、青山區爲88.9%，兩區稚樹發生率最高的物種爲楓香與栓皮櫟。從而推論低海拔的二葉松林，初爲純林，次爲與楓香、栓皮櫟形成混合林，最後將被淘汰；柳榗（1970）綜論全台植群，在暖溫帶雨林群系的次生植群列有「楓香過渡單叢」，出現於向陽地，最高約達1,800公尺；劉棠瑞、應紹舜（1973）於太平山麓的觀察，列舉分佈50～300公尺山地，在溪谷或溪流旁，土壤乾燥砂礫地或潮溼地皆得生存的「楓香－山芙蓉群叢」。

劉棠瑞、陳明哲（1976）調查大屯山區42個面積100平方公尺的樣區，其中4樣區中計存有31株楓香，胸徑依3、5、10、15、20公分組級，各有7、12、5、1、6株，也就是次生類型的年齡結構，其推論大屯山區沼澤地域的溼生演替過程，於結束水生植群之後，係以楓香爲先驅樹種，形成「楓香過渡單叢」，故而本山區殘留許多楓香大樹，成

台灣楓香花序枝葉伸展（陳月霞攝；1990.3.12；台中市）

叢狀的生長在向陽而潮溼之地。筆者則認爲未必是溼生演替系列而來，更有可能是小演替、孔隙作用等反覆變遷的現象。同樣的大屯山系，關秉宗(1984)調查鹿角溪集水區的楓林溪中上游一帶，生育地潮溼，土表多岩石，訂名爲「楓香型」植群。主要樹種的楓香族群，胸徑最大者達102公分，其他植物如長梗紫麻、大葉楠、老鼠刺、九芎、紅榨楓、銳葉柃木、桃葉珊瑚、石苓舅、樹杞、牛奶榕、山香圓、大葉楠小苗等，下層未見有楓香小苗。

歷來唯一專論楓香生態的調查報告即章樂民、林則桐(1986)，其調查全台楓香較顯著的14個地區，歸結下列結果。其一，天然林海拔分佈在1,500公尺以下，方位由東南至南南西之間，以山之中腹部爲最多；其二，立地基質以砂質壤土爲最佳，年降雨量在1,867～3,247mm之間，年均溫爲19～22°C；其三，植群空間結構爲不明顯的4層次，組成以多數非耐陰樹種爲主，長時期森林演替將朝樟殼群叢發展。此外，細論簡述如下：楓香族群以方位歸納，傾向以向陽爲分佈中心，樣區坡度以20～30˚爲多數，稜線雖可見其分佈，但量少且生長成矮灌狀，水分梯度應嗜中生。由綜合性氣候因素考量，楓香族群較盛行於苗、雲、嘉、屏等，具有明顯乾冬季節的地域，此或與其冬落葉及休眠期策略有關。而以三光、奧萬大、惠蓀、十文溪四處族群，伴生物種之株數、密度、頻度最高者爲栓皮櫟、台灣二葉松，其次爲櫸木、白雞油與青剛櫟等5樹種。就筆者的生態歸類中，此等植群乃屬峽谷岩生植被系列(陳玉峯，1995a)，一般多被歸爲過渡群落，但毋寧是亞極相(subclimax)爲宜。章與林氏再陳述台灣二葉松位於稜線與山坡上

↓台灣楓香雌雄花穗(陳月霞攝；1990.3.12；台中市)

部，栓皮櫟爲中、上部，楓香則位於中、下部，但常與此伴生的5樹種混生，而此5樹種均爲火災跡地與墾跡地的先驅種，皆能適應較乾旱的立地。其餘伴生種如山鹽青、黃連木、山漆、台灣赤楊、山豬肉、九芎、樟樹、大頭茶、江某、虎皮楠等，皆爲亞熱帶最常見樹種。而南澳地區終年多雨且東北季風吹襲，楓香立木度高，有塊狀純林，另有樟樹、大頭茶、香楠、馬尾松、烏皮九芎伴生。

其次論及楓香的天然更新與演替。上述5個生育地除惠蓀林場林下無稚樹及幼苗之外，餘之4個地區皆有楓香新生代。然而，章與林氏以較長期潛在勢能觀點推論，此乃乾生系列之二次演替，將朝樟、殼森林發展。對此，筆者持保留看法。

林景風等人(1986)述及對自然保護區母樹林設置的調查評估，關於楓香記錄濁水溪事業區有6.51公頃、楓香母樹50株；楊遠波、陳擎霞(1988)敘述大武山自然保留區東部大竹溪海拔500～1,000公尺，列有「楓香群落」，然而其所謂「群落」另列有如「黃藤群落」、「山棕群落」等，蓋因黃藤、山棕皆爲森林中的倚賴種，其稱「群落」不如「族群」，因而此報告之所稱「楓香群落」難以判斷是否爲優勢社會；林則桐(1988)接受農委會委託的自然保留區植群調查報告，敘述三義火炎山的天然植被可分爲6型，其中之一即爲「楓香型」，楓香佔相對優勢度45%以上，位居小山稜或坡面上，樹高8～10公尺，胸徑10～30公分。伴生樹種以小梗木薑子爲最多，九芎、樟樹次之，而灌木層以九節木株數最多，地被的草本覆蓋度偏低，以月桃、南海鱗毛蕨、地膽草、海金沙、牛皮凍爲常見。

陳永修(1992)調查南台多納溫泉溪上游，

台灣楓香雄花（陳月霞攝；1990.3.12；台中市）

台灣楓香雌花（陳月霞攝；1990.3.12；台中市）

台灣楓香初果（陳月霞攝；1990.3.15；台中市）

列有「楓香亞型」1樣區，爲西南向中坡地段，海拔1,300公尺，土壤含石率4級，坡度29°，全天光空域49%，直射光空域66%。上層優勢且爲特徵種爲楓香，其他喬木如光臘樹、樟葉楓、菲律賓樟、台灣紅榨楓、山紅柿等，灌木層如呂宋莢迷、紅果野牡丹(?)、山肉桂、虎皮楠、大頭茶、青楓、燈稱花、台灣梣、白匏子、小花鼠刺、烏皮九芎、猴歡喜，草本層如五節芒、台灣蘆竹、蔓芒萁、腎蕨、地膽草、紅果薹、海金沙、崖薑蕨、台灣山蘇花、射干(筆者認為可能係桔梗蘭之誤)等。

前述提及楓香之演替亦涉及火災，此乃陽坡之頻常遇見者，亦有少數專論林火的報告提及楓香。呂福原、廖秋成、歐辰雄、陳慶芳(1984)研究包括埔里專業區118林班地

台灣楓香熟果(陳月霞攝；1994.11；台中市)

台灣楓香落葉(1995.1.19；大甲溪畔)

台灣楓香紅葉(陳月霞攝；1995.1.17；東海大學)

的楓香造林地等，7個火災跡地的土壤及演替等調查。此報告提及火災後第二年楓香即已出現。然而，陳明義、劉業經、呂金誠、林昭遠(1986)調查中橫東卯山(1,692公尺)台灣二葉松林火災後第二年，楓香似乎並無出現。該山西北坡爲黃杞、台灣紅豆樹等闊葉林，東南坡則以不耐陰的二葉松爲主，伴生有栓皮櫟、楓香、大頭茶、楊梅等。其地係於1984年11月22日～12月1日燒了十天的地表火，面積達約120公頃。其樣區中的15株楓香，全死8株(53.3%)、地上部死而由地際萌櫱者2株(13.3%)、樹冠尙存活者5株(33.3%)，其中，胸徑4公分以下者全死。筆者認爲此東卯山之植群與大坑頭嵙山系存有類似性；黃增泉、謝長富、陳尊賢、黃政恆(1990)調查七星山東北坡於1988年7月18日的火災所燒毀的11公頃林地，由數據顯示此地原植群除了草生地之外，以昆欄樹、楓香、紅楠等樹種爲優勢，火災時楓香的受害程度最嚴重，樹杞的抗火性最強。

筆者調查台中大坑頭嵙山植群，楓香佔據樣區的第一優勢者有1個，在海拔805～825公尺的東南陡坡側稜頂；佔據第二優勢的樣區有4個，海拔介於610～690公尺間，座落於頭嵙山的落葉林分佈帶，依植群分類，在「櫸木優勢社會」下，列有「楓香—九芎亞型」(陳玉峯，2001b)。

南橫全線楓香的分佈(陳玉峯，2006)，西段存在於台20-109.5～118.5K，或海拔900～1,300公尺之間，該段落乃農墾區，且過往曾造林，筆者1988年調查之際認定，西段楓香應全屬造林木，而台20-118.8K路旁一株楓香，玉山國家公園設有解說牌，即造林木之殘遺，但1988年之後，昔日造林多已遭伐盡；南橫東段存在於台20-169～205.8K，或海拔300～1,600公尺之間，而位於台

台灣楓香紅葉(1995.1.17；東海大學)

20-192K附近的小橋謂之「楓林橋」。該橋竣工於1971年3月，橋前後存有楓香造林，顯然是橋完工之後才種植者，則之前，橋名之「楓」究竟是楓香，還是楓樹？東段可能存有天然木，西段原先亦應存有，然而，今之南横全線所見楓香，筆者認爲9成以上乃人爲栽植。

在生理生態或其他相關研究方面，蔡青園、翁仁憲、陳清義（1990）研究缺水對楓香及樟樹的影響指出，缺水對葉片淨光合成率及葉片導度，皆隨葉片水分潛勢之下降而減少。以幼苗爲試驗，高水分潛勢時，楓香之淨光合成率較樟樹爲高，隨葉片水分潛勢之下降，兩樹種皆成拋物線狀態下降，但楓香的下降趨勢較樟樹明顯，至-35bars時，楓香的淨光合成率近於零，樟樹則於-40bars始接近零點。此舉佐證在植物生理機能中，以葉片的光合成作用受缺水的影響最大之說，同時，缺水時樟樹的膨壓維持能力較楓香爲強，或說缺水時樟樹較能維持正常的生理機能，其比楓香耐旱。由於此二物種一爲常綠一爲落葉，且其分佈領域互有重疊，筆者認爲或可反映台灣落葉樹與常綠樹生態探討的若干切入面；陳明義、許博行（1990）試驗指出，夏季楓香的釋氧量爲152.2mole/dm^2/hr，冬季則降爲62.24 mole/dm^2/hr，僅爲夏季的40.89%；呂福原、廖秋成（1989）計算楓香平均葉面積（LA）爲32.15 + 3.58平方公分，平均葉面積密度爲1.93m^2/m^3，葉面積指數（LAI）爲10.42 m^2/m^2。

台灣楓香植株落葉（1995.1.15；東海大學）

落葉先鋒林木的楓香，如同一般拓荒植物的特性，其根部與眞菌的共生體稱爲菌根，此等菌根菌之從土壤中吸收養分，轉換至寄主根部皮層細胞的能力，完全依賴有效菌根菌的存在，以及其與根部互相連接的菌絲表面積之多寡而定，簡秋源（1984）因應楓香的生長緩慢，研究楓香對內生菌根菌有絕對的生理需求，由6處楓香苗圃或生育地取得根系分析得知，至少已確定有3屬7種菌根菌，大部分地區皆含2～3種，尤以銹球孢菌（*Glomus*）爲最大宗。雖然土壤不同pH值影響內生菌根菌孢子的分佈，但各地楓香的根系皆有某些相同的菌種存在，且在其他樹種亦可發現，也就是說並無地域性與專一性。對於楓香育苗等，若能接種內生菌根菌種，對生長將有促進作用。

植物解剖與形態研究方面，陸錦一（1974）觀察楓香幼枝形成層的季節活動情形，其以台大校園的植株爲對象，1971年8月～1972年7月，1972年11月～1973年10月期間的研究，認爲可能溫度才是形成層活動的關鍵，而與降雨量及相對溼度無關（此說法有問題，見

→台灣楓香新葉（陳月霞攝；1985.3.27；東海大學）

後物候之討論）。2月平均氣溫14.8℃爲最低，至3月爲16.9℃而形成層開始活動。4月爲21.4℃，形成層帶的細胞多達6層，5～7月氣溫持續上升，形成層一直很旺盛，8月以降則活動力逐漸減低，10月下旬而停止活動。自植物外部形態變化來對照，頂芽之發生與形成層活動有密切關連。又，春天形成層活動展開之際，韌皮部細胞分化（3月初）比木質部（3月底、4月初）爲早，但比木質部先停止分化；韌皮部在產生的當年冬季，即失去功用；樹脂管的發生亦早，在初生木質部開始分化時，已見樹脂管的分化，每個樹脂管的位置恰好靠近早成木質部，且莖內其他部位幾乎闕如。是以枝幹中樹脂管的位置正可反映原來維管束的位置，樹脂管在葉片及根中皆可見及，樹脂管內有上皮細胞，可分泌樹脂。

台灣楓香植株落葉（陳月霞；1996.1.18；大坑）

關於台灣楓香的利用方面，文獻龐雜，舉其首要殆爲香菇種植，故又名香菇木。香菇（*Lentinus edodes*）爲擔子菌類，在台灣已有五十年的栽培歷史，民間歷來皆視楓香爲栽培香菇的優良材料（李明仁、林錫鑫，1985），而陳振東（1968）之建議楓香造林並非爲此緣故，但如劉棠瑞（1981）則已列爲爲香菇栽培的速生樹種育林材料之一，海拔1,500公尺以下可實施楓香造林，八至十年可實施疏伐，伐採後根株保留壯芽一、二，可更新成林再獲段木；李明仁、林錫鑫（1985）則解釋了爲何楓香之所以成爲香菇木的原因。舉凡植物的次生代謝產物中，具有保護性作用的單寧（tannins），其可沉澱蛋白質，抑制酵素活動，因而對植物及菌類的生長具有抑制作用，也就是說，單寧是抗生素，可以抑制菌類的酵素作用。比較相思樹、銀合歡及楓香顯示，楓香的單寧含量最低，香菇菌絲的生長則最高。此試驗已提供初步解釋，雖則木材的單寧含量隨季節之變化尚未明瞭。細節則包括邊材、心材及樹皮不同的測試。

另一方面，開發香菇適合的樹種亦不斷展開。謝瑞忠、黃松根、孫正春、住本昌之（1989）之試驗不同樹種段木對香菇產量的差異，以楓香爲對照組，白臼、白匏子、楓香、相思樹、廣東油桐及杉木等6種，試驗4菌種之結果顯示，不同菌種對不同樹種產量有不同的表現，雖然楓香並非最高產量者，品質也非最佳，但楓香與白臼等，對不同菌種產香菇量的差異不大，難怪民間嗜用楓香。又，每公頃楓香鮮木材的乾香菇生產量爲21.48公斤（劉正宇，1993）。

水土保持、綠化與造林方面，顏正平（1968）即強調其於鐵路、公路兩岸護坡的效應；全台各地校園、庭園、行道樹、盆栽、園景等，大量延用，日本亦引進，於東京以南廣爲植栽；台北市中山北路、仁愛路人行道優美的路樹，新竹縣鳳山溪起至大眉全長1公里的綠蔭，甚至基隆市將之評選爲市樹，夥同各類圖鑑書籍引介頻繁，在在讓國人認知的普遍化（林渭訪編，1957；劉棠瑞、應紹舜，1971；鄭元春，1980；林文鎮，1981；蔡振聰編，1985；郭武盛，1987；吳純寬，1987；歐辰雄、呂金誠，1988；鄭元春，1991；賴明洲，1992；葉慶龍、洪寶林，1993等），然而，報導內容大同小異。此面向較具科學研究的報告，如許博行、陳清義（1990）以二氧化硫烘燻葉片的試驗，說明隨烘燻時間的加長，而楓香的擴散阻抗緩慢漸增，亦即氣孔縮小，停止烘燻後可恢復正常，而賴明洲（1992）輯錄的資料說是對二氧化硫抗性中等，對氯化物抗性較強，至於說楓香是長日照植物，筆者尚待查證；另一方面，主爲香菇栽培目的，公私有林列楓香爲造林的重要樹種之一，栽植面積已大增爲3,000公頃以上（章樂民、林則桐，1986），然而，恆春半島的林相變更試驗，1965年種植的楓香林，初期生長佳，卻成爲該地區最先發生野鼠爲害，且被害最嚴重的樹種，逼的大部分改植他種（蔡丕勳、林德勝，1975）。

台灣楓香木材性質等，可參考馬子斌等人（1979），其耐腐性甚差，殆因前述單寧太少所致；林渭訪、薛承健編（1950）的木材性質卻說「年輪分明、保存期久」，且可能係依據金平亮三（1936），記錄楓香木材供建築、紅頭仔船（河舟）的底板、搗臼、家具、砧板、農具、茶箱板等，復強調金平亮三譽爲台灣最理想的火柴桿製料，100小枝楓香火柴桿重8.9公分，點火稍容易，全部燃燒者佔97%，引火後絕無火焰熄滅之虞，具有完全燃燒之特徵云云。陳振東（1968）亦轉述製火柴桿最佳。

台灣原住民甚早即熟知以楓香葉片切碎

台灣楓香植株落葉（陳月霞；1996.1.18；大坑）

後貼治受傷患部（台銀經濟研究室編，195?），中藥方面亦頻加利用「楓香脂」、果實、葉與根等，閩人稱楓脂爲「芸香」，混入鋸屑可製成各種盤香、線香，焚之奇香，號稱可「辟瘟、實兼除蚊，葉可飼天蠶（中國）以製釣魚絲及外科用縫合線」（林渭訪、薛承健編，1950；謝阿才，1963）。此楓香脂即前述樹脂管所分泌物質；李守藩、王仁禮（1964）以楓香葉進行蒸餾，油收率爲0.055%，採集自樹皮流出的樹脂成分，至少可列出15種，爲台灣主要產芳香油的植物之一，蔡振聰編（1985）遂將之列爲特用植物系列；鄭炳全、吳進錩（1978）敘述其脂含cinnamic alcohol 、cinnamic acid，葉含camphene、bemeol等，樹脂宣稱主治腫毒、癰疽、瘡疥等，果實（路路通）、根及心葉各有其藥效；關於樹脂的收集歷來多所見聞，林則桐（1988）指稱三義火炎山的族群迭受割收，筆者在濁水溪主

台灣楓香種子(陳月霞攝)

台灣楓香初苗(陳月霞攝)

流的植被調查亦遇及採割樹脂的原住民，據云日本人前來收購，作爲化粧品原料，但實際情形待查。

台灣楓香的育林方面可參考章樂民、林則桐(1986)的整理，物候部分或生活週期容後單項敘述，在此但舉若干差異資訊或章與林氏未予記錄者。鐘永立、張乃航(1990)說明楓香4月開花、10月採種，大宗採集以天然林爲主，每三至五年一次結實週期，帶柄剪果採收，再予日晒、強烈滾動脫粒、種子陰乾，以風選法汰去不孕性種子，5℃密封乾藏，活力可保存五年。發芽無須特別處理，於20～25℃爲適溫，五至二十天發芽，發芽率70%。1公升種子重220克、118,000粒，1公斤有536,000粒。其與章與林氏所引用(陳盛金，1960；胡大維，1980)資料雷同或相同，常溫下種子僅有三個月左右的發芽率，而章與林氏所述發芽率僅15～28%。再者，楊武俊(1984)採自八仙山4～5月開花，10月採種的樣品測得，每公升種子重359公分，1公升有78,893粒，1公斤有219,582粒，其與上述數據差距過大，是否族群問題、試驗技術問題等，尙待驗證。

台灣楓香的病變方面，謝煥儒(1983b)調查有發生於溼冷天氣，爲害幼苗的「楓香灰黴病」；1943年澤田兼吉首次記錄的「楓香圓星病」，與最常見的「楓香煤色斑點病」；以及新記錄的「楓香幼苗猝倒病」，嚴重爲害苗木達40%。

總結上述廣義生態與利用諸文獻，楓香自古即受到人們認知與民生方面之利用，但直到台灣標本之採集，1866年才正式給予科學命名，但中文俗名則前後錯亂千餘年而今仍訛傳不解。而植群分類方面，足以確定其爲台灣亞熱帶優勢社會之一類，且爲岩生植被亞極相或次生演替序列之過渡性單位，可藉台灣地體年輕善變及森林孔隙或干擾而長期移位續存，推測原先全台低海拔峽谷植群、第四紀西部頭嵙山層廣闊礫石層、各地崩塌地、火災跡地、樟殼或桑科森林內，楓香族群皆甚活躍，但因向陽不耐陰及冬落葉策略，不克形成土壤化育良好的所謂極相林型，純林僅現於局部小塊斑狀，且導源於環境不均質與時間過程的特定時段。近百年來族群的式微實乃因生育地迭遭開墾，及其特定利用價值招來濫伐之所致。此一古老物種的後裔顯然甚符合台灣地體環境的特色，自上次冰河期以降，發展出跳躍小族群續存的模式，基本分佈中心可歸屬西南半壁年度乾溼氣候地域，或其在山谷的因子補償類型。山谷之溪底旁族群，例如濁水溪良久石城谷。

火災系列可歸於次生演替範疇；生理生態的研究尚存有深厚空間，值得用以切入台灣落葉林之所以式微，或今之存在模式的相關討論。菌根菌等探討，亦爲台灣植群拓殖、發展或演替初階的關鍵，可延伸造林等應用科學。而百年來之研究，顯然偏重於如何開發利用，仍屬唯用文化下的必然。

關於台灣楓香的分佈，中國之兩廣、福建、湖北、四川、河南及海南島；台灣的海拔極限分佈殆在塔塔加的2,650公尺，但有可能係人工植栽，自然分佈或以1,800公尺爲上限，下則約抵0公尺。分佈廣泛，但依小群聚及散生型存在。

台灣楓香的物候，歷來登錄的報告多，章樂民、林則桐(1986)依據章樂民(1950)之台北林試所植物園、廖日京(1959)之台北地區、徐煥榮(1965)之台東太麻里、何豐吉(1968)之恆春地區，然而，恆春的花期記錄爲4～5月半，果熟11～12月，11月半～12月落葉，萌芽期2月半至4月半，筆者略感懷疑其精確度或恰屬特例？事實上尚有如台大校園(劉儒淵，1977)，李順合(1948)，蔡達全(1967)之中埔澐水(殆與太麻里數據雷同)，吳功顯(1990)等，花及葉芽期大抵皆在2～3月爲主，充其量延至4月中旬，另有葉慶龍(1980)及張榮財編(1975；高雄市)之4～5月花期，是否爲自己的記錄或延用他人則不明。如係恆春半島、南部地區氣溫較高但較乾旱地域，其年度生長時期受制於降水季較短的解釋自亦合理，因爲由恆春半島的生態氣候圖(陳玉峯，1995a)可知，至4月以降降水才猛升，對照北台之年度各月份之不缺水，生長的限制因子，在南部或可能轉變爲降水，則陸錦一(1974)敘述形成層活動與降水量及相對溼度無關，而溫度才是關鍵之說，係犯了過度推論之語病，何況陸氏所稱台北3月16.9℃時形成層開始活動，4月爲21.4℃形成層多達6層，則恆春地區1～3月份的均溫皆大於20℃，又將如何解釋？陸氏的解剖與形態記錄，提供台北區的詳實資料，雖則亦顯示「相關」的不可靠性，且相關亦常非是「因果關係」的例子，而其論文之討論部分，引用外國資料「長綠樹可忍受氣候之改變，其活動主要受內在生長韻律之控制，落葉樹溫度對其萌芽、落葉及形成層之活動都有很大影響」，似乎即其主觀認定的依據。是以楓香在各地的族群生活週期，提供進一步探討此面向生態研究的好材料，值得仔細探討。無論如何，此一議題尚未有定論，在此亦未能認定物候記錄或陸氏何者有誤。

陸氏的生活週期記錄如下：2月新葉與展花、形成層不活動，3月新葉與花、形成層略活動，4～5月成葉、初果、形成層甚活躍，6～7月成葉、果落、形成層甚活躍，8月成葉、果落、形成層略活動，9月成葉、果落、形成層略活動，10月部分落葉、果落、形成層略活動，11月部分落葉、果落、形成層不活動，12～1月落葉、落果、形成層不活動；然而，各地調查之花果期並無一致性的變化。可能性如下：①年度物候的變異；②取樣代表性不足，此爲一段落、特定族群內變異的複雜變數；③海拔、環境綜合因子的變異；④各地族群演化上的分化；⑤調查登錄者的主觀偏差；⑥物候本身的大問題，其爲籠統性的現象，難以精確量化處理；⑦其他問題。至於分佈上限的登錄，筆者記載者殆爲3月花葉齊展，4月成葉、盛花，5月初殘花、初果，8月底果漸熟落，9～11月果熟落，10月底至11月以降葉變色，12月全面落葉。

台灣欒樹盛花
（陳月霞攝；1994.10.5；台中）

台灣欒樹 *Koelreuteria henryi* Dummer

無患子科 Sapindaceae

台灣被割讓給日本的前一年，英人亨利氏（A. Henry）在恆春地區採集編號1594的台灣欒樹標本，經Dummer氏於1912年爲紀念採集者而命爲上述學名，故中文俗名又可稱爲「亨利欒樹」，模式標本放在英國邱皇家植物園標本館；1913年早田文藏（Hayata, 1913）在不知情狀況下，依據1906年10月森丑之助採自嘉義達邦社，編號1736號的標本，另命名新種爲*K. formosana* Hay.，日治時代皆延用早田的學名。李惠林（Li, 1971）則將早田氏的學名訂列爲異名，隨後的《台灣植物誌》從之。

中文俗名方面，由於其葉頗似苦楝，因而埔里地區謂之「苦苓江」（金平亮三，1936），「江」字筆者推測是台語「雄的」，台人習慣如此稱呼類似的物種；另有用「舅」字稱呼近似種者，如烏心石舅與烏心石，殆爲親屬或親近者之戲稱等，故而台灣欒樹又稱「苦楝舅」（歐辰雄、呂金誠，1988）；恆春地區則叫「拔仔雞油」。其他俗名如台灣欒華，顯然是強調其花。

台灣欒樹爲落葉中喬木，樹高10～20公尺，樹皮鱗片狀剝落；葉爲二回奇或偶數羽狀複葉，羽軸基部膨大，小葉對生或互生，長卵形，5～8公分長，2～3公分寬，尾尖，基歪，淺重鋸齒緣；直立頂生的密錐花序〔註：歷來對台灣欒樹的花序，似乎無人予以正確描述，大抵皆誤用為圓錐花序，Lee（1967）辨正其應為真正的「密錐花序（thyrses）」，也就是混合花序，以主軸為圓錐狀的無限花序，第一分軸以降為有限花序的複「單出聚繖花序（monochasium）」，末梢的單出聚繖花序單位，中間的花可以是雌或雄，但側面的一定是雄花〕，雌雄異花，雄花萼片及花瓣各5，花瓣有爪，雄蕊7～8，雌花子房上位，基部有毛，2室；蒴果膨大，呈囊狀，由粉紅轉紅褐，3背裂，種子褐黑（金平亮三，1936等）。

關於植物生態方面，台灣欒樹爲典型台灣低海拔岩生植被（陳玉峯，1995a）的落葉樹種之一，性嗜強光的陽性至半遮蔭物種，生育地多爲峽谷兩側、荒地次生演替第一波次或次生林，以及原生林孔隙期，石礫地、岩隙

台灣欒樹新葉（1996.3.3；大坑1號步道）

台灣欒樹新葉（1996.3.3； 大坑1號步道）

台灣欒樹成熟葉（1996.4.24；大坑4號步道）

皆可寓生之；似乎未曾被記錄爲群生，或形成優勢社會，屬於流竄型點狀應運而生的先鋒植物，此由其落葉性質可見端倪。

台灣欒樹在南橫公路沿線兩側的分佈，筆者於2005年重新調查後，將之歸於「中央山脈東西兩側高程分佈沒有顯著差異」的物種類型之一。其在南橫西段的分佈，見於台20-60～111.5K之間，或海拔380～1,024公尺，而且，其在甲仙至寶來之間，可形成「台灣欒樹—無患子・血桐／假酸漿／小花蔓澤蘭・香澤蘭優勢社會」，過往未開發之前，可能在上坡段存有「台灣欒樹—無患子優勢社會」，又，在寶來至梅山之間，上坡段亦見有「台灣欒樹／黃連木優勢社會」；台灣欒樹在南橫東段，則自台20-178.5～207.5K之間，或海拔1,000公尺以下存有，但在數量上似乎遠不如西部，更無形成優勢社會的現象，也就是說，台灣欒樹誠然分佈全台，但本質上傾向於「西南派」的元素之一。

日治時代記載全台分佈，徑可達60公分以上，尤以台中州北山坑（溪谷兩側）爲多，生長迅速（林渭訪、薛承健編，1950）；由於頂生花序密生黃花花期長達二至三個月，且蒴果粉紅、深粉紅至紅褐期亦接連達二至三個月，夥同落葉前略爲黃化，年度內更替綠芽、盛葉、繁花、麗果，饒富季節景緻變異，且妍美復壯觀，故而歷來廣加栽植，推廣得甚普遍。1976年，美國加州景觀樹種撰稿人M. E. Mathias將之列爲「全球亞熱帶名花木」之一，可謂本土低地物種最受世界青睞的樹種（林文鎮，1981），宜蘭縣亦將之列爲縣樹（鄭元春，1991），台北市如敦化南路、景美、木柵地區曾栽種1,238株行道樹；高雄市如民生一路等，是高市20種主要行道樹之一（路統信、鄭瓚慶，1983）；澎湖也引進試植爲行道、防風林（楊遠波等人編，1992），是歷來倍受推介卻罕見深入描述的樹種之一（王仁禮、廖日京，1960；張榮財編，1975；薛聰賢編，1979；郭武盛，1987；歐辰雄、呂金誠，1988；郭城孟，1990；賴明洲編，1992；葉慶龍、洪寶林，1993……）。

相關應用研究方面，胡茂棠（1957）對種子萌發生長有詳實描述，其述子葉甚厚，捲曲於種皮內，黃色而富油質。乾種子經溫或冷水浸泡一天後播植，9月15日播，20日即開始發芽，胚根多裂爲3～4條主根；楊武俊(1984)對恆春8～9月開花，10～11月結實的樣品測得，種子含水量9.8%，每公升種子重461公克，每公升11,421粒，1公斤重27,745粒種子。溫水浸泡或60%硫酸處理，皆只需三十分鐘即可發芽。其有繪圖說明發芽過程。又，鍾永立、張乃航(1990)另有詳述。

林文鎭(1981)推崇台灣欒樹的景觀價值之外，說其抗風耐旱，且未見病蟲害，但謝煥儒(1986)敘述1931年，澤田兼吉即已記載主發生於秋冬之際的「台灣欒樹銹病(病原菌 *Nyssopsora formosana*)」，另首度登錄「台灣欒樹白粉病(*Uncinula clintonii*)」；林國銓(1982)認爲台灣欒樹對二氧化硫(空污主凶之一)敏感，樹葉易受破壞，而許博行、陳清義(1990)則描述0.5 ppm二氧化硫烘燻下，其氣孔易受刺激而更張開，但1ppm下則不受影響。進一步生理研究是所需；李春來(1967)處理木材浸液的溫及冷水pH值爲6.15及6.17；木材性質可參考林渭訪、薛承健編(1950)等。

大坑頭嵙山系亦以散生姿態零星見之，構成秋冬落葉林樹種之一。由演化觀點，台灣低海拔物種似乎較少存有「特產種」現象，台灣欒樹的學術探討仍待開展。

關於地理分佈方面，台灣欒樹乃台灣特產種，普見於海拔1,000公尺以下地域。有人描述爲集中於中、北部，實乃觀察或記錄不足所致。

而物候方面，綜合恆春、高雄、嘉義、台北、台東記錄，12月至隔年2月爲落葉期，2～3月萌新芽，7～10月開花，10～12月結果且成熟。北部與南部相差一個月。

台灣欒樹果實(陳月霞攝；1994.10.1；台中)

台灣欒樹裂果及種子(陳月霞攝)

台灣欒樹雌花(陳月霞攝)

台灣欒樹樹姿（陳月霞攝；1995.11.23；大坑）

台灣欒樹果序（陳月霞攝）

台灣欒樹初果（陳月霞攝）

無患子熟果（1995.12.21；大坑2號步道）

無患子 *Sapindus mukorossii* Gaertn.

無患子科 Sapindaceae

1893～1894年間來台採集的英國植物學家Augustin Henry，從高雄到恆春半島的採集品，提供他在1896年於亞洲皇家學會上，發表「A list of plants from Formosa」，此一植物目錄的第28頁即登錄有無患子（Hayata, 1911；郭城孟，1995），也就是說，無患子是台灣早期科學性資源登錄系列的物種之一。事實上，無患子是西方人到東方來最早發現的物種之一，早在林奈時代即訂屬名為「印度人的肥皂」（Soap indicus 縮寫為Sapindus），無患子這一種的正式命名則在1788年（第二版《台灣植物誌》列印1888年）；中文俗名殆有二十餘個，《開寶本草》以降，以「無患子」一名之使用為代表，《台灣府誌》稱「黃目樹」，形容其果實「色黃皮皺，用以澣衣，功同皂角」，新竹地區謂之「目浪子」，「乾燥的中果皮磨成粉末，製團粒在店頭販賣為洗衣，排灣族亦拿來洗濯及食用」（金平亮三，1936）。其餘的俗名如黃目子、木萬、洗手果、浪子等。

無患子為落葉中、大喬木；偶數羽狀複葉，互生，小葉4～8對，亞對生，披針鐮刀狀，歪基，紙質，略粗糙；雜性花，花小；核果球形，仿似龍眼形，成熟由綠轉黃，徑約1.5～2公分，種子單一，色黑。野外鑑定，由一回羽狀葉大型，小葉質薄且不具亮麗光澤，配合圖片易於確定。

關於生態方面，無患子乃台灣亞熱帶地理位置特徵種群之一，也就是低海拔地區具有年度旱季的落葉策略樹種。雖然其遍存全台低山，包括終年潤溼的南、北勢溪，北、東部地域，但聚集成林或高密度的分佈中心，筆者認為係在中、南部，例如先前恆春事業區有2,562立方公尺、旗山事業區有39,809立方公尺的蓄積量（林渭訪、薛承健編，1950）。然而，無患子族群是否可形成植物社會的單位，或第一、二位領導優勢，歷來的植群分

無患子植株（1985.12.10；南橫）

無患子之夏（1996.6.19；大坑2號步道）

無患子新葉（1996.3.27；大坑2號步道）

無患子葉成長中（1996.3.30；大坑2號步道）

無患子成熟葉（1996.4.6；大坑2號步道）

類研究報告似乎無有見及。島田彌氏（1934）敘述原新竹海岸仙腳石的原始林，認爲落葉性的無患子在海岸林中散生，各家敘述皆然；而大坑地區在海拔550～680公尺的2號步道及3號步道，筆者認爲其足以形成特殊礫石地的社會。

無患子在南橫的分佈，依據2005年的全線調查，南橫西段自台20-64～120.5K存有，或海拔550～1,450公尺之間，而植株較多的段落約落在91～94K；而南橫東段則見於台20-182～206.5K之間，或海拔950公尺以下地區，但數量偏低，僅記錄17株左右。

天龍古道雖在無患子的存在範圍，但1公里餘的步道兩側，526株木本植物，一株無患子也沒有。東台無患子數量較少的原因，推測與其較潮溼、光照量較低的環境特色有關。

至於植物社會的優勢種方面，台20-58.5～79.5K（甲仙至寶來段落），或海拔250～638公尺之間，上坡段或存有「台灣欒樹—無患子優勢社會」，中坡段今存有「台灣欒樹—無患子・血桐／假酸漿／小花蔓澤蘭・香澤蘭優勢社會」（陳玉峯，2006）。

無患子雖罕見形成獨佔優勢的群落，其族群的數量卻甚繁多，此由各地的利用之普及可見端倪。最常爲人述及的利用即中果皮富含皂素，台灣人以之來搗衣，至少已有數百年的歷史，日治時代也甚普遍，甚至已發展出磨粉製作成團粒，售於雜貨店專供洗滌、洗髮，缺點則是用久了衣物會沾染其黃色素（島田彌氏1934；金平亮三，1936；劉棠瑞、廖日京，1980）。1934年加福均三氏等人宣稱台灣的無患子，種子含油率高達28%，1916年朝比奈泰彥及清水寅次說其果皮含約4%之無患子皂素（$C_{41}H_{64}O_{13}$），加水後形成$C_{31}H_{48}O_5$與$C_5H_{10}O_5$，無患子皂素則有毒性，包括藥用以及其他化學性質，詳見於甘偉松(1970)，至於種子可榨油、食用、當童玩的羽毛球、代玻璃球，或當唸珠等，報導或轉述者甚多(謝阿才，1963；郭武盛，1987；鄭元春，1987；歐辰雄、呂金誠，1988)；鄭元春、蔡振聰、安奎(1986)將無患子列爲主要產蜜的植物之一，亦爲產粉物種。

關於其與野生動物的關係，郭達仁(1986)記錄冠羽畫眉會吃食無患子的果實；台灣獼猴也會採食，但不知吃哪一部位(廖日京、田中進，1988)；而黃松根、唐佐榮、蔡達全(1979)的試驗，無患子的樹皮等，受到松鼠的囓食屬於中等程度。至於其與其他植物的直接關係，如大坑山區，數量繁多的李棟山桑寄生寄生其枝椏；攀延附生者如伊立基藤、光葉魚藤、猿尾藤等，係並非專一性，而是逢機型。

無患子的種子，以恆春半島的樣品言之，1公升的種子有637.3公克，1粒重達3.54公克，1公升180粒，大小爲1.58×1.55×1.41公分，發芽率爲27%，發芽平均日數爲104.3天，發芽勢12%(王仁禮、廖日京，1957)；楊武俊(1984)以中埔4～5月開花，8～9月採種的樣本爲例，種子含水爲9.26%，1公升種子重667公克，1公升507粒，1公斤759粒，顯然與上述試驗存有2～3倍誤差，尚待檢討。而楊氏敘述種子發芽促進法爲「種皮磨破或機械損傷，或以60%濃硫酸浸種三十分鐘」；樹木的生長，以蓮花池30年生木爲例，高16.6公尺，胸徑19.7公分(林渭訪、薛承健編，1950)；至於其木材性質，馬子斌等人(1979)、林渭訪、薛承健編(1950)，有詳實的登錄，其中，製成木炭的品質甚佳，與龍眼材近似。

在景觀方面，無患子冬落葉前轉黃或金黃允稱特色，歷來亦多被列爲美化、造景樹種(張榮財編，1975)，筆者則認爲大坑的金黃葉獨步全台，而蘇鴻傑(1978)似乎誤植爲紅

無患子之冬(1996.6.19；大坑2號步道)

無患子花序（1988.4.28；南安）

無患子果實漸熟（1983.10.30；烏來）

無患子開花（1996.6.19；大坑2號步道）

無患子熟果（1995.12.21；大坑2號步道）

無患子之花（陳月霞攝；1996.6.19；大坑）

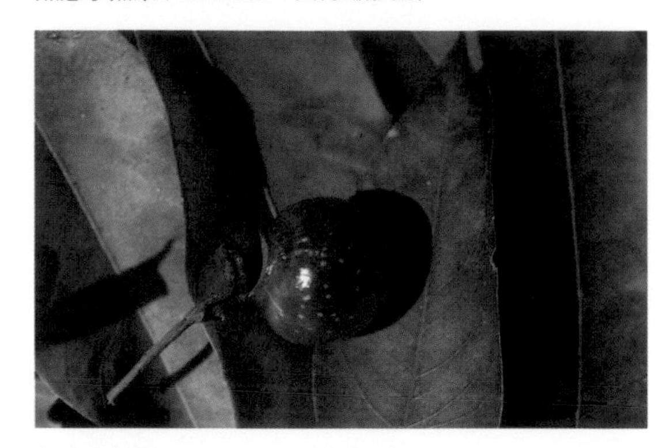
無患子熟果（1995.12.17；大坑2號步道）

無患子果實（1997.10.7；大坑2號步道）

無患子葉先轉黃（1995.11；大坑）

葉。此等色彩變化，與細胞內花青素、雜色粒，以及溫度、陽光、水分有關。

總結無患子歷來相關的敘述，顯示其與人類資源利用息息相關，但生態純學理探討則罕見。無論如何，從原住民至在台華人開拓史的「人類植物學」觀點，無患子佔有一席之地，今則傾向景觀利用，但無顯著的推廣。

筆者依植被生態調查觀點，認定無患子爲台灣亞熱帶及熱帶廣佈型落葉樹，在原始林範圍係依據森林孔隙作用的小演替而零散拓殖、分佈；在次生植被系列，大約是第一波次次生林以降的伴生種；在特定旱地、礫石區，則可形成局部範圍的優勢社會，代表年度週期生理旱地的特徵落葉林社會。

無患子分佈於印度、中國、日本與台灣；全台海拔1,450公尺以迄海岸普遍存在。中、南部爲其分佈中心。

關於無患子的物候，綜合李順合（1948）；廖日京（1959）；徐渙榮（1965）；蔡達全（1967）；張榮財編（1975）；歐辰雄、呂金誠（1988）等物候記錄，夥同筆者各地採集及台中大坑的物候調查，歸納南、東部的無患子族群約於2月出芽，3月花蕊，4月盛花，5月成果，8月果熟；中部地區3月出芽，4月花蕊，5月盛花，7月殘花，8月成果，9～10月果熟，隔年1月果落，12月落葉。新竹地區近似，但花果延緩約半個月，北部地區再順延半個月。

↓無患子葉轉金褐黃（1995.12；大坑）

無患子落葉（1995.12；大坑）

無患子老木長出菌類，腐蝕中（1995.1.30；大坑）

無患子樹葉落盡（1996.1.5；大坑）

無患子苗木（1996.4.24；大坑）

無患子熟果（1995.12.21；大坑2號步道）

九芎 *Lagerstroemia subcostata* Koehne

千屈菜科 Lythraceae

九芎乃台灣低山平地的原生物種，較早受到十九世紀末，西方前來的博物學家、探險者的登錄，九芎即其一，世紀交替之際，如恆春南灣海隅、屏東潮州萬金、高雄、基隆、淡水、新店、花東、宜蘭等地，皆有採鑑記錄，1906年亨利氏的台植目錄第44頁，松村任三與早田文藏（Matsumura and Hayata, 1906）等植物分類書籍亦已登榜，學名罕見更動。

其實，在台華人亦早已認知與利用，《諸羅縣誌》、《台灣府誌》等，稱之爲「九荊、九芎」，盛讚此木質理甚堅，「用爲柱，入土不朽」，其在中國江西、兩湖、廣東亦常見，中國兒童採花苞而食，味淡微苦，故謂「苞飯花」；而華人較熟悉花大色粉紅，果實亦大的紫薇，小白花、小蒴果的九芎遂名之爲「小果紫薇」，另有稱「拘那花」等，近來，爲解說與鑑定或識別之便，以樹皮剝落後的光滑特徵，戲稱「猴難爬」（謝阿才，1963；歐辰雄、呂金誠，1988；郭城孟，1990）。

九芎是落葉小至大喬木，樹幹分歧至通直，高5～20公尺不等，偶見樹瘤或板根；樹皮茶褐色，但年年剝落，好似每年皆得進行更衣禮，樹皮剝落後，形成白、灰白、淡黃褐、乳黃褐的光滑表面，狀似番石榴，從新生樹皮至剝落，呈現年週期色彩的變遷；小枝具稜，單葉大抵爲對生、亞對生，至枝梢或變爲互生，大抵排成2列，具短柄，長橢圓或卵形，長寬約1～12×0.5～3公分，伐折後再萌發的小枝葉甚細小，大小變異劇烈。全緣，紙質，葉背主側脈皆凸出；頂生圓錐花序，花徑約1.5公分，萼鐘形，5～6裂，白色花瓣6，不規則卷皺，雄蕊多數，

九芎植株（1996.6.19；大坑2號步道）

九芎樹幹（1996.6.5；大坑4號步道）

細長，5～6枚較長，12～14枚較短；子房上位，5室，中軸胎座，蒴果長橢圓，長約0.5～0.8公分，背裂，種子細小，有翅。

關於九芎的生態，其生態幅度甚爲廣闊，空間分佈海拔落差達1,700公尺，生育地跨越山頂稜線以迄溪澗、谷地，立地基質由岩隙、礫石以至壤土，土壤溼度由極乾至極溼，陽光梯度由全曝光至半遮蔭，風力受度則在中等至蔽風，演替系列大抵爲次生先鋒波次，但可藉原始森林孔隙作用不斷隔代移位更新續存，性嗜潤溼卻配備落葉過冬渡旱的適應策略，受損傷的再生能力強勢，造就其蓬勃發展的高度生機，陳玉峯（1985）由是而推測其必多各地族群的分化，從海岸生理旱地挺延至台灣溼霧林帶，皆可見其活躍拓殖。以下，先就歷來植群生態調查及相關資訊佐證之。

台灣地名不乏與九芎有關者，例如北縣瑞芳的九芎橋，坪林石及大林二村謂之「九芎坑」宜蘭有九芎湖（洪敏麟，1980；林試所，1957），可見今之許多鄉鎮人居處，昔日或爲九芎森林；林渭訪、薛承健編（1950）敘述九芎族群散生或群生，全台蓄積量約計332,194立方公尺，分別爲旗山91,673、恆春55,860、林田山88,840、潮州2,913、南投88、大武31、里壟92,728、埔里1立方公尺，筆者據此推估，全台九芎成木株數，至少在60～100萬株以上。而中華林學會編（1967）謂全台蓄積量約30萬立方公尺，資料或同於上文。

章樂民（1961）調查宜蘭大元山（標高1,475公尺），海拔800～1,000公尺近山腳或溪旁的蔭溼林列爲「九芎群叢」，形成窄隘的小團集林分。30個常綠林樣區，九芎出現於其中的12個。17株當中，胸徑以8公分者最多，有10株，最大徑僅32公分；柳榗（1970）可能依據章氏上文，訂名爲暖溫帶雨林群系下的「九芎過渡單叢」，說是「溪溝附近、草生地及裸地上」的群落，另立有「山豬肉—九芎—江某過渡群叢」，認爲後者爲「最常見，二期安定森林群落的前期群落」，但筆者全台植群調查的經驗，對此一「單位」質疑；溪頭台大實驗林（1963）的平坦及山麓帶，見有不少九芎，分佈於清水溝及水里坑兩營林區低海拔林地，則有人工純林0.45公頃、混淆植林66.95公頃，若無伐除，今已有四十三至五十三年。

劉棠瑞、蘇鴻傑（1976）調查烏來山區，宣稱海拔450～760公尺間的溪谷底部、溪邊段丘、溪中沙洲、山坡下段處，坡度10～30°，地勢較平坦，土壤極爲潤溼的單位爲「大葉楠—九芎群叢」，喬木層約20公尺以下，以大葉楠及九芎爲主，伴生以江某、台

九芎樹皮（1996.12.14；大坑2號步道）

灣雅楠，中間層有筆筒樹、水冬瓜、長梗紫麻、九丁榕、水金京、香葉樹、山香圓等，皆為水溼代表物種，且認定土壤水分5等級之最潮溼級的指標為大葉楠與九芎；劉棠瑞、蘇鴻傑、潘富俊(1978)描述台東海岸山脈中部西支之富興山以北，加路蘭山以南，包括馬久答山、北花東山、加錄北山等東西側海拔400～750公尺山區，山勢平緩至微斜坡地，土層尚厚之植群訂為「台灣雅楠—九芎—五掌楠—樹杞群叢」，九芎佔據第一層，7個樣區中出現4個，但其為早期先鋒木，林下更新苗極少，未來將被淘汰。此外，海拔100～400公尺的低地河谷、山谷平坦地，原熱帶林被破壞後次生而出的二期林植群，訂名為「茄冬—大葉楠—九芎過渡群叢」，次優勢木為樹杞、江某、烏心石，伴生有黃杞、山黃麻、白匏子、無患子、咬人狗、幹花榕、九丁榕、山漆、山豬肉、細葉饅頭果等。而整個海岸山脈在400～700公尺的山谷平坦地，另有最普遍的單位「大葉楠—樹杞—九芎過渡群叢」，組成近似上單位，但種類較多，22個樣區中，九芎出現於15個。

蘇鴻傑(1978)的中橫沿線調查，列舉熱帶雨林代表單位「大葉楠—九芎群叢」，於天祥至太魯閣一帶的石灰岩區陰溼溪谷存在，生育地勢平坦，土層深厚，但因破壞，多為次生林，物種另如茄冬、瓊楠、雀榕、白肉榕、青剛櫟、樹杞等，另有落葉樹；劉棠瑞、廖秋成(1979)調查花蓮縣和平與太魯閣之間的變質石灰岩區清水山(標高2,408公尺)，描述800～1,200公尺間存有「九芎—台灣雅楠群叢」，林內組成如紅楠、長尾柯、大葉柯、赤車使者、秋海棠、姑婆芋、吊船花、角桐草、台灣鱗球花等。此外，海拔500公尺以下的亞熱帶雨林「三葉山香圓—大葉釣

九芎樹皮(1984.12.11；墾丁大尖石山)

九芎落葉(陳月霞攝；1995.12.14；大坑)

九芎落葉(陳月霞攝；1984.12.11；墾丁大尖石山)

樟一水同木群叢」之下，沿河谷兩側陡坡，另訂有「九芎一小梗木薑子一江某簡叢」，伴生植物有九丁榕、瓊楠、三葉山香圓、小葉白筆、筆筒樹、天台烏藥、五掌楠、山肉桂、台灣雅楠等。

北回歸線以南的曾文水庫，海拔多在500公尺以下的闊葉林，陳炳煌(1983)列有次生型的「相思樹一土蜜樹一九芎群叢」，小溪流兩岸則爲「九芎一大葉楠群叢」，空間結構5層次，伴生物種如香楠、軟毛柿、菲律賓白匏子、山刈葉、台灣栲、山豬肉、水冬瓜、九節木、玉山紫金牛、小葉麥門冬、柚葉藤、三角葉西番蓮等，但九芎欠缺幼苗，大葉楠則更新強勢；陽明山國家公園上磺溪上游之闊葉林中，頗多九芎大樹(黃增泉等人，1983)；而關秉宗(1984)調查大屯火山群東北坡向的鹿角坑溪，在「大葉楠一紅楠型」之下，列有「九芎一虎皮楠亞型」，生育地爲接近潮溼溪谷地段，伴生如長梗紫麻、水金京、水冬瓜等典型陰溼植物。另有「楓香型」植群中，亦伴生有九芎、土肉桂等。

黃獻文(1984)敘述南投縣九份二山，海拔800～900公尺岩石稜線地之東坡面，乾燥林型單位爲「九芎一相思樹一樟葉楓一櫸木優勢型」，樹冠6～10公尺，物種殆爲次生不耐陰者，另有山黃麻、小西氏石櫟、紅皮、無患子、楝樹、屏東木薑子、中原氏鼠李、卜萊斯女貞、黃荊、山鹽青等；游以德、陳玉峯、古靜洋(1985)調查大台北華城植群，九芎族群則歸於溪谷地「大葉楠一樹杞社會」。

呂福原、廖秋成(1988)對高雄縣出雲山自然保護區的調查報告，列有「台灣栲一九芎一櫸木型」，海拔500～700公尺西南向坡面之崩塌或沖積地，伴生有山枇杷、白臼、青剛櫟、軟毛柿、江某、台灣朴樹、大葉

九芎落葉(1995.2.7；大坑)

九芎落葉(1988.1.5；丹大林道)

九芎新枝(1996.4.6；大坑)

楠等，下層以小梗木薑子爲主，伴生有呂宋莢迷、山肉桂、山橘、雀梅藤、土蜜樹、山鹽青、台灣赤楠等，呈現半落葉林形相；蘇鴻傑(1988)調查宜蘭、花蓮交界北方，南澳山區的神秘湖(標高約1,100公尺)西側，訂爲半落葉林的「九芎—小葉茶梅型」，其生育地平坦，土壤極潮溼，雖則無浸水現象，殆由溼生進入中生階段。特徵及優勢種，上層以九芎、台灣雅楠爲主，下層以小葉茶梅爲主。上層伴生木爲偏中性的長尾柯、紅楠、長葉木薑子、小西氏石櫟，另如青楓、山枇杷、烏皮九芎、香葉樹、日本女貞、紅皮、牛奶榕、台灣糊樗、長梗紫麻、薄葉柃木、狹瓣華八仙、水鴨腳、闊葉樓梯草、赤車使者、長柄冷水麻、角桐草、蛇根草等。九芎族群以5、10、15、20、25、30、35、40公分胸徑級計，各有20、50、67、26、6、3、1、1株，集中在11～15公分級爲最多，達38.5%，年齡結構呈現啞鈴形，也就是筆者所謂單代波次的典型(陳玉峯，1987)，未來或將引退，或但藉林內孔隙更新而式微。

楊遠波、陳擎霞(1988)在大武山自然保留區東部低海拔320～900公尺間，列有「九芎群落」，說是樹高7～10公尺，胸徑1公尺，亦有達2公尺者，且樹冠涵蓋面積直徑達7.8公尺，林下僅有3公尺高的月桃、五節芒，陰溼地則爲闊葉赤車使者、菊花木、老荊藤、圓葉菝契。關於樹木胸徑部分，筆者略生疑惑，蓋因九芎生長緩慢(見後)，且至老齡期幹心易腐朽(謝阿才，1963)，事實上，低海拔地區菌類繁盛，闊葉樹齡普遍偏低，大抵在三百至五百年以下，罕見有老大徑木，

九芎新葉(1996.3.27；大坑2號步道)

如果眞有達2公尺徑者，足以榮登珍異「天然紀念物」水準之上，應予列管且特殊保護，無論如何，就已知資訊言之，楊與陳氏所述九芎群落必爲台灣殘存低地異數，宜進一步瞭解。Hsieh（1989）在花蓮高嶺山區的西坡（550～1,300公尺）樣區，九芎在每公頃林地有84.3株。

此外，楊勝任、李政賢（2005）調查台東海岸山脈新港山東側植群，列有「台灣雅楠－九芎型」單位；胡大中、應紹舜（2004）調查明德水庫集水區系，列有「九芎－大葉楠型」。

大坑頭嵙山系筆者的樣區調查中，列位第一優勢的樣區有1個，標高640公尺，佔據第二優勢者有4個樣區，海拔介於550～640公尺間，分佈中心區域殆在2號步道，但在整個山區的出現頻度甚高，此乃因礫石地層頗能符合其落葉策略的適應，故而廖秋成、呂福原、歐辰雄（1987）將其訂爲植物社會單位的領導優勢種，但筆者更密集的調查顯示其只能是優勢樹種之一，構成社會略嫌不足。

筆者於2005年調查南橫全線，九芎被歸類「西部分佈低於東部分佈50公尺以上」的物種之一；南橫西段殆自台20-64.5～117.5K存有，或海拔580～1,264公尺之間，而東段分佈於台20-172.5～205.8K，或海拔約1,380公尺以下地域，相較之下，九芎既可存在於西南半壁旱地或岩生植被，但在東台卻更爲發達，然而，並無以九芎爲領導優勢種的社會單位。

九芎生長速率略緩，中部蓮花池產，94年生樹高16.5公尺，胸高直徑16公分，年生長直徑僅0.17公分（林渭訪、薛承健編，1950）；22公尺高，胸徑36公分植株的材積爲1.007立方公尺。20公尺高，胸徑30公分的另一株，材積爲0.636立方公尺（邱欽棠，1956）。

九芎盛花（1996.6.19；大坑2號步道）

九芎盛花（1993.8.21；好茶部落）

九芎花（1984.8.2；鵝鑾鼻）

九芎果實（1984.11.10；射頂）

九芎果實（2005.6.8；台20-113K）

九芎黃葉（1994.10.6；高雄觀音山）

蓮花池產，8～9月開花，11月採種之樣品（楊武俊，1984），種子含水率12.58%，1公升種子重108.42公分，1公升種子有133,012粒，1公斤爲1,227,588粒；1917年，日人神田壽童調查台灣含單寧量較多的樹種，九芎是其一，且其單寧萃取液的色素較多，適合染色、染料用（于景讓，1951）；甘偉松編（1970）敘述，1939年大島康義及金子要介對台灣九芎的鞣質定量分析，得出「焦性沒食子鞣質」，含水分11.5%、可溶性固形物32.5%、鞣質13.3%、非鞣質19.2%、全糖分2.2%、還元糖0.1%、pH值4.9；而蔡振聰編（1985）特用植物，說明九芎樹皮含鞣質，可提取染料。此等汁液或許亦爲九芎之素爲人援用爲藥用的物質。

台灣原住民頻以九芎治病，例如治腹痛，泰雅燒其木皮後，以其灰與生薑共同煎服之，新竹竹東郡則枝幹燒黑後煎服，亦有削枝幹煎服者；中毒治法亦然；毒蛇咬傷則將新芽嚙爛後，敷包於患部（新竹大溪郡）；受傷治療，有以新芽打碎布包，葉搗碎敷包，葉輕揉貼患部，或生木以火燒之，取切口處流出之油分塗於患部（台銀經濟研究室編，195?）；在台華人則以九芎樹根煎水服之治瘧疾，據聞有奇效（謝阿才，1963；甘偉松編，1970）。

九芎的木材堅緻強韌，具耐蟻性，生長輪不明，在木材硬度分十級的系統下，九芎列位9級，可見其堅硬，又爲優良木炭、建材、農具、炭礦枕木、牛車台、船具、轆轤細工、手杖、象嵌、薪炭，顯見日治時代以迄早期來台移民頗爲倚重九芎木材。先前產量以高雄縣爲最多，花蓮縣次之，皆爲民營伐木業者所生產。其生材1立方公尺重約1,250.6公斤，比重1.25（林渭訪、薛承健編，1950）；吳順昭、王秀華（1976）的木材解剖說明其結構，一般敘述如散孔材、生長輪尙明顯，早晚材轉變突然，邊及心材界限不明，木材淡黃棕色等；然而，馬子斌等人編(1979)的木材性質卻說生材1立方公尺1,098公斤，比重0.574；九芎木材浸液pH值，溫水5.12、冷水5.42(李春來，1967)。

其他利用方面，顏正平(1968)描述九芎之宜鐵、公路水保優良木樁，因其甚耐瘠惡立地，體型可變成矮小灌木狀，「雖用力打樁，亦可生根萌芽，初期生長速，以後緩慢」，可見其材質堅硬而生機旺盛。種子繁殖或扦插皆可，全年可插條(長1公尺)，似以2月較佳。坡地防塌、護坡木樁，「爲避免遮蔽視線或恐樹高而隨風搖曳鬆動坡面，宜常砍去其枝幹，則更萌發新條，基本角益大，固土防墜力益顯增加」；林信輝、楊實達、陳意昌(2005)進一步討論九芎植生木樁生長與根系力學；更且，九芎的樹幹質感甚佳，夥同樹瘤等爲盆景所嗜好，日本人曾引渡東瀛，廣植爲園景樹(林文鎮，1981；蔡振聰編，1985；郭武盛，1987)；鄭元春等人(1986)將九芎列爲南部地區6～7月下的蜜源植物，亦爲產粉植物。

常見的病害之一爲九芎白粉病，在葉片、柄、嫩梢形成白色圓斑，爲1922年澤田兼吉所發表(謝煥儒，1981)。

九芎分佈於中國、琉球與台灣；全台1,700公尺以下地區，分佈中心約在1,000公尺以下。

物候方面，台大校園(劉儒淵，1977)，花蕾4月下～6月下，花7月上～8月上，果8～12月，果熟11～1月，落葉1～3月，萌新葉3月下；台北市(廖日京，1959)同上記錄；嘉義中埔澐水林區(蔡達全，1967)，花蕾6月下，7月中盛花，8月下落花，8月上成果，11月下果熟；台東太麻里(徐渙榮，1965)，9月中花蕾，10月上盛花，10月中落花，10月下成果，11月果熟，對此數據筆者存疑；高雄縣(張榮財編，1975)，11～1月落葉期，2～3月萌新葉，7～8月開花，11月果熟；高雄扇平(黃松根、呂枝爐，1963)，花蕾6月下，盛花7月下，落花8月上，成果8月下，果熟11月下；一般敘述(李順合，1948；林文鎮，1981)，2月萌芽，7～8月開花，10～12月果熟；筆者在大坑1995～1996年的記錄爲2～3月萌芽，5月下開花，6月上、中旬盛花，6月下落花、初果，10月下果熟，11月以降果熟裂、葉變色，12～2月落葉期；另在中海拔玉山山塊的記錄，12～3月落葉期，3～4月萌新葉，5～6月花苞，7～8月盛花，8月下果實發育，11～12月果熟裂，10月中、下旬葉變黃或紅，11月以降葉全面漸變色。

九芎果裂(1985.3.25；南仁山)

九芎紅葉(陳月霞攝；1995.12.27)

台灣櫸花序（1996.3.27；大坑2號步道）

台灣櫸花開（1994.4.6；大坑2號步道）

台灣梣 *Fraxinus insularis* Hemsl.

木犀科 Oleaceae

台灣梣也是19世紀末，松村任三即已鑑定出的台灣本土物種之一，1930年代曾將其視爲台灣特產，金平亮三(1936)則認爲其與華中、華東所產者同種；宜蘭及北部稱之爲「枸土」，恆春則叫「白雞油臭」。

落葉喬木，樹幹較通直，樹皮褐色，徑可達50公分以上；奇數羽狀複葉，小葉對生，疏鋸齒緣，6～8×2～2.5公分長寬，漸尖有尾，基部鈍圓；二叉分歧的圓錐花序，頂生，花瓣4，披針形，雄蕊2，子房卵形，平滑，2室；翅果長約2公分，寬0.3～0.4公分；木材無邊、心材之分，年輪明顯，環孔材，材質強韌(金平亮三，1936)。

關於生態方面，台灣梣屬於散生型量不多的低海拔落葉樹，歷來研究少，遑論生態專論。依筆者關於本種甚有限經驗，認爲其爲岩生植被(陳玉峯，1995a)量較少的伴生種，依孔隙而更新，耐旱至中等潤溼地，次生林以迄原始林型偶可見及。李春來(1967)對137種台灣木材的溫水及冷水抽出液測pH值，多數物種在4～6值，頗符合台灣土壤之偏酸特徵，台灣梣則爲5.52(溫水)及5.69(冷水)。

台灣梣在南橫的分佈，筆者於2005年的調查得知，其被歸類爲「西部高於東部50公尺以上」的物種之一。南橫西段，台灣梣出現在台20-98～114K之間，或海拔600～1,100公尺；南橫東段，台灣梣見於台20-182～198.5K段落，或海拔400～950公尺，數量方面無法形成優勢種，又，其在台中大坑地區亦爲散生型。

台灣梣分佈華中、華東、琉球與台灣；全台1,500公尺以下散存。

而物候方面，3月萌新葉，4月花苞，4～5月開花，5～8月果實成長，12～1月果熟，12～2月落葉(廖日京，1959)。

台灣梣花近照(1994.4.6；大坑2號步道)

台灣梣翅果（2005.9.13；台20-183.5K）

台灣梣羽葉（2005.9.13；台20-183.5K）

47

軟毛柿 *Diospyros eriantha* Champ. ex Benth.

柿樹科 Ebenaceae48.

軟毛柿在1900年即由松村任三所鑑知，但清朝時代如《諸羅縣誌》(謝阿才，1963)名之爲「烏栽」，亦稱「烏材、烏杆仔、烏材柿」，大抵取義於樹幹黑色允稱特徵而名之，此特徵配合葉部形態，甚易在野外識別本種。又，依筆者觀察，第一年長出之枝椏，第二年即在表皮變褐黑。

常綠中、小喬木，樹幹較黑；小枝、葉背、葉柄及果實披細褐毛，故稱爲「軟毛柿」；葉厚紙或薄革質，橢圓披針形，7～10×2～3公分長寬，先端銳或漸尖，側脈4～5對，柄長0.2～0.4公分；雄花爲4的倍數，雌花4～5朵，呈腋生聚繖花序，花白、小；漿果橢圓，熟黑，基部有宿存萼片，爲典型的子房上位；染色體n=15(Hsu, 1967)。

關於生態方面，軟毛柿爲典型亞熱帶林下伴生種，族群數量龐大，但呈散生分佈。由次生林以迄原始森林中遍存。生態幅度寬廣，土壤化育、溼度、陽光強度大抵皆廣闊可適應，但仍以第二喬木層至灌木層爲主地位。以植被帶論之，常被歸爲亞熱帶雨林或樟科、桑科雨林的代表性物種，昔日自海岸林(例如新竹仙腳石，島田彌市，1934)以迄恆春半島，上抵上限海拔1,400公尺全台普遍可見。

原住民如排灣族視爲藥用，將葉部搗碎以敷外傷(台灣銀行經濟研究室編，195?)，果亦可食，但罕見爲人利用；金平亮三(1936)記載可長至胸高直徑50公分，然而，其生長速率稍慢，或許以林下木光合作用量不高有關，以台灣中部蓮華池產，65年生、樹高10.5公尺的單株爲例，胸徑才18.5公分，年均生長0.28公分(林渭訪、薛承健編，1950)；木材脆弱易腐朽，邊及心材明顯，主供薪炭，製成黑炭(金平亮三，1936)；葉部或患有藻斑病(謝煥儒，1987)。

軟毛柿分佈於馬來西亞、蘇門答臘、婆羅洲、華南及台灣；全台亞熱帶雨林遍在。

每年3～4月萌新葉芽，花蕾(4)5～6月出，6～8月開花，7～8月果實生長，9～12月果熟(廖日京，1959；劉儒淵，1977)；事實上，新葉芽不斷產生，3～10月皆可見及。

軟毛柿新葉(1996.6.19；大坑2號步道)

軟毛柿新葉（1996.4.6；大坑3號步道）

軟毛柿新葉（1996.4.6；大坑3號步道）

軟毛柿花（1992.7.25；埔里）

軟毛柿果實（1988.3.3；南橫）

軟毛柿果實（1988.3.3；南橫）

軟毛柿熟果（1985.3.22；墾丁公園）

軟毛柿一及二年生枝條（1996.6.19；大坑2號步道）

軟毛柿果實及新葉（1985.3.22；墾丁公園）

玉山灰木 **_Symplocos morrisonicola_ Hay.**

灰木科 Symplocaceae

早田文藏於1908年命名玉山灰木之際，他所依據的標本有S. Nagasawa於1905年10月，在水山（玉山山區）海拔2,334公尺處採集，編號737者；有S. Nagasawa 1906年10月在塔山所採集者；另有川上瀧彌及森丑之助1906年10月，玉山探險採集行，於海拔約2,273公尺處，編號1702的標本。該3份標本的採集地，事實上皆在阿里山區，而非玉山，而且早田氏也明知道，都是中海拔山區而非高山的植物，然而，筆者檢視其原始著作，當年的阿里山被早田氏視同玉山山彙，因而命名時遂以玉山拉丁化爲種小名，因而產生一種中文俗名及正式學名都以「玉山」爲封號，卻是道道地地的阿里山區植物。如果將塔塔加以上地區叫玉山，則玉山不產玉山灰木。

玉山灰木命名之後，截至1990年代之前，至少有12個異名，有些是喜歡命名的人所產生，而關鍵問題應係究竟玉山灰木與中國的*S. anomala*是不是同種？《台灣植物誌》第一版的灰木科由H. P. Nooteboom所撰，他採用*S. anomala*爲學名，認爲與中南半島、中國等地所產者同種，第二版由Nagamasu Hidetoshi操刀，把早田文藏台灣特產的地位又找回來。不過，在二版植物誌第119頁，他引述早田文藏原始命名的文獻（Fl. Mont. Formos.）25（19）：190，「190」應爲「160」頁的誤植。Nagamasu解釋中國的*S. anomala*細枝較粗，頂芽較大，長橢圓葉片，萼片裂片也不同等，因而台產應爲獨立種。Nagamasu的引證標本包括有筆者在阿里山所採者，以及許多第一版所未列的標本，顯然此科在二版的撰寫，有其敬業態度。

台灣特有種；《台灣植物誌》一、二版皆敘述分佈於海拔400～3,000公尺，但筆者懷疑其準確度。

常綠灌木或小喬木，小枝及花序披有短毛；單葉互生，卵型、長卵型，先端銳、銳尖，終於短針刺狀，葉基銳、圓鈍皆有，略歪基，長約1.5～3公分，寬約1～1.5公分，葉緣全緣或迷你細鋸齒，側脈約4～6對，具短柄，葉表光滑，深綠色，野外鑑定可由深綠尾尖的小葉片辨識；圓錐狀總狀花序短形，腋生，白花多朵，花萼5裂，裂片長卵形，覆瓦狀，花冠白色，但先端帶有紫紅色，深5裂，裂片橢圓形，雄蕊多數，花絲下部合生；子房3室，各有1胚珠；核果長橢圓形，長約0.7公分，先端具有宿存萼片。

筆者懷疑金平亮三（1936，596頁）的圖片並非玉山灰木；金平氏記載日本俗名爲「Niitaka-hainoki」，產地只說中央山脈高地；劉棠瑞（1960）說是海拔2,000公尺上下高地，英文俗名爲「Morrison Sweet-leaf」。

由於玉山灰木乃檜木林帶下部界及上部原始闊葉林下的灌木，既無所謂經濟價值，也無特定用途，歷來幾乎無人進行研究，而筆者調查經驗記憶中，玉山灰木的分佈狹限於1,800～2,400公尺之間，似乎不是《台灣植物誌》所記載的寬闊幅度；其爲典型林下陰生類，或陰生環境下，嗜好土壤化育良好的林地。然而，楊勝任（1991）調查浸水營海拔500～1,688公尺之間的闊葉林，認爲玉山灰木（*S. anomala*）係廣泛分佈於中坡及支稜上的樹種之一，但筆者不知其海拔分佈。

玉山灰木於阿里山區的族群，花期大致在2～4月間，然而2004年12月25日已見1株玉山灰木盛花，5月以降見有小果實，9月之後果實由綠轉黑，10月落果。筆者認爲玉山灰木在演化上，已完全融入台灣中海拔原始林生態系，其花期又屬冬末暨前春季節，白花帶紫紅暈，妍美，加上葉片亮深綠且造型特殊，值得培育、推廣爲中海拔綠籬植栽。

玉山灰木（2004.12.26；阿里山）

台灣八角金盤 *Fatsia polycarpa* Hay.

五加科 Araliaceae

1906年11月，日本在台總督府植物調查課的川上瀧彌與森丑之助，前往玉山探險，於海拔約2,576公尺處，採集到台灣八角金盤，編號1868，筆者推測大概在祝山以迄自忠、鹿林山區附近。標本送至日本給早田文藏之後，早田氏於1908年的《台灣山地植物誌》第105、106頁，發表爲台灣特產新種，而且特別說明這種植物很奇特，因爲它的子房具有10室，有別於日本的八角金盤，而此乃重大特徵，該不該放在*Fatsia*這一屬，委實需要斟酌，但其他特徵又都符合*Fatsia*，因此仍然置於八角金盤屬（Hayata，1908）。然而，中井猛之進博士（Nakai）認爲子房10室的特徵重大，應該另創新屬，因而1924年發表了複八角金盤屬（*Diplofatsia*），將之改爲複八角金盤（*D. polycarpa*），但金平亮三（1936）等人寧願採用早田氏的見解，現今《台灣植物誌》一、二版皆然。事實上，早田氏在命名時，即依據多出子房幾室，將種小名命爲*polycarpa*。

台灣特產種；《台灣植物誌》（一、二版）記載存在於海拔2,000～2,800公尺的潤溼林蔭下。

常綠灌木至小喬木，樹皮粗糙灰白色，幼枝及花序密佈褐色絨毛，成熟則脫落；巨大單葉具長柄，叢生於枝端，葉片外輪廓爲闊圓形、橢圓、長卵或倒三角形，不規則掌狀

→台灣八角金盤（2004.12.18；祝山停機坪）

台灣八角金盤花近照（陳月霞攝；1997.1.30；阿里山）

台灣八角金盤初果及花（陳月霞攝；1997.1.30；對高山）

台灣八角金盤果序（2006.3.26；台20-159.5K）

台灣八角金盤新葉（2004.5.8；阿里山）

分裂，5～7深裂，裂片之間爲圓凹形，裂片長橢圓形，先端漸銳尖，疏鋸齒緣，葉柄爲圓筒狀，長度較葉身爲長；繖形花序排列於頂生的圓錐花序上，十分壯觀，苞片大形，外披褐絨毛，手觸易脫落，花梗有節，具短柔毛，花萼鐘形，截形緣或淺齒緣，花瓣5枚，橢圓形，銳尖，雄蕊5，花絲長約0.5公分；子房8～10室（柱頭8～10），各含有1粒懸垂的胚珠，果實球形，成熟轉褐黑。

筆者認爲台灣八角金盤的子房等，尙待大量採鑑標本檢視，或由解剖、發育等形態進一步了解之，且夥同其他形態等特徵，與日本的八角金盤作詳細的比較，因爲，依筆者調查經驗，台灣八角金盤乃典型檜木林指標林下植物；進入台灣山區挺升至中海拔地段，若看見台灣八角金盤，代表很快地即將看到紅檜或扁柏，它幾乎與檜木帶完全重疊，而個人認爲，檜木由日本經琉球群島，於冰河時期來到台灣，相伴隨的物種，包括台灣八角金盤等適合且狹限於檜木霧林帶的特定植物，台灣八角金盤即其中之一。

劉棠瑞（1962）採用中井猛之進的複八角金盤屬的學名，說是產於海拔1,600公尺上下的闊葉林，「陰溼之地，尤多見之」，用途則說「髓心軟而有彈性，常用以作各種瓶塞」；金平亮三（1936）記載日文俗名爲「Taiwan-yatude」，插天山泰雅族謂之ニッポン，太魯閣原住民稱爲ブリスック。可能由於其屬林下小喬木，欠缺顯著用途，且尾隨檜木林被砍伐，而蒙受池魚之災，歷來罕見有人對其作研究，故而資料嚴重欠缺。佐佐木舜一（1922；轉引陳玉峯，2004，864～865頁）記載玉山山彙的植物分佈，它存在於海拔1,212～1,818公尺，以及2,121～2,424公尺之間，而筆者如上所述，其乃紅檜林下部界略加下延闊葉林的指標種，對植物誌的海拔

台灣八角金盤花序及盛花（2004.12.18；祝山停機坪）

台灣八角金盤的花序乃腋生而非頂生（2006.3.26；台20-159.5K）

台灣八角金盤頂生芽再長出（2006.3.26；台20-159.5K）

2,800公尺，不知何人何處何時所採？基本上，其在台灣中部的分佈中心或只分佈於海拔1,800～2,400公尺之間。

關於台灣八角金盤的物候，筆者於阿里山的記錄如下：約於4月抽長新葉芽，5月完成新葉生長，6～9月間為光合作用最頂盛時期，9月底抽出花蕾，10～12月為盛花期，而郭達仁(1986)記載冠羽畫眉吃食花序(又，2004年12月18日在阿里山祝山停機坪欄杆外的植株花開正盛)，隔年1月仍有許多植株盛花，至2月中仍見有殘花，而花謝後一個月內見果實漸生長，故由12月至隔年2月皆為果實生長期，及至3月，果熟而變褐黑，且漸掉落。

謝煥儒(1985)於1980年11月29日，在桃園復興鄉採集的標本上，首度記錄「台灣八角金盤斑點病(Cercospora Leaf Spot of Taiwan *Fatsia*)」，病原菌為*Cercospora ueharae* Fukui，在葉片上形成許多不規則形或多角形的病斑，病斑呈黃褐色至暗褐色，直徑約0.15～0.5公分。然而，筆者常見台灣八角金盤的葉片上，存有昆蟲活動痕跡。

現今市面插花常用可能是日本八角金盤的葉片作底襯，但筆者無法確定是否有人採集台灣八角金盤代用之；其樹葉造形甚為美觀，冬季開出的花序壯大亮麗，十足為台灣檜木林帶的最佳觀花、觀葉超級本土植栽，奇怪的是迄今無人推廣？其足以為如阿里山區等，提供冬季觀花盛景，應予大量推廣之。更且，由野外調查得知，雖然其為典型檜木林下陰生物種，但亦可在林緣，甚至陽光裸地生長甚佳，故而由室內到室外皆可種植。

日本的八角金盤(*F. japonica*)含有皂素等，多所藥用(甘偉松，1970，633頁)，亦為有毒植物，但不知台灣八角金盤如何？

裏白楤木 *Aralia bipinnata* Blanco

五加科 Araliaceae

分佈於西新幾內亞、菲律賓、琉球、日本九州及台灣；全台中、低海拔地區散見，或近十餘年來挺高抵約2,500公尺地區，例如新中橫；劉棠瑞、廖日京(1981)敘述其分佈於全台海拔1,100～2,200公尺之林緣或向陽地區；金平亮三(1936)只敘述海拔200公尺，陽光地、伐採跡地、林緣多見之；第二版《台灣植物誌》(1993)已臚列全台各地引證標本。

冬落葉性小喬木，樹幹疏生短小刺，樹幹常通直，幹心塡充白色髓質；葉係在樹梢叢生，二回奇數羽狀複葉，小葉對生，長卵形，長4～7公分，鈍頭，疏鋸齒緣，葉表綠色，葉背面灰白(故中文俗名稱之為「裏白」楤木，第二版植物誌印為「裡白」楤木，殆為誤植)，葉平滑無毛，小葉柄長約0.5公分；頂生直立圓錐花序，小花序則爲繖形花序(五加科植物常以放煙火全方位爆射的繖形花序為特徵)，花軸有短毛，花萼平滑，花瓣橢圓形、平滑，長約0.2公分、寬約0.12公分，雄蕊5枚，花絲長約0.2公分，子房5室，各有1子，柱頭5裂；果實小球形，徑約0.3公分，有5縱溝，先端宿存5個柱頭。

裏白楤木外形乍看頗近似於刺楤(雀不踏，*A. decaisneana*)，兩者分佈亦重疊甚多，但裏白楤木海拔分佈較高，刺楤分佈於低海拔地區；《台灣植物誌》(二版)的檢索表說是裏白楤木的葉無刺，葉光滑無毛，葉背白色；刺楤則葉上下表面有毛；廖日京教授的檢索表敘述，裏白楤木：小葉小形，具鈍鋸齒，平滑，背面粉白，刺楤：小葉大形，具粗鋸齒，葉背在中肋、側脈及細脈上，均密生黃褐絨毛，稍帶粉白。

裏白楤木殆爲台灣檜木林帶以下的次生落葉小喬木，通常只見於伐木跡地、原始植被被摧毀後，陽光充足的荒地，也就是說次生演替的先驅樹種，故而破空地、林道或路邊可見之。依筆者調查經驗，其最高分佈大致

裏白楤木植株(陳月霞攝)

裏白楤木花序（陳月霞攝）

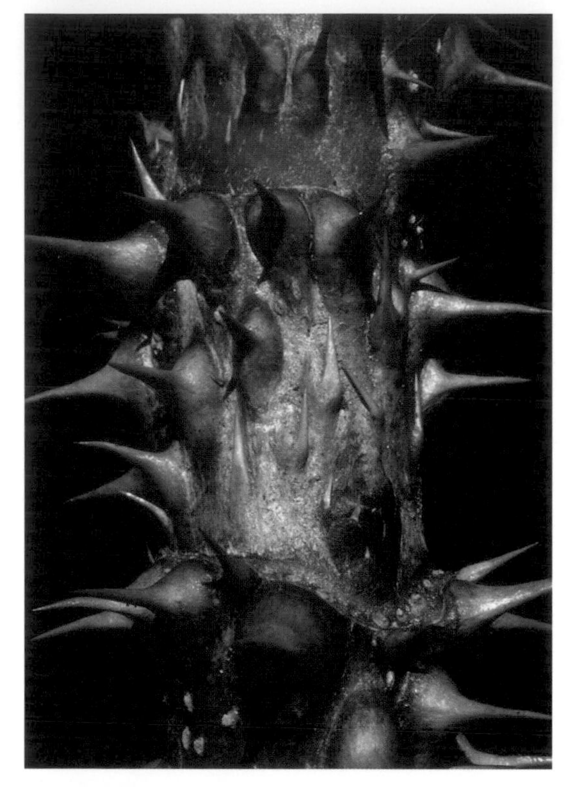
裏白楤木莖刺（陳月霞攝）

裏白楤木花序（1985.11.9；神木林道）

在塔塔加、玉山前峰地區，海拔接近2,700公尺，中部地區分佈下限大約下抵1,200公尺附近，但在北部或南部，則有下降現象，北部如陽明山、南部如恆春，時而接近海邊。以高地而言（針葉林地區），每年約在3～4月間抽新葉芽，4～5月爲新葉生長旺季，5～6月以降進入光合作用盛期，8月可見花苞，9～10月爲盛花期，其花序龐大，非常顯著，配合秋高藍天，鮮黃乳色蔚爲遠近可賞的盛景，10月底開始結果，11月尙見殘花且果實漸成熟，12月以降果熟且樹葉轉黃枯化，12月底開始落果與落葉，隔年1月，全面落葉，果實亦多落盡，2月大抵全株光禿禿，也就是說，12～2月大約三個月期間僅剩樹幹及上部分枝，植株甚不顯著。

其在12～1月期間的果實，被冠羽畫眉、藪鳥等啄食（郭達仁，1986），而廖日京認爲其嫩葉可供食用，但筆者尙未驗證；在過往台灣貧窮時代，一切講究唯用主義，裏白楤木並未有顯著利用，或因其散生之故，但同時，幾乎也未有任何研究。

落葉性植物年度內短少幾個月的光合作用，就能源競爭部分較爲不利，但在具有年週期顯著旱季，或水分蒸散作用強烈的岩生環境或溪谷地，則落葉策略不失爲良策之一，然而裏白楤木似乎並非岩生植被（陳玉峯，1995），僅爲一般山地次生類型。就全株而言，其開花、結實所佔全株的體積與重量，粗估遠比一般樹種爲高，筆者推估其屬r-selection策略，也就是多子多孫方式圖存，但它又是散生而罕見群聚，換句話說，乃「遊牧民族」或「個體戶」，逢機隨緣而生。此類型物種的種子可以存活幾年，或其種子的傳播機制，是否與鳥類有關尙屬未知。

裏白楤木花序（1986.9.6；蓮花池－花蓮）

裏白楤木花序及葉背（1986.10.24；觀高）

裏白楤木花序（1986.10.24；觀高）

裏白楤木莖刺（1986.10.24；觀高）

裏白楤木花序（1986.10.24；觀高）

裏白楤木盛花花序（陳月霞攝）

裏白楤木盛花花序（陳月霞攝）

裏白楤木果序（1985.11.9；神木村）

裏白楤木葉背（1985.11.9；神木村）

裏白楤木果序（1985.11.9；神木村）

裏白楤木葉背（1988.10.24；阿里山）

裏白楤木落葉後（1987.12.15；丹大7林班）

裏白楤木果序（1985.11.2；觀高）

刺楤（雀不踏）開花（2005.9.15）

刺楤（雀不踏） *Aralia decaisneana* Hance

五加科 Araliaceae

分佈於中國及台灣；全台海拔約1,800公尺或檜木林帶之下方的山區。

落葉性小喬木，成熟植株比裏白楤木大，但分枝較少，樹幹上具銳刺，螺旋狀排列，葉柄、葉面、花序等具有褐色毛；二回奇數羽狀複葉，小葉卵形，長8～12公分；圓錐花序腋生，小花序爲繖形花序，苞片線形，長約0.2～0.3公分。金平亮三（1936）敘述其產於大屯山、中部蓮花池下部、山麓開墾跡地等，木材灰白色，年輪清晰。

筆者由歷來一些植物圖譜、植物解說介紹等書籍、資訊比較後，認爲很可能許多人將裏白楤木與刺楤混爲一談，而且資料亂抄一通，兩物種混合或糾纏不清，而兩種之區分如裏白楤木資料所示。又，之所以植物學或非植物分類學的人易將兩者搞混，最主要原因是現今撰寫植物的人，多非眞正的研究者，缺乏調查與現地經驗，大家憑空東抄西湊，更不肯誠實標明引證自誰人著作，另一方面，裏白楤木及刺楤的花序及葉片都非常巨大，製作標本時只能採取片斷，因而看標本或圖解時，通常無法將野外、現地特徵傳達，其實，在野外若有花序，即可鑑定，裏白楤木的諸多圓錐花序（上長許多繖形小花序）通常在莖主軸上，由下往上互生而出；刺楤的諸多圓錐花序遠觀殆由同一點，放射狀爆出。

廖日京教授敘述（劉棠瑞、廖日京，1981）刺楤產於中、北部闊葉樹之下部，向陽地區及開墾跡地，筆者推測係由金平亮三（1936）而改寫，又說木材製木屐，嫩葉可食等，後來的撰寫者能抄寫的，多僅止於此；郭武盛等（1987）將之列爲變色葉可供觀賞植物之一；甘偉松（1970）檢附泰雅族名Tugirusu、排灣族名Bugurui等（日人資料），入藥爲：可治肺

→刺楤（雀不踏）花序、植株
（2005.9.15；台20-187.8K）

刺楤植株（2005.9.15；台20-192K）

刺楤植株（1986.1.31；阿里山公路）

病，取根切細，與花煎水服之。

刺楤散生於全台低地，王仁禮、廖日京（1960）即認爲是墾丁公園的原生植物，而依筆者經驗，刺楤在台灣中部海拔最高可分佈至約2,100公尺，例如新中橫，它通常在每年3月前後長新葉芽，4月新葉成熟，8月底9月間開花，花期可延至10月，11月結果，12月果實成熟且漸落葉、落果，1～2月殆爲全株光禿。

其生態特性雷同於裏白楤木，皆屬次生小喬木，筆者認爲此類物種在台灣原始時代之所以得以長存，仍拜台灣不時地震、崩塌，隨時或點、或面進行演替，而取得生存空間，而文明拓殖以來，龐多開發導致刺楤等族群擴大，但並未能形成次生社會，或說其基因池仍然維持原始時代的逢機散生型策略。

↓刺楤（雀不踏）花序、植株（2005.9.15；台20-187.8K）

蓪草（通脫木）*Tetrapanax papyriferus*（Hook.）K. Koch

五加科 Araliaceae

分佈於中國南部及台灣；全台海拔2,200公尺以下地區散見之。

常綠小喬木或大灌木體型，由於狹義定義灌木乃指欠缺明確主幹的木本植物，改以多細幹叢生者，筆者認為蓪草或宜稱為小喬木，但金平亮三（1936）認為其分櫱形成多通直的樹幹叢生，故稱為「灌木」。高度常在2～6公尺之間，幹徑可達約10公分，幹上留有葉片脫落後的葉痕，幹皮多條縱向凹溝，幹內有純白色髓心；葉集生於幹稍，葉屬於巨大單葉，外環圓形，掌狀凹裂，裂片7～12枚，卵狀橢圓形，尾漸尖，葉緣粗鋸齒，葉質粗厚紙質，葉柄粗長，可達50公分或以上；頂生複圓錐花序，小花序為繖形花序，花萼及花瓣皆4枚，子房2室、柱頭2；果實球形，熟黑。

金平亮三（1936）敘述其分佈於北部及中部蕃地、東海岸山麓，特別是次生林陰溼地，但好陽光，北部山蕃多栽培利用；蓪草的中文俗名為通脫木，它的白色髓心柔軟密緻，抽取之後切成薄片即謂之「蓪草紙」，供為造花材料、書畫用紙、帽襯、膏藥貼皮（福州）、有錢人家死後入斂時，以蓪草髓填充，用以吸收屍水、保持衛生等，又，民間用為尿道炎藥用，凡此所謂用途者，即1930年代之前中國及台灣民間的習慣用法。日治時代以新竹地區栽種最多，全台年產蓪草髓35,000～120,000公斤，價值8,000～30,000日圓，9成以上外銷歐美及中國各地，國府治台以降，產量漸減，年產量約40,000公斤，仍然以外銷為主（林渭訪、薛承健，1950），而劉正字撰寫「森林副產品」（中華林學會編，1993）中敘述，林務局在1977年的統計，1972年產量45,487公斤，1973年52,045公斤，1974年11,678公斤，1975年6,298公斤，1976年5,033公斤，每況愈下，而蓪草紙大多外銷美國，其次為加拿大、日本及南美洲。據此敘述，蓪草似指其髓，而植物中名或宜採用通脫木，因為蓪草不是草，是灌或小喬木。夏緯瑛（1990）解釋「髓大而質輕」，故名通脫木，其髓可作生藥，通稱「蓪草」。

又，日治時代調查的原住民藥用植物記載（山田金治著，許君玫譯，1957），蓪草的名稱，布農族謂之Natoku，太麻里的排灣族叫做

神木林道的蓪草族群（1985.11.9）

Kabarowai，而台東關山郡一帶原住民取蓪草的根煎服之，治療腹痛；台東大竹高、甘那壁、鴿子籠、Zyakobu社、Tokoburu社人則取蓪草葉，火烤後貼在腫瘍患部，外用之。謝阿才(1964)則記載蓪草根可治乳腫，其髓爲通乳劑，但筆者不知依據何來？

1930年代，台北帝大(現今台大)腊葉館(植物標本館)曾經將蓪草列爲幻燈解說展覽品，且歸屬在所謂「蕃地植物」(台北帝大理農學部植物分類生態教室，1936)；1854年，英人R. Fortune在淡水作一天的植物標本採集，是目前公認的，台灣植物的第一位採集且留下正式記錄者，而這批標本包括有蓪草(陳玉峯，1995a)。

依據筆者在嘉義、南投地區的調查，蓪草的海拔最高分佈可抵達2,400公尺(新中橫)，最低則接近海邊，全台除了恆春半島乾旱地之外，山區皆可見及。其在中海拔山區的生活週期，約在4月抽出年度新葉，5月葉完全長成，10月抽出花序，月底開花，11月盛花期，12月結果，隔年1月果熟，且葉變黃色，2～3月間落葉，但尚存些微果實，4月葉尚未全落，但新葉漸出，因此，蓪草係介於常綠與落葉性灌木之間的物種。又，廖日京(1959)記載，台北市的蓪草(1956～1959年間)係11月抽花序，11～12月開花，但2月仍見花，然而筆者懷疑2月所見乃是果實而非開花；蓪草的生長迅速，民間自栽種以迄收成髓心大約四至五年，通常在冬季採收。

筆者認爲蓪草係全台闊葉林帶山區中，溪谷地的次生類小喬木、灌木類，性嗜溼地，且須陽光直射，若被遮光則無法存活；其藉地下萌蘗而拓展族群，故常見狀似群生現象；中海拔略潤溼路邊，常可見小苗或成株。又，筆者推測，蓪草有可能是最後一次冰河期，由中國南遷台灣的物種之一。

蓪草植株(1995.11.17；大坑)

蓪草植株，背景為大塔山(1985.11.9；神木林道)

蓪草植株，背景為大塔山(1985.11.9；神木林道)

蓪草植株（2004.12.15；阿里山公路）

蓪草花序（1985.11.9；神木林道）

蓪草花序（1985.11.9；神木林道）

蓪草果序（1996.1.15；大坑4號步道）

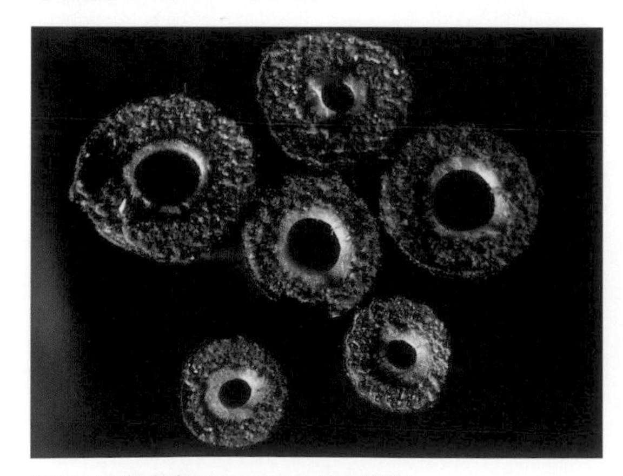

蓪草上段莖中空（1985.11.10；神木林道）

蓪草莖皮（1985.11.9；神木林道）

蓪草小苗（1983.9.8；中橫慈恩）

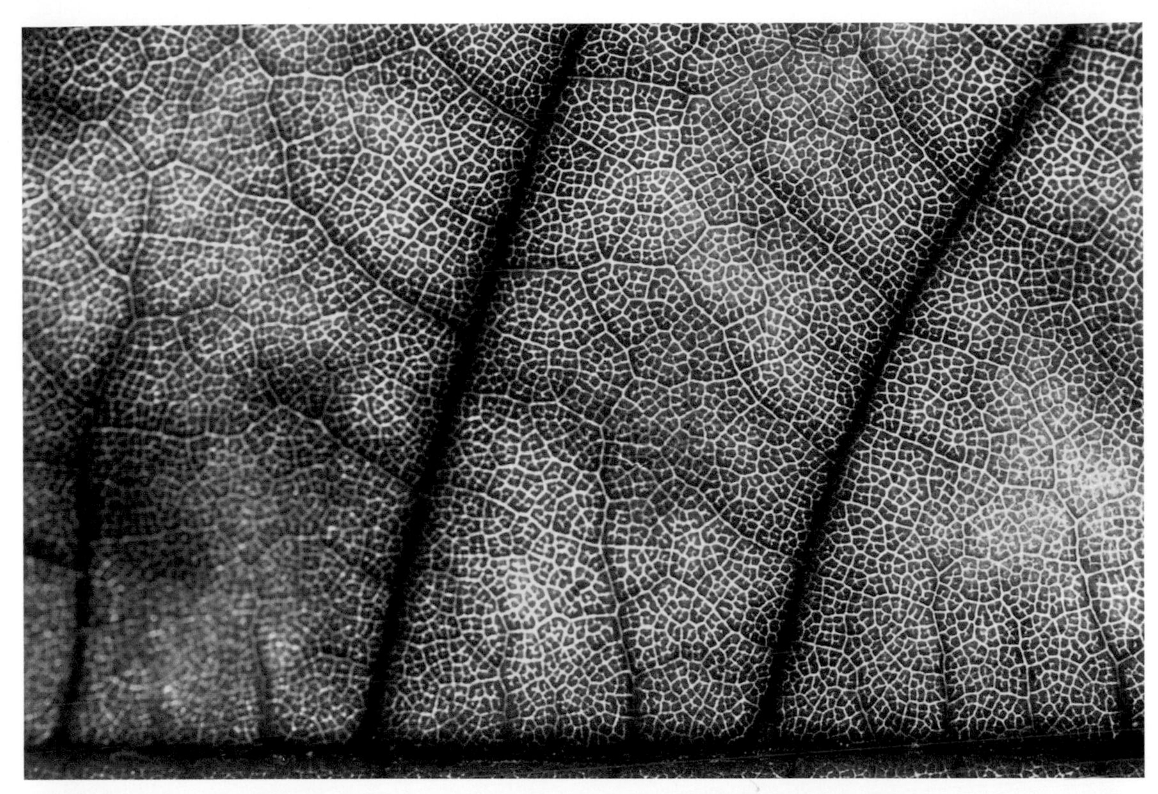
蓪草葉（陳月霞攝）

蓪草下段莖髓（1985.11.10；神木林道）

江某新葉（1996.4.6；大坑3號步道）

江某果枝（1988.1.5；丹大林道）

江某 *Schefflera octophylla* (Lour.) Harms

五加科Araliaceae

江某分佈於九州、琉球群島、台灣、華南，以及中南半島，遠在18世紀末，就在中南半島被採集、命名；台灣普見於低海拔山區，包括離島。

《台灣植物誌》敘述江某為「喬木或灌木」，金平亮三(1936)則說是「半落葉喬木，直徑可達80公分，較少直幹……」，此後，大多數人皆沿襲此敘述，但似乎無人質疑何謂「半落葉」，江某的落葉實情為何？又，歷來似乎無人描述其樹皮充滿突刺？葉具長柄，叢生於枝頭，掌狀裂為5～11片小葉，小葉具不等長度小葉柄，小葉橢圓至卵狀橢圓，全緣或疏鋸齒，而初萌芽的小葉(幼木)，常有不規則缺刻，革質至厚紙質；頂生圓錐花序，小花序形成繖形，具短柔毛，花徑約0.5公分，萼筒長約0.2公分，花數5；果實球形，徑約0.5～0.6公分，有縱線，成熟由青轉黑，種子4～6粒。

金平亮三(1936)認為「江某」是北、中部台灣人的稱呼，恆春人則謂之「鴨母樹」，另列舉原住民族5個地區的5種不同名稱；此外，另有「鴨腳木」、「鴨爪樹」、「鴨母」、「鴨甲樹」等稱謂，後兩者筆者認為係訛音硬　成所謂別稱。

就分佈而言，金平氏稱「全島闊葉林下部最普遍」的林木；省林試所(1957)記載存在於海拔50～2,100公尺之間，而為後人所襲用，例如鍾旭和等4人(1984)；最奇怪的分佈記錄可能是蔡振聰(1984)，竟然是海拔「1,500～3,000公尺地區皆有自生」，不知其所謂3,000公尺的採集地在何處？同樣荒謬的是，海拔「1,200～2,000公尺」竟然出現台灣鵝掌柴(*Schefflera taiwaniana*)；而佐佐木舜一(1922；轉引陳玉峯，2004)實際登錄玉山山彙物種分佈，江某存在於海拔0～1,515公尺，另在2,121～2,424公尺之間亦有記錄；筆者2005年對南橫沿線的調查，江某於西部自甲仙分佈至台20-122K，或海拔1,482公尺，南橫東段則自台20-178K，或海拔1,025公尺以下出現。綜合而言，海拔分佈在1,500公尺以下。

由日治時代資料輯編的《台灣之木材》(林渭訪、薛承健，1950)，關於江某資料殆如下：

江某花序(1995.12.29；大坑1號步道)

江某花近照（1995.12.29；大坑1號步道）

北部稱「江某」，東勢附近稱「鴨母冇」，恆春名「鴨母樹」，竹東地區稱「鴨麻爪」，日名爲「フカノキ」；全台蓄積量約有2,127立方公尺（大武48，阿里山400，旗山346，恆春1,333立方公尺）；生長迅速，台北烏來產者如表二十四。

而台中蓮華池產者（註：今南投境內）如表二十五。

關於木材的性質、試驗等，轉錄如下：「木材淡灰白色，無邊心材之分，年輪稍不明，質輕軟緻密，有絹絲光澤，老年之木材髓線在徑面上呈褐色，有韌性，吸溼性小且無脹縮之弊，導管單獨或連結，散生，柔軟，細胞不明，髓線幅廣而顯著，木纖維長度多爲1.0～1.5公釐，平均1.418公釐，寬度多爲30～35 μ，平均32.6 μ，長寬度之比44。木材化學組成：灰分0.98～1.95%，冷水抽出物2.87%，熱水抽出物3.59%，1% NaOH溶液抽出物19.49～20.18%，醇苯抽出物1.73～2.16%，戊醣16.84～20.00%，木質23.76～25.09%，全纖維素56.11～57.76%，α纖維素40.67～43.97%。氣乾材比重0.480，全乾材比重0.437，抗彎強度726Kg／cm²，縱向抗壓強度254Kg／cm²（試材大小同紅豆杉）。木材可供製家具（襯板）、包裝箱、茶箱夾板、木屐、木象嵌、粗彫（傘頭）、浮等、水車踏板等用途；亦爲火柴桿及匣片之良好原料，每100小枝火柴桿重6.05公分，不著火率7%，點火容易，全部燃燒者47%，所需時間平均28秒，餘燼消失時間平均21秒，煤煙少，白煙無，微有火跳，無爆音，灰分微，色灰褐而帶白。本省火柴公司較上等出品均以此爲原料，產地則爲台中埔里、久良栖、東勢、新竹苗栗、大

表二十四

齡階	5	10	15	20	25	27
胸高直徑（cm）	4.90	12.41	18.56	23.21	29.26	30.55
樹高（m）	3.80	6.30	8.30	10.30	12.45	12.75
材積（m³）	0.005272	0.042672	0.100456	0.159438	0.316339	0.351558

表二十五

齡階	1	3	5	7	9
胸高直徑（cm）	—	3.33	5.45	8.48	10.91
樹高（m）	0.91	4.09	6.18	7.21	8.06
材積（m³）	0.000103	0.002510	0.009759	0.025559	0.046103

齡階	11	13	15	17	連皮
胸高直徑（cm）	13.33	15.45	17.57	19.70	20.30
樹高（m）	9.21	10.30	11.82	13.39	13.39
材積（m³）	0.076206	0.105120	0.140143	0.183719	0.214882

湖等，然為量有限，不足該公司之全部消費。紙業公司台北廠亦有時用此種木材，以製機械木漿者。」

其他木材性質、圖誌等，另見中華林學會(1967，55～56頁)、馬子斌等六人(1979)等；而吳順昭、王秀華(1976)於1973年4月，採自溪頭的江某，樹高24公尺，樹徑22公分，進行木材解剖構造研究；谷雲川、邱俊雄(1974)曾試驗江某等混合製漿造紙；馬子斌、曲俊麒(1976)則試驗樹材的機械強度。

上述生長的舊資料之外，鍾旭和、羅卓振南、周朝富、羅新興(1984)專論江某在天然闊葉林中的生長，鍾等取大埔、關山、蓮華池及六龜4地，計15株江某，迴歸單株林木樹齡及樹高、胸徑、立木材積的方程式，並作討論。表二十六列出樣木的野外數據。

而其單木之迴歸方程式如表二十七。

江某在中國係分佈於兩廣、兩湖、福建、

表二十六

產地 Locality	樣木編號 Sample Tree No.	海拔高 Elevation (m)	樹齡 Age (Year)	胸徑 d.b.h (cm)	樹高 Height (m)	枝下高 Clean length (m)	樹冠幅 Width of Crown (m)
大埔	1	600	68	65.1	20.8	8.5	7.5
	2	550	54	50.2	19.6	6.5	5.5
	3	650	57	55.6	19.5	5.5	5.5
關山	4	900	45	34.5	18.3	9.0	4.5
	5	900	45	35.2	18.0	8.5	5.0
	6	850	45	34.2	18.9	10.0	4.5
	7	850	44	33.6	18.0	9.5	5.0
蓮華池	8	800	50	46.1	21.7	11.0	8.0
	9	800	52	50.1	21.9	8.5	9.0
	10	750	55	52.8	19.2	8.5	7.0
	11	750	55	54.0	19.8	9.0	6.5
	12	750	50	49.7	20.6	9.0	7.0
六龜	13	850	59	56.8	19.1	9.0	6.0
	14	850	60	55.3	20.2	9.5	6.5
	15	900	53	51.0	19.2	7.0	5.0

表二十七

項目Items	產地Locality	迴歸方程式Regression Equations	決定係數R^2
胸徑 (d.b.h)	大埔	$D=-1.2053+0.6787A+0.0238A^2-0.0003A^3$	0.974
	關山	$D=-2.8915+1.0209A-0.0044A^2$	0.988
	蓮華池	$D=-1.8789+0.9873A+0.0153A^2-0.0003A^3$	0.988
	六龜	$D=-2.0797+1.0173A+0.011586A^2-0.0002A^3$	0.996
樹高 (Tree height)	大埔	$Ht=-0.1591+0.4935A-0.0028A^2$	0.968
	關山	$Ht=-0.8543+0.6766A-0.0060A^2$	0.993
	蓮華池	$Ht=-0.8851+0.6509A-0.0044A^2$	0.967
	六龜	$Ht=-0.1153+0.4848A-0.0025A^2$	0.952
立木材積 (Stem volume)	大埔	$V=0.1428-0.040866A+0.00229855A^2-0.00001528A^3$	0.962
	關山	$V=-0.0156+0.00036742A^2$	0.969
	蓮華池	$V=-0.0568+0.0007652A^2$	0.927
	六龜	$V=0.0611-0.022896A+0.00178115A^2-0.00001445A^3$	0.992

註：A：樹齡；D：胸徑；Ht：樹高；V：立木材積。

江某初果（1988.1.5；丹大林道）

江西、貴州、四川、雲南及西藏等地，林盛秋編(1989)將之列爲蜜源植物，花期大致在9～12月，泌蜜期約二十天，白天開花較多，15℃開始泌蜜，氣溫18～20℃、相對溼度80%左右，泌蜜最多；12℃以下，泌蜜迅速下降。

江某在台灣的物候，黃松根、呂枝爐(1963)記載六龜扇平的族群係10月中花蕾期，11月上旬盛花，12月下旬落花，成果期1月上旬，果熟於3月中旬；徐渙榮(1965)記錄太麻里分所的族群，10月上旬花蕾期，11月中旬盛花，12月中旬落花，12月下旬成果，2月下旬果熟；蔡達全(1967)登錄中埔澐水的族群，花蕾期10月中旬，11月上旬盛花，12月下旬落花，1月上旬成果，3月上旬果熟；廖日京(1959)記載台北市的族群，花蕾期9月中旬至10月下旬，開花期11月中旬至1月下旬，另還記錄4月中旬至6月中旬亦開花，結果期爲12月至1月、3月，果熟期爲1～3月，萌新芽期爲2月下旬；楊勝任、張慶恩、林志忠(1990)只記載蘭嶼的江某在1月份有黃綠色的花，也有黃色的果實，對於果色，筆者存疑。而筆者在中部地區歷來的記錄，江某分佈的上部界(海拔1,000～1,400公尺)，江某於10月抽花序，11～12月開花，1～2月結果，3月果熟黑，且落果。

而江某的生態方面，在中國的族群說是「常生於常綠闊葉混交林中，林緣、疏林、山坡荒草灌叢、山腳溝谷溪邊常見。喜光，適應性很強」(林盛秋編，1989)；郭城孟(1990)解說：「常見的原因，可能與其對不同生態地位的適應性有關」，且其由演替初期至末期皆可存在，但由其「鬆軟的木材可知，它不是一種壽命甚長的樹木，極有可能是它的種子能在不同的演替階段萌芽所致，隨著時間的腳步，森林漸趨成熟，而江某以不同的個體，出現在不同的演替階段，使得該種不至於在植物社會的演替過程中遭到淘汰」；陳德鴻(1982；轉引鍾旭和等，1984)對江某的育苗及植栽觀察指出，江某耐陰性強，生長迅速，可選擇陰溼地，行林下造林，而採種需把握時期，育苗簡易，惟前半年應搭蔭棚培育，後半年須施行切根，以養成健全裸根苗，其造林成活率高。

謝長富等八人(1992)調查南仁山區永久樣區，關於江某，主分佈於背風坡及溪谷區，而由強風坡、緩風坡、背風坡、溪谷順序，換算每公頃胸徑大於1公分者，分別有54、175、184及230株；底面積和每公頃分別爲0.07、0.94、3.75、4.74平方公尺；小苗株數每公頃依序爲475、400、193及956株，此小苗數據係1991年7月所調查。

據此，王國雄(1993)選擇江某等4種當年生小苗，種在強風區、緩風區、背風區及林隙，進行存活、生長的觀測。據其觀察，江某花期爲12月，種子發芽於5月；又，王氏認爲江某對水分要求較高；王氏取溪谷區的小苗，高約3～4分，具有2片子葉及1～2片葉者，試種之。其試種的「苗圃地」，特選擇林冠鬱閉、地勢較平坦處，清除1×1平方公尺地被供試，每組取4個，計設7組，每小苗圃種上江某5株(加上其他3種植物小苗)，合計種了140株江某小苗觀察之。

1992年7月開始，至1993年3月爲止，強風區、緩風區、背風區及林隙區的存活比例，分別爲58%、68%、80%及55%，差異並不顯著，但林隙爲最差，背風區爲最高；惟試驗的4種植物中，江某之存活率屬較差者。

而江某小苗的高度生長極爲緩慢，九個月各區平均值僅長高了0.4公分，林隙長得最快；生長九個月之後，江某小苗長不到2片葉，僅林隙者長4片多；基徑的生長，江某苗亦微不足道。

可能係因移植月份的緣故，加上人爲操作上的問題，此報告無法得出顯著意義或內涵，不同生育地的生長並無顯著差異。

王國雄（1993）的試驗，似乎與鍾旭和等（1984）、郭城孟（1990）、陳德鴻（1982）等見解，存有落差，除了比較基礎不同之外，筆者認爲並無解決江某何等眞正有意義的詮釋，也就是說，皆有待再試驗與檢驗其他因素。

李松柏（1995）碩上論文檢驗南仁山區30個5×1平方公尺樣區的林木小苗，而研究地區的溪谷型植物社會，樹冠層主優勢木爲江某、銹葉野牡丹、水金京、假赤楊等，但背風型的植被，江某仍佔一定優勢。而1994年1月，江某小苗總數有62株，佔所有73種植物小苗合計1,673株的3.71%，排名第六；及至1995年2月之間，新生苗985株，死亡478株，總苗木數變成569株，躍居第一名，佔1995年2月總苗木之2,448株的23.24%。又，江某在各月份的出生盛期爲1994年2月及3月，1995年1月及2月；而1994年1月的老苗至1995年2月的存活率僅有37.1%，是所有樹種的最低値，更且，此期間新生苗的存活率倒數第二名，也是江某（55.43%），也就是說，江某在此等樣區內長出最多，死亡也最多。

又，江某在強風區出生22株；死亡7株（比值3.14）；緩風區出生19株、死亡11株（比值1.73）；背風區出生577株、死亡305株（比值1.89）；林隙出生367株、死亡155株（比值2.37），筆者看不出這4區的數字有何實質生態意義，也不了解調查過程有無人爲傷害？在此引用只是一數據而已。

李松柏在討論中敘述，江某的主要出生期在12～3月間，說是可能受到「種子雨及水份的影響」，而江某小苗出生後三個月內有較高的死亡量。無論強風區、緩風區、背風區或林隙區，江某小苗皆會出現，但以背風區爲最大量產生區（如上數據），然而，筆者提醒，溪谷地最多江某母樹，苗木多自爲當然，該論文的一些討論意義不大，但其乃針對全面樹種的概括探討，筆者不必拿江某一種作挑剔。又，其與王國雄（1993）的敘述，似乎存有不同。

無論如何，李松柏的論文至少指出江某種苗之發生，可以是居所有樹木之冠（指研究樣區而言），大量苗木不斷發生（指原始林內），或說其拓殖能力甚強，則有趣的是，傳播機制爲何？

江某在南仁山區的資訊，另可參考范素瑋（1999）等。

正宗嚴敬、柳原政之（1941）調查琉球群島的大東島植物，合計201個分類群（Taxa）當中，其等判斷，分佈至該島的途徑，藉由鳥類傳播者佔41%，藉由海漂者39%，而靠風力傳送者25%（註：有些物種不止一種傳播方式）。其中，大東島原始森林中，數量最多的喬木首推江某（其採用的學名為*Agalma lutchuense* Nak.），其敘述原始林內，江某的株下樹幹高約3.6～5.5公尺，樹幹直徑常達30～60公分，12月開白色花，成果初爲青色，熟轉黑，黑鳩嗜食之，從而推論江某乃靠藉飛鳥而傳播至大東島。

台灣關於江某之與鳥類的關係，郭達仁(1986)記載，繡眼畫眉吃食江某果實，而繡眼畫眉的海拔分佈介於平地至2,300公尺，但其爲留鳥。

雖然尚無人明確證明江某的傳播，係經由鳥類食果排遺而入據跨海島嶼，但其可能性甚高，距離宜蘭陸地約9公里的龜山島，陳益明(1994)登錄222個維管束植物分類群，而該島的山地次生林，最主要的樹種，江某被列名頭一個，推測其數量亦甚多；而蘭嶼島亦存有(楊勝任、張慶恩、林志忠，1990)。

再者，對照江某的物候，果熟或落果約在2～4月，則江某的苗木發生，是否多屬當年下果者？在自然狀況下種子可存活多久？是否寬廣的環境變異下皆可萌發？而蓮花池森林中，5個倒木空隙的更新調查，只有1個出

江某初果(1988.1.5；丹大林道)

現2株江某小苗，同一空隙中的白臼則出現75株、白匏子9株、野桐2株、變葉新木薑子5株(洪富文，1989)，筆者認爲江某並非先鋒樹種。

在植物社會單位方面，劉儒淵(1980)調查竹山竹林森林遊樂區植群，列有「江某－楠木類群叢」，說其多見於布袋窟一帶陰溼溪谷，多呈小面積塊狀分佈，「爲竹林或造林地附近殘存之天然群落……曾遭受嚴重破壞……上層以江某及紅楠、假長葉楠、台灣雅楠等楠木類樹木爲主，樹高約20公尺，雜有山黃麻、茄冬、九芎及青剛櫟……下層……筆筒樹、樹杞、九節木、鐵雨傘、長梗紫麻及水麻等，地被……姑婆芋、赤車使者、冷水麻……」，此報告將江某歸於陽性先驅樹種之後的「偏中性木本」(其舉例者尚有青剛櫟、台灣黃杞、九芎、小梗木薑子、土蜜樹、大頭茶、灰木、柃木等)。

東北角鹽寮地區的次生林優勢樹種當中，Hsieh Chang-Fu, Shing-Fan Huang and Tseng-Chieng Huang(1988)列出樹杞、島榕、楊桐、水同木、青剛櫟、江某、細葉饅頭果及紅楠等，其推論最近未來的森林將以刺杜密、紅楠、樹杞及江某等爲優勢種，也就是說，江某恆存於次生林、原生林。

劉棠瑞、林則桐(1978)調查蘭嶼植群，列有「水同木－樹杞－江某簡叢」；鍾補勤、章樂民(1954)調查南插天山植群，列有「楓香－青剛櫟－江某群叢」；柳榗(1970)綜論台灣闊葉樹林，列有「山豬肉－九芎－江某過渡群叢」；蘇鴻傑、林則桐(1979)調查木柵地區天然植群，列有「大明橘－水金京－長尾柯－江某過渡亞簡叢」；柳榗(1961)調查大雪山示範林區植群，列有「紅皮－青剛櫟－江某過渡群叢」；陳玉峯(1983)調查南仁山區植被，列有「鬼桫欏－江某基群」；

台東海岸山脈則被列有「青剛櫟－樹杞－江某過渡群叢」(劉棠瑞、蘇鴻傑、潘富俊，1978)等。

依據筆者全台調查經驗，江某生態幅度表面上雖然寬廣，但其眞正的分佈中心，乃落在溪谷、溪澗等陰溼地，之所以廣佈，重點在於台灣環境的高度異質鑲嵌，即令岩生山坡，亦必存在諸多集水、澗地，而另一關鍵是江某具有高度傳播效率，推測與鳥類排遺有關；又，江某並非闊葉林第一喬木層樹種，其乃第二喬木層元素，但在林內更新或干擾狀況下，第一層樹倒塌破空之際，江某亦有機會躍居第一樹冠層；此外，溪谷、山坡澗地通常樹木較矮小，而江某狀似形成第一喬木層的現象亦常見。

江某以適水澗地、不忌岩隙或岩生，導致其廣佈現象，故而並無特定植物社會之歸屬，假設台灣環境更均質化，則分化加劇，江某必然縮小其範圍。

另一有趣的現象，江某似乎較少受到獸害、病蟲害等，雖其葉片常見蟲癭，但不致於爲害致死；黃松根、康佐榮、蔡達全(1979)在六龜試驗松鼠危害，32種樹木當中，江某是完全未受啃食的物種之一；然而，謝煥儒(1983)發表「江某幼苗猝倒病」新記錄，至少有2種病原菌導致江某幼苗猝倒。

筆者於2005年調查南橫東段的天龍古道，在約1公里的步道兩側，合計出現68株的江某，佔所有登錄526株樹的13%弱，僅次於最多株(71株)的青剛櫟，且其分佈並非依上、中、下坡的分化，而傾向於較潮溼立地，或山坡溪澗或排水處(當然，宜再詳細區分、調查每株樹的微生育地)；又，南橫東西兩側，東側的江某數量多於西側，整體評估，限制因子可能以溼度爲主要，東台較爲潮溼使然。

其他研究資料，例如焦國模、鄭祈全(1980)以四波段輻射儀測定10株江某的光譜反射特性，測試目的在於試圖了解航測或遙測影像上，灰調變化情形等。

↓江某熟果(2005.4.27；台20-116.53K)

山芙蓉
（陳月霞攝；1995.11.23；大坑）

山芙蓉 *Hibiscus taiwanensis* Hu

錦葵科 Malvaceae

台灣特產種，分佈於全台海拔2,400公尺以下地區，離島如蘭嶼亦產之（筆者認為可能近世由台灣無意間引渡者）。

落葉性（？）小喬木或灌木，全株密披長毛，枝脆弱易折；互生單葉，具長柄，厚紙質葉片，闊卵形，具3～5（7）淺裂，裂片爲闊三角形，時而全緣，葉基心形，主脈5～7（9）條，自葉基掌狀分出；花具長梗，腋生，通常單朵，花色隨時間由白變淡紅；蒴果扁球形，成熟時開裂，密披毛絨，種子帶毛，飛傳。

日治時代將山芙蓉視爲木芙蓉（*H. mutabilis*）的變種（1933年），1955年由胡秀英提升爲特產種的地位，《台灣植物誌》第二版並無列出異名，令人誤以爲到處存在的山芙蓉，好像日治時代從未被發現一般，而且，引證標本只列一份，對今人的學術敬業態度如此，令人感嘆！

劉棠瑞（1960）敘述產於全台平地以迄海拔1,000公尺之闊葉樹林內，木材色白，輕軟，粗者供製木屐，樹皮含纖維，可充繩束原料，亦常栽培以供觀賞；劉棠瑞、廖日京（1981）說是上抵海拔1,300公尺闊葉林內；第一、二版《台灣植物誌》敘述「上抵2,000公尺」，其實都是草率推估者。

然而，山芙蓉在植物分類學上的地位是否合宜，似乎尚有疑義，且其族群遍佈全台，由檜木林帶以迄離島，各地族群亦多變異，故而徐國士等人（1985）針對恆春地區的「山芙蓉」表達疑義，說是「型態上」與*H. taiwanensis*「略有不同」，生態特性則爲嗜光、抗風的次生演替先驅灌木，花期在10～12月，果期在12月至隔年2月，「果實蟲害極多」，特別是結果末期最嚴重；種子每公合平均3,855粒，「腎形或扁球形，長0.21公分（1.8～2.4mm），寬0.13公分（1.2～1.6mm），厚0.14公分（1.2～1.6mm）。種臍黑色，位於凹處……少量胚乳；子葉白色，相互捲曲」；「種子發芽率低……初春扦插枝條，約可得75%之成活率」，但夏冬成活率僅20%左右；幼苗三個月可達30公分高。

台灣中西部的北港防風林工作站標本園，海拔高度約10公尺，砂質壤土、pH質6～7的生育地，引種防風定砂植物試驗（邱慶全、

山芙蓉果裂（2004.12.18；阿里山公路65.4K）

吳清吉，1966），其中，山芙蓉花蕊期爲9月下旬，10月中旬盛花期，落花期在11月下旬，12月上旬成果期，隔年3月上旬果實成熟期，反而比恆春、墾丁更早開花，但此僅少數植株、特定年度，不能一概而論。筆者在阿里山公路、南投及雲林山區的綜合紀錄顯示，山芙蓉約在3～4月間抽新葉芽，4～5月葉片長成，但蒴果仍殘存（種子則多落盡），6月上旬即見花苞，7～8月開花，8～10月爲盛花期，10月底早花結果，11～12月仍有少數花朵，且果實漸成熟，12月下旬變黃葉、種子飛散，隔年1～2月葉落，但3月仍有殘葉，而海拔1,000公尺與2,000公尺的族群，花期僅相差約半個月，但並無一定規律。換句話說，中部中海拔的族群開花竟然比恆春半島低地還早。2004年12月，筆者調查南迴公路，山芙蓉開花中，再度印證此現象。

在台灣春夏開花的植物，通常隨著時間進行，由南往北、由低往高而逐次開放，如同抽新葉、生長的順序或模式，很可能啓動的機制在溫度及陽光（春化型）等；然而，花期在夏秋或冬季者開花模式如何？山芙蓉的花期引起筆者思考此一議題，更且，另可思考自上次冰河期引退、北退、植被帶上遷（陳玉峯，1995），低地物種朝溫涼山區挺升之際，前哨拓殖族群遭遇較高海拔的霜降、晝夜溫差等（特別是熱帶物種入山），其開花、結實的生殖策略作何調整、適應與演化？植物生理研究方面，有些植物之開花與日照週期具有顯著相關，故有長、短日照植物之區分，或低溫累積指標（例如玉山杜鵑）等，陳玉峯（1998）統計合歡山區物候，歸納冷杉林內先開花，而後林緣，至高地草原而最晚開花（所有物種開花比例），凡此議題非常複雜，台灣幾乎沒有研究，筆者在此，只是藉山芙蓉點出若干思考，而認爲台灣的本土基礎調查研究，數十年來仍然裹足不前，似乎長期停滯於套外國模式，而未能有眞正的本土生態研究。

山芙蓉乃典型次生向陽物種，其體型、型態變化多端，自不及30公分的苗木即可開花結實，似亦採取多子多孫策略；種子帶長毛而於冬乾、前春時期隨風力傳播，其寄生「蟲害」是否只有「害處」筆者懷疑，其與昆蟲之間的生態相關值得探討；其自海邊旱地，以迄山區溪谷皆可繁生，族群間必有高度分化；其帶毛種子易因水溼沾黏而著床於溪谷地等，但岩壁隙皆可適存；其花朵開放僅僅數小時，但因花苞不斷產生的時期甚長，不失爲良好觀花、觀果物種；其生態、演化之謎，有待進一步探討。

至於藥用方面，甘偉松（1970）敘述，台灣俗名爲「狗頭芙蓉」的山芙蓉，全年可採根及幹，去小枝葉後切片、晒乾，年產8,000公斤，每公斤2.5元，爲外科之消炎劑、解毒藥、解熱劑，又可治關節炎，而甘氏自行調查，「味微辛，性平。清肺、涼血、散熱、解毒，可治一切癰疽腫毒，另可治療諸多雜症，人畜皆適用」。

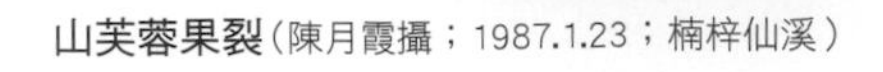

山芙蓉果裂（陳月霞攝；1987.1.23；楠梓仙溪）

山芙蓉果裂（陳月霞攝；1987.1.23；楠梓仙溪）

山鹽青（羅氏鹽膚木）

***Rhus javanica* L. var. *roxburghiana*（DC.）Rehd. et Wilson**

漆樹科 Anacardiaceae

分佈於印度、中南半島、中國、日本與台灣；全台中、低海拔到處存在。

落葉小喬木，樹皮暗紅褐色；葉爲奇數一回羽狀複葉，葉柄略有翼，小葉粗糙厚紙質，4～6對或9～13枚，對生，無柄，小葉背密披褐毛，卵狀披針形，銳頭，基鈍，鈍鋸齒緣；雌雄異株，圓錐花序頂生，小花密生，花徑0.2公分，萼片5裂，覆瓦狀，花瓣5，雄蕊5；核果扁球形，成熟由綠轉橙紅色。然而，台灣的植株，其花是否爲雜性花，似乎尚無人研究。

金平亮三（1936）說它是山地、平地次生林中的物種，台灣名稱除了山鹽青之外，另有鹽東花、埔鹽、埔鹽仔等，一概與「鹽」有關，更檢附11處（社）原住民的11種名稱，附帶說明木材灰白、柔軟、有光澤，排灣族利用來製造耳環及水中用的眼鏡（？），其木炭則用來製造火藥，可見山鹽青在農業時代或自古與台灣子民息息相關。

李順合（1948）記載山鹽青11月果實成熟；廖日京（1959）登錄1956～1959年台北市的山鹽青如下：花蕾期9月中旬至10月上旬以及4月中旬至5月上旬；開花在10月下旬以及5月中旬至6月中旬；結果期爲11～12月；成熟期1～2月；落葉期1～3月中旬；萌芽期3月下旬；顏正平（1968）敘述種子於10～11月成熟；鄭元春、蔡振聰、安奎（1986）記載花期爲8～10月；郭武盛等（1987）以表格臚列山鹽青各地族群的樹葉變色，大致於11月下旬至元月下旬；游以德、陳玉峯、吳盈（1990）敘述萌芽期2～3月，花期8～9月，果期10～11月，落葉期11～2月；舉凡此等差異，可能隨東、西、南、北區域，海拔高度，生育立地，植株遺傳等，以

→山鹽青植株
（2005.9.13；台20-177.7K）

山鹽青植株（1985.9.15；八通關古道父子斷崖）

及觀察年度的不同，而產生高歧異的結果，其中，有趣的是廖日京（1959）的年度2次花期，卻只有1次果期，是否爲氣候異常、人爲干擾、誤植或花有變異等，不得而知。

依據筆者十餘年於中部嘉義、阿里山區、南投山區的採集及物候記錄，中海拔地區（1,000～2,200公尺）的山鹽青，大致於4月底抽新葉；5月間新葉完成生長；6～7月盛行光合作用；8月中旬見花序及花苞；9月盛花；10月盛花轉結果，但果未熟，綠色；11月果實漸飽滿、成熟，下旬果實變顏色，由綠轉淡紅、橙紅；12月全爲橙紅果且落果，更且葉片轉黃色，或局部落葉；隔年1月，樹葉幾乎落盡，但殘果可持續至3月。

山鹽青遍佈全台，包括南北兩盡頭，自海邊向山區挺進，但海拔分佈則幾乎無人明確調查，金平亮三（1936）無敘述，劉棠瑞（1960～1962）及劉棠瑞、廖日京（1981）敘述爲「山麓叢林至海拔1,200公尺間之向陽地區」，以後的人大抵沿用之，例如顏正平（1968）、蔡振聰（1984）等，但柳榗（1970）敘述「鹽膚木過渡單叢」係以社會單位方式，認爲垂直最高分佈爲1,600公尺。事實上，遠在佐佐木舜一1922年的報告（轉引陳玉峯，2004），對玉山山彙植物帶及各物種每隔約303公尺作一次記錄的調查表中，山鹽青在1,818～2,121公尺的段落，乃至303公尺以下地區皆有資料。不幸的是，龐多日治時代踏實的研究報告，國府治台以降通常只被剽竊一、二，更且每況愈下，迄今大抵無人記得，而研究風氣浮華不實，買空賣空，到處亂抄，罕見有人腳踏實地、一絲不苟，學風敗壞得無以復加，現今似乎更加墮落，敬業態度及道德蕩然不存。

山鹽青的生態特性方面，早期說是「二期森林（次生林）」（金平亮三）或向陽地等，顏正平（1968）將之列爲「山地防塌、荒山復舊、溝壑控制、護坡等優良的水土保持植物之一」，它的生育環境：「……陽性樹，性耐貧脊乾旱，故於崩壞地、挖方地、溪岸山谷、礫石地、岩石壁削等均可生長，於山線鐵路沿岸，常與野桐、山黃麻、牡荊（註：黃荊）、馬櫻丹、番石榴、九芎、菝葜等混生」，採「種子繁殖，種子於10～11月成熟（註：可能係低地族群），採集後略晒乾，去除果梗涼乾後，即播或留至翌春2～3月間下播」，顏氏大抵已將山鹽青的性質敘述；葉慶龍、邱創益（1987）調查高雄、屏東、台南、台東、花蓮地區的青灰岩（mudstone）或惡地，山鹽青在其「牧地狼尾草—圓果雀稗—山鹽青—五節芒優勢型」社會單位中，列爲優勢族群，可見山鹽青的適應能力甚強；不止如此，雖然陳玉峯（1985）將之列爲「內陸」而非「海邊」植物，但山鹽青在鵝鑾鼻公園的珊瑚礁林間，海岸之前、後岸荒地皆可生存，相對另一極端者，山鹽青的海拔最高分佈，依筆者記錄，在新中橫約2,400公尺處，已係檜木霧林帶的核心區，故而其生態幅度不得不謂甚廣大；而台灣植被研究史上，柳榗（1970）在其所謂「暖溫帶雨林群系」，北部指海拔700～1,800公尺之間，南部900～2,100公尺之間（但在1,400～2,100公尺之間與暖溫帶山地針葉樹林混生）的常綠闊葉林，列出14個次生演替的過渡單位，包括山鹽青的「過渡單叢」，也就是說，山鹽青被視爲優勢種的次生林單位；游以德、陳玉峯、吳盈（1990）只說：「偶形成小面積優勢次生林，但通常爲散生」，某種程度亦贊同成立社會單位。

山鹽青的結實量，以果實重量與全株比而論，比例應屬甚高的物種之一，也就是說，它花在生殖的能量很高，可歸屬於r-selection策略，或多子多孫多保障續存的

山鹽青花序（1985.9.15；東埔溫泉）

山鹽青果序（1986.11.10；郡大林道）

山鹽青果序（1986.10.4；東埔溫泉）

山鹽青常有昆蟲寄生（1984.9.16；台北新店）

山鹽青蟲癭（1984.9.16；台北新店）

山鹽青蟲癭（1984.9.16；台北新店）

山鹽青果實（1986.10.4；東埔溫泉）

山鹽青落葉（2006.12；南橫東段）

山鹽青果序宿存（2006.3.12；台20-101.4K）

類型，但大量果實、種子的物種，常引來鳥類啄食，郭達仁等（1986）明確指稱冠羽畫眉、白頭翁、紅嘴黑鵯、綠繡眼、麻雀、斑頸鳩、紫嘯鶇、藍磯鶇等鳥種，食用山鹽青的果實，推測，其亦幫忙山鹽青散佈種子。

在人類資源使用上，除了金平亮三（1936）記載之製造火藥（筆者所知布農族、泰雅族、鄒族的獵槍，皆有採用山鹽青木材燒成的炭末，混製成火藥）等之外，用途更是繁多，日治時代調查，高雄州屏東郡Toa社以其葉與雪柑共同煎服，並以煎汁洗滌身體，用以治療瘧疾；台東廳關山郡內本鹿社Paran、Karisihan、Sunteku等，取山鹽青新芽，混以食鹽搗碎後服用，治療口腔腫瘍（山田金治，許君玫譯，1957，120頁）；一般植物介紹多說山鹽青是取鹽植物，過往山區不便，自有可能以之佐味，但現今鹽材豐沛的台灣，大概無人以之爲鹽材，至於其他一簍筐藥用等，在此不贅述。

郭武盛等（1987）記錄12個地區的山鹽青，於11月至隔年1月的變黃葉現象，將之列爲可供觀賞變色葉的樹種（其亦認為梨山為海拔分佈上限；另說可達2,100公尺）；而蔡振聰（1984）將山鹽青列爲「遮蔭效果良好」的18種植物（編號1），筆者怎麼看也搞不清楚是何標準？！鄭元春、蔡振聰、安奎（1986）調查出134種台灣主要及次要蜜源植物，山鹽青被列爲主要產粉植物之一。

謝煥儒（1983）爲山鹽青新記錄了白粉病，事實上，山鹽青的病蟲害繁多，但筆者非植病研究者，無法說明。而山鹽青的資料在台灣原生物種當中屬較豐富者，然而，迄今爲止沒有任何眞正針對山鹽青作專論研究的報告，以上，僅輯錄若干可資參考者。

山鹽青果序宿存（2006.3.12；台20-101.4K）

山桐子（2004.12.6；阿里山公路）

山桐子 *Idesia polycarpa* Maxim.

大風子科 Flacourtiaceae

分佈於中國、日本及台灣，或說東亞物種；全台中、低海拔山區，蘭嶼、綠島亦產之。

落葉小至中喬木，樹皮平滑；葉心臟形或闊卵形，先端銳尖，葉基心形且通常為葉片7條主脈的連接點，葉長2.5～18.5公分、寬2.5～15.5公分(二版《台灣植物誌》)，葉柄長約8～16公分，常帶紅色，葉柄先端接葉片處存有1對腺體，葉表綠色，葉背帶粉白色，疏鈍鋸齒緣，單憑葉的特徵已足以在野外鑑別之；雌雄異株，圓錐花序頂生，雄花寬約1公分以下，雄蕊多數，花被4～6裂，雌花被6～8裂，淡紫色，子房1室、球形；漿果球形，成熟轉朱紅色，內有許多種子。

金平亮三(1936)敘述其中文俗名謂之「椅」；林試所(1957)資料計載山桐子的海拔分佈為100～2,100公尺，例如台北烏來、阿里山十字路、武威山、浸水營、蘭嶼等地產之，木材可當箱板、器具、馬鞍；劉棠瑞(1960)延用之，而木材白色，年輪顯明，質輕軟緻密，亦為觀賞樹；劉棠瑞、廖日京(1981)則記載700～2,100公尺之間；筆者在阿里山公路沿線的記錄，大致在37～72K段落皆可見及，海拔則約在800～2,200公尺之間。

依據阿里山公路及中部地區筆者登錄，山桐子約在4月初抽葉芽，且花序一齊抽出，因而4月底即開花，4月下旬至5月為盛花期，且新葉完成生長，5月底花大致已凋謝，6月開始結果，6～8月果實生長，9月果實變紅，且在霜降後，樹葉開始變黃，9月底果實已呈現鮮豔紅色，10～11月殆為朱紅果最耀眼的季節，也是果熟季，而11月開始飄落黃葉，12月剩殘果、落葉，隔年1～3月全株殆為光禿。

山桐子為典型的陽性(不耐陰)樹種，雖然在蘭嶼、綠島亦見分佈，一般記載也說海拔2,100公尺以下存在，但筆者將近三十年的野調經驗，傾向於認為在台灣本島的分佈，係脫離亞熱帶之上才存在的物種，一般低海拔地區山桐子並不能適存，佐佐木舜一(1922；轉引陳玉峯，2004)對玉山山彙的記錄，山桐子係存在於1,200～1,800公尺的海

山桐子熟果植株(2004.12.6；阿里山公路)

山桐子葉落盡後，紅果景觀（陳月霞攝）

山桐子雌花（陳月霞攝；2005.4.27；南橫）

拔帶，亦佐證如此看法。因此，筆者推測，離島的山桐子與台灣本島已有長期的顯著隔離，有可能已有演化上的分化。

山桐子存在於二期或所謂次生林的社會，但其自草生地開始出現，而並無顯著成群現象，不足以形成優勢社會；一般零散發生的植株，一旦森林鬱閉，必將消滅。其果熟時期，常見黃腹琉璃等大量鳥類、不同鳥種吃食果實，其種子很可能經由鳥類排遺而到處傳播，但只在陽地可萌長。其種子數量、重量相較於全株，亦屬側重在多子多孫類型，符合一般先鋒（驅）樹種特色。

就台灣開拓史看來，山桐子有可能隨著1940～1980年代的林道開闢、大量伐木而拓展族群，或說由於原始森林的破壞，促成次生類的更加發達。

↓山桐子葉落盡後，紅果景觀（陳月霞攝）

苦樹 *Picrasma qussioides* Benn.

苦木科 Simarubaceae

分佈於印度、中國、韓國、日本、琉球及台灣；一、二版植物誌認為產於南投，甚稀有。

落葉小喬木，全株有苦味，筆者咀嚼新葉試之，果然苦味十足，漱口後舌上味蕾苦味尚存一段時間，幼嫩部有細綿毛；以南橫唯金溪橋頭（往天池端）右側1株苦樹為例，2005年4月12日所採集，當年生枝條與去年生枝條，青綠與灰黑判然可別，當年生新枝長約19.5公分，已長出7片羽狀複葉，頂上2片尚在萌芽狀（尚待觀察一年可長出多少片羽狀葉），而去年生枝條上另長今年生新側枝葉；年度頂生新枝最早長出（新枝基部）的羽葉長約24.8公分、寬約15.2公分（最寬伸展），第二片為31.1×19公分，第三片長34.6公分，第四片30.5×17公分；2005年新枝的7片羽葉在新枝全長19.5公分的著生位置如下：自去年枝端銜接部算起，0.6公分長第一片，1.5公分處長第二片，4.8公分長第三片，9.5公分長第四片，14.5公分長第五片，18.4公分長第六片，19.5公分長第七片，止於頂芽（紅色）。

每一片羽狀複葉葉柄基部膨大且略帶紫紅色，一回基數羽葉，通常為5對小葉加頂小葉片〔而金平亮三（1936）敘述4～6對，全羽葉長度說是40公分〕，第一片羽狀葉（上述全長、寬為24.8×15.2公分者）之小葉無柄，先端頂羽（小）葉長寬為10.4×2.8公分，往下一對小葉長寬為8.4×2.6公分，再下一對為8×2.6公分，再下一對為7.6×2.6公分。

第二片羽狀葉（全長、寬為31.1×19公分），頂羽片長寬為10.3×3.3公分，頂羽片下方第一對小葉兩片伸展寬度17公分，其小葉長寬為9.4×2.6公分；第二對小葉伸展寬度19公分，單片小葉長寬為10×2.9公分；第三對小葉伸展寬度18公分，單片小葉長寬9.5×3公分；第四對小葉伸展寬度15公分，單片小葉長、寬為8.6×3.1公分；第五對小葉伸展寬度為11.8公分；第六對小葉伸展寬度9.8公分。也就是說，一回羽狀複葉的最寬部位約在頂羽片下方第二或第三對小葉。又，上半部小葉對生，但下部小葉常呈亞對生。

除了頂羽（小）葉為兩側對稱之外，其他小葉皆呈不等程度歪基或主肋兩側不對稱，愈

苦樹新葉及花序（2005.4.12；台20-113.7K）

苦樹花序及花（2005.4.12；台20-113.7K）

往基部的小葉愈歪；頂小葉片時而無柄，有時具柄，柄長可達2.3公分，當頂小葉具柄時，小柄上具微翼。有趣的是，每片羽狀複葉由頂端小葉之下的第二對小葉葉基處，羽軸上略見膨大。

小葉紙質，長橢圓、長方形、闊披針或狹卵形而多變，略不規則鋸齒緣，先端尾狀漸尖或短銳尖；小葉第一側脈大致平行，其餘細脈形成不規則網格。

當年新枝條上長出2～3付花序，位於新枝長出的第一至第三片羽狀複葉的腋間，去年枝條上側生的當年側新枝上亦長花序1～2付。由此花序生長的位置可判斷：先長新葉芽之後，再抽花序。聚繖花序成繖房狀排列，具總梗，長度約5.5～6.3公分，整個花序長約11～13公分，寬約9～11公分，具極短細毛；花為雜性，兩性花寬約0.7～0.8公分，具長花梗，長約0.7～0.9公分，有細短毛。花萼、花瓣或全花（含花梗、花序）都是淡黃綠色，花數5、4或不規則，一般花萼、花瓣多見5裂片，但亦常見4裂片者，花萼三角細長裂片，肉眼較難明晰見及，花瓣裂片5或4枚，平展至略下垂，卵狀長橢圓形，長約0.3～0.35公分，寬約0.2公分；子房最為有趣，其為3～5（罕見2）粒小球形，著生於花盤上，花柱在子房球的中間伸出，花柱長度約0.4～0.5公分，有幾粒子房球就有幾個柱頭開裂條，與花瓣不見得同數，花瓣4裂片者，子房球、柱頭裂條可以是4、5或3，罕見2；花瓣5裂者，子房球可有5、4、3者，不規則；凡此子房小球授粉後，發育為小核果，球形，成熟時變藍色，而萼片宿存。

金平亮三（1936）認為台灣甚為稀少，僅知於南投縣境曾採集，日本名：Nigaki；劉棠瑞（1960）說是「中、北部山地，中部採之於南投，比較稀少」，英文名稱：Indian Quassia Wood，「心材黃色，質略堅硬，用製器具；樹皮入藥，能健腸胃，瀉溼熱，亦為有名之殺蟲藥劑」；1977年《台灣植物誌》第一版第三卷出版，543頁，敘述為「單性花」，分佈從金平氏，認為「非常稀少」，引證標本只有1張，即早田文藏1916年採自南投縣境者；1993年二版《台灣植物誌》547頁，完全同於一版。

蘇鴻傑（1980）發表「台灣稀有及有絕滅危機森林植物之研究」，列出的每一物種，皆列有參考文獻的引證，關於苦樹，敘述「分佈於中北部山地，曾在南投採到，極為稀有」，參考文獻是根據《台灣植物誌》一版，而樹皮入藥、有名之殺蟲劑云云，筆者推測係參考劉棠瑞（1960）者，但其未列為參考文獻。其「稀有性」被列為「分佈廣泛，但在分佈範圍內產量稀少之植物」，面臨的「危機」則被列為生育地減少、因藥用目的而被濫採者，以及屬於經濟目的而引發的滅絕危機。然而，憑藉《台灣植物誌》一、二句話，而下達此等說法，很可能是研究者紙上作業的推理而已，欠缺實證經驗，更無研究可言。然而，蘇氏行文謹守引證，稀有植物本來就是「稀少」（已知的稀少與自然實體的稀少常是兩回事），不必太過苛求，對照後來有些人搭順風船、大抄亂抄，甚至招搖撞騙，卻不願引證的所謂稀有植物「研究者」的「發表」，蘇氏可謂具備學者風範矣，奇怪的是1980年代之後，全台炒作「稀有植物」流風中，蘇氏的發表反而罕有人引用，誠所謂瓦釜雷鳴、向聲背實！

而苦樹到底多稀有？章樂民、楊遠波、林則桐、呂勝由（1988）將苦樹列為太魯閣峽谷20種稀有植物之一，「本調查發現於綠水、研海索道海拔300～1,250公尺及長春祠附近，數量不多」，且其等將苦樹列為台灣東部花蓮山地石灰岩地區的指標植物之一；楊遠波、呂勝由、林則桐（1990）調查太魯閣國家公園石灰岩地區植被，列出46種該區稀有植物，苦樹被列為第三十七種，其敘述「……產於南投，於本國家公園石灰岩區分佈小清水、匯源、研海林道等地」；而且，在其所列的「太魯閣櫟社會」，係在往大里第一、二索道站之間，海拔250公尺，坡度45°，西向坡的大理石岩壁，筆者由其數據推測太魯閣櫟社會取樣樣區有3個，其中2個樣區中見有苦樹，因此頻度為66.7%，每100平方公尺面積中存有苦樹14.7株，是該社會中所有木本植物植株密度最高的樹種，而領導優勢種的太魯閣櫟才只2.7株，植株數量次高的月橘僅只9.3株，顯然的，苦樹在太魯閣櫟社會中的植株數量「驚人」，若依此地存在的事實來論，則蘇鴻傑（1980）說是「分佈廣泛，但分佈範圍內產量稀少」，顯然不當。

更早之前，佐佐木舜一（1922；轉引陳玉峯，2004，850頁）登錄玉山山彙，苦樹的海拔分佈記載於606～909公尺之間，筆者推測，存在地可能在南投接近東埔溫泉或竹山地區；徐國士、林則桐、陳玉峯、呂勝由（1983）敘述苦樹存在於中橫東段綠水一帶，也就是海拔在400公尺上下地區；而2005年筆者在南橫台20-112K、112.5K及113.7K（唯金溪橋頭）發現4株，海拔分別是1,050、1,089及1,096.5公

苦樹小花（2005.4.12；台20-113.7K）

苦樹初果（2005.4.27；台20-113.7K）

苦樹果實（2005.5.1；台20-113.7K）

尺，楊國禎氏亦曾在東部採集，據此，吾人似可推論，苦樹在全台分佈，集中在東台岩生植被中，且東北台分佈中心大致在200～400公尺之間，極端分佈可在海拔1,250公尺以下地區；中部地區可挺高至約1,212公尺，分佈中心可能落在於600～900公尺之間；南台如南橫，目前只知在西部1,000公尺上下地域存有。若進一步調查，由點、線、面拓展，必然與現今所知，將有大不同的結果。

然而，早田文藏1916年的採鑑登錄，引證標本係他於1916年4月，在Hōgō，Musha，海拔4,000日尺（1,212公尺）所採，其附註：相較於在東京帝大標本館中日本的苦樹標本，台灣產者的雌花花瓣較銳尖且更多毛。早田氏的標本存放於林試所及東京帝大（Li, 1971），則早田氏所採為最高海拔分佈？不然，欠缺詳細調查，無法下達結論，更且，早田氏1916年4月的採集路線、地點如何，筆者尚未查出，只知他的採集點有竹山（Rinkiho）、Yūsuikō、Rōshinkōshō：Kwaiyōzan、Rōsuikō：Yūshakō、Rinkiho：Daikōshō、Musha-Oiwake（1916年4月23日）、Shishitao、南投：Rinkiho et Rōsuikō（以上，隨意由早田氏1916年發表的植物中，找尋他自己所採的標本，時間在1916年4月間的地點）。

由目前筆者手上文獻資料判斷，美國阿諾德樹木園的分類學家雷德（A. Rehder）與英採集家威爾遜（E. H. Wilson）雖有聯名於1914年，登錄苦樹的學名，但威爾遜是在1918年才來台灣採集，其苦樹與台灣無關；苦樹首度被命名係在1825年，完全與台灣無關（當時列在*Simaba*屬），因此，筆者推測，早田文藏是台灣苦樹採集及鑑定的第一人。而且，除了早田氏、金平亮三等略作形態觀察、敘述之外，迄今不知還有誰人進行台灣的苦樹之研究？

甘偉松（1971）記述苦樹為「黃楝樹」，產華北、華中及台灣，說是樹葉為苦味健胃劑，而樹皮晒乾為「苦樹皮、苦楝皮，充苦楝之用，治蟲積腹痛」；甘偉松（1972；註：甘教授的《台灣藥用植物誌》第二卷，首頁列為1972年出版，全書最後版權頁列印：民國48年6月初版，64年2月6版，筆者搞不懂究竟該書是幾年出版，第幾版第幾刷？又，第一、三卷皆是前後不符，因此，筆者列參考文獻之年代，必然出現矛盾現象！）敘述，「黃楝樹」的生藥名為「苦木」，印度名「Baringi」，英文名「Asiatic Quassia；Japanese Quassia」，產地及生態說是「自生於台北及南投山野之落葉喬木或小喬木」；分佈列有「河北、河南、山東、江蘇、江西、湖北、湖南、四川、陝西等，韓國、日本、尼泊爾、印度」；形態敘述說是：「……夏季抽圓錐花序……雌雄異株……雄花具雄蕊4～5本及退化之子房，雌花具4～5全裂之子房及不完全之雄蕊4～5本」；1892年，下山及平野二氏將枝幹切片分析出0.012%結晶性苦味物質而發表，謂之「苦木素(Quassin)」，即$C_{31}H_{42}O_9$；三浦伊八郎(1923)分析樹皮，得知含單寧0.21%；夥同其他治療瘧疾、皮膚癢、健胃、驅除寄生蟲、驅蛔蟲、殺蟲、殺蠅劑等用法，但服用過量則咽喉痛、胃痛、嘔吐、眩暈、下痢、肌搐搦等，包括日本、美國、印度等資料之檢附。

據非台灣資料看來，台灣的苦樹若經全面研究(由形態、生態、藥用……各面向檢討)之後，結果如何有待分解。

李惠林教授(Li, 1971)區分台灣木本植物為11大類型，苦木被舉例為「東亞元素」類，也就是分佈於東亞，包括中國、韓、日及鄰近地區的植物，台灣的木本植物此類型佔有18%，在台灣多分佈於低、中海拔，例如台灣赤楊、樟樹、朴樹、大青、苦木、栓皮櫟等。筆者目前並無進行任何研究，僅以有限上述所知，傾向於將台灣的苦木視為亞熱帶或低海拔山區，岩生植被的指標落葉樹之一；其為落葉小喬木，在台灣近期演化中，退居峽谷兩旁岩生環境，可能係因競爭力難以抗衡常綠樹種，更且，冰河時期北退之後，台灣西部環境較不利於其生存，原本似乎呈現全台散生的分佈，後來漸次退縮或被消滅，而南台陽旱山坡環境中，退居於如南橫唯金溪等坡地溪谷旁；東台岩生環境則因東部大氣較為潤溼，因子補償之下，發達於太魯閣櫟社會分佈的下部界；中部地區則零散見於溪谷地；整體而言，乃傾向於退縮型物種而亟待保護或保育。至於其在台灣乃至印度、東亞地區的隔離演化，毋寧是最有趣的議題。

稀有植物苦樹的生育地(2005.5.23；唯金溪橋)

水同木無花果（陳月霞攝）

水同木（豬母乳）*Ficus fistulosa* Reinw. ex Bl.

桑科 Moraceae

分佈於印度、中南半島、中國南部、菲律賓、琉球、小笠原島及台灣；全台亞熱帶山區遍存。

常綠小喬木，小枝有毛；單葉長橢圓或倒卵形，長度通常在15～25公分之間，葉片大小常與陽光充足程度相關，平均光度愈弱部位，葉片常愈大，全緣或略波狀鋸齒，葉表面平滑，葉背有毛，側脈6～9對，葉柄長1～4公分，具毛；隱花果腋生，球型、扁球型至卵型，徑約1.5～2公分，成熟轉橙紅、黃、黑等。

榕樹類的最重大特徵即隱頭花序或稱無花果，但若在野外未見無花果之際，鑑定的方式可由葉痕及白色乳汁來確定是榕屬（*Ficus*）植物，所謂葉痕其實是保護葉片免於霜害的苞片或托葉掉落後所形成，嚴格而言應稱爲托葉（苞片）痕，這是因爲榕屬植物多屬熱帶、亞熱帶物種，受不了霜凍，植物體在每片樹葉長出之前，另有一片苞片披覆在幼葉之上，幼葉延展後，苞片脫落，因而在葉柄基部留下苞片著生的一圈痕跡，最顯著的苞片可由印度橡膠樹作代表，其新葉長出前，總有一片大型紫暗紅的苞片包圍著幼葉，隨著新葉伸展而撐開、掉落；至於白色乳汁，有些榕類則不明顯，但水同木可具有豐富的乳汁，故名「豬母乳」。

台灣大約擁有26種或種下分類群的榕屬植物，水同木的特徵是小喬木、大型葉片（長度10～25公分）、無花果果托有3小苞片、無花果常長在樹幹上（幹生花）、新葉剛長出時呈現鮮紅色（形成顯著景觀），且隨葉片生長轉黃橙，再變成深綠色。有人認爲水同木易與稜果榕相混，其實稜果榕除了無花果具有明顯的縱稜之外，葉表亮麗反光，一眼可辨。

所謂「幹生花」就是熱帶雨林的數大特徵之一，古典植物生態學有個有趣解釋，說是熱帶地區植物生長非常迅速，樹枝上的花芽還來不及開花之際，樹枝已長成樹幹了，因而開花、結實變成在樹幹上完成，但這只是20世紀初或19世紀植物地理學者的自圓其說罷了。

水同木的分佈通常見於海拔800～1,000公尺以下山區，以阿里山公路、鐵路沿線

水同木（1983.5.13；烏來）

爲例，最高分佈大約在1,200～1,300公尺之間，日治時代之劃分寒、溫、暖、熱林帶，所謂熱帶殆即800公尺以下，水同木繁生爲指標的地區。事實上，水同木的生育地通常「挑選」山澗溪溝處，基本上它是陽性或不耐陰的樹種，卻又好潮溼，而台灣不斷地震且斷層逆衝，再由雨水切割，因而台灣山區溪澗、谷地多不可勝數，凡此陰溼地具備終年保溼的先決條件，加上山洪爆發常將植物沖失，岩塊裸露或土壤層不易累聚，更且，種源必須不斷供應，才可在此生育地反覆出現、反覆流失。水同木的無花果成熟後常爲鳥類啄食，種子可隨鳥類排遺而到處空投，隨時空降至溪谷岩塊或岩隙聚土處，而且，它嗜溼好陽，恰好形成低海拔溪谷地的最合宜樹種之一。又，水同木全年生長，全年可見無花果成熟，因而種源豐富。

在植物社會的歸屬上，水同木有時可形成自成優勢族群的小聚落，但面積通常狹限，因而常被植被生態研究者所忽略，依筆者見解，其可成爲亞熱帶溪谷地反覆存在的社會小單位，停滯於次生演替前期階段的灌叢社會。

水同木植株（陳月霞攝）

水同木新葉（陳月霞攝）

水同木隱頭花序（陳月霞攝）

水麻 *Debregeasia orientalis* C. J. Chen

蕁麻科 Urticaceae

分佈於日本、中國東部及南部、印度、不丹、尼泊爾及台灣；全台海拔2,500公尺以下溪谷地常見植物。

常綠或落葉性灌木，株高1～6公尺不等，多分歧莖幹，樹皮棕褐黑，小枝密披毛；單葉互生，線狀披針形，葉表粗糙，葉背白粉狀，葉緣具小鋸齒，尾漸尖，基鈍或略圓；花序腋生，一至二回二叉分枝，小花序頭狀，單性小花；瘦果，花被宿存，肉質，成熟轉金黃或橙黃，可食。

由於海拔分佈遼闊，自低地朝中海拔遞變的族群，其物候存有差異，而其花果期長；中海拔地區的族群因受霜凍，存有一至三個月落葉期，低地者則幾乎全年常綠。以中海拔而言，12～2月爲落葉期，落葉時枯褐葉捲曲，3月抽新葉芽及花穗，且在下旬即見開花，花開期自3～7月，4～9月爲結果及果熟期，殆於5～9月期間，常可見許多鳥類及台灣獼猴吃食熟果，亦見螞蟻及昆蟲聚食；至於低海拔族群，花果期在12～6月間。

水麻好陽或強光照，生育地多在溪澗、谷地或潤溼壤土處，可歸屬於次生灌木或溪澗地之停滯於反覆出現的初生演替灌木；其傳播主要靠動物爲媒介；中海拔山區頻見於伐木後或干擾地，乃第一波次生灌木或林緣物種，時而形成小群聚，但因面積狹促，通常不被視爲群落，僅爲次生單位的伴生種，如果將溪溝列爲特定生育地，則可成立該等環境的灌叢社會，且以水麻爲優勢種，然而，一旦溪谷型喬木長高，阻遮陽光，則水麻式微或消失。又，一般而言，呈現逢機散生方式存在。

第一版《台灣植物誌》的學名採用*D. edulis*，種小名意指其漿果聚合果之可食；其莖皮如同許多蕁麻科植物，富含強韌纖維，農業時代被視爲苧麻等紡織、繩索代用品，免不了也有一大堆藥用的傳說。

水麻植株（陳月霞攝）

水麻植株（1986.4；阿里山公路）

水麻果熟（2000.3.19；阿里山公路）

水麻熟果（1990.7.20；梨山）

水麻花（2000.3.19；阿里山公路）

水麻熟果（1981.4.5；台北姆指山）

水麻葉及果實（1990.7.20；梨山）

咬人狗 *Dendrocnide meyeniana*（Walp.）Chew

蕁麻科 Urticaceae

分佈於菲律賓及台灣；全台低海拔山區及海邊散見，綠島亦產之，至於蘭嶼島上者，另有紅頭咬人狗（*D. kotoensis*），係1995年重新發表的當地特產新種。

常綠小喬木，樹高約2～6公尺，枝條粗壯，2年生小枝上具焮毛；單葉互生，卵形至卵狀橢圓，或倒卵橢圓形，長度可達55公分、寬可至27公分（《台灣植物誌》二版敘述），先端銳尖、尾尖至漸尖，全緣，基鈍，托葉闊三角形，葉柄5～18公分長，厚多汁紙質，上下表面具毛刺；雄花序為聚繖圓錐柱狀；雌花序受孕後會延長，長度常達10～20公分；瘦果著生在白色多汁的果托上，不雅地說，乍看像是白色鼻涕成團，可食。

咬人狗在全台分佈最高可達約1,500公尺，而下抵海岸灌叢中散生。筆者推測，如咬人狗等物種，係在晚近冰河期之後，才由菲律賓、巴丹群島進入台灣者，但在蘭嶼則因島嶼生態、遺傳漂變與天擇，演化出今之成立新特產種者，但筆者懷疑是否為眞正的不同種？有趣的生態議題即：咬人狗通常存在於溪谷兩岸，或說其乃由海岸溯溪而上，則反動力、反水流向的傳播機制為何？是否其果實可食，由鳥類或其他動物所攜帶，不得而知。

→咬人狗植株（2005.4.6；台20-64.5K）

就族群存在數量而言，咬人狗殆以南部、恆春半島為分佈中心，墾丁地區海岸林、各溪流如拜律溪、八掌溪等皆可見及，海邊地區之向陽旱地，以迄中海拔下部界的陰溼溪澗地的族群，可能已有各地族群的變異。而沿阿里山公路的族群，大致於觸口至石桌以下地區存在，或所謂熱帶林的海拔800公尺以下地區。

其為常綠樹，樹葉掉落前為黃色、黃綠、枯褐。在山區的族群，每年約在4月下旬抽

咬人狗初果（2006.4.9；台21公路）

咬人狗果實（1985.5.6；恆果半島南仁路）

咬人狗葉背（1985.5.6；恆果半島南仁路）

出花序，5～7月為花期，7月下旬見果實，7～11月為果實生長、掉落時段。

就植被生態而言，時而可在溪谷澗地形成小群聚，是否可成立社會單位尚有疑義，通常可歸為次生植被類型中的伴生樹種，性嗜潤溼（海邊族群顯然為陽旱生至旱陰生型），陽性，但可延展至半遮蔭立地。

被咬人狗的焮毛刺痛後，依個人多次經驗，灼痛感大約數分鐘至半小時，視汁液數量而定，有人宣稱可痛癢二至三天，不知是否有人的體質特異？由於咬人狗常聚生於溪谷部位，原住民族取水常遭「灼傷」，魯凱族據說將咬人狗枝條，使用於對年青人成年禮的鞭打用具，是否含有灼痛試煉的涵義，或為合理推測。

咬人狗（1984.1.20；蘭嶼）

咬人狗（1984.1.20；蘭嶼）

咬人狗花序（2006.4.9；台21公路）

長梗盤花麻花盤長梗
（1982.8.15；阿里山至眠月）

長梗盤花麻 *Lecanthus peduncularis* (Wall. ex Royle) Wedd.

蕁麻科 Urticaceae

分佈於非洲、南亞、太平洋諸島及台灣；全台中海拔地區常見林下物種。

多年生肉質多汁地生型群團式草本，莖匍匐於地面，節處下長不定根，向上則斜伸枝葉，略圓柱狀；葉對生，但每對葉不對稱，通常一大一小，葉片歪基，全葉殆爲歪橢圓、狹橢圓形，銳鋸齒緣，葉基3條主脈，尾銳尖或尾尖，葉柄長度1～8公分不等；花序腋生，但常以長梗突出葉表，圓盤狀的雌花序可歸頭狀花序，單生或2個攣生，花被4；瘦果側扁卵形至披針狀。

長梗盤花麻的海拔分佈中心殆在1,200～2,400公尺之間，第二版植物誌說它在中央山脈高達2,700公尺，但2,700公尺已深入台灣鐵杉林帶，依筆者經驗似乎不然，其主分佈於檜木林帶以下地區；又說，其花果期由7月下旬至隔年2月等。但依筆者經驗，檜木林帶的長梗盤花麻族群係在8～9月盛花，10～11月結果，11～12月果熟、掉落；海拔較低的闊葉林下如奮起湖，則花果期相差不多，或提前約半個月。

就生態而言，長梗盤花麻係針闊葉混淆林、上部闊葉林帶之山地中、下坡段，典型陰溼生型地生草本，並無特定的社會歸屬，而多見於溪谷或潤溼至水溼的岩隙積土部位，其爲眞正或典型陰生植物之一；其藉匍匐走莖，作無性繁殖式的拓展，易於形成地氈狀，或較大面積單種優勢的現象；其在阿里山等地區的人工針葉林地，由於長期撫育且除草，經由人工整理之後，常形成林冠整齊、下枝清除的林相，因而林地上透光均勻，加上定期除草，將地被或林下植物清除(以割草機施業)，長梗盤花麻由於莖枝伏地，雖上部被除，無礙生存，在割草空檔期往往旺盛再生，人工清除反而幫其除掉競爭對手，因而在人造林下，常見其一枝獨秀，蔚爲絕對優勢，盤佔大部分林地，或每遇見其存在處，屢屢成團大叢呈現。又，其隨水分梯度，由溼向乾而族群遞降。其爲中海拔山區人工助長發展的物種之一。

長梗盤花麻(1982.8.15；阿里山至眠月)

長梗盤花麻顧名思義，指其花果序具長梗，用以高舉而有助於傳播，然而，筆者認爲，其種子易於受重力及水流，沿林下地面逕流而傳送，故而林下排水軌跡，往往爲新種苗拓殖的起點，且在據點攻佔之後，復以走莖無性繁殖，拓展成爲團聚現象。

過往阿里山區的小孩扮家家酒，常將長梗盤花麻的長梗基部採下，模仿項鍊，以花果序盤爲珠墜，長梗則以指甲按節，並撕成兩半，形成鍊子而懸掛胸前。大塊誠爲文章，亦爲童玩。

長梗盤花麻的首度引證標本採集，係由中原源治於1906年11月，在阿里山所採獲，送交早田文藏於1908年發表，但後來學名再經修訂。

↑ ↓ **長梗盤花麻**（陳月霞攝；2006.9.27；阿里山梅園）

蠍子草 *Girardinia diversifolia*（Link）Friis

蕁麻科 Urticaceae

分佈於非洲、印度、中國、爪哇、日本及台灣；全台海拔約1,000～2,300公尺山地散見。

多年生地生型多汁草本，全株地上部分具長刺毛；莖有5條縱溝或稜；單葉互生，外輪廓菱形，羽狀5裂多變，長約8～25公分、寬約6～22公分，尾尖，基圓，粗鋸齒緣，上下表面密毛，葉脈具半透明刺毛，托葉近闊卵型；雌雄異株，是否會變性尚待全面觀察，穗狀花序；瘦果。

台灣存有一些具刺焮毛而可傷人的植物，例如咬人狗、咬人貓等，其中，蠍子草的刺最長，而由菱狀羽狀深裂的葉片一眼即可辨識。通常其針刺刺人情形，殆在不經意間，刺進皮膚毛細孔，因而手心不易被刺入，手背及其他較大毛細孔部位始易被其所傷。由於刺毛刺入時，其毛受壓後將酸性液汁注入，因而皮膚感覺灼痛，但灼痛感並非立即發生，而在一至五秒之後始有感受，灼痛程度則視注入汁液的多寡，以及個人體液而有所差別，因而筆者戲稱，可測量個人的酸鹼值，偏酸者痛愈久。

台灣山高谷深、溪壑橫陳，因地形所導致的陰、陽坡錯綜複雜，水溼陰暗程度有異，蠍子草偏好陰溼地但略透光部位，因而常見於陰坡溼林林緣。由於其似為雌雄異株，且植株間若距離太遠則無法受孕，難以傳承，故而蠍子草存在處，往往多株群生，但稀疏散列，不像咬人貓總是成群出現。換句話說，咬人貓團體性較佳，蠍子草個性較獨立，但亦多例外現象。

雖然有人宣稱其纖維強韌，莖皮纖維可做繩索、紡織原料，此或為農業時代一時權宜的做法，不必強調唯用主義，然而，全台對本地植物的研究，長期在唯用風潮之下，舉凡非人類已知有大用者，通常無人研究，因而如蠍子草等，可謂乏人問津。事實上，雌雄異株植物的生存策略及生態演化意義，饒富趣味與挑戰。

蠍子草的花果期《台灣植物誌》記載為秋冬季，而筆者採集記錄，8月見花序芽，8月底開花，9～10月雌雄皆盛花，10月中旬著果，11～12月落果。蠍子草恰如其名，因欠

蠍子草近照（1985.11.9；神木林道）

缺明確社會歸屬，從原始林緣、山徑、人工林、溪谷地等到處流浪。

蠍子草第一份被引證的標本，係由川上瀧彌及森丑之助，於1906年10月間，在達邦社(或阿里山區)所採獲，編號1769；1908年由早田文藏鑑定而發表。

蕁麻科植物的「蕁麻」兩字，夏緯瑛(1990)解釋，蕁讀如覃，及古字「燂」，《說文》：燂，火熱也，字或作燖，又與錴通；而「錴」即「在湯中瀹肉」，也就是燙；《玉篇》解釋「焮」即「炙也」，《集韻》謂「一曰爇也」，燖、焮等字都是火燙、燒炙的意思。另一方面，被蜂類叮螫的感覺近於火燒，因而在語言的申引上，「蕁麻」相當於「螫蠚」，《詩經周頌・小毖》「莫予荓蜂，自求辛螫」，「辛」即「燖」的假借字，也是「焮」字。辛螫即燖螫，即焮螫，故而刺人作痛的毛叫「焮毛」，這類植物就叫做「焮麻」、「蕁麻」。

簡單的說，「蕁麻」這類植物就是具有焮毛，人的皮膚一觸及，會有被火燙傷、被蜂叮螫的痛楚感。又，「麻」字是古代的穀類之一，即今之大麻(*Cannabis sativa* L.)，其種子可食，且古代取大麻纖維來織布，是一般人民的衣著，延展現今凡用作纖維的植物，都叫做「某某麻」；《小爾雅・廣言》謂：「靡，細也」，靡與麻，一音之轉，義相通，麻之爲名，取義於靡，也就是說具有靡細的纖維。而麻又與麼字相通，《列子・湯問》云：「……江浦之間生麼蟲，其名曰焦螟……」，麼蟲即小蟲，形容小東西叫做麼物，麻、麼皆爲細小之意。

如果你硬要將「麻」字解釋爲「麻木」或台語的「麻」，筆者認爲「麻也賽即！」總之，「蕁麻」植物就是讓你被刺痛得有如火燒、蜂螫，炙熱痛楚得近乎麻木。

↓**蠍子草植株**(1985.11.9；神木林道)

咬人貓 *Urtica thunbergiana* Sieb. et Zucc.

蕁麻科 Urticaceae

分佈於日本及台灣；全台中海拔地區遍在，亦向低海拔地區下延。

多年生地生型草本，株高常在60～70公分上下，高大者可達1.4公尺，全株地上部具焮毛；單葉對生，闊卵型，不甚規則雙鋸齒緣，長約5～13公分、寬約4～12公分，先端銳尖、漸尖或尾尖，基部心型或圓，粗糙薄紙質，上下表面密生刺人焮毛，具3～13公分長柄；花序單性，呈總狀之穗狀，雄花序在下，雌花序在上，花被4裂，裂片卵狀；瘦果扁狀卵形，長約0.12公分、寬約0.08公分。

咬人貓的屬*Urtica*也是建立蕁麻科的依據，《台灣植物誌》的中文俗名採用「蕁麻」，後註「咬人貓」。蕁麻科4種最常見的刺人植物，平均海拔由低至高、由海邊至高山分別爲咬人狗、蠍子草、咬人貓及台灣蕁麻，但後兩種是否爲連續變化型，尙待進一步研究；此等植物皆具有焮毛，「焮」字讀爲ㄒㄧㄣˋ，意即炙熱，也就是人被刺而產生灼痛感，是人本觀念下的形容詞或名詞，故而「焮毛」並非植物學唯物論的客觀術語，筆者見有人將其寫成「炘ㄒㄧㄣ」毛，「炘」是光盛的樣子，是誤植。因爲刺人腫痛，故又被歸屬於所謂「有毒植物」，坊間植物介紹此等植物，常見說是因爲其針刺汁液具有蟻酸，因而導致灼痛，可用姑婆芋、尿液、阿摩尼亞液去塗抹，藉中和酸鹼值來減輕痛楚。筆者二十餘年來如此解說，是筆者抄襲前人講法，再加以自己推理後，不斷解說而傳播，還是眞有科學引證？筆者現今自責，因爲：不知眞正研究分析、試驗的科學報告在何處？又，人在野外被刺痛後，不多時即消退(除非大量汁液入侵)，塗抹的時程，乃至隨毛細孔(或被刺孔)而緩慢滲透進入傷口，是否大致與人身自身的化解同步？在此筆者認爲舉凡此說，當成嬉說可也，當成知識則有待檢驗。

又，民間傳說、植物介紹皆稱其可做藥用，治療毒蛇咬傷(不知哪類型蛇毒？)、風疹(？)、疝痛、糖尿病不一而足；莖皮可供織布等，在在反映台灣唯用文化的慣性傳述。

咬人貓的海拔分佈大致介於800～3,000

咬人貓植株（1990.7.20；梨山）

公尺之間，但高海拔的族群似與台灣蕁麻(*Urtica taiwaniana*)難分，筆者曾懷疑爲過渡變化型，也就是由中海拔、陰溼地朝高海拔陽光地的連續變化，但因未曾深入了解，故僅暫從植物誌的分類。

咬人貓終年常綠，花果期甚長，一般4月份可見開花，5～8月連續開花，7～12月甚至冬季皆可見著果，最妙的是，雌雄同株的不同花序，雌上雄下，似乎避免同株交配，藉以保障子代更豐富的遺傳變異，用以適應環境變遷的天擇。它通常生長在溪谷、水澗積土處，林緣或林內破空潤溼處，爲上述4種植物當中，數量最多、最常見者，且其群生度最高，但並無特定植物社會之歸屬。

筆者認爲咬人貓乃台灣暖帶林的物種，或說脫離桑科爲指標的亞熱帶才會存在的植物，且隨大氣候暖化而逐漸上遷，然而，由於其常群生於溪谷澗地或下坡段陰溼，但不能完全被上層植物遮蔽的生育地，雨水匯聚的地面溼流，常將其種子攜往低地，故而較低海拔，例如600～800公尺附近，偶亦可見及其存在，或屬特定季節的暫時性存在植株。

咬人貓花序(1985.7.8；玉山前山)

咬人貓植株(1985.7.8；玉山前山)

咬人貓植株(1982.12.2；阿里山)

咬人貓葉面毛（陳月霞攝；1986.6.9；神木林道）

台灣蕁麻（1988.7.20；合歡山松雪樓）

台灣蕁麻（1989.6.9；合歡山松雪樓）

台灣蕁麻（1988.5.7；合歡山松雪樓）

咬人貓葉面毛（陳月霞攝；1986.6.9；神木林道）

阿里山落新婦盛花植株
（1985.7.9；阿里山）

阿里山落新婦 *Astilbe longicarpa* (Hay.) Hay.

虎耳草科 Saxifragaceae

台灣特產種；分佈於全台中、低海拔山區。

多年生中等體型草本，全株地上部多毛，直立，連花果序高約40～150公分；根或基生葉以及莖上葉，皆具長柄，二回三出複葉，時而回數、三出小葉有變化，頂生及側生小葉常爲卵狀披針的輪廓，葉基心形、截形至鈍，先端漸尖，一般長度約7～13公分、寬2～5公分，葉緣爲雙重鋸齒；圓錐形花序頂生，長度約30～60公分，花序軸多短腺毛，花小形，色白，具短梗，花萼5裂，裂片卵形，花瓣匙形，雄蕊10枚，離生心皮2枚；蒴果熟裂。

最早的正式標本採集可能是S. Nagasawa，1905年10月於玉山前山海拔約2,770公尺處所採獲，標本編號636，早田文藏1908年鑑定爲*A. chinensis*，也就是與中國、日本同種的落新婦，然而，早田氏下了一個註明，「有疑惑」。

同時，早田氏依據川上瀧彌與森丑之助，1906年10月於達邦社海拔約2,576公尺，採集編號1990的標本，另外命名了一個新變種，即*A. chinensis* var. *longicarpa* Hay.。

同一著作、同一頁(86頁)又命名了第三個學名*A. macroflora* Hay.，也就是大花落新婦，其依據可能是G. Nakahara，於1906年10月採自玉山的標本所命名，是台灣特產新種(陳玉峯，1997)，大花落新婦以體型較矮小、花大爲特徵，故種小名強調「大花」。

之後，早田文藏前往英國邱植物園標本館(內有包括中國、全世界各種標本，在邱植物園期間，早田氏另前往布魯塞爾參加世界植物學大會，在會中以台灣的植物及植被為內容，發表論文)，再去巴黎標本館、德黑蘭標本館、聖彼得堡標本館等，舉凡曾經採鑑台灣植物的德國人、蘇聯人、法國人的標本，夥同相關台灣各物種的

→阿里山落新婦小族群(1982.6.27；阿里山)

塔塔加鞍部火燒後復原的阿里山落新婦（1993.6.1）

阿里山落新婦（1985.7.5；上東埔）

世界各地標本，作比對查驗，再回到日本進行修訂與命名工作。

於是，1911年早田文藏出版*Materials for a Flora of Formosa*一書，書中第106頁明確處理台灣的落新婦植物屬有2種，都是台灣特產種。其一即上述*A. chinensis*及*A. chinensis* var. *longicarpa*（前者採自玉山前山海拔2,770公尺處；後者採自達邦社海拔約2,576公尺處），重新命名爲阿里山落新婦〔A. longicarpa (Hay.) Hay.〕；其二即原來命名的大花落新婦，大花落新婦通常存在於3,200公尺以上地區。自此迄今，學名未曾改變，無人懷疑其定位。

阿里山落新婦的分佈廣大、數量極多，玉山前山2,770公尺的標本與達邦社2,576公尺的標本（筆者推測大約在阿里山區祝山至塔塔加鞍部之間的某處）略有形態變化的差異，導致早田氏於1908年劃分爲2群，但1911年已合併。

附帶說明，《台灣植物誌》第一版、第二版皆將「阿里山落新婦」的中名叫做「落新婦」，卻將阿里山不產的高山植物「大花落新婦」，中名叫做「阿里山落新婦」，這沒道理，在此建議更正之。

阿里山落新婦的海拔分佈，依據筆者自1981年11月14日調查玉山以降的記錄，自塔塔加鞍部（海拔2,680公尺）算起（0K）至孟祿亭（海拔2,826公尺）段落，大量存在，該路段正是1993年元月的大火燒地區，依據陳玉峯（2004，336頁，表88）統計，玉山登山路0.865～1.5K段落，阿里山落新婦出現3次；0～0.865K段落出現41次。1.5K處海拔約2,835公尺，也就是說，大約海拔2,750公尺以下地區才是阿里山落新婦的適存區，而2,750～2,835公尺段落已屬阿里山落新婦「登玉山的上限區」，充其量可上抵2,850公尺，再往上即得「高山病」，只得下山。

其下限，以南投水里上新中橫爲例，大約

在海拔1,200公尺處。然而，台北市近郊的新店、石碇皇帝殿地區，筆者皆曾採集到阿里山落新婦。筆者解說植物時常說，阿里山公路或中部地區海拔1,000～1,200公尺段落的植物（或略低些），相當於台北市近郊，由生態帶觀點，此即南、北兩端下降型的現象（陳玉峯，1995a），不足爲奇，但不應該將阿里山落新婦的海拔分佈說成100～2,850公尺，雖然數字屬實，卻會誤導。合理陳述，其分佈見於中部山區海拔1,200～2,800公尺，但在北部地區因北降型的極端現象，偶見於100～300公尺山區，更且，台北的低山族群與中央山脈地區的族群極可能已有生殖隔離，亦有可能已產生演化上的分化也未可知。

不僅如此，中部山區由下限的分佈地區檢視，筆者認爲如新中橫往神木村地帶，係拜大氣高溼度而存在者，因爲，由各地存在現象的歸納，筆者推測阿里山落新婦有可能是冰河時期由中國或日本遷徙台灣，緊跟在檜木旁側作上下之變遷，它應該是台灣雲霧帶的指標物種之一，但因屬次生物種，分佈範圍更加寬廣而已，而且，它在台灣，亦屬古老物種，早已在台適應且演化成爲特產種。

近數百、千年來，則隨大氣候增溫而漸上遷，在玉山前峰海拔約2,800公尺上下地區族群，殆屬向上拓殖的先鋒極端部隊，因而形態上變異較趨極端，因此，S. Nagasawa於1905年10月，在玉山前山採獲的第一份（？）正式標本，海拔2,770公尺，很可能即筆者所謂的「登玉山上限區」的個體，難怪1908年早田文藏鑑定時產生困惑（？），從而將之與採自2,576公尺處的標本區隔，而後者即已進入其典型分佈中心區。

阿里山落新婦於阿里山至塔塔加地區的族群，每年大約在3月底抽出新葉芽，4月完成基生葉的生長，5月抽花序，5月底6月間盛花，7月花漸式微，但較高海拔地區的族群則6～7月皆盛花，8月果實已明顯，9月果實大致已成熟，10月若遇好天氣則蒴果開裂，種子散落，同時開始變黃葉，11月尚見果梗，黃葉漸枯萎，12月至隔年1月大抵地上部枯萎，2～3月間尚見去年枯殘葉；而黃增泉等（1986）敘述陽明山國家公園的阿里山

→阿里山落新婦果序（1985.7.5；阿里山）

阿里山落新婦初果（1986.9.9；玉山前峰）

落新婦，「多分佈於路邊；4月下旬開始開花」，且歸屬於常見植物。

由於阿里山落新婦的種小名是*longicarpa*，故有人將中文俗名另稱為「長果落新婦」，而太魯閣地區泰雅族人稱之為「He-rao」，花蓮港廳花蓮郡Si-pau社（皆在日治時代的調查）原住民取其果實直接吃食，說可治療感冒（台灣銀行經濟研究室編印，山田金治著，許君玫譯，1957，《台灣先住民之藥用植物》，台灣研究叢刊43，112頁），甘偉松（1970）沿用之。而邱年永（1987）敘述阿里山落新婦的根莖有祛風、清熱、止咳、去淤、止痛、解毒之效，治風熱感冒、頭身疼痛、關節筋骨疼痛、胃痛、咽喉炎等，以阿里山落新婦5錢，水煎服，還可治療手術後止痛，然而，筆者由邱氏小書找不到任何文獻出處，無法得知是誰做了研究、進行何等臨床試驗，或含有什麼化學成分？不過，由先民經驗，加以現代化分析，理應可找出新發現。

阿里山落新婦的生態特性方面，屬於中海拔次生第一波次中草類型，其存在範圍具備一定溼度以上，偏好陽光直照，若被高草、灌木遮蔽即式微或消失，台灣未開發年代，其存在或族群更新、拓殖，可能與山崩、火燒有關，筆者在高地火燒區發現地表火過後，阿里山落新婦並未死亡，可以重新萌芽生長，因為台灣中、高海拔地區的火燒季節，多在冬乾季，而該段時間內阿里山落新婦往往已經枯萎，養分往下輸送至地際、地下根莖系（推論），保存元氣而得以復生。又，迄今為止，筆者尚未確知其種子傳播主途徑為何，但由其蒴果兩裂，種子倒出，大抵係藉重力、風力，以及下雨時的地表逕流而搬動，而台灣大肆伐木、開鑿林道之際，必然有助於其族群的擴展，因為往來車輪旋風亦有助於其傳播，然如何證明，有待設計，至於與動物之間的相關，未見有任何報導，但筆者看過鳥類啄食。

阿里山落新婦數量龐多，但筆者數十年調查未曾見有純群聚而可命名次生草本社會者，其僅以散生方式逢機存在，路邊、岩隙、開闊地、草生地、林緣常見，可謂荒地流浪漢。

附帶說明一細節，Shimizu and Kao（1962）檢討台灣的虎尾草科植物一文中，檢驗台灣標本館的標本述及，在台大植物系標本館內，川上瀧彌與森丑之助的模式標本（type）編號為1743，採集地為達邦社，但早田文藏1911年的命名發表卻是編號1990，到底是編了多號，還是川上氏與森氏各有編號，或是誤植？又，Shimizu and Kao另引川上與森氏地名「新高山」的編號係1990，列為「paratype」。

大葉溲疏 *Deutzia pulchra* Vidal

虎耳草科 Saxifragaceae

分佈於呂宋與台灣；全台中高海拔及蘭嶼與綠島(《台灣植物誌》)可見之。

灌木至小喬木(亦有人敘述為半常綠性，例如劉棠瑞，1960；黃增泉等，1982)，地上部植物體，或僅小枝及葉片披有星狀毛；葉對生，革質或厚紙質，卵形至長橢圓形，先端銳尖，基楔形至圓鈍，葉長度變化大，長約3～12公分，寬約1.8～4.5公分，近全緣或微尖的不明顯鈍鋸齒，葉表面灰淡綠色，略粗糙，葉背暗粉白、灰白，上下表面皆有星狀毛，葉柄長約0.4～1公分；頂生圓錐花序，長約15公分，多朵白花，花萼5裂，裂片三角形，花瓣5枚，披針形，雄蕊長短各5～6枚，花絲有翼；子房下位，5室；蒴果近球形，外有淺溝或稜，胞間開裂，小種子量多。

大葉溲疏是台灣最早採集而送至日本鑑定的物種之一，早田文藏1911年使用學名*D. taiwanensis* Hay. 之際，引證的標本的最早年代爲1898年。更早之前，早田氏則命名爲*D. scabra*，他始終不認爲台灣的大葉溲疏等同於現今使用的學名的物種。而Chuang T. I., C. Y. Chao, W. W. L. Hu & S. C. Kwan(1962)計算來自花蓮的活標本，算出染色體n＝58。

就植株體型而言，大葉溲疏的白花顯得相當大，雖則白色花瓣長度不過約1.2公分，但整個花序長約15公分上下，多朵白花一齊開放，配合鮮黃色的花藥、柱頭，亦有可觀，此或所以蘇鴻傑(1978)將大葉溲疏列爲中部橫貫公路的「觀花植物」之一，蘇氏記載其爲「半落葉灌木；花白色；花期3～4月；分佈中橫全線海拔2,600公尺以下的岩壁上」；廖日京(1959)在台北記載的物候如下：花蕾12月中旬，1～6月上旬開花，2～

大葉溲疏花(陳月霞攝；1986.5.18；玉山前峰)

大葉溲疏花（2005.2.9；阿里山公路）

大葉溲疏花（1985.11.12；觀高）

大葉溲疏果序（1986.9.11；東埔溫泉）

大葉溲疏果序（1986.10.1；父子斷崖）

12月結果，8月中旬至12月至2月果熟。

筆者在玉山至阿里山區的調查記錄顯示，每年約3月間大葉溲疏抽出新葉芽；4月新葉生長，且花序漸次抽出；5～6月爲盛花期（註：2005年2月9日農曆春節，在阿里山公路二萬坪至阿里山大門口段落，已有植株開花），7月花朵漸式微，初果形成；8～9月一概爲果實生長季，無花；10月果實已飽滿，而衝風處葉開始枯化；11～12月果實似已成熟，而葉變黃褐，且落葉；隔年元月，大部分樹葉落盡；2月僅剩殘果、枯枝。然而，其在阿里山祝山雲霧帶族群，或較潤溼、保溼的生育地，冬季並無顯著落葉現象。

自塔塔加鞍部0K起算，登玉山步道到達玉山前峰登山口之前的2.5K附近，海拔約2,872公尺，原始植被應盡爲台灣鐵杉林，但因遭多次火燒，轉爲高地草原、灌叢等次生植被，而大葉溲疏的最高分佈在此，也就是說，大葉溲疏可上溯至台灣鐵杉林帶的中心分佈區，但僅零星一、二株而已，其必須要下降至約1.5K（海拔2,835K）處以下，數量才會增加。依筆者計算（陳玉峯，2004），1.5K下走至0.865K段落，大葉溲疏出現7次；0.865K下走至塔塔加登山口0K段落則出現13次。可以確定者，大葉溲疏的分佈中心在檜木林帶，並上延至台灣鐵杉林帶的下部次生植被中。雖然另有記錄顯示偶在3,000公尺以上地區尚見有大葉溲疏，畢竟只是極端或例外。

至於海拔分佈下界，大約落在1,200公尺附近。然而，筆者在各地岩生植被調查中，例如丹大林道、中橫、新中橫等，則有顯著下降的現象，但明確最下限多少公尺，尚未查出。而北台灣的族群海拔顯然偏低，屬於下降型。而蘭嶼、綠島的存在，令筆者充滿想像，因爲此類型分佈的植物包括如山桐子

大葉溲疏盛花植株
（陳月霞攝；1986.5.18；玉山前峰）

等，其一般分佈以脫離台灣亞熱帶之上才存在，卻在蘭嶼、綠島等出現，中間存有平原及低地的隔離，加上跨海隔離的現象，充滿了冰河期北退之後，物種大遷徙的啞謎。

筆者想像最後一次冰河在八千年前左右北退，大氣候增溫，早先因冰河期從高地下降而來的物種，藉助冰河期全球大海退，而進入蘭嶼、綠島，冰河期消退後，殘留於離島

大葉溲疏火焚後（1987.3.4；玉山前峰）

大葉溲疏（1994.4.3；大坑）

卻無滅絕，逕自進行島嶼演化，而台灣本島的族群則再度爬向中、高海拔？此想像難以成立的原因是蘭嶼的植被主體，根本與台灣無關，而與菲律賓、巴丹群島較接近；因此，第二類想像，冰河期北退期間，大陸棚邊緣的島嶼陸連，物種由南向北遷移，經由蘭嶼而進入台灣，或經由恆春半島分別至蘭嶼與台灣中央山脈。此類思考一樣充滿不可信度；第三類想像，由鳥類、颱風等意外，越洋空投，逢機發生，例如山桐子見有大量鳥類吃食，但必須有過境鳥而非留鳥才能越洋，則大葉溲疏有無鳥類傳播現象？

郭達仁等(1986)記錄，玉山國家公園範圍內，見有冠羽畫眉及朱雀吃食大葉溲疏的花，煤山雀及朱雀吃食果實，然而能否藉鳥類越洋傳播難以得知，但至少可以推測大葉溲疏的傳播，很可能亦與鳥類有關。

上述一些物種，存在於離島，也存在台灣中海拔地區，卻在台灣平原及海岸消失，此類物種的成因爲何？是有趣命題之一。

大葉溲疏生態幅度廣闊，但其爲典型不耐陰或陽性植物，除了次生植被中出現之外，筆者認爲在台灣未開發之前的主要生育地，即岩生植被。其在岩生環境下，冬乾季採取落葉方式避免水分過度蒸散；其在潤溼環境則可常綠；其在台灣鐵杉林帶或較高海拔的頻常火燒區，冬乾地表火之後，隔年即可萌蘖復育生長；其在阿里山地區，通常存在於祝山、小笠原山、對高山、塔山等山稜上坡段，多岩塊而植被無法密閉的岩生地區，另在破壞地、干擾區、鐵路公路及山徑旁、林緣逢機發生；其無明顯社會歸屬，通常散生存在；其似乎採取多子多孫的策略(r-selection)生存；大葉溲疏或可歸爲次生陽性的流浪者。

小白頭翁 *Anemone vitifolia* Buch.-Ham. *ex* DC.

毛茛科 Ranunculaceae

分佈於孟買、不丹、尼泊爾、北印度、錫金、中國及台灣；全台海拔800～3,200公尺之間見及，《台灣植物誌》第二版如此敘述，而第一版則說是中、北部1,000公尺以上存有。

具有根莖之多年生草本，大致爲中等體型草，高度可達1公尺以上，但常見者50公分上下；根生葉爲三出複葉，具長柄，柄長隨不同植株大小各異，葉柄基部寬展，抱住莖基，小葉橢圓至卵形，先端銳尖，基鈍、截形或銳尖，側生小葉歪斜，三裂或未裂，不規則鋸齒緣，中生小葉近三角形或不規則，葉背皆帶白霧狀或灰白；花莖直立，抽出花序的基部有2～3片輪生苞葉，但外觀仍是葉片，複聚繖花序，花梗長6.5～17.8公分，苞片2或3，對生或輪生，花徑約2.5～3.8公分，白色，花萼5枚或更多，不等大，雄蕊多數，心皮多數，著生於單一花托之上，柱頭鉤狀，具乳頭狀毛；瘦果集生在球形體之上，成熟後每粒種子帶著長雜白色綿毛飛散。

由植物誌學名的發表年代，看不出台灣何時最早採集、鑑定小白頭翁。筆者找尋早期的文獻，目前筆者所知，最早的發表是早田文藏（Hayata, 1908），當時因爲標本不完整，他不確定該訂爲何名，或逕命新名，但只強烈地感覺應該是*A. vitifolia*，在命名法規的限制下，早田氏的發表無效。然而，由其敘述，筆者認爲早田氏可以是最早鑑定出小白頭翁的人，他所依據的標本，即川上瀧彌與森丑之助，於1906年11月，前往玉山途中，大約在海拔2,424公尺處所採集，筆者推測，他們可能在阿里山的開闊地所採集。

伊藤武夫（1929）出版《台灣高山植物圖

小白頭翁植株（1982.6.26；阿里山）

小白頭翁植株（1985.12.10；南橫天池）

小白頭翁昆蟲傳粉（1982.6.28；阿里山）

說》，學名使用*A. vitifolia*。該書是以簡陋手繪的圖譜，介紹系列常見的高地植物，或可列爲台灣第一本通俗性的高地植物解說書籍（註：高山與高地不同，高山係指森林界線之上，高地則是相對泛稱，詳見陳玉峯，1997），而小白頭翁的分佈，伊藤氏說是海拔1,818～2,424公尺之間；黃增泉（1982）記載「分佈於海拔1,500～3,000公尺之高山溼地上」；筆者並無仔細登錄海拔分佈，只依各地標本採集，歸納極端分佈約在1,200～3,000公尺之間，而分佈中心應係落在1,800～2,500公尺之間，也就是說，筆者認爲小白頭翁係檜木林帶的次生草本。

小白頭翁甚不耐陰，或說是陽性草，從裸露地開始拓殖，演替進入灌叢期之後即行式微或消失，黃增泉等（1982）說是「溼地」物種，筆者不苟同，只因它的生態幅度廣大，自水溼以迄旱地皆可見及，但以中等潤溼最合宜，之所以在水溼或潤溼地存在，可能係因其種子多綿毛，遇水溼容易黏附之故；其爲檜木林帶常見的路邊植物，每年約在3月底抽新葉，4月底抽花序，5～6月爲盛花期（註：指阿里山族群，若在玉山前峰等海拔較高的族群，約晚半個月或一個月），7月結果，8月尚見少數花朵，而局部果實成熟，8月底至9月間，果實、種子在陽光照耀下，綿毛膨鬆，一一迸裂，原種子球體漸次斜向膨暴，若遇陣風，則不等程度散飛，如同白鬚或白髮飄散，故中文俗名謂之小白頭翁（無論取義於老翁，或鳥種的白頭翁皆可），10月種子大致已飄盡，但偶至11月底尚可見開花者（例如合歡高地），11月霜凍加重之後，小白頭翁甚爲粗糙的葉片開始枯萎，12月中下旬之後，全株地上部分殆多半枯以上，1～3月間植株不明顯，直到3月底新芽才冒出。

本屬植物另一種「三花銀蓮花（白頭翁）」，

甘偉松(1970)說是全草含有白頭翁素，有鎮靜、鎮痛作用，但筆者檢視其手繪附圖，卻狀似小白頭翁，無從確定矣！亦有人認為小白頭翁為有毒植物，但筆者不確知。

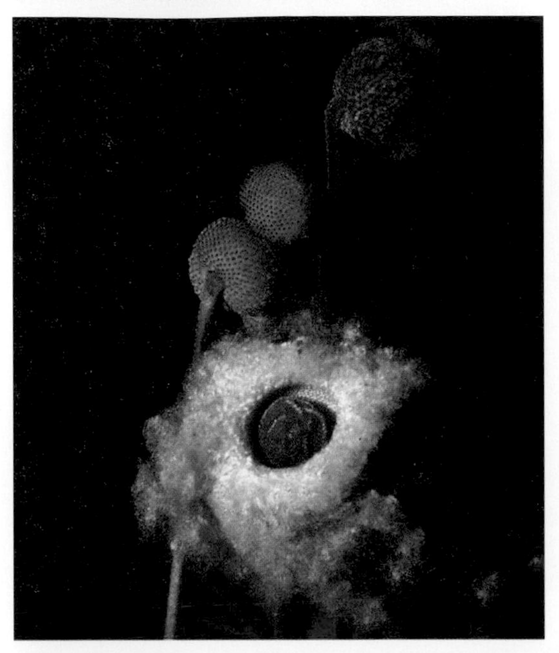

小白頭翁種子飛散（1982.7.17；阿里山）

小白頭翁果實成熟正欲飛散（1982.7.17；阿里山）

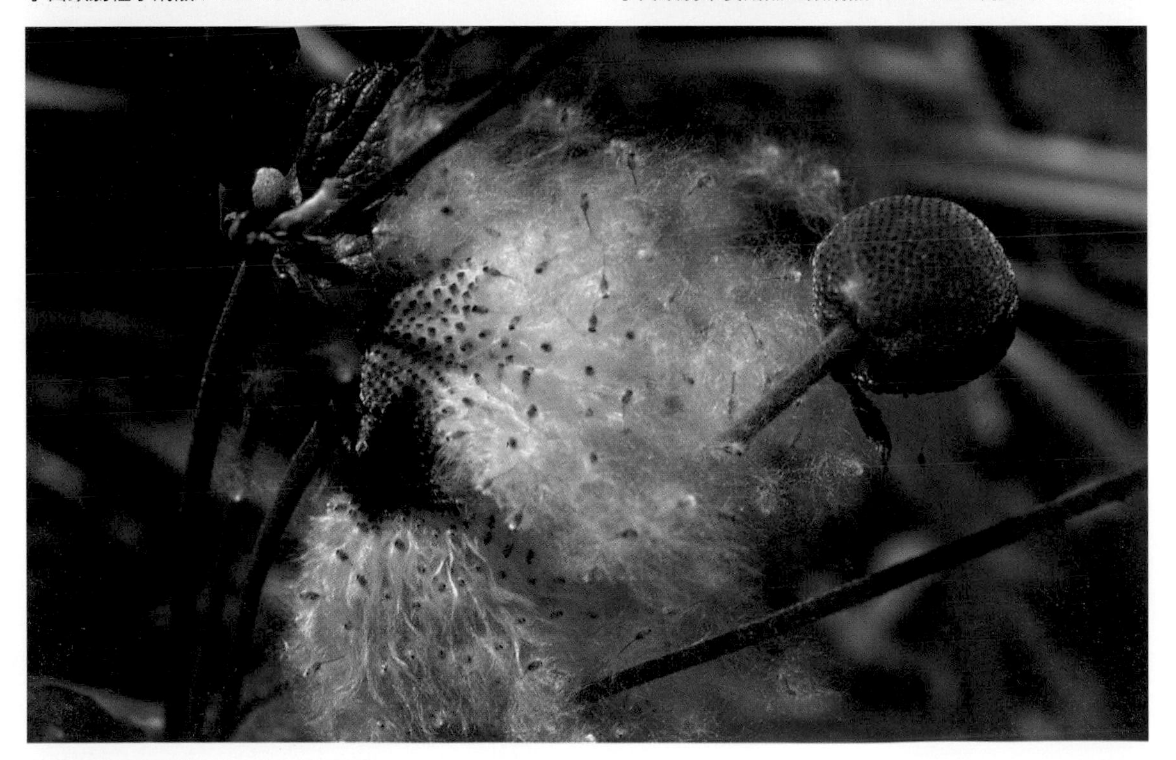

小白頭翁種子飛散（1988.7.8；神木林道）

小白頭翁種子飛散（1982.7.17；阿里山）

小白頭翁種子飛散（1988.7.8；神木林道）

曲莖(蘭崁)馬藍 *Strobilanthes flexicaulis* Hay.

爵床科 Acanthaceae

台灣植物採集、命名、鑑定的第一大階段，大抵係在沿海或低地，由歐洲人士爲主的活動；第二大階段即日本統治台灣以降，底定全台植物研究基業的輝煌時代，又可區分爲各小階段，首先當然是大發現、瘋狂命名的時期，然而，曲莖馬藍卻是大命名時期的稍晚年代才被賦予。1912年元月，早田文藏在佐佐木舜一的陪同下，採集阿里山之際，始得到曲莖馬藍的完整標本，筆者推測並非過往沒有採集品，而是其花經標本壓製後，易於破損腐化之所致。也就是說，中華民國締造的那一年，曲莖馬藍才在阿里山被台灣植物分類泰斗的早田文藏所採集，從而命名爲全球獨一無二的台灣特產(1915年發表)。

然而，1920年早田文藏另依據一份更古老的標本，也就是1899年12月，森丑之助於台東Inikufukusha所採集者(編號2150)，發表了*S. prionophyllus* Hay.，早田氏註明，很接近曲莖馬藍，但葉子具有非常尖銳的鋸齒可資區分。現今《台灣植物誌》第二版第四卷680頁，將此學名列爲異名，也就是說葉緣的銳鋸齒，是種內可接受的變異。然而，植物誌中引用文獻打字錯誤，應該是Icon. Pl. Formosan. 9: 84, 1920。

1973年，謝長富教授的碩士論文〈台灣的爵床科植物〉，將曲莖馬藍改置於*Triaenacanthus*屬，1974年則發表於Taiwania19(1)，一版植物誌則置於*Parachampionella*屬，二版又改回早田氏的原始命名，但一、二版植物誌的所有敘述，大致就是謝氏碩士論文中所描述。

台灣特產種；分佈於中、南部海拔800～2,000公尺(植物誌一、二版)，以及蘭嶼。

多年生灌木狀中等或大體型草本，植株最高約達1.5公尺，全株多分枝，無毛，小枝各莖節呈現略齒牙狀向上生長，也就是一節歪左、一節歪右，交互向上生長，且枝上有稜翼，早田氏命名時，即以此特徵作爲種小

曲莖蘭崁馬藍(1986.3.15；楠梓仙溪)

名而命之；葉對生，大小及形狀多變化，一般中段常態葉片具長柄，長橢圓卵形，長度可達18公分，寬達5公分，先端漸尖，基漸尖，鋸齒緣；枝梢著花小枝上的葉片較小，近無柄，卵狀至略歪腎形，心基或鈍；穗狀花序聚生白紫藍花，花萼長達1公分，裂片線形，花冠筒長可達2～4公分；蒴果線狀圓筒形，長約2公分，成熟時開裂。

謝氏引證標本有新竹縣，南投縣溪頭，高雄縣天池、梅山，屏東縣霧台，花蓮縣木瓜山等；《台灣植物誌》二版多列了佐佐木舜一，1926年採自蘭嶼者。

依據筆者個人野調經驗，曲莖馬藍乃台灣上部闊葉林下，陰溼中坡的陰生林下草本；海拔最高分佈可上抵約2,400公尺的檜木林帶，例如阿里山區，向下則分佈至約1,300公尺處，例如奮起湖地區，但在此1,300～2,400公尺之間的較乾旱立地，例如楠梓仙溪林道（陳玉峯，1988）林下則不見其蹤跡，相對的，代表陰溼坡的神木林道，例如假長葉楠優勢社會的林下，則蔚爲林下草本層的主優勢物種，數量及覆蓋度龐大；就演替特性而言，其乃森林結構分化之後，地被指標物種；由於其伏地莖節可長不定根，可依無性繁殖方式不斷拓廣植株，形成群團狀地被，在柳杉林下，或原始陰溼林下，由於光梯度均勻，其族群特別旺盛；其性嗜化育良好的腐植土，一般山坡則以中、下坡段或溪谷爲主分佈區。

最爲奇特有趣者，曲莖馬藍終年維持不斷開花、結實、抽芽長葉的現象，究竟有無哪個月份最爲盛花期，目前爲止筆者尙未詳加比較。俗話說「天塌下來個子高的頂」，曲莖馬藍是林床物種，外界環境壓力大抵皆由林冠、二及三層灌喬木承擔，林下乃最穩定的生育地，如同天然保護罩下，其物候生長竟然不受季節、月份所左右。如此物種或可謂之「常花植物」或「恆花果植物」。

中文俗名另有謂之「阿里山菁」，因爲「葉可製藍，惜易退色」（林崇智纂修，1953，191～192頁），也就是說品質不佳的顏料（染色）植物，但一般未聞有何用途。然而，此項用途或出自《諸羅縣誌》等，問題是俗名「大青」的爵床科植物，清朝時代用以製作染料者，究竟是另一種「馬藍（*S. cusia*）」還是曲莖馬藍，古籍不明，謝阿才（1958）指稱是前者，但筆者無能判斷。

就純學術觀點，曲莖馬藍於某次冰河時期來台之後，不知經由何等變遷，在地化爲特產，卻又在蘭嶼與台灣本島中海拔地區分隔而逕自存在，此群植物筆者特別有興趣於其演化途徑或機制如何形成？

林下的曲莖蘭崁馬藍（2004.5.8；鎮西堡）

曲莖蘭崁馬藍
（1986.10.2；乙女瀑布）

滿江紅（2005.8.7；羅東）

滿江紅（2005.7.27；宜蘭五結）

滿江紅 *Azolla pinnata* R. Brown

滿江紅科 Azollaceae

在《台灣植物誌》中，敘述滿江紅科植物常(often)在冬季或熱夏變成紅色；郭城孟(1982)敘述「葉……分上下二片，上片遇冬變紅故名」(滿江紅)；黃朝慶、牟善傑、許再文、彭仁傑(2002)說是：「春、夏季時氣候溼熱植物體呈翠綠色，冬季氣溫低植物體則轉變為紅色，故名「滿江紅」(註：「氣候」兩字用字不宜)；陳應欽(2001)則謂：「……到了秋冬之際，受到低溫效應的影響，葉片中的葉綠素被破壞殆盡，盎綠的葉子又一片一片的逐漸轉紅……天然綠肥」。

《台灣植物誌》只是描述現象，並無下達全稱語句，也不作任何因果關係或變紅機制的敘述，而且變紅的季節除了冬季之外，酷暑也會變色；郭城孟(1982)明確指葉的上片會變紅，變紅的季節為「遇冬」；黃朝慶等(2002)及陳應欽(2001)則直接下達是「溫度」導致「變色」，尤其後者似已宣稱低溫將葉綠素「破壞殆盡」？則問題一，必須查明是誰、何時、正式發表滿江紅的變色原因、機制的實驗研究報告？連鎖問題，何謂科學敘述？什麼是猜測、推論、過度推論？何謂知識？如果「科學」是生產正確知識的方法與結果，則光憑有限觀察，吾人較宜作何等敘述？而過往研究如李啓彰、林錫錦、林家棻(1981)；林錫錦(1983)等。

問題之二，中文字「江」通常指浩大河流(如長江等)，似指流動猛爆快速的急流，「滿江紅」是生長在大江大河？涓滴細流？相對靜止的水域(如池塘、水田、靜水或慢水溝)？乾溼年度更替的溼地或水域？「滿江紅」此名稱合宜或恰當否？「滿江紅」生育地較精確的描述為何？「滿江紅」此名產生的地區是否與台灣的生育地有異？或此名稱的考據亦可考量。此「問」即台灣滿江紅的生育地如何調查與精密描述？

《台灣植物誌》(第一、二版)對滿江紅科、屬、種的敘述者乃棣慕華教授(已往生)，筆者只在1976年底，曾修習他所開授的「普通植物學」，他從不講什麼偉大、高深的理論，只是娓娓道來最基礎、最簡單而有趣的自然現象。筆者當學生的時程共計二十三年，粗估上課時間大約二萬五千個小時，上過課的老師數百位，而有深刻印象或明確產生影響者寥寥無幾，我卻鮮明記得棣教授的其中一堂課。有次，談及葉的形態，他老人家突然將椅子搬置於講台中央，危顫顫地爬上椅子站立，對著大夥兒微笑卻沒說什麼話。學生們暗自心驚，只擔心萬一他摔下來。然後，又危顫顫地爬下來。學生們丈二金剛不明所以之際，他說：「我是一片葉子，椅子是根莖，我腳板踏在椅子的界面叫做『關節』，許多蕨類植物有關節，葉子掉落就是由關節處斷落」；我還記得他的期末考題：綠色植物的終極能源來自？答案：陽光或太陽。

棣教授給我的啓發就是，任何學問可以從生動有趣、腳踏實地、最最簡單的角度切入，興趣與信心相互激增，如此培養出對知識的耐心，從而結結實實地建構知識系統；教師的責任絕不在於知識的賣弄，而在循循開發學生學習的動機，以及每個人與生俱來，對宇宙萬事萬物、窮理究實的探索之心。

《台灣植物誌》對滿江紅的敘述，即由棣教授先前的發表(De Vol, 1967)簡化而來(發表在前台大植物系的期刊*Taiwania*，第13期，7～9頁)，他提及滿江紅藉由植物體的斷裂方式，而無性繁殖迅速；滿江紅分佈於非洲、亞洲、澳洲及太平洋諸島，全台每個縣都存有，普遍漂浮於水田及灌溉的溝渠；他附註：他檢查亞洲、非洲各地的滿江紅，構造(形態)都一樣(註：故而認為是同一物種)；滿江紅在較冷的月份，葉中發展出花青素(anthocyanin)，但台灣的滿江紅並不像華中的滿江紅，總是變紅；他亦製表比較滿江紅與槐葉蘋的特徵差異太大，因而不贊成有人將滿江紅放在槐葉蘋科之內。

關於與滿江紅「共生」的念珠藻等資訊，夥同滿江紅的形態繪圖等，可參考沈毓鳳教授的發表(Shen, 1960, *Taiwania* 7: 1-8)；而滿江紅在全台的分佈如何？棣教授只說全台各縣遍佈，郭城孟(1982)認爲：「海拔1,200公尺以下靜止水域都很常見」，「台灣最常見的水生蕨類，常成大群落漂浮於水田、池塘、靜止溝渠之中，於冬季轉變爲磚紅色」；黃朝慶等(2002)卻說：「多見於台灣各地水田

→滿江紅(2005.8.16；台中市)

或高山湖泊」，同書登錄的存在地有阿公店集水區、澄清湖區、高屏溪集水區及三民林道所在的旗山溪集水區（指高雄縣市範圍），則不知其等所指的「高山湖泊」是那一個？蘇鴻傑（1988）調查南澳闊葉林保護區，也就是在宜蘭、花蓮交界附近，其有神祕湖，海拔在1,100公尺以下地域。神祕湖平均水深約1.2公尺，水面浮葉植物（floating leave plant）有滿江紅、無根萍、水萍、紫萍等，以滿江紅數量較多，「……繁殖極爲迅速，常可在短時間大量繁生而覆蓋整個湖面……」，1987年4月曾被觀察到「滿江紅幾乎長滿湖面」，但因該山區雨量充沛，大雨溢水可帶走滿江紅，因而此等「浮葉植物對本區的溼生演替影響極小」。然而，此湖範圍仍在郭城孟（1982）敘述的海拔1,200公尺以下，則所謂「高山」湖泊不知係何所指？

據上所述，滿江紅迅速擴展族群的方式，很有可能是植物體斷裂的無性繁殖，則問題之三：滿江紅的無性繁殖與有性繁殖在其生殖與演化策略中佔有何等角色？無性繁殖的「斷裂」機制是何？需不需要外力協助？水田中年度乾旱季滿江紅如何渡過？有性繁殖的過程及物候變化爲何？滿江紅在有性繁殖過程中，所謂「共生」藻如何發生？滿江紅的繁殖與地理分佈、生育地分佈的關係爲何？如何渡過海洋、山系的隔離而傳播？與水鳥、水禽的關係是何？如何研究？

筆者於2005年7月26日由宜蘭羅東鎭東方，噶瑪蘭大飯店冷氣機排水處的地面，抓起一撮滿江紅，回到台中將之置放於水缸，且放在陽台直曝陽光處，8月6日觀察，盤佔水面的植株面積粗估拓展2倍以上，則試問如何調查滿江紅的無性繁殖速率？

全球有一有趣的數字遊戲，也就是「荷葉問題」：一個池塘中有荷葉，第一天1片葉，第二天長成2片葉，第三天長成4片葉，長到第三十天恰好長滿整個池塘水面，請問：「長到池塘面積一半是第幾天？」答案：第二十九天。則此模式是否適用於滿江紅？

↓滿江紅（2004.1；台中市）

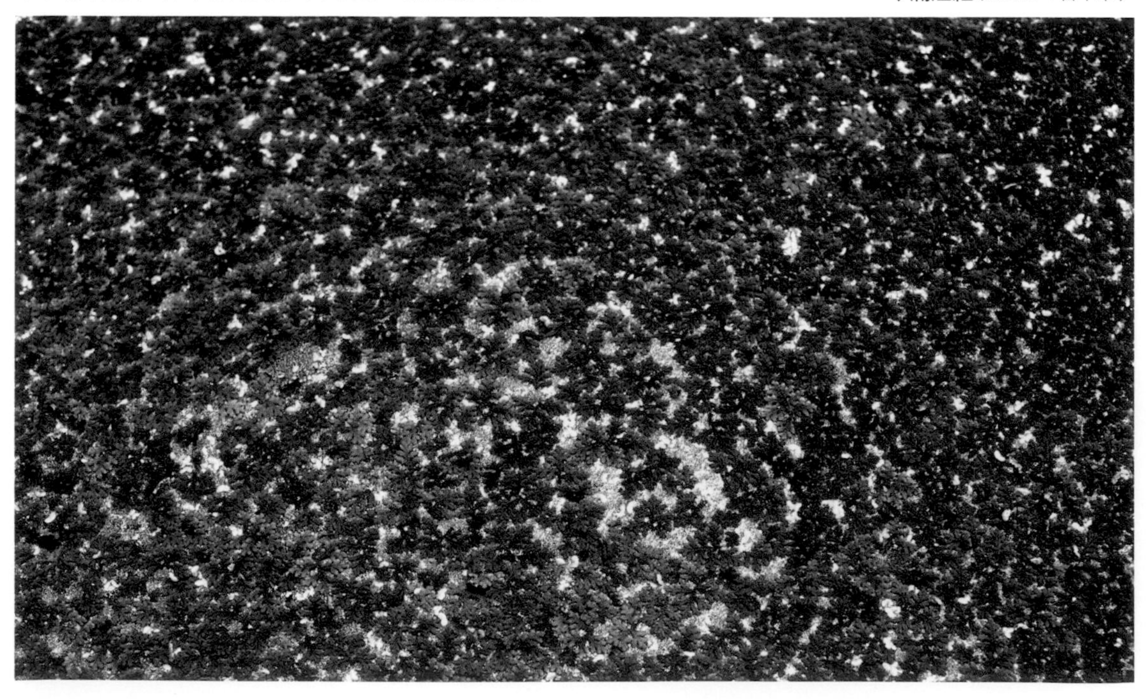

耳羽鉤毛蕨 *Cyclogramma auriculata* (J. Sm.) Chin

金星蕨科Thelypteridaceae

1912年元月，早田文藏與佐佐木舜一前往森林鐵路尚未通車的阿里山區採集，當時大量的採集品即包括「耳羽鉤毛蕨」。1914年早田氏將之鑑定、發表爲*Dryopteris* (*Leptogramma*) *squamaestipes* C. Chr.，異名列有*Phegopteris auriculata* Bedd.及*Polypodium auriculatum* (Wall.) Bedd.等。其附圖(Hayata, 1914; Fig.117)即耳羽鉤毛蕨在阿里山區族群個體的影印本，全葉外輪廓呈現長橢圓披針狀，似乎不是現今《台灣植物誌》描述的「倒披針形」。

第一版《台灣植物誌》(1975)採用Tagawa (1938)設立的鉤毛蕨屬(*Cyclogramma*)，此屬的特徵即：「葉軸、羽軸、小羽軸等的背面具有鉤毛；羽片基部具有氣生根(aerophores)，時而隆起；葉脈游離；孢子囊群圓形，無孢膜」，全球約7種，台灣有2種。

第二版《台灣植物誌》(1994)將之置放於金星蕨屬(*Thelypteris*)，顯然的，鉤毛、氣生根等特徵並無受到重視，或不認爲有何演化上的重要意義，而將*Cyclogramma*屬消掉；郭城孟(1997)亦不使用鉤毛蕨屬，也不認爲「耳羽鉤毛蕨」應放在金星蕨屬，而是放在毛蕨屬(*Cyclosorus*)。筆者非蕨類分類研究者，沒資格主張放在何屬爲宜，而仍沿用第一版植物誌的學名。

一、二版《台灣植物誌》的描述雷同，無何新意，說是根莖半直立，葉叢生；葉柄很短，大約5公分長，全株遍生毛；葉形倒披針，大約110公分長，下部羽片短縮成耳狀；羽片基部具氣生根，時而隆起，游離脈，孢子囊群圓形，無孢膜；分佈於中國西南、錫金、喜馬拉雅地區及台灣，台灣見於海拔1,800～2,800公尺地區，生育地爲沿著溪流旁多腐植質的林床。

事實上，《台灣植物誌》第一版的描述(郭城孟教授撰)，就是郭教授(1974)的碩士論文

耳羽鉤毛蕨(2005.8.1；二萬坪)

的縮減版。

以下敘述以筆者2005年8月1日，在二萬坪假長葉楠優勢社會林緣的標本（採集編號22245）爲依據。

根莖粗壯，斜立；二回羽狀深裂的蕨葉，以如耳狀的最小羽片著生處之下爲葉柄，則其長度有16公分，最小羽片至葉尾端（即葉身）長111.5公分，故全長127.5公分，中段羽片最寬，寬約32公分，朝上下而漸縮，葉身外輪廓正如早田文藏1914年的圖117，呈狹長橢圓披針狀，下部羽片漸縮爲耳狀，而全葉羽片殆爲亞對生至對生。

葉柄、葉軸黑褐色，略肉質感；葉柄愈靠近基部鱗片稍多，鱗片之一面佈滿短毛，葉柄基之鱗片長約0.8~1公分，寬約0.2~0.3公分；葉柄、葉軸、羽軸、小羽裂軸的上表面有凹溝，但各溝不相通，而密佈長短各異的直毛，下表面則具鉤狀毛。奇特而有趣的

耳羽鉤毛蕨中肋上凹溝（2005.8.1；二萬坪）

耳羽鉤毛蕨下羽片（2005.8.1；二萬坪）

是，爲何上表面具直毛，下表面卻具鉤毛？鉤毛有何意義或作用？小羽裂片上表面也是直毛，下表面亦爲小鉤毛，上下表面交界的葉緣則多直毛，而鉤毛較少。

葉下表面，羽片基部或銜接葉軸之處，見有片條狀的附屬物，植物誌等文獻謂之「氣生根(aerophore)」一條，長度約0.5公分上下，基部略呈三角片狀而尾呈管狀，略扭彎，更且，中、下段羽片的氣生根1條的另側，另有小或短條氣生根。此項特徵以及基部羽片縮小成葉耳，提供在野外辨識，一眼可知本種；至於背面的鉤毛，乃本屬中文俗名的依據，得靠放大鏡才易觀察。

葉柄等凹溝兩側即2條板條形的粗壯維管束；又，耳羽鉤毛蕨全葉毛茸茸，手觸略有黏毛感。

↓**耳羽鉤毛蕨氣生根**(2005.8.1；二萬坪)

縮羽副金星蕨 ***Parathelypteris beddomei*** **(Bak.) Ching**

金星蕨科Thelypteridaceae

分佈於中國南部、印度、錫蘭、韓國、日本、菲律賓、馬來半島、爪哇、新幾內亞及台灣；全台中海拔常見。

小型地生蕨；根莖長走，具鱗片；多葉片自根莖節點叢生而出，全葉片為長橢圓形，二回羽裂，上下羽片漸縮小，故名「縮羽」副金星蕨，又，「副」即指para；上羽片漸縮成尾尖，下羽片愈往下則羽片間距寬鬆，終之以葉耳狀小片，小羽片之羽裂為深裂，羽片上下表面具柔毛與腺點，全葉常呈淡黃綠色；孢子囊群靠近羽裂片邊緣。

海拔分佈以1,800～2,500公尺的檜木林帶為中心，特別是檜木林緣。性喜直接光照，立地中生，對空氣中溼度要求較敏感，故適合於檜木霧林帶。換句話說，它是次生類的小草，但眞正陽旱地則難以生存。

由於根莖長走，一旦孢子發芽、配子體受孕、長出新植物體之後，接著靠根莖作無性繁殖式的版圖擴張。阿里山區特定範圍內，因每年定期除草，割草機割除離地較高的其他植物，縮羽副金星蕨以短小體型，通常避開被割除的命運，即令葉部被割，由於其生長點伏地，不致於殞滅，可反覆再生，而割草剷除其他競爭物種，縮羽副金星蕨反而得利，常形成離地不到20公分的純群聚現象，因而在阿里山森林遊樂區路邊斜坡，人造林林緣，形成連綿一長帶的大族群。

就生態特性而言，縮羽副金星蕨可視為檜木林帶次生第一波次草本，為反覆干擾中生立地最常見的植物之一，若無干擾，且其他中、高身裁的草本植物或灌、喬木長出，遮蔽直照光，則它將式微或消失。事實上，它是阿里山森林遊樂區免費的邊坡水土保持最佳保護層之一。

←縮羽副金星蕨（2004.11.11；祝山林道）

縮羽副金星蕨（1998.7.15；鞍馬山）

縮羽副金星蕨孢子囊群（2004.11.11；祝山林道）

日本鳳丫蕨

***Coniogramme japonica*（Thunb.）Diels**

鐵線蕨科 Adiantaceae

分佈於中南半島、中國、南韓、日本、琉球群島及台灣；《台灣植物誌》（一、二版）列出的引證標本產地有梨山、溪頭、Shuili（水里？同一份標本，二版卻寫為Chaili，乍看似乎是二版打字錯誤？一、二版植物誌的全部敘述一模一樣，二版卻打字錯誤？）及阿里山。鳳丫蕨或鳳了蕨尚待考據中文俗名用法。

以下形態敘述，依據筆者2005年4月12日採自南橫（台20）唯金溪橋前2株日本鳳丫蕨（標本採集編號21198）為準。

中、大型地生蕨，表土層或地際間的根莖長走，向上抽葉；根莖直徑約0.8～1.1公分，其上及葉柄基部密生黑褐毛鱗片，各方向生長不定根，根莖上長出葉片的距離不定，由宿存葉基（葉腐落之後尚存葉基）及生葉檢視，間隔0.2、1.2、1.7、2.2、3.5、3.6公分抽出1片葉，由此看來，筆者推測一段根莖上新長葉片並無一定順序，但通常野外所見植株，大抵僅2～3片存在，合理推測若同時太接近密生葉片，則不利於光線獲取，形成自我競爭，因而通常只見1～2（3）片葉同時存在，待每片葉死亡後（一片葉是否存在一年或多長時間，有待觀察），再抽長新葉？（仍待長時間觀察）

←日本鳳丫蕨植株（2005.4.18；台20-113.7K）

一回羽狀複葉，小葉岦對生或互生，基部一、二對小羽片通常再長出第二回小羽片，故而被敘述爲「一至二回羽狀複葉」。以筆者量測的3片葉爲例，敘述之。

第一，全葉片自根莖葉基至頂羽端，長109.8公分，葉總柄長54.3公分，第一羽片基部至頂羽先端長爲55.5公分（55.5＋54.3＝109.8），生葉自然伸展寬度約55公分，因此，葉片外輪廓之長、寬約略等長，外形闊卵。

葉總柄的基部有鱗片（約5公分長度範圍內），葉柄朝上面（或葉上表面）有凹溝，凹溝通至第一、二回小羽片的小凹溝，葉柄下表面爲黑褐色且具光澤，上表面爲綠色。

側羽片6對加上小頂羽片，小頂羽片長21.3公分，最寬約3.1公分；第一側羽片的第二回小羽片有3對加上小頂羽片，此小頂羽片長27.8公分，最寬約3.8公分。所有小羽片皆爲細鋸齒緣，皆具細長尾尖；而第二對亞對生的羽片，其第二回小羽片僅有1對，加上頂小羽片。

第二，全葉片總長度101公分，包括葉總柄長56.3公分，以及第一羽片基部至頂小羽片先端的44.7公分，而生葉自然伸展最寬（第一對側羽片）爲45.5公分，全葉片的寬比長度還長（45.5公分＞44.7公分），顯然有違一般所見鳳丫蕨的葉形。

側羽片6對加上最頂端小羽片，此先端小羽片長20公分，最寬約3.3公分；總葉柄下方第一側羽片總長度29.5公分，其第二回小羽片有2.5對，即5片，先端小頂羽片長度25公分，寬3.6公分。

第三，全葉片總長度62公分，包括葉總柄29.1公分及葉羽片主肋之32.9公分，全葉片總寬度最寬（生葉）約35公分。總葉柄爲綠至稻稈色。

依據以上3片葉的敘述可知，日本鳳丫蕨的葉多變化，一般而言，一回至二回羽狀複葉，第一回側羽片約3～6對，全葉基部之第一、第二對側羽片再長出第二回小羽片；細鋸齒緣，小羽片具長尾尖；小羽片具有網狀小脈，有別於其他3種鳳丫蕨的游離脈，此即本種在鑑定上的最重大特徵；不具孢膜的孢子囊群，沿葉脈生長。

陳淑華（1973）以台大植物系標本館中標本，山本由松（M. Yamamoto）採集編號97，採自關山者，取其孢子觀察，認爲日本鳳丫蕨等，爲不具孢子蓋膜（perine），且無赤道脊的三叉溝孢子類。所謂「孢子蓋膜」可能是一種養分物質，較原始的蕨類將它吸收，較進化的蕨類則將之留在細胞壁的表面，因此，就孢子蓋膜之有無而言，日本鳳丫蕨等，屬於較原始者；所謂赤道脊（equatorial ridge）係指圍繞在赤道（孢子腰部）的一條環狀突起，日本鳳丫蕨等亦欠缺。

Kuo（1985）將日本鳳丫蕨列爲台灣暖溫帶闊葉林帶，屬於華南的元素或地理分佈型，也就是海拔500（北部）、700（南部）～1,800公尺之間的指標物種。

以筆者現今對全台植被的了解，不致於以所謂海拔500、700公尺等作爲劃分的說辭，但可同意Kuo氏之將日本鳳丫蕨列爲所謂「暖溫帶闊葉林帶」的一些指標物種之一，筆者的說法是，日本鳳丫蕨在台灣的分佈，殆可劃歸脫離檜木林帶之後，上部闊葉樹林的林緣、林下蕨類植物之一，至於明確的海拔分佈，必須統計、登錄龐多的採集或記錄點的資料之後，配合生育地環境條件，始可稍加準確地敘述。

日本鳳丫蕨的採集記錄點不多，各大標本館的標本引證有待收集，《台灣植物誌》只列少數點，而關於溪頭地區，牟善傑、許再文、陳建志（1998）認爲「只在鳳凰山山頂附近的路邊發現」，數量很少；以南投縣爲例，彭仁傑、孫于卿等編（1994）記載的分佈地點有沙里仙溪、神木溪、杉林溪及瑞岩溪等，地名全部有個「溪」字，正可點出日本鳳丫蕨嗜溼的特性；李麗華、許再文、彭仁傑（2001）在嘉義縣市的登錄，僅列有清水溪一線有採集記錄；黃朝慶、牟善傑、許再文、彭仁傑（2002）登錄高雄縣市植物，日本鳳丫蕨記載存於梅蘭林道及南橫公路、檜谷等地，其等之單種介紹，使用的照片（46頁）係許再文所拍攝，同於牟善傑、許再文、陳建志（1998）之21頁，其敘述葉先端有泌水器，「廣泛見於全島中低海拔山區林緣……數量中等偏多」；該書介紹了台灣產4種鳳丫蕨，但書後的植物名錄卻書爲「鳳了蕨」，《台灣植物誌》亦寫成鳳了蕨，「丫、了」小問題尚未解決。註：郭長生教授指稱，中國網站幾乎全用「丫」字。

依筆者調查經驗，日本鳳丫蕨數量並不多，生育地傾向於半遮蔭的林緣，特別是溪谷地噴濺到水滴的立地；無特定植物社會歸屬，依「個體戶」方式逐合宜環境而散生。

至於日本鳳丫蕨在台灣的最早採鑑，目前筆者只找到Hayata（1911）*Materials for a Flora of Formosa*中之445頁，列出台灣有存在的學名，沒有檢附引證標本或其他資料，推測在更早之前已有發表，但1906年松村任三與早田氏的專論台灣植物，並無日本鳳丫蕨，必須再追溯歐洲人士1906年之前的採鑑記錄，或世界各大標本館有無本種的台灣標本，而後才可確知。

日本鳳丫蕨孢子囊群（2005.4.18；台20-113.7K）

栗蕨
（陳月霞攝；2004.9.25；大凍山）

栗蕨 *Histiopteris incisa*（**Thunb.**）**J. Sm**

碗蕨科 Dennstaedtiaceae

分佈於全球熱帶及亞熱帶地區的廣佈種；全台海拔約1,800公尺以下山地散見。

中等至略大體型地生型蕨類，根莖匍匐長走，上披窄鱗片；葉柄基部與莖上鱗片深褐亮色，葉柄長約15～200公分，通常比葉身短，葉柄、葉軸與羽片軸爲反光栗褐色，全葉及葉主軸上表面爲略帶白粉狀的淺黃粉綠色，通常爲三回羽狀複葉，整體外輪廓爲三角形卵狀，而葉主軸頂端可不斷生長，過大之後，狀似攀緣性，可長成數公尺長，葉背爲粉白綠色，主羽片對生，基部小羽片縮小爲托葉狀；孢子囊群位於小羽片的反捲邊緣。

基本上栗蕨屬於脫離檜木林帶之下，暖溫帶闊葉林範圍的次生類大草本，或許因近年來大氣候及特定季節高溫作用，栗蕨向上挺進，最高可上抵約2,300公尺，但分佈中心仍在1,800公尺以下地區；其爲終年常綠、不斷生長的類型，日治時代台大標本館將其列爲大型腊葉標本的展示品（台北帝大理農學部植物分類生態學教室，1936）。

由於蕨類孢子通常靠藉風力，於較乾燥季節隨處飛散，到處存在，但能否發芽，長成配子體且完成世代交替，從而生長新植物體（孢子體），在其拓殖第一階段脫離不了水溼，但孢子體（顯著蕨類植物體）能否壯碩，端視在地環境條件，因而許多不盡然溼生，甚或乾生類的蕨類，也會發生於溪溝、岩縫隙。栗蕨通常需要直接光照，以迄半遮蔭環境，可歸屬於中生型，但其由溪溝、森林下、林緣、路邊，以迄次生灌叢，皆可存在，可謂生態幅度寬廣，但此乃上述孢子萌發點的問題所導致，依筆者個人野調經驗，仍然認爲栗蕨較屬次生類，因爲，吾人在栗蕨大群團聚內，可見下部被遮光的葉片枯腐，並產生特殊異味，腐臭般難聞，因而有人認爲栗蕨含有毒素，將之列爲有毒植物。

在全台的分佈中，似乎以北台灣大屯火山群及基隆火山區的族群最爲龐大，此亦是筆者視其爲次生類的第二大理由，下澤伊八郎（1941）的《大屯火山彙植物誌》即強調「北投、草山的溫泉附近，存有大群落」（30頁）；黃增泉等（1984）敘述陽明山國家公園植物生態資源，再次說明「溫泉附近，草生地上十分常見」（11頁）；林仲剛（1992）亦述「溫泉區附近相當常見」，甚至列出栗蕨的別名爲「溫泉蕨、北投羊齒」，其認爲栗蕨「性喜溫暖、潤溼、略遮蔭至光亮的生育環境，對乾旱忍受力弱至中等，屬於中性的植物種，在50～60％光照，與70～80％相對溼度的環境下，生長情況佳」，其生長以春夏季較快，入秋後半休眠；關於北台灣火山地區的栗蕨，現今仍然大片存在。可以推測，數十年、百年來，栗蕨維持在火山溫泉區，停滯於次生植相的長存種。然而，筆者懷疑，其在全台異地族群中，是否已產生不同生態型的變異與適應？就全台分佈而言，植被帶南北下降，七星山、陽明山偶會降雪，檜木林帶指標樹種之一的昆欄樹大量存在，北投地區相當於中部地區的檜木林帶之下的上部闊葉林，但有顯著的壓縮作用，栗蕨的大量存在，可視同中部1,500～1,800公尺的次生草叢期。

栗蕨造型及葉色獨特，適合推廣於人造環境的綠景，但其異味似為缺點。

栗蕨（陳月霞攝；2004.9.25；大凍山）

栗蕨（陳月霞攝；2004.9.25；大凍山）

小膜蓋蕨 *Araiostegia parvipinnula*（Hay.）Copel.

骨碎補科 Davalliaceae

分佈於中國（？）與台灣；全台中海拔森林內，量多。

中等體型的附生植物，根莖長走，其上鱗片棕色，近全緣；葉柄長度一般在15～30公分，柄基有鱗片；全葉片輪廓卵形、卵狀披針或略成三角形，四回羽裂，小葉片大抵沿主脈兩側短矩擴展，全葉外觀如同精細裁剪的碎片；孢子囊群靠近小葉先端或近葉緣，口袋似的囊群蓋內裝有大量孢子。

小膜蓋蕨在台灣的首度命名或正式採集，殆即1906年10～11月川上瀧彌與森丑之助之叩關玉山，標本編號1823，地點不詳，而由早田文藏於1911年，發表爲台灣特產新種，後來才被併入中國與台灣共有物種的現今學名。

台灣植物研究史上，20世紀初期的中央山脈被稱爲黑暗世界，人跡罕至、文明不侵，僅有限的原住民活躍其間。1899年正式發現阿里山大檜林，爲開發資源的各類調查展開，而資源認知必先有充分的學術研究爲基業，但當時台灣的絕大部分植物都未命名，有何物種多屬未知，因而1905年，台灣總督府成立了植物調查課，任命川上瀧彌爲主任，旗下如中原源治、森丑之助、島田彌市、佐佐木舜一等人，展開全台調查，大量的標本採集於焉展開，然而，有了大量的標本，還須分類學的學術專業者，早田文藏因緣際會，在日本東京帝大總其成，幾近於新種的「瘋狂」命名於焉展開。

另一方面，眞正首度登上玉山頂的記錄，可能是德國人史坦貝爾，他於1898年12月26日登頂，前此，齊藤音作於1896年11月13日誤登上玉山東峰頂，齊藤氏以爲自己上了玉山，回來的報告，促成明治天皇1897年7月，對玉山之命名「新高山」，結果登玉山山頂第一人的頭銜竟被德國人搶走，日本人面子掛不住，因而始終不承認史坦貝爾的紀錄，因此，現今史上首登玉山者，變成1900年4月11日的森丑之助所締造。然而，正式採集玉山山系植物，且有計畫、有系統、有學術全面配套的開始，即1906年10～11月，由川上瀧彌與森丑之助的玉山採集行（陳玉峯，1995a；1997）。

小膜蓋蕨附生於全國第一紅檜巨木上（1998.7.16；大雪山230林道）

小膜蓋蕨（2005.7.7；二萬坪）

小膜蓋蕨根莖（2005.7.7；二萬坪）

這趟採集的繁多標本交由早田文藏，於1908年發表爲《台灣高地植物誌》（*Flora Montana Formosae*），未處理完的許多標本，夥同1906年之後的新採集，早田文藏再於1911年發表命名專書*Materials for a Flora of Formosa*，小膜蓋蕨於是正式登入台灣植物名錄系列。此後，早田文藏繼續對台灣植物分類作驚人的發表，總成十大卷*Icones Plantarum Formosarum*及補遺，大致將全台黑暗時代完全扭轉，因而台灣植物的研究在1920年代與世界並駕齊驅，早田博士遂於1920年獲得帝國學士院授予「桂公爵賞」。

小膜蓋蕨究竟是否與中國或喜馬拉雅山系所產的近似種*A. perdurans*同種？或是台灣獨有的特產？恐怕尚有爭議，Kuo（1985）將小膜蓋蕨列爲台灣特產種，使用的學名爲*Araiostegia parvipinnula*（Hay.）Copel.；早田文藏1911年的原始命名是*Davallia parvipinnula* Hay.；《台灣植物誌》第一版使用*A. perdurans*（Christ）Copel.，第二版改用*A. parvipinnata*（Hay.）Copel.；早田文藏1914年將其1911年的原命名的屬名改掉，而成*Leucostegia parvipinnula* Hay.，後來被置爲異名，然而，《台灣植物誌》第一版、第二版使用的學名或異名，其種小名的字母皆誤植，將-nnula寫成-nnata。

早田文藏在1914年改置屬名之際，使用的依據標本，即1913年5月佐佐木舜一（S. Sasaki），在阿里山的檜木及台灣杉樹幹上所採集，標示了小膜蓋蕨附生的特性，而附生植物的先決條件之一，即空氣中的水溼度或微生育地的保水能力。

小膜蓋蕨的分佈中心即檜木林，也是所謂的台灣雲霧帶，海拔大致在1,800～2,500公尺最爲豐富，因爲霧林帶終年內，幾乎每天皆有特定時段充滿雲霧氣，以及清晨露點以下的露水凝結作用，即令長段時日未降雨，仍可補充水分，而小膜蓋蕨四回羽裂的小葉片，如同碎絲片，增加與空氣中水分的接觸面，對捕捉水汽有所幫助，筆者在清晨常見小膜蓋蕨被水膜所包圍，且可流至根莖貯存。

它的根莖可在樹幹上附著伸竄，垂懸亦可生存。在平展的樹幹上，往往靠藉無性繁殖或根莖拓展，發展出小群聚，除非樹皮剝落，小膜蓋蕨通常不會跌落地下。它亦可作生態移位，地面腐木、岩塊隙，任何其孢子足以發芽、完成有性世代之處，皆有可能長成孢子體（蕨葉）。

一般認為，地球上的生物發生於海洋，由海而登陸，陸域發展的限制因子在水（特別是世代交替的蕨類），而附生植物在植物演化過程中，由海而陸而空，乃演化上登峰造極的適應。如小膜蓋蕨等附生植物，除了保水、貯水的功夫之外，在年度乾旱季，尚可採取冬落葉現象，小膜蓋蕨為最顯著的落葉型附生蕨類之一，阿里山區每年約在11月霜降增強之後，小膜蓋蕨開始轉黃葉，12月大量落葉，1～2月份只見到殘枯褐葉殘留樹上，3月底或4月間，特別是氣溫顯著增高之際，則重新萌長新芽。然而，若生育微棲地終年可保持一定溼度，小膜蓋蕨並不落葉，而維持冬翠綠現象，例如透光樹洞中，或蔽風微地形，但其比例偏低。此間變化，在於光量及溼度底限的不等程度之控制。

筆者視小膜蓋蕨等附生植物為台灣雲霧帶的指標物種。

↓小膜蓋蕨孢子囊群（2005.7.7；二萬坪）

大葉骨碎補羽葉（2005.4.27；台20-114.3K）

大葉骨碎補孢子囊群（2005.4.27；台20-114.3K）

大葉骨碎補 *Davallia formosana* Hay.

骨碎補科 Davalliaceae

1907年2月，日人G. Nakahara在Taichū：Kashigatani（待查），採集了大葉骨碎補的標本，經由早田文藏於1911年，其在*Materials for a Flora of Formosa*（東京帝大理科大學紀要第三十冊第一編，1911年6月20日發行）的430～431頁，發表為新種，以「福爾摩沙」拉丁化為種小名，因此，中文俗應稱為「台灣（或福爾摩沙）骨碎補」為宜。

《台灣植物誌》第一版第一卷（1975）272～273頁，由隸慕華及楊台英撰寫的骨碎補科，將早田氏所命名的學名置為異名，認為大葉骨碎補的學名應為*D. divaricata* Blume，且附註：台灣的大葉骨碎補據說與*D. divaricata*略有不同，果眞如此，也不過是小差異；郭城孟教授（Kuo, 1985）採用秦仁昌教授1959年見解，認為此植物不同於*D. divaricata*，又把早田氏的*D. formosana*拾回來，說是分佈於華南（廣東、廣西、雲南）、中南半島及台灣，也就是說，大葉骨碎補最早在台灣被發現與命名。

《台灣植物誌》第二版第一卷（1994）由謝萬權教授依據第一版作修訂，第188頁即修訂為*D. formosana*，但並無引證Kuo（1985）的文獻，更且，早田文藏的始源文獻「1911年430頁」被誤打字成「4：30.1991」，而「大葉骨碎補」被誤植為「大業骨碎補」，至於形態敘述完全同於第一版。

第一版記載，分佈於孟買、馬來亞、越南、華南、台灣及菲律賓，生長「在樹幹上」；第二版敘述分佈於中國、海南島、香港、越南高棉及台灣。至於在台灣的引證標本，第一版、第二版完全相同，但打字有「差別」，地點列有竹東、八仙山、清水溝、關刀溪、扇平、屏東：Buizan（第二版為Bugan），以及台東大武（第一版列為Suzuki7252的採集編號，第二版卻變成7552？）。

Kuo（1985）將大葉骨碎補列為暖溫帶闊葉（雨）林帶的「華南元素」，推測其來源乃由華南來台者？而日治時代早田氏命名之後，咸認為是台灣特產種，例如伊藤武夫（1915）列出特產於台灣的181種蕨類，第109種即大葉骨碎補；然而，伊藤武夫（1917）列出23種蕨類植物，說是分佈區域極為狹窄，或分佈不清楚者，包括*Davallia divaricata* Blume（其註明產於爪哇），筆者推測1917年前後，伊藤氏即對早田氏命名的大葉骨碎補及*D. divaricata*的疑義產生困惑，伊藤氏另列有適合於觀賞之用的台灣蕨類，其首先推介適合於盆栽的骨碎補屬植物，伊藤氏大概是台灣第一位基於美觀及經濟價值，而鼓吹栽培蕨類植物者。

關於形態方面，筆者以2005年4月27日，採自南橫（台20）114.3K，蘭雅橋之前約100公尺處，海拔約1,020公尺，坡向W282°N，公路旁調查樣區5-019，「青剛櫟—無患子—菲律賓楠優勢社會」的林緣，標本編號21277為例，說明之。

根莖粗壯長走，根莖非長葉部分的圓周，筆者量2株，各為5公分及7公分，換算直徑各為1.60公分及2.23公分，此乃成熟植株，也就是指已生長長久，其上葉完整，且根莖長度已超過30公分者。根莖上密生金（黃）褐色透光鱗片，採下一叢鱗片測量，其形狀為狹長等邊三角形，逢機幾片數據如下（長×基寬）：0.92×0.15；0.15×0.1；1.5×0.1；1.7×0.1；0.7×0.03；0.9×0.05；1.6×0.1公分等，也就是說，大小變異極大，有些鱗片幾成長線形，然而，所有鱗片之金褐色均勻，除了黏附根莖之處最為深褐色之外。

根莖除了接附石頭或地際面之外，各部位皆可長出新葉，通常由根莖兩側彎曲伸展再上長葉片，一段根莖（例如長度30公分者）常見只長2片葉（不定）。所測量3片葉分別敘述如下：

第一，全葉片總長度（由根莖至葉先端）×最寬部位為110.5×56.7公分，由葉柄基部至長出第一片側羽片處的總柄長度為46.8公分，故長葉處至葉先端長度為63.7公分。由最下方側羽片算起，通常一開始為亞對生，愈往先端側羽片愈呈互生狀，合計共有42片側羽片，加上先端15小凹裂片。以第一、二側羽片而言，呈四回羽狀複葉，且第四回基部尚可呈現第五回羽深裂。

葉總柄除外，全葉片外輪廓大致呈塔狀三角形。第一至第五對亞對生的側羽片間距大約各為10.5、9.5、7.5、6.5、5.1公分。葉總柄呈現深紫褐黑色，愈朝上部則顏色愈淡化，至先端呈黃綠色，全柄無毛、無鱗片（但新葉芽之際則多疏生長毛狀鱗片），隨生長時期而顏色變淡。

第一片側羽片長寬為36.0×26.3公分；第二片側羽片為32.4×25.0公分；本片葉無孢子囊群。

第二，全葉片總長度×最寬部位為92.6×47公分，葉柄基至第一側羽片的長度為38.3公分，故有側羽片的葉總柄長度為54.3公分。

由第一片側羽片算起，至第十片側羽片的間距，依序為2.2-*8.2-3-*6-2.25-4.9-1.8-3.7-1.6公分（10片有9個間距），打星號者即代表亞對生一對對之間的大約距離。

第三，新生尚未長出眞正葉片者。2005年4月27日採集時頂芽捲旋，自葉柄基部算起，長度大約62公分；5月2日凌晨1時30分測量，葉柄基部至第一側羽片軸長出處為61公分，第一側羽片長約5.7公分，距離第二片側羽片0.5公分，第二側羽片長7.9公分（以上為第一對亞對生羽片），第二至第三側羽片距離為12公分，第三側羽片長3.1公分，第四側羽片長3.4公分，第二至第三亞對生側羽片長度為4公分，第五側羽片長2公分，距離0.6公分之後的第六側羽片長1公分，第六側羽片與第七側羽片距離1.5公分，第七側羽片長0.8公分，第七與第八側羽片距離0.3公分，第八側羽片長0.7公分，第八至第九側羽片距離0.7公分，第九側羽片長0.35公分，先端1.4公分，也就是說總葉長度＝61+12+4+0.6+1.5+0.3+0.7+1.4＝61+20.5＝81.5公分，5天總長度大約只長出19.5公分，平均1天生長大約3.9公分；5月4日凌晨1時30分測量，第一側羽片軸至先端長為36公分，第一側羽片伸展寬約22公分，第一對至第二對亞對生側羽片之間距離為16.5公分（5月2日為12公分），兩天長出4.5公分；5月4日夜間8時，自葉柄基至先端長度105.8公分，葉柄基至第一側羽片長出處爲62.0公分，第一側羽片生長處至先端爲43.8公分，筆者囉唆地舉例，只爲大略估計其葉部生長狀況，至此，大致上可認爲，大葉骨碎補新葉的生長，最先長出葉總柄，且伸展至61.5公分之後（已大致完成葉總柄的生長），再長出有側羽片的上半部。5月2日凌晨至5月4日凌晨，此上半部葉總柄的伸展速率，平均每小時長出0.344公分，但5月4日凌晨至晚上，平均每小時長出0.422公分。換句話說，生長大致分段，且有快有慢，而非連續、漸進式生長模式。

先完成葉總柄（無羽片部分）的生長，再長出側羽片的主軸及側羽軸，有無生態或生存策略上的意義，可以探討之。

甘偉松（1970）學名使用*D. divaricata*者，中文俗名採用「高砂骨碎補」，台灣俗名謂之「鳳尾草、馬尾絲」，說是自生全台，「多生於五指山、東勢、霧社、甲仙等深山之多年生草本」，其引用佐佐木舜一1924年《綱要台灣民間藥用植物誌》，認爲「莖葉煎服治肋脾熱」；黃介宏（1977）調查台灣民間關於蕨類的藥材，其敘述，「骨碎補」之使用於藥材，始載於宋朝開寶本草，主治折傷補骨碎，故名之，然而，基原植物最早應係指水龍骨科的槲蕨或崖薑蕨等，而台灣首先記載「骨碎補」者，乃1924年佐佐木舜一的《綱要台灣民間藥用植物誌》，但其基原植物卻是「金狗毛蕨」，而1970年代台灣民間市售的「骨碎補」藥材，「可能是採藥販者誤認而採集使用（*Davallia*），或因爲台灣中南部*Davallia*較多，產量較多，故而誤用了*Davallia*。黃氏調查市售「骨碎補」藥材大致有5種植物，即槲蕨、崖薑蕨、大葉骨碎補、海州骨碎補及闊葉骨碎補等；黃氏復引用許鴻源1972年《台灣地區出產中藥材圖鑑》，說是「骨碎補」藥材在恆春一帶者爲闊葉骨碎補及大葉骨碎補，而谷關地區出產的「骨碎補」是海州骨碎補；而吳進錩1976年

↓大葉骨碎補根莖及葉柄（2005.4.27；台20-114.3K）

之「嘉義縣產草藥之調查研究」指出，嘉義地區的「骨碎補」是崖薑蕨；黃氏自行收購的「骨碎補」，經切片鑑定，卻是大葉骨碎補。

依據上述，骨碎補生草藥或藥材市場上混亂不一，似乎只有台灣人才將*Davallia*當成骨碎補在使用，奇怪的是，藥用的骨碎補既然不是*Davallia*屬植物爲什麼*Davallia*屬植物的中文俗名卻又叫做「骨碎補」？而中藥材歷來魚目混珠、隨隨便便亂湊一通，不同科、不同屬、不同種的植物隨著各地不同的排列組合，竟然在藥方上都可使用，且藥效一樣？眞胡扯也！黃介宏在解釋或推測台灣民間爲何使用*Davallia*植物充作「骨碎補」藥材之際，忽略了生育地的問題，筆者「隨便」推測，「眞正骨碎補」的崖薑蕨、槲蕨常長在樹幹上挺空，採集較困難，相對的，大葉骨碎補的根莖直徑寬達1～3公分，又可在岩生環境之地上輕易採集，此原因有可能才是台灣之將*Davallia*植物充當骨碎補的主因？

由藥用面向者的敘述可知，大葉骨碎補數十年來遭受大量採集，楊國禎教授謂，其見整卡車搬運而出（私人通訊），是以如今野外採集並不多見。曾景亮（1988，私人通訊）調查曾文水庫地區蕨類計有135種，大葉骨碎補係長在「闊葉林下樹枝上」，採集編號5875、7052及7096，另註明其爲森林內的附生植物，附生的位置爲「中位」（其區分為高位、中位、低位），而出現頻度大葉骨碎補屬於中等偏低者。

牟善傑、許再文、陳建志（1998）敘述溪頭的蕨類，其等認爲大葉骨碎補「一般分佈在海拔稍低的地方，且以石生環境爲主，不過有趣的是，在溪頭它也成爲著生植物的一員，且葉子通常只有50公分大小，一般見於遊樂區的樹幹上，數量中等略少」；黃朝慶、牟善傑、許再文、彭仁傑（2002）記載高雄縣的大葉骨碎補存在於出雲山林道及南橫；事實上，全台中、低海拔地區皆可見及大葉骨碎補，筆者認爲，自海拔1,800公尺以下的山區存有，只因人爲大量採集而數量銳減。

基本上大葉骨碎補爲附生植物，但在岩生植被中，其可因爲因子補償作用，而下降爲地面或多腐植質石壁、土壁生物種；在南橫筆者採鑑的族群，每年春季如青剛櫟之大量雄花穗，多掉落在大葉骨碎補植株上，夥同枯枝落葉層覆蓋下的岩塊，其生長發育良好，採集時可輕易拉出其根莖；生態特性屬於林緣半遮蔭至林下半透光立地，陽光需求屬於中等，可列爲岩生植被的指標物種之一，但有可能族群已多所分化。

←大葉骨碎補新葉
（2005.4.27；台20-114.3K）

小葉鐵角蕨 *Asplenium tenuicaule* Hay.

鐵角蕨科 Aspleniaceae

阿里山鐵路尚未正式通車的1912年元月，早田文藏與佐佐木舜一前往阿里山區採集，其記載，在海拔約1,800～2,100公尺之間，首度採集到小葉鐵角蕨的標本，隨後，於1914年，早田文藏將之命名，發表於《台灣植物圖譜》，第四卷，228～229頁，同時檢附縮小照像黑白圖。

1975年出版的《台灣植物誌》第一卷491頁，將*A. tenuicaule* Hay. 此學名列在威氏鐵角蕨(*A. wilfordii*)之下的異名，很顯然地是誤判或誤鑑定；而同書490頁列有小葉鐵角蕨，學名是*A. varians* Wall ex Hook. & Grev.，其敘述的內容顯然是早田氏的*A. tenuicaule*，郭城孟氏似乎在1970年代即了解此項錯誤，1985年將之更正。

1994年出版的《台灣植物誌》第二版第一卷，462頁重新將*A. tenuicaule* Hay. 找回來；而關於形態的敘述，將第一版*A. varians*的內容全盤移植過來，但若干標點符號或字母大小寫略有不同，而且，學名的種小名誤增加了一個「l」(註：第二版的《台灣植物誌》錯誤繁多，似乎可反映時代嚴謹度的落差；又，第一版的分佈當然與第二版不同，小葉鐵角蕨的分佈，第二版列出韓、日、中國與台灣，也就是東亞物種；至於引證標本7張，第一、二版完全相同，但第二版刪掉其中一張標本的採集日期)。

郭城孟(2001)出版的《蕨類圖鑑》282頁敘述，小葉鐵角蕨產於台灣中、高海拔山區的針闊葉混淆林及針葉林帶，生育地爲山坡或谷地的森林內，可岩生或地生，頻度列爲「稀有」；其附2張幻燈片，一爲攝自「沙里仙溪」，另一爲「十里」；習性說是「生長在林下潮溼環境之土壁或岩石上」。

有可能因爲小葉鐵角蕨乃10公分上下的小型草本，容易被忽略，故而被列爲「稀有」，事實上它的出現頻度並不低，植株數似亦不算甚少，被發現與否的根本關鍵之

小葉鐵角蕨孢子囊群(2006.5.6；台20-129.4K)

小葉鐵角蕨植株（2006.5.6；台20-129.4K）

一，係其需要潤溼且稍通風的微生育地。

茲以2006年5月6日，筆者在南橫公路台20-129.4K，也就是禮觀橋之前約100公尺，水溝旁水泥護岸多苔蘚層的，近乎垂直壁上的採集品（編號22570，海拔約1,870公尺）為例，敘述其形態等資訊。

該活體標本長在水泥牆壁上，在長年陰溼大氣的條件下，發展出薄苔蘚層，該小葉鐵角蕨即生長在苔蘚層的基質之中。筆者將根系與苔蘚慢慢分出，得知其鬚根系的長度大於10公分。

根莖短直，狀似一粒小蔥頭，徑約0.7公分高，高約0.5公分，根莖上密披長三角形或歪披針形褐黑色鱗片，測量數片，長約0.2～0.22公分，寬約0.03～0.04公分，其褐黑色部位即網格框的線條，網眼內為透明薄膜，整片鱗片先端為芒尖狀。

根莖四周，尚存老葉不規則斷裂後的葉柄基約5～6條，都在1公分長度以下；現存生葉計8片，似乎多屬今年萌長者，茲先將此8片葉的測量數據列如表二十八。

據此8片葉得知，葉柄長約1.2～5.7公分；葉身長約2.4～9公分；葉寬約1.7～2.8公分。

葉柄基本上為綠色或黃青綠色，與葉片同色，但葉柄背部（遠軸面）常有褐色帶，時而葉柄背部全為褐色，時而只在下半段或基部為褐色；葉柄上存有兩型線狀鱗片，一為黑色鱗片，大致由2條網格框（黑色）構成，較長；另一為褐色線條形鱗片，甚短，兩者皆疏生伏貼在葉柄背上；葉柄至葉軸上表面有凹溝，此凹溝連通至羽軸較不明顯的凹溝，凹溝中央的主脈略凸起，小羽片主脈亦然。

葉身為三回羽狀淺至中裂，小裂片略圓鈍至微尖；孢膜沿主脈單邊而生，長約0.1～0.22公分（註：早田氏謂長0.3公分），直線或微彎；羽片上下表面約同色；第一回羽片，除了全葉先端部分之外，具有柄。

此份標本的最大特色在於，在根莖下的鬚根系上，另外長出一小根莖，小根莖高約0.5公分（含鱗片），小根莖旁側生5片葉，另有一片卷旋葉冒出中，合計這6片葉當中，量3片之長寬（註：長度已包含葉柄）各為：4.1×0.9公分、4×1公分、1.8×0.6公分。

也就是說，筆者在解剖顯微鏡下檢視，認為此一小葉鐵角蕨很有可能藉由鬚根系，進行無性繁殖而產生新根莖、新植株。

一般蕨類鮮少有人注意到根系可行無性繁殖。筆者於2005年在二萬坪採集到的台灣劍蕨（*Loxogramme formosana* Nakai；採集編號22250），發現其乃由根系長出新根莖，再由新根莖長出粗壯的葉柄，而此老根、新根莖、粗壯葉柄皆為綠色，本身皆是可進行光合作用的無性繁殖組織；如今之小葉鐵角蕨有待解剖，以及進一步觀察，若可確定的確可以根系進行產生新根莖及新植物體，則顯然是除了台

表二十八

編號	葉柄（cm）	葉身（cm）	全葉（葉柄+葉身）（cm）	最寬（cm）	附註
1	4	8.6	12.6	2.8	
2	5.7	7.8	13.5	2.4	
3	4	9	13	2.5	
4	2	5.9	7.9	2.5	
5	2.5	2.8	5.3	1.7	
6	1.2	2.4	3.6	1.8	
7	1.2	1.8	3	1	斷頭
8	–	–	3	–	初生葉

灣水韭、台灣劍蕨等之外，另類的無性繁殖新例。又，據此小根莖小植株可推測，小葉鐵角蕨將隨多年生之發展，由小根莖小型葉，至大根莖大型葉的累聚型生長模式，但即令多年老株，其體型一般仍限於15公分高度以下。

台20-129.4K附近的水溝駁崁苔蘚層，筆者僅發現4株小葉鐵角蕨，該地乃原始闊葉林被伐除後的紅檜造林地，而禮觀橋前(台20-129.5K)溪谷地旁側，存有一片假長葉楠優勢社會，也就是說，該地區原始狀態盡屬陰生型楠木闊葉林，夥同其他觀察與經驗，筆者認爲小葉鐵角蕨乃檜木林帶及上部闊葉林帶範圍中，無特定社會歸屬的林下或林緣小型草本；而其微生育地限於其上無密閉式中、高草本植物的石生環境，或透光度必須高於一定程度始克成活，更且，很可能其根系要求潤溼且必須通風。

台灣植被或山林生態系異質非常，恰可提供不同的生態區位的物種歧異發展，而各物種的演化與適應，各有其天演故事，如小葉鐵角蕨等小型草本，數量不多，但其生態亦值得深究。

此外，「小葉鐵角蕨」此一中文俗名，筆者認爲不妥，或應依早田文藏種小名改命爲「細莖鐵角蕨」？

小葉鐵角蕨可由鬚根系進行無性繁殖(2006.5.6；台20-129.4K)

小葉鐵角蕨無性繁殖新株(2006.5.6；台20-129.4K)

三翅鐵角蕨 *Asplenium tripteropus* Nakaim
與鐵角蕨 *Asplenium trichomanes* L.

鐵角蕨科 Aspleniaceae

小型地生(通常為岩生植被岩隙、岩塊下凹陷處、半遮蔭的微生育地)蕨；植株由小塊狀根莖處叢生葉片而出；一回羽狀複葉，羽片柄甚短(幾可忽略)，羽片朝上漸變小，及至先端；下部羽片亦漸縮小。此兩種的區別方式：

鐵角蕨：葉表面上(近軸面)的葉(主)軸兩側，具有兩條薄翅。在放大鏡下觀察，可見它的葉軸並非圓柱體，而是在葉上表面的葉軸部分近乎平面，加上兩旁垂直上長的薄翅護欄，或說，葉上表面的主軸是一條甚狹長的水溝，也就是「ㄩ」型溝，筆者認爲如此的「溝」設計，有助於收集霧氣或早晨空中水氣，凝結成水且下流至根莖生長點。而一般蕨類介紹都說是葉軸及葉柄「兩側」具翅，這只是簡略形容，並不精確。事實上，鐵角蕨的葉軸及柄的橫切面較像是碗，碗口平面就是葉上表面，上長兩帶薄翅而成溝，葉下表面(遠軸面)則爲半圓體。

又，葉柄基部或根莖上的鱗片爲狹長三角形，雖然窗格透明，但中間部分的「格架」較粗褐黑，除非在大放倍率(例如解剖顯微鏡40倍)下，否則易誤看成不透明。

三翅鐵角蕨：葉軸及葉柄基本上是三角形，且三角稜上各長一翅，故名三翅鐵角蕨。葉上表面的葉軸及兩側翅，亦如同鐵角蕨的凹溝狀，但它的葉軸背部多了一條翅，好似龍脊。

三翅鐵角蕨的「三翅」明顯的較鐵角蕨的「兩翅」大，肉眼明晰可辨，而在放大鏡

三翅鐵角蕨(2005.5.24；台20-123.2K)

三翅鐵角蕨葉柄3翅（2005.5.24；台20-123.2K）

下，可知此翅乃由鱗片狀的窗格所構成，如同褐色毛玻璃而不透明。

有趣研究議題延伸：

上述兩「種」之兩翅與三翅的特徵區分，依形態分類歷來傳統或習慣上見解，乃甚穩定的「好特徵」，粗放或隨意說，準確度幾達95%以上。然而，上述鐵角蕨的葉軸、柄之橫切面近「碗形」，只是多數狀況下如此，亦有少數（尚未對全台各地族群作比較）亦漸呈三角狀，且在遠軸面有明顯背脊的突出，甚至長出些微的翅或「翅」狀物；又，這「兩種」蕨一般皆認爲外觀神似，除了兩翅、三翅的明晰劃分之外，很難以視覺及敘述來說明不同處。究竟它們是明確的不同「種」，或同親緣而演化出不同「兩種」？或混合種群？其是否爲連續變異，還是斷然區隔？在在值得探索。

就分佈而言，以南橫爲例，在禮觀隧道之前，台20-127K處，坡向N30˚E，岩塊、碎岩的岩生植被區，中海拔的塔塔加櫟與低海拔的圓果青剛櫟恰好交會，其海拔約1,670～1,700公尺之間，該地同時存在鐵角蕨與三翅鐵角蕨，以兩者10株爲例，三翅鐵角蕨約佔7～8株，鐵角蕨只2～3株。而此區域以下之稍低海拔地區盡屬三翅鐵角蕨的天下，反之，鐵角蕨的分佈下限大約在此，而上可抵3,500公尺以上或森林界限之上的高山植物帶（陳玉峯，1997，582～583頁）。

由於岩生環境，森林無法完整發育，裸露地域多，將環境因子中排除林型的絕對影響，以致於上下岩生蕨類交會（上部下降，下部上遷），形成此「二種」雷同鐵角蕨的相會，或反向思考，如上所述，台灣自冰河期北退後，同一物種演化而出兩種？則或可找出中間型或尚未完全分化的例證？

蕨類爲台灣許多不同生態系或交會帶的良

三翅鐵角蕨孢子囊群（2005.5.24；台20-123.2K）

鐵角蕨孢子囊群（2005.6.9；台20-128K）

好指標物種，筆者認爲鐵角蕨與三翅鐵角蕨恰在此地，夥同塔塔加櫟與圓果青剛櫟的交會而相互輝映，值得進一步分析植群、其他植物及環境因子或生態相關的研究。

再由反向思考，鐵角蕨與三翅鐵角蕨仍然具有許多外觀形態的差異，例如前者羽片間距比後者更寬，小葉葉形等亦有差異，則是否是在岩生環境下的趨同演化？總之，此「二物種」的生態與演化議題很是迷人。

台20-127.6K鐵角蕨（左）與三翅鐵角蕨（右）混生（2005.6.9）

鐵角蕨植株（2005.6.9；台20-128K）

劍葉鐵角蕨 *Asplenium ensiforme* Wall. ex Hook. et Grev.

鐵角蕨科 Aspleniaceae

茲以筆者採集編號22249（2005年8月1日，二萬坪，假長葉楠／霧社楨楠優勢社會林下大石塊生育地）的活體標本為例，作形態之描述。

此叢「劍葉鐵角蕨」生長或鋪陳在巨大砂岩塊之上，岩塊面幾近垂直地上，採集之際，整片根系夥同苔蘚層被拉扯下來，其根系盤佔的此片苔蘚層厚度約1公分（根系層，但活體苔蘚的葉部另增高約1～2公分），長寬各約31×20公分，苔蘚之外，夾生有株火炭母草，也就是此「株」蕨類的根系所佔空間為31×20×1立方公分。

此叢植株，連同1片初生葉共計27片葉，其中約8片葉身不甚完整。隨意舉一片葉為例，葉柄長5.5公分（徑約0.3～0.35公分），葉身長35.5公分，也就是全葉（連柄）長達41公分，最寬部位位於約自柄基算起第26.5公分處，寬度約為4.15公分，外觀為狹長橢圓或狹長倒披針形，朝上下兩端緩慢縮小寬度，先端漸尖，葉基斜縮或截縮；葉大抵為全緣，或略呈不規則波浪狀，先端偶見疏鋸齒；革質。

此單葉之側脈大致平行，由中肋斜出，與中肋角度約35°。葉上表面的中肋（葉軸）隆起或顯著，下表面的中肋更加突出與粗壯。二十餘片葉當中，幾乎所有的上半部葉片上表面的中肋（葉軸）皆有一條小凹溝（或不顯著）。

葉上表面為有光澤之亮翠綠色，下表面略成黃綠色，且隨老化過程而黃色漸加深，老枯葉呈黃褐色；葉柄上下表面大致與葉上下

→劍葉鐵角蕨植株
（2005.8.1；二萬坪）

劍葉鐵角蕨葉柄（2005.8.1；二萬坪）

劍葉鐵角蕨孢子囊群（2005.8.1；二萬坪）

劍葉鐵角蕨葉基（2005.8.1；二萬坪）

表面同色，但此叢27片葉之中，大約9片在葉柄基部（背面或罕見於上表面）有條近於褐色的色帶，但有的不明顯，粗放描述則可忽略此色帶。

在台灣極其有限的文獻、植物誌或圖書的檢索表，或本種特徵及辨識的特色之描述，多將本種與叢葉鐵角蕨（*A. griffithianum*）並列，說是後者葉下表面具有疏生鱗片而劍葉鐵角蕨並沒有鱗片，事實上，此項分辨是肉眼下的粗放判斷，在解剖顯微鏡下，劍葉鐵角蕨的葉背及葉軸仍然多少具有狹長的小鱗片，上述這叢標本亦然。

再舉5片葉的（葉柄；葉身；葉最寬部位）之公分數據如下：①5.5；36.1；3.95；②4；35；3.65；③3.8；33.8；3；④7；23.6；3.1；⑤3.5；22；2.2。

由上述，已略知其葉的變異不小；而此標本的另項重要特徵，迥異於歷來描述或圖譜者在於葉基。一般描（圖）述葉基皆是由葉身往下平順漸縮成翼狀且終之以葉柄，然而，引述標本的27片葉當中，絕大部分是突然截縮，有的在葉軸兩側對稱截縮，有的不對稱；只有一片葉是漸縮型，另有一片葉一邊是漸縮，但另一片仍是截縮型。

台灣單葉類型的鐵角蕨植物，似乎只有對開蕨（*A. scolopendrium*）的葉基為心形，其他大致皆為漸縮型，而本敘述標本之截形，大約介於心基型與漸縮型之間。

筆者另行採集二萬坪同地點附近的其他植株，其一叢9片的劍葉鐵角蕨，其中只有1片傾向一眼可辨識為截縮型，其他8片比較像是漸縮型，如此，葉基顯然是多變者？則是否劍葉鐵角蕨的葉基應描述為截形至漸縮型？此截型至漸縮是否為「同種」之下的連續變異？各地區族群變異？同族群的個體變異？同個體不同葉片的連續變異？如何光憑

劍葉鐵角蕨葉基背部（2005.8.1；二萬坪）

外表形態判斷「同種」？劍葉鐵角蕨是形態高度變異的物種？

1912年元月，早田文藏與佐佐木舜一在阿里山區海拔約2,121公尺處，其等採集的標本，於1914年發表爲*Diplazium bicuspe* Hay.，此名之後緊接著早田氏又加上*Asplenium bicuspe* Hay.（Hayata, 1914; pp.214-215），因爲早田氏認爲其標本不僅是鐵角蕨型的線條孢膜及孢子囊群，有時另具有雙蓋蕨型的背對背孢膜型；他對此物種的形態敘述，例如葉柄4公分長，葉爲披針、倒披針以迄線狀披針形，長約28～30公分，寬約2～2.5公分等。

早田氏註明本種很接近*Asplenium ensiforme*（劍葉鐵角蕨）及*A. apoense*，但與該兩種不同之處在於：「entire involucres」，且葉先端有時裂爲2～4瓣。

後來，早田氏此學名被併入劍葉鐵角蕨，也就是說，後來的研究者認爲早田氏所列舉的特徵，其實都是劍葉鐵角蕨的變異範圍內，不必另立新種。

顯然的，早田氏一採集即採到了葉形變化很大的標本，但他所敘述同時具有鐵角蕨型及雙蓋蕨型（以及Scolopendrium型）的孢子囊群，反映早田氏的觀察很敏銳，而其所描述的變異，的確常在野外見及。

如此看來劍葉鐵角蕨的形態多變異，則究竟劍葉鐵角蕨的變異範圍爲何？是否可歸納出幾個類型而宜再處理爲多個分類群（Taxa），例如變種或型？此題材是否宜以族群學的研究方法探討之？

很相似的劍葉鐵角蕨（上）及台灣劍蕨（下）（2005.8.1；二萬坪）

台灣劍蕨 *Loxogramme formosana* Nakai

水龍骨科Polypodiaceae

台灣蕨類存有許多物種，可靠藉葉軸、葉片產生的芽體作無性繁殖，例如頂芽狗脊蕨、鱗柄鐵角蕨、長生鐵角蕨、鞭葉或馬來鐵線蕨、生芽鐵角蕨、稀子蕨等，從而戲稱或被比喻爲「會走路的蕨」，然而，罕見有可靠藉根系形成新根莖、新植物體(孢子體)的無性繁殖方式，因爲此乃涉及各組織分生、分化的議題，過往台灣的蕨種除了水韭(水生蕨)之外，似乎罕有聽見不定根系的拓殖者。不過，筆者認爲這是因爲觀察、調查不夠徹底之所致，自然界的現象我們所知者太貧乏。

2005年8月1日筆者在阿里山區二萬坪採集台灣劍蕨(編號22250)數份標本，發現它顯著靠藉不定根作爲無性繁殖，我相信台灣應該尙有一些蕨類，可依不定根繁殖方式而拓展。

台灣劍蕨爲短根莖，單葉叢生的陰暗、潮溼岩塊生、附生型水龍骨科的植物；無孢膜，孢子囊群線條狀或細棍棒狀著生於葉背，孢子黃綠色；葉脈網狀，但肉眼看不清楚，只在潮溼的半腐死葉片，分外清晰見及網脈，且網格中一般沒有游離小脈。在台灣大約5種的劍蕨植物當中，台灣劍蕨的辨識特徵，歷來說是：葉緊密叢生；葉背的中肋(葉軸)未見隆起；葉寬度可達4公分，長度可達40公分等。其葉片被敘述爲倒披針，一般寬度2～5.5公分。

《台灣植物誌》記載台灣劍蕨分佈於台灣及中國。

筆者曾檢視標本館的標本，葉最寬部位通常在上半段，最寬的記錄爲6.5公分。

茲以筆者採集編號22250的活體標本爲例，作如下敘述。

由於其採取由不定根萌長成新個體，故而在大植株不定根系範圍內或附近，常多不等

→台灣劍蕨植株(2005.8.1；二萬坪)

體型大小的植株。以大植株(母株)為例，其根上密披濃密長條形、深褐色、像細鱗片狀的毛茸，此等根系為多汁狀，且基本組織為墨綠色(特別是在可形成新根莖的前後段落)，而根系中的特定部位(褐毛茸之下為墨綠色)，膨大為瘤狀物，即略不規則的球狀體，上披褐色鱗片，鱗片下即初生的根莖，為深青綠色，推測係由不定根的組織分化為根莖，且此根莖長出鱗片自我保護，而其在分化為根莖之前，以及形成根莖組織之後，皆可進行光合作用，提供生長所需要的物質，原不定根系則提供水分或局部養分(有待進一步研究)。

初生根莖(瘤狀或球狀物)由側面長出蕨葉，初生蕨葉以葉柄組織為主，亦可進行光合作用(由綠色推測)，且向上生長為新葉。新葉由葉柄而拓展葉身，光合作用量增加，幫助根莖長大(根莖自身亦進行光合作用自行成長)，準此模式而形成新植株。以上，只是依據觀察所作的生長推測，有待進行解剖組織來檢驗。

以母株一條平展的不定根為例，其長度約30公分長，在第27.5公分處存有一瘤狀物(即初生根莖)，徑約0.3公分，側面已略形成凸起物，也就是正要萌長新葉處，而初生根莖下方已先長出長度約3～4公分的不定根3條；在第14公分處存有較早之前產生的瘤狀物，長度約0.8公分，上披褐色鱗片，下有多條新不定根，側長新葉已有1.9公分長，顯然已成根莖形態。換句話說，這條30公分長的不定根，在第14公分處先長較大的瘤狀根莖，而後在第24.5公分處新近又形成第二個新根莖。

這母株的另一條不定根，另一新根莖長1.5公分，寬0.5公分，呈不規則扭曲生長，已是典型的根莖模樣，旁側已長出5片葉，最大的一片葉，其長度9.5公分，寬1.8公分。

準上敘述可知，生長在潮溼石壁、苔蘚層

↓台灣劍蕨植株(2005.8.1；二萬坪)

上的台灣劍蕨母株，在它30公分長的根系範圍，先在離母株較近處產生許多新植株，較遠端亦產生新幼株，老(母)株未死亡前，推測可形成叢生或無性繁殖所拓展出的大叢台灣劍蕨「族群」(嚴格而言只是同一株)。

母株的根莖長約4公分，徑約0.6公分，披覆金褐色鱗片，根系與苔蘚層糾結成團，根莖上現存11片葉，形成叢生狀。

以一片長度28.5公分的葉為例，最寬部位約3.8公分，位於上半段，全葉呈狹長倒披針形，尾尖，葉身向葉基漸縮，但終之銜接根莖的葉柄皆有葉翼，沒有獨立的葉柄；革質，幾乎全緣，葉肉厚，但向葉緣而漸薄，略像刀鋒；葉上表面的中肋(葉軸)凸起，殆呈方形長條般的凸起，葉背中肋雖無顯著隆起，但愈往基部則半圓狀的隆起愈顯著，至根莖以上3公分範圍內，葉背的中肋(葉柄)帶有條狀褐色(並非全面性)，基本上葉背中肋與葉下表面同色；無孢膜的孢子囊群長條線形或瘦棍棒狀，平行排列於中肋兩旁，其與中肋形成的角度，由下往上：27°、22°、22°、13°、12°、12°等，愈往葉的先端則角度愈小。以基部兩條孢子囊群為例，長寬為2.7×0.2公分、2.9×0.2公分；葉身內為網狀側脈，網格內大抵沒有游離小脈。

第二片葉舉例：葉長26.5公分，最寬處有2.9公分，位於第18.9公分處，或說最寬處位於上部1/3處；葉中段往上出現孢子囊群，長線條形的孢子囊群由近中肋處朝葉緣斜伸，寬度則愈往葉緣愈寬，隨意舉幾條的長×寬(公分)：2.1×0.2；2.3×0.2；2.3×0.2；……；0.3×0.1公分，愈往葉先端，其孢子囊群愈短。孢子黃綠色，大部分孢子釋出後，剩下褐色的環帶等，肉眼外觀呈褐色長條帶。葉背中肋離根莖約1.4公分的範圍內，帶有褐色或黃褐色帶。

台灣劍蕨植株(2005.8.1；二萬坪)

台灣劍蕨孢子囊群(2005.8.1；二萬坪)

台灣劍蕨葉柄基部(2005.8.1；二萬坪)

第三片葉舉例：長約34.2公分，最寬處約3.6公分，位於自根莖算起之第25公分處；上表面的中肋，在葉近基部1.7公分範圍內有帶光澤的褐色，奇怪的是葉背基部中肋顏色卻淡化；葉片厚度約0.01公分，但葉基的中肋厚達0.3公分，約為葉厚度的30倍；

可藉不定根萌發新根莖，長出新植株（2005.8.1；二萬坪）

隨意量6條孢子囊的長×寬（公分）如下：2.7×0.21；2.8×0.22；3.2×0.3；3.05×0.22；3.1×0.21；3.15×0.29。

第四片葉舉例：長約32.3公分，最寬約3.5公分，先端尾尖至銳尖。

台灣劍蕨的葉片老化或不明原因致死的過程，大致由綠轉變為褐色；若泡浸水溼狀況，則呈現半透明的褐色，此時，其網狀脈特別明顯。

台灣劍蕨分佈於全台山區海拔約1,500～2,600公尺之間，或上部闊葉林以迄台灣鐵杉下部界；微生育地多為陰溼處，或為典型陰生物種，至於其詳實環境特徵有待調查之。其數量似乎不甚多；在二萬坪闊葉林下與劍葉鐵角蕨混生，兩者外觀相似，是否可考量為「趨同演化」的現象？

不定根無性繁殖的台灣劍蕨新苗（2005.8.1；二萬坪）

松田氏石葦 *Pyrrosia matsudae*（Hay.）Tagawa

水龍骨科 Polypodiaceae

1919年7月，松田英二（Y. Matsuda）在高雄里港與屏東萬丹之間（？；Ariko-banti）的Thabogangoe，採集了松田氏石葦首份標本，經早田文藏於1921年發表於*Icones Plantarum Formosananum*（《台灣植物圖譜》，第十卷，73～74頁），當時，早田氏係將之置放於*Cyclophorus*屬之下，以松田為種小名拉丁化來命名，其視為台灣特產種。

1949年，Tagawa將松田氏石葦改置於今之*Pyrrosia*石葦屬，或說，終之日治時代，相關的日本研究者，從來皆將松田氏石葦視為台灣特產的獨立種。

1975年出版的《台灣植物誌》第一卷，棣慕華教授及郭城孟先生將松田氏石葦的學名，改列為似乎不存在於台灣的多形石葦（*P. mollis*）之下的異名，而且，夾雜了許多其他物種。

1994年出版的《台灣植物誌》第二版第一卷515頁，將松田氏石葦找回來，承認它是台灣特產種，狹限於南部地區，且說是「稀少種」，生長在約海拔500公尺的苔蘚石塊上。

此第二版《台灣植物誌》的水龍骨科撰述者列名為「謝萬權、棣慕華及郭城孟」，由書面上看不出三人當中是誰採集、研究後，決定將松田氏石葦再度找回來！而其檢附的引證標本列出者僅「Tagawa1335」，採集地為KAOHSIUNG：Ariko（Tabogan-goe），單從字面上看來，這份標本很可能是Tagawa氏，依據1919年松田英二的原採集地記錄，前往復採集所得。然而，「Ariko-banti:

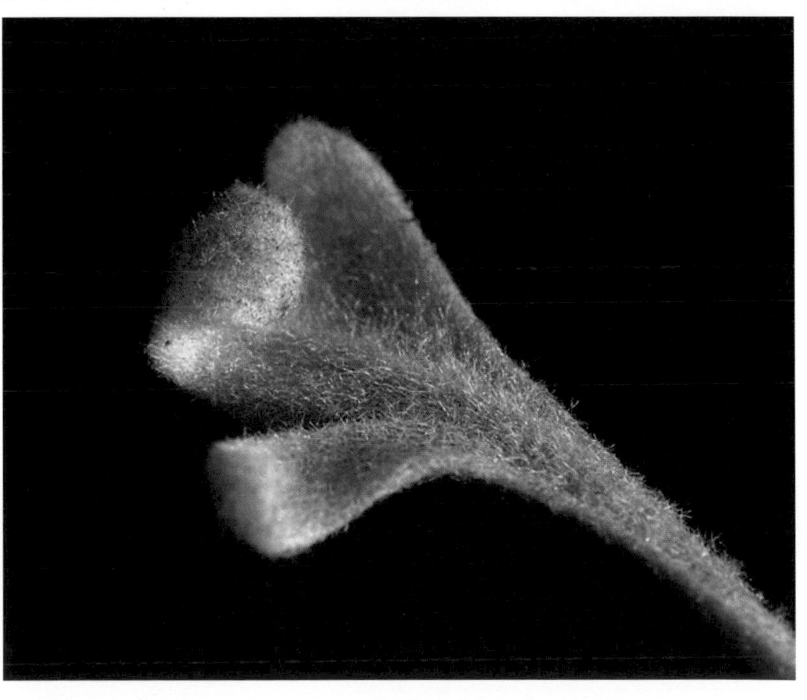

→稀有的松田氏石葦幼葉
（陳月霞攝；2006.5.6；台20-104.5K）

Thabogangoe」及「Ariko（Tabogan-goe）」是否為同一地點？是現今何處？尚待考據，而《台灣植物誌》二版說是海拔約500公尺的依據是哪份標本或採集記錄，皆有待考證。

郭城孟（1997；2000年6月二版二刷）《台灣維管束植物簡誌》第一卷74頁，列出的「松田氏石葦」：「葉披針形，基部楔形，柄長3～15公分。單葉至三出，不規則分裂」；而第195頁列有一張幻燈片彩圖，但不知何人、何地所攝？

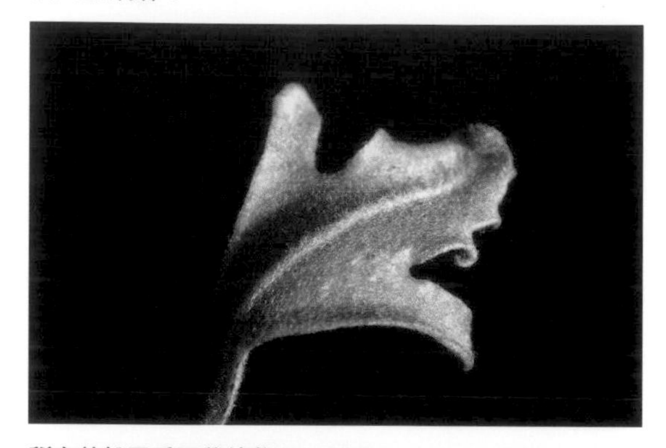

稀有的松田氏石葦幼葉（陳月霞攝；2006.5.6；台20-104.5K）

稀有的松田氏石葦成葉（2006.5.6；台20-104.5K）

早田文藏原始命名發表的敘述亦簡單，而附註本種近於槭葉石葦，但不同的是具有長戟狀的葉片；其檢附的工筆畫，轉引如圖十三。

筆者於2006年5月6日帶研究生前往南橫公路，於台20-104.5K附近，已廢棄「梅蘭一號吊橋」之後，公路旁高聳的水泥駁崁上，見有一些大片連綿生長的松田氏石葦植株，該地海拔約712公尺，顯然地，乃根莖長年蔓延、團簇生長而成；採集當時，諸多新葉吐出，亦有將屆長成成葉者，推測3～4月間即已展開年度新葉的萌發，而老葉有呈黃化、枯萎者；依據成葉叢生狀況，一片葉似乎不止存在一年而已。

茲取筆者採集編號22569之活體標本敘述之。

多年生群團貼石（水泥牆）而生，根莖交纏，解析之可見直線生長、彎曲生長、側向生長，且在同一團簇中，根莖交竄而形成多層重疊現象；根莖徑約0.2～0.3（0.4）公分，根莖上密披褐黑色鱗片，鱗片呈斜上彎曲長三角形，由於鱗片存有一顯著厚度，特別是中央部分之靠近黏接根莖部位，因而褐色窗格不透光而轉黑褐色，又，鱗片邊緣呈緣毛狀；測量5片鱗片，長0.15～0.3公分，基部寬0.02～0.06（0.07）公分。

取一小段根莖，其長有4片葉，依（葉柄寬度或徑）—間隔—（葉柄徑）—間隔次序，得（0.2）—1—（0.2）—0.3—（0.15）—0.8—（0.18）公分，則間隔1公分、0.3公分、0.8公分處各長出1片葉，平均間隔0.7公分長1片葉。然而，每片葉（柄）與根莖著生處存有一凸起的關節，關節加上其上鱗片的高度約0.3～0.7公分，關節上的鱗片則直立向上。

新生葉先長葉柄，起初葉柄為青綠色，且密披星狀毛，待生長至成葉之際，葉柄漸呈

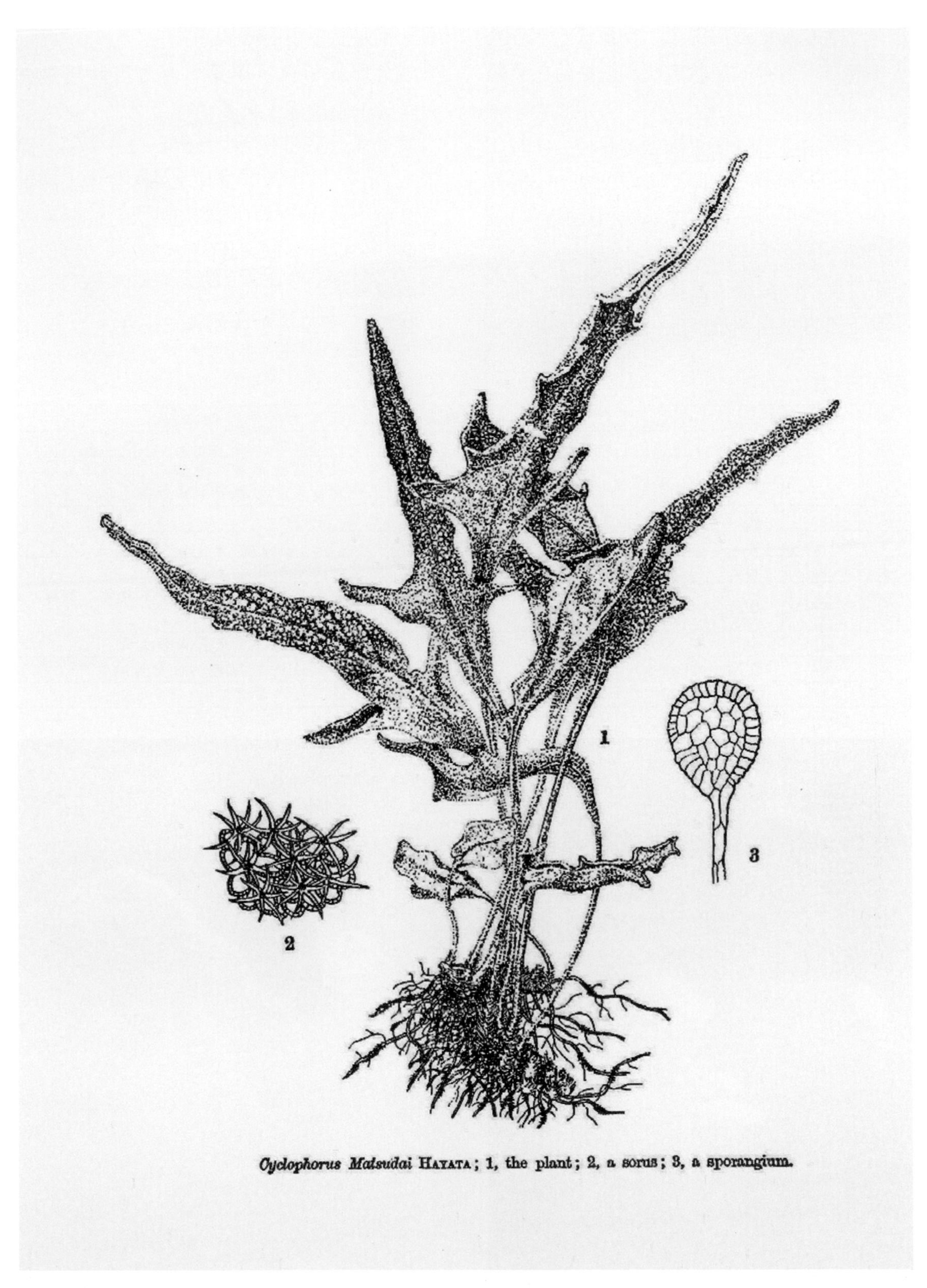

Cyclophorus Matsudai HAYATA; 1, the plant; 2, a sorus; 3, a sporangium.

圖十三　松田氏石葦

褐色；老葉葉柄爲褐黑色，且星狀毛部分或大半脫落，殘存的星狀毛敗倒或黏貼在葉柄上。

新生葉並非只長在新根莖，而是可以長在已落葉的關節旁，因此，時而可見一段根莖上宿存的關節櫛比鱗次，或說相互並鄰而幾無間隔。

新生葉柄長成後，其次，延展葉片；初生小葉上下密披白色星狀毛，且隨葉片漸次生長，而星狀毛由白轉淡褐。

成葉厚軟革質，單葉，基本形狀爲長披針，先端漸鈍縮，葉基漸縮至葉柄；絕大部分葉片靠近基部處至少長出1～2片裂葉，而形成戟形，除了戟形裂片之外，往中上部呈現多處小裂片或無。由於這些裂片的變異甚爲劇烈，從近乎無裂片的長披針形，以迄短掌裂或鴨掌形，所在皆有。

茲舉8片葉量得數據如表二十九。

表二十九

編號	葉柄		葉身		裂片數目		附註
	長(cm)	徑(cm)	長(cm)	最寬(cm)	左	右	
1	1.3	0.18	13	5.5	5	2	葉身最寬指基部裂片之全寬度，以下皆然；本片葉為老葉，變黃，葉背密生孢子囊群
2	6.5	0.17	7.6	8.8	4	4	老葉
3	15.5	0.2	14.5	9.8	9	6	新葉
4	13	0.2	1.8	1.8	1	1	幼葉，尚未展開
5	4.8	0.11	13.5	2.6	1(小)	0	孢子囊群只長在葉上半段；本片葉外觀像中國石葦
6	11	0.2	12.5	6	3	2	老葉；孢子囊群幾乎長滿全葉背
7	5.4	0.14	10.5	4.6	1	1	孢子囊群只長在上1/3部分葉片的背部
8	11.4	0.2	12.5	6.4	2	3	孢子囊群長滿葉背

稀有的松田氏石葦幼葉
（2006.5.6；台20-104.5K）

據此8片葉歸納，葉柄長4.8～15.5公分，葉柄徑0.11～0.2公分；葉片長7.6～14.5公分(指成葉)，因裂片延展，故寬度最寬在2.6～9.8公分之間，裂片由0～9片(一邊)。

一片葉之是否長出孢子囊群，在新葉時即可判斷；孢子囊群與中肋形成一角度，約35～45°之間，也就是說，孢子囊群排列成直線，此直線斜交中肋；然而，孢子囊群由幾乎覆蓋全葉背，至只長在葉片上部1/3段落的情形，變異甚大。

全葉片上、下表面密生星狀毛，但葉上表面者隨老化而星狀毛較易脫落，老葉葉表的大多數星狀毛脫落後，可明顯看出葉表多白色小凹點，這些小凹點位於葉肉內游離脈上，或網狀脈之上；老葉葉背星狀毛不易脫落。

葉表中肋在葉基部處凸起，至中部以上，轉變爲略呈凹溝現象；葉背中肋自葉基部起皆凸起，但至中部以迄先端，中肋的凸起漸趨不明顯。又，全葉片呈現上下起伏，或說不在同一平面上。

以上爲形態簡述。關於生態方面，台20-104.5K之松田氏石葦族群乃黃連木優勢社會的林緣駁崁，推測本種乃岩生植被的潤溼且半遮蔭物種，或說不見得有特定植物社會歸屬。

由松田英二等採集地點，推測其乃台灣西南半壁，低海拔岩生植群區的指標物種之一，文明入侵之前，可能存在於平地以迄低山山區，數量可能不多，加上開發之故，數十年來被採集的次數甚低，故被列爲稀有種。

此次筆者的採集點海拔712公尺上下，可能是目前所知之最高分佈者，然而，採集點太少，不足以下判斷；而其存在的生育地乃人工駁崁，存在最久時間不可能超過三十四年(南橫通車以迄2006年)，是否因近數十年來氣候暖化，而族群往較高海拔遷徙也未可知。

松田氏石葦是否是石葦與槭葉石葦的雜交種？玉山石葦與槭葉石葦的雜交種？其與其他石葦屬(迄今為止，筆者認為在台灣，本屬物種尚未研究清楚)存有未知的關係，是皆未知。然而，由生育地及形態特徵看來，目前，筆者傾向於認爲其乃完全獨立種。

總之，松田氏石葦乃台灣西南部獨特特產，深具生態暨演化意義，卻幾乎無人研究，值得重視、探討與保育。

→松田氏石葦族群(2006.5.6；台20-104.5K)

松田氏石葦葉正面（2006.5.6；台20-104.5K）

松田氏石葦族群（2006.5.6；台20-104.5K）

松田氏石葦孢子囊群（2006.5.6；台20-104.5K）

崖薑蕨 *Pseudodrynaria coronans*（Wall.）Ching

水龍骨科 Polypodiaceae

分佈於喜馬拉雅山系、中國、印度、中南半島、琉球、馬來西亞與台灣；全台山區或海拔1,500公尺以下地區常見。

大型多年生附生植物，根莖粗壯，隨年齡而加粗，密披線形棕褐鱗片；新生葉自根莖前端或節點長出，初葉捲旋，向外、向上拉直、膨大，一回羽狀深裂，無柄，葉基甚大，葉質硬革化，但碰觸易脆裂，葉片長度在1公尺至60公分上下，翠綠、黃綠至深綠色，逆光望之則側脈、網眼清晰，圖案妍美，葉凹緣突出革質脈端，似骨刺；孢子囊群圓形，衆多孢子囊群沿葉裂片主軸斜射、平行排列，欠缺囊群蓋。

附生植物能否存在的要件之一即空氣中的水分或溼度，附生植物本身的保水能力自爲生存策略之一。崖薑蕨爲大型物種，水分的散失程度更爲關鍵。就保水能力而言，它的根莖佈滿層層鱗片，龐多的鱗片空隙正如厚毛氈、大水棉層，收集、保存雨水，且維持一段長時間；另一方面，防制水分急速蒸散者，其葉片上下表面如同塗上一層亮臘或透明漆般，有助於維持低蒸散作用，此外，崖薑蕨的葉基漸膨大，即令葉片已掉落，圍兜般的葉基仍圍在根莖旁，協助收集落葉、灰塵，增加蓄水功能。

附生植物必須抗風，通常風力大小與離地高度平方成正比，但在森林中受到層層樹幹、枝椏、樹葉影響，狀況甚爲複雜，無論如何，葉片愈大受風壓力乃以平方方式增加。都市廣告之大型看板、布幕，慣常以打洞方式減輕風壓；崖薑蕨一回羽狀深裂，且裂片之間存有大型「風洞」，故而其全葉雖可長達1公尺以上，其受風壓之際，卻可抵

崖薑蕨葉基（1986.3.6；集集大山）

消至長度十餘公分般，另則葉片主肋肥厚堅挺，是皆物理結構上的適應策略。

在附著能力的適應方面，其根莖通常橫向緊貼樹幹或環繞粗枝生長，最後將之合抱。環繞一周之後，復環繞第二周，如此，數十年生的崖薑蕨往往形成大桂冠似的大叢生現象。然而，樹幹、粗枝不斷生長或膨大，崖薑蕨的老葉、老根莖亦隨之蝕解、脫落，但除非寄主樹皮老死、全面脫落，否則崖薑蕨不易掉落。若樹皮老死，崖薑蕨巨大，且恰逢大颱風等外力作用，則有可能被拉扯下樹，筆者曾見掉落現象，但一般野調罕見之。

崖薑蕨的生長速率迅速，以筆者一叢採自集集大山，至少數十年生植株的觀察，初葉長出，以迄長成約70～80公分的大葉片，耗時約七天；筆者並無正式記錄下，印象中葉片壽命似乎在一至二年間；至於一叢崖薑蕨可存活幾年，迄今無人敢確定。依筆者經驗，見其在山黃麻樹上附生者，扣除山黃麻的幼、青年期(樹皮未裂，附生不易)，及至山黃麻老死，則崖薑蕨的成株年限當在二十至四十年，至於附生於其他闊葉樹者，不得而知，然而，筆者採種者已逾二十年，加上原住地的數十年，若環境許可，推測崖薑蕨以無性繁殖的方式，壽命有可能超過人種也未可知。

通常，吾人在野外所見崖薑蕨，係長在森林結構的第二、三層空間內，但它存在的位置，端視陽光、立地微環境、風力、溼度等的綜合效應而定，其從樹冠頂下，以迄地面岩塊隙等，陳玉峯(1995a；2005)曾以因子補償、生態等價地位，解釋轉上位、轉下位的變化。一般而言，發育完整的原始闊葉林，

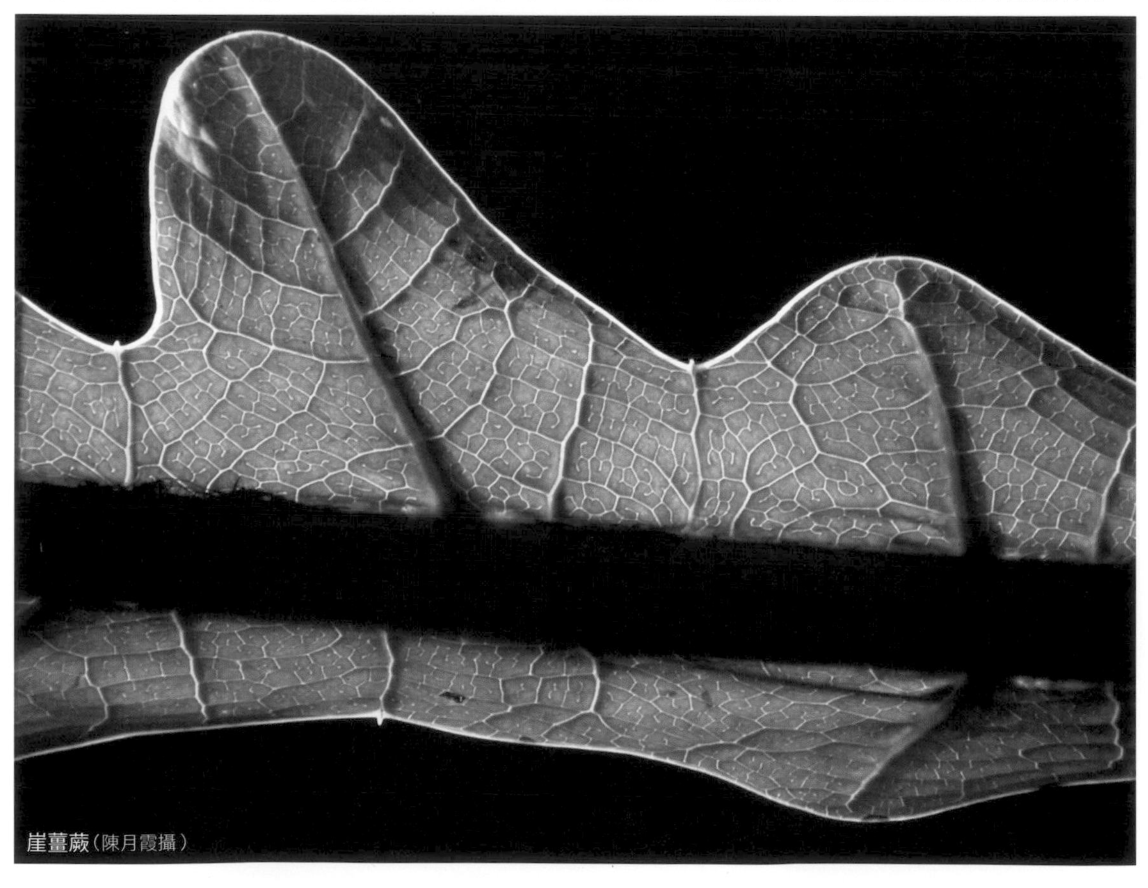
崖薑蕨(陳月霞攝)

崖薑蕨位於第二、三層；峽谷岩生植被之乾旱、高透光度的岩生植被，則降爲地面。

基本上崖薑蕨是台灣亞熱帶雨林的指標物種之一，阿里山公路奮起湖地區已屆其分佈上限，其在奮起湖環湖步道及大凍山區下方，形成空中桂冠，是爲有趣的生物景緻。

崖薑蕨枯葉基（陳月霞攝；2005.3.7）

崖薑蕨可由附生變成地生（2005.9.13；台20-179.2K）

崖薑蕨（陳月霞攝）

華中瘤足蕨似亦可由根系作無性繁殖（2006.5.11；水山支線）

華中瘤足蕨 *Plagiogyria euphlebia*（Kunze）Mett.

瘤足蕨科 Plagiogyriaceae

早田文藏於1911年，在*Materials for a Flora of Formosa*（台灣植物資料）一書443頁記載華中瘤足蕨，其引證標本乃川上瀧彌與森丑之助於1906年12月，在台東「Bunshiseki」所採集，採集編號2351；或說華中瘤足蕨在台灣的首度採集為1906年，第一次正式列入台灣物種為1911年。

1912年元月，早田文藏與佐佐木舜一的阿里山採集行，再度採獲華中瘤足蕨，說是產於阿里山區海拔約2,121公尺處，而於《台灣植物圖譜》第四卷239頁（Hayata, 1914）再次登錄。

以上，早田氏皆僅登錄學名，並無任何形態敘述。

1972年，隸慕華教授另行處理出華中瘤足蕨的一變種，謂之「尾葉瘤足蕨（*P. euphlebia grandis*）」，1975年出版的《台灣植物誌》第一卷142頁登錄之，與華中瘤足蕨的差別說是葉柄上段及中軸具有氣孔帶，然而，第二版《台灣植物誌》將之取消。

事實上，將近百年來華中瘤足蕨的分類地位似乎罕有疑義，或說，它的形態及演化，似乎皆屬較穩定者，也很「古老」。

《台灣植物誌》第一、二版的敘述相同，大抵如下：

根莖粗壯、短直或匍匐，老葉基宿存；葉基有氣孔帶；營養葉30～70公分長，寬20～25公分，葉柄約20～30公分長，叢生，葉柄基部橫切面三角形，朝上變成卵形；一回羽狀複葉，中、下段落羽片有柄，上段無柄，偶見先端羽片相連，頂羽片類似側羽片，基部有1或2裂片，羽片長8～20公分，寬1.2～1.8公分，線狀披針，羽片基窄縮；孢子葉長50～80公分，柄長約20～50公分，孢子羽片長6.5～12公分，窄線形。

分佈於韓、日、琉球群島、台灣（第二版英文拼字錯誤）、中國、孟買及菲律賓群島。

茲以2006年5月11日，筆者在兒玉（自忠）往特富野步道2.5K處，柳杉人工林下，採集編號22588的標本為例，另行敘述之。

根莖平躺或匍匐，葉與之形成約直角上長，根莖長約10.5公分，寬約4.5公分；根莖上約有10片枯葉柄，生葉11片，卷旋新生小

華中瘤足蕨植株（2006.5.11；水山支線）

葉2片，孢子葉4片。

一回羽狀複葉，營養葉在根莖上段輪或叢生，葉片斜往四周生長；孢子葉在內上輪，垂直向上生長。

量取4片葉的數據如表三十。

所有葉柄基部皆膨大，橫切面略呈三角形，角稜顯著，但向上轉變爲卵圓、不甚規則圓形；葉柄黑褐色，至葉軸上半部或先端則爲暗綠色，但新生葉柄暗綠色。營養葉1的葉柄基部寬約1公分，厚約0.5公分；營養葉2的葉柄基部寬約1.1公分，厚約0.9公分，三角形的三角稜顯著。所有葉柄及葉軸的維管束形成扁平一凹溝狀。

營養葉的羽片上下表面近於同色，但上表面油亮反光，下表面不反光，肉眼看羽片有羽片柄，但葉軸先端的羽片近於無柄，以營養葉1右側10片羽片之短柄，其長度由下往上依序爲：0.45、0.5、0.4、0.3、0.25、0.2、0.1、0.05、0、0公分。又，營養葉2右側11片羽片的短柄長度依序爲：0.8、0.8、0.55、0.5、0.45、0.35、0.33、0.25、0.2、0.1、0公分。

營養葉的羽片爲長線形，邊緣有細鋸齒，羽片尾端的鋸齒加大，羽片基部略窄縮，常爲歪基，而營養葉2的羽片柄長度，係計算一側歪基無連接者（否則另一側可謂無柄）；營養葉1最大的羽片殆爲由下往上之第七片右羽片，長15.6公分，寬1.4公分；營養葉2之左側第五羽片最大，長17.2公分，寬1.61公分。

營養葉的頂羽片基部常形成(1)2～3個裂片，或無。

上述之羽片小柄，在放大鏡下檢視，兩側皆具有窄翼條。又，肉眼所見羽片小柄基及銜接葉軸局部區域爲紫褐黑色。

孢子葉1的總長度爲78.1公分，另量2片各爲77.3公分及76公分，只比營養葉長了一些，但因孢子葉位於根莖上先端，且直立生長，營養葉略短，又斜長，故而就全株而

↓**華中瘤足蕨營養葉**（2005.6.22；台20-136.6K）

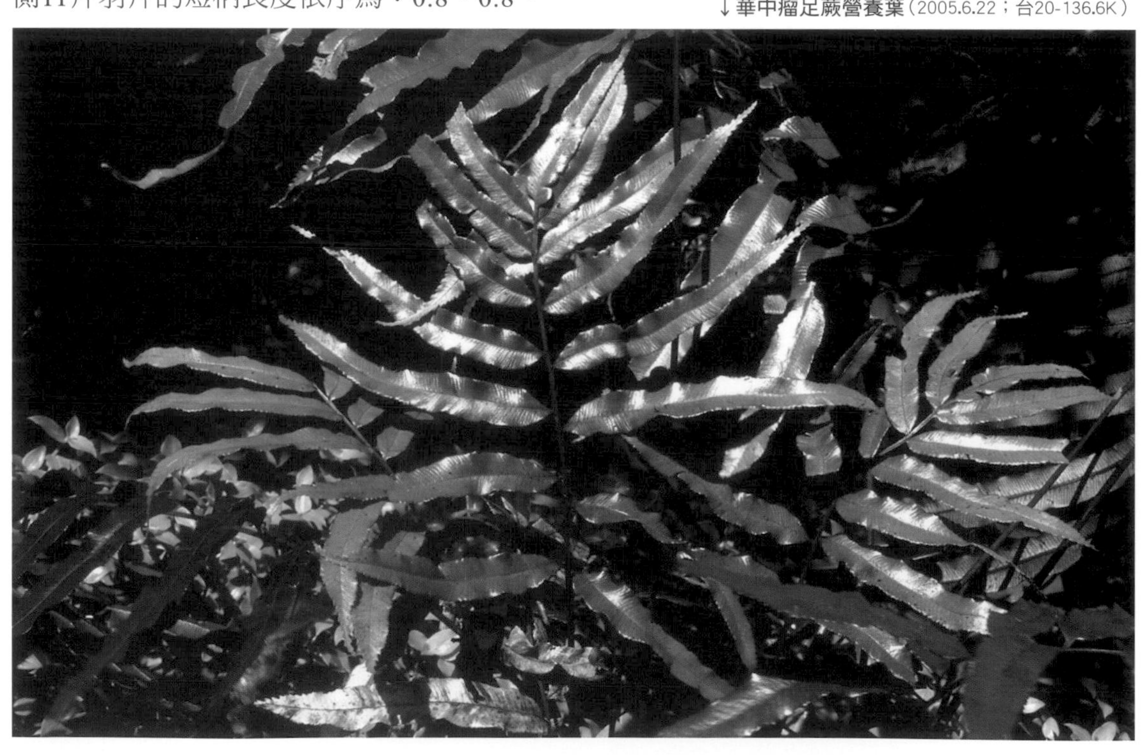

言，孢子葉顯得挺高，更且，孢子葉的葉柄顯著比營養葉的葉柄長，凡此，或可解釋有助於孢子的傳播。

此外，筆者取樣的這株華中瘤足蕨的根莖上，在老葉殘柄的下方，卻可萌長較細小的新葉，也就是說，一般新葉萌發都位於根莖上段，本案例卻發現老根莖下段可作二次、三次新葉生長，但葉較小型。此現象可多作進一步觀察。

在植被生態方面，筆者檢視華中瘤足蕨爲檜木林下部界轉變爲上部闊葉林，例如長尾柯優勢社會，過渡帶最典型的林下指標植物，其族群上會霧林（檜木及台灣鐵杉林）林下指標種的台灣瘤足蕨，下交闊葉林下的耳形瘤足蕨，而特富野步道2.5K附近，3種瘤足蕨出現在同一生育地，正是最佳解說的地區之一。

而華中瘤足蕨出現的區域或因屬於過渡帶，故而同一地區海拔上下的範圍較爲窄限，但全台此等區域龐多，更且，出現在同一族群（註：族群定義為特定地區、特定時段，共同存在的同種的一群個體）的數量不少，或說其乃聚生型。

以上只是個人調查的經驗或印象，筆者認爲可就華中瘤足蕨及其相關瘤足蕨類，配合植物社會單位的分類，以及其他資訊，進行生態專論的研究，相信可以獲得很有意思的生態新知識。

華中瘤足蕨羽片基部紫褐黑（2006.5.11；水山支線）

華中瘤足蕨頂羽片相似於側羽片（2006.5.11；水山支線）

華中瘤足蕨孢子囊葉（2006.5.11；水山支線）

表三十

葉別	葉柄（基部至第一片羽片；cm）	葉軸（第一羽片至頂羽片基；cm）	頂羽片（cm）	全葉長（cm；左三項相加）	全葉最寬（cm）	面對葉上表面		附註
						右側羽片數	左側羽片數	
養葉1	14.5	28.5	13	56	28.6	10	10	羽片破損，可能蟲咬
養葉2	19	35.5	17.3	71.8	31	11	11	
養葉3	19	37.2	19.1	75.3	32	11	12	
孢子葉1	32	34.5	11.6	78.1	20	12	11	羽片長鈎形

台灣瘤足蕨幼葉側突出的氣孔帶（2006.5.11；水山支線）

台灣瘤足蕨 *Plagiogyria formosana* Nakai

瘤足蕨科 Plagiogyriaceae

1896年11月13日，林圮埔撫墾署長齊藤音作率先搶登玉山，卻誤登上難度較高的玉山東峰頂；1898年12月26日，德國人史坦貝爾登上玉山東峰及主峰，很可能即有史以來，文明人挺進玉山的首登，當時統治者的日本政權顏面盡失，刻意隱瞞，故而日本(台灣)登山史上，首登玉山山頂的正式記錄，乃1900年4月11日，由森丑之助拔得頭籌。

1905年，台灣總督府成立植物調查課，川上瀧彌受命為主任，展開全台的採集與調查。1905年10月28日，川上氏與永澤定一、中原源治等人(另有福留喜之助、寺本貞吉等非植物調查人員)啟程前往玉山冒險，11月3日登上玉山頂，是史上第二次攀登玉山的正式記錄(事實上應該是第三次登頂，因為史坦貝爾才是首登者；參看陳玉峯，1995a；1997)。

川上瀧彌等人此行，在玉山前峰海拔約2,770公尺處，首次採集了台灣瘤足蕨的標本，由松村任三及早田文藏於1906年，發表於*Enumeratio Plantarum Formosanarum*(《台灣植物彙誌》)615頁，被鑑定為*P. glauca* (Blume) Mett. var. *philippinensis* Christ (Matsumura and Hayata, 1906)

*P. glauca*乃印尼的西里伯島(Celebes；在婆羅州之東)、印尼及爪哇所產，菲律賓變種則產於Datae，而台灣瘤足蕨被視為與菲律賓群島的變種相同。

早田文藏後來在*Flora Montana Formosae*(《台灣高地植物誌》；Hayata, 1908, p.244)再度登錄了一次，而此之前，早田文藏另在《東京植物學雜誌》二十卷22頁發表。

然而，1928年，Nakai氏在《東京植物學雜誌》四十二卷205頁，重新將台灣瘤足蕨命名為新種*P. formosana* Nakai，也就是提升為台灣特產種。

1975年《台灣植物誌》第一版第一卷142、144頁，仍然採用菲律賓變種的學名，而將*P. formosana*列為異名；郭城孟(Kuo, 1985)則認同其為台灣特產種，而在*Taiwania* 三十卷82頁中，註明台灣瘤足蕨為「特產種或台灣元素」(T)，奇怪的是，在學名訂正目錄的111(18頁)下，卻列出亦分佈於菲律賓群島，其亦附註採用*P. formosana*這學名，係跟從Chien和Chun(1959，100頁)。

1994年《台灣植物誌》第二版第一卷135-136頁，再度找回*P. formosana*的學名，形態敘述等，全盤沿用第一版的內容，而且，將第一版的「分佈於菲律賓群島及台灣」也誤抄了過來。又，引證標本之南湖大山，第一版列出Kao 8559(高木村先生)、Kuo 532(郭城孟先生)，第二版卻變成Kao 532？

《台灣植物誌》中的形態敘述轉譯如下：

根莖（或莖）粗壯，直立，宿存老葉柄基。營養葉背白色，長25～85公分，寬7～25公分；葉柄5～30公分長，柄基甚爲膨大，且柄基存有1～2對瘤狀氣孔帶（註：瘤足蕨中文名的緣由？），往上則少數氣孔帶散生；柄基橫切面三角形，朝上呈四角形；一回羽狀複葉，頂羽片類似側羽片，側羽片直，先端漸尖，邊緣鋸齒，長7～12公分，寬0.8～1.3公分，下部羽片有柄，上部羽片無柄。孢子葉長40～120公分，柄長20～60公分，羽片直或略彎，長3.5～9公分，葉緣反捲成假孢膜，先端羽片相連，多數羽片有柄。

郭城孟（2001，114頁）敘述，台灣瘤足蕨乃分佈於中海拔，有雲霧的檜木林區（針闊葉混淆林）之特產種，在山坡林內地生，長在林下腐植質豐富處，常見。而其形態敘述，與《台灣植物誌》之數據等相同。其檢附4張圖片，包括葉柄與捲旋幼葉上，突出、淡色的氣孔帶。

台灣瘤足蕨是台灣最常見、數量最多、最容易認識（羽片葉背白色）的瘤足蕨屬（科）物種，其各地族群、個體變異等推測不小，在此僅以特富野步道2.5K處（海拔約2,240公尺），也就是台灣瘤足蕨在該地海拔分佈的下部界之採集品（採集編號22589）爲例，依活體標本敘述之。

根莖粗壯直立，高約6公分，寬約3.7公分，下半段鬚根系茂盛，根莖最下方延展出一條徑約0.5公分以下，橫走的根莖，採集時在15公分左右的長度處斷掉。據此，筆者懷疑本種是否會藉由根系，轉變爲根莖而作無性繁殖？或說，藉由目前尚未爲人知的某

↓**台灣瘤足蕨族群，葉背粉白**（2005.6.30；台20-141.4K）

種方式，進行無性繁殖而拓展族群。野外觀察得知，台灣瘤足蕨常有群聚現象，有待釐清其機制。

根莖上宿存老葉柄約5片，生葉9片近輪生或複輪生於根莖先端，另有新捲旋芽4片正在出冒，由大、中、小、伏貼根莖上的4片新葉芽的排列可知，本種葉片的生長，係依順時針方向(人由上往下看)的順序，作螺旋狀冒出新葉，而非「同時」自根莖周圍冒出。而本株的孢子葉僅一片。

葉柄基部膨大，且兩側有翼，但較老葉片的翼多枯化、破損，而新生捲旋幼葉的翼片最寬大或顯著，寬達0.5公分或上下。

取一片營養葉觀察，其葉柄基聯結根莖處，往上約4公分範圍或段落兩側有翼，且此範圍內的橫切面為扁卵形或圓菱形，而非植物誌敘述的「三角形」；葉柄背部基部約2公分範圍內為黑褐色，且存有4點圓狀突起或瘤狀的氣孔短柱，而葉柄上表面的基部1公分範圍內為黑褐色，朝上轉變為深青綠色，而近乎全葉軸、葉柄皆為青綠色。又，葉柄左右兩側各有兩個氣孔柱。

該葉柄長18公分，中、上段略呈方形或不規則四角形，以迄葉軸終端大抵皆維持四角形結構。精確說來，並非四角形，而是在全葉羽片所構成的平面之上，加上ㄇ字形的葉軸上蓋，因而葉軸橫切面大致存有6個近直角稜。

由第18公分處至頂羽片基部處的第49.5公分之間，也就是長度31.5(49.5－18)公分的葉軸段落，右側存有25片羽片，左側存有23片羽片，而頂羽片長度8.1公分，故而全片葉長度為49.5＋8.1＝57.6公分。全葉之下部7～8對羽片略朝下斜展，愈下部羽片斜下角度略大；中上部大致垂直於葉軸；葉軸先端約9～10對羽片，則略向上(先端)叉出，換句話說，以全葉而言，大致同一平面的羽片，上段羽片上揚、中段羽片平展、下段羽片下斜，而中段羽片為全葉最寬段落，寬約17公分。量取5片中段羽片如下(長×寬)：8.4×1.11；8.6×1.12；8.5×1.1；8×1.1；8.7×1.1公分。羽片邊緣細鋸齒，且此鋸齒緣略向葉背反捲。

有趣的是，每一片羽片的基部銜接葉軸點的下方，另長出約0.1～0.13公分的氣孔柱，愈往上段羽片的氣孔柱愈短，指示著此等氣孔柱的生長順序是由下羽片先長出，先端羽片最後長出，以本片葉而言，最先端的2片側羽片及頂羽片基下並無氣孔柱，而頂下第二對羽片基，正萌長出小點狀的氣孔柱。

氣孔柱外表青綠色，先端隨時間轉褐；以探針打開氣孔柱，在45倍解剖顯微鏡下，看見柱內組織很像海綿，且充滿空隙，故而推測負的是通氣小組織。又，老化的氣孔柱轉為褐色，而幼捲旋葉兩側白黃綠色的氣孔柱特別顯著，也就是長成成葉之後，葉柄及葉軸下段的氣孔柱。

由捲旋幼葉芽上的顯著氣孔柱，加上上述的敘述，推測氣孔柱的存在或發生，很可能相關於快速生長期較需要大量的氣體交換。

所有羽片上表面略帶反光青綠色，而側脈平行且呈顯著微凹溝狀；羽片背面的白色，在45倍放大鏡下，可見粗細不一、不規則、蜘蛛網狀的白絲線及白斑，而非肉眼感覺的白粉狀。

本標本唯一的一片孢子葉，柄長31公分長，孢子葉的葉軸在採集日只長到27公分，故全長58公分，孢子羽片捲旋而後伸直。

前述台灣瘤足蕨的第一份(批)標本採自玉山前山，該等地區的原始林應屬台灣鐵杉林，而檜木林下的台灣瘤足蕨數量亦多，整體而論，台灣瘤足蕨正是台灣鐵杉及檜木林下，最普遍的蕨類指標物種，更且，其族群敏銳地反映檜木的下部界，凡此植被帶或植物社會的指標效應，請附帶參看華中瘤足蕨及耳形瘤足蕨。

台灣瘤足蕨在鐵杉或檜木林下，通常與疏生型玉山箭竹並存，但微生育地屬壤土及腐植質堆聚處，水分梯度屬中生。關於歷來台灣鐵杉林的樣區調查，之相關於台灣瘤足蕨者，陳玉峯（2004，711～747頁）指出，88個樣區中，合計出現植物約303種，存有台灣瘤足蕨者計有25個樣區（28.4%），就頻度而言，在303種植物當中排名17；就蕨類而言，僅次於瓦氏鱗毛蕨；而陳玉峯（2001）之專論檜木林帶，雖無作樣區統計，由各地區樣區資料作檢視，台灣瘤足蕨的數量似乎比台灣鐵杉林下更盛行，然而，其中有些樣區內的「華東瘤足蕨」，乃「華中瘤足蕨」的筆誤，在此更正。

Kuo（1985）認爲海拔1,800～2,500公尺之間的檜木林，是台灣瘤足蕨的始源植被帶，也就是說，台灣瘤足蕨的本居地爲檜木林。

台灣瘤足蕨爲典型林下草本層的多年物種，耐陰性強或其爲陰生植物，甚至於在玉山箭竹灌叢下仍可存活，而林緣亦多見之，但草生地、次生灌叢等，通常不見其存在，也就是說，台灣瘤足蕨乃演替至成熟林分下的林下倚賴種，原始霧林下的族群甚穩定，此外，單株台灣瘤足蕨往往可存活數十年，推測亦有超越百年者，筆者認爲，台灣瘤足蕨乃族群生態、個體生態學研究的好題材，不失爲碩士論文等之好對象，更且，在台灣7或8種瘤足蕨當中，台灣瘤足蕨似乎是唯一的特產種，或說冰河時期來到台灣，再進行在地化演化而出的物種，饒富演化研究的意義。

↓台灣瘤足蕨葉背（2006.5.11；水山支線）

耳形瘤足蕨 *Plagiogyria stenoptera*（Hance）Diels

瘤足蕨科 Plagiogyriaceae

筆者目前所知，台灣最早記載存有耳形瘤足蕨的報告，可能是英國醫官亨利（A. Henry），他係於1892年來台，1896年發表A list of plants from Formosa（台灣植物目錄）1,429個分類群，於《日本亞細亞協會誌》，包括耳形瘤足蕨，當時使用的學名爲*Lomaria stenoptera* Baker，而採集地說是淡水（Tamsui）（Matsumura and Hayata, 1906, p.615），至於之前，追溯至1854年爲止，亦即台灣植物分類研究的起始階段，有無其他外國人前來採鑑，必須由全球各標本館查證，始克釐清。

亨利的記載不僅是耳形瘤足蕨的首度記錄，也留下最低海拔的見證（淡水可謂平地、近海，但不知真正採集地在何處？現今記載大致或盡屬中海拔地區）。

而早田文藏與佐佐木舜一於1912年元月的

↓耳形瘤足蕨植株（2006.5.11；水山支線）

耳形瘤足蕨葉柄具有四角稜葉翼（2006.5.11；水山支線）

耳形瘤足蕨逆光拍攝（2006.5.11；水山支線）

阿里山採集行，在海拔約2,100～2,400公尺之間採集了耳形瘤足蕨，鑑定列名於《台灣植物圖譜》第四卷239頁（Hayata, 1914），其附註：此鑑定乃依據東京大學標本館的標本評比而得，也就是說，最早採鑑耳形瘤足蕨的日本人，很可能是早田氏本人，地點為阿里山。

此後迄今，耳形瘤足蕨的學名及其分類位階等，從無人質疑或改變。《台灣植物誌》第一版及第二版之敘述可謂完全一致，只不過在第二版，將學名後面的出處刪減掉一些。

植物誌記載（摘要）：根莖肥壯，直立。營養葉25～45公分高，寬6～12公分；葉柄長4～14公分，基部無通氣孔，柄之橫切面呈四角形，四角形的上稜具有葉翼；葉片一回羽狀深裂至近乎一回羽狀複葉，先端一回羽裂，下部羽片窄縮為3～6對葉耳狀；所有羽片相連。孢子葉長25～50公分；柄長15～30公分；孢子葉羽片直線形，2～10公分長，末端特別尖，上段孢子羽片相連而無柄，下段孢子葉羽片有柄，基部6～8對羽片縮小為耳狀。分佈於日本、琉球群島、台灣、中國、越南及菲律賓群島。

郭城孟（2001，116頁）的形態敘述殆即由植物誌簡化而來，所有數據與上述同；其謂耳形瘤足蕨乃中海拔暖溫帶闊葉林、針闊葉混淆林的元素，生長在山坡森林下腐植質豐富之處，出現頻度為偶見。

筆者依據2006年5月11日，採自兒玉往特富野的步道，約2.5K附近柳杉人造林下的活體標本，採集編號22587，敘述如下：

多年生林下草本，根莖粗壯、直立，長約4公分、寬約2公分，下端略縮如角錐狀，鬚根自根莖下部延伸而出。

枯葉或枯腐柄位於根莖中上段下緣，計有

13片（支）；生葉13片位於枯葉（柄）上緣，其中5片尚未完全長成；孢子葉3片，位於最上部、最內圈，尚在生長中。據此推測，如果每片葉存活約一年，則該株耳形瘤足蕨2005年長出13片新葉，至2006年5月11日爲止，亦長出13片新葉，而尚有5片正生長中，同時，最後生長者爲3片孢子葉。葉片著生於根莖的方式，或可謂聚集型輪生狀。

茲取一片成葉爲例說明葉部形態。

一回羽狀深裂，羽片無柄而相連，自葉柄連接根莖處爲0公分計，至全葉先端爲25.9公分；在4.3公分處出現第一片葉耳，4.3～6.9公分段落，兩側各有3片葉耳（羽片）；至第7公分處出現一般羽片（較短）；7～24公分段落範圍內計有21對羽片；24～25.9公分之先端乃相連之7對小羽裂；全葉最寬處約在第13.9公分處，寬約7.5公分，也就是說，全葉最寬部位約在中間，而朝上下漸縮。

葉柄爲四角形（4條角稜）。葉柄背部（遠軸面）的2條角稜，在最基部略爲窄縮，往上則爲典型四角形之2角稜，及至葉軸（羽片範圍）段落，此2角稜殆即葉軸凹溝之突稜，及至葉身上1/3先端，2角稜幾乎合而爲一。又，此2角稜略有不規則窄翼。

葉柄上表面（近軸面）的2角稜具有顯著葉翼，寬約0.1～0.15公分。此2角稜由葉柄基終之葉軸先端，皆維持2角稜，因此，葉柄横切面爲四角形，及至全葉上1/3段落，漸漸變成三角形，此一現象，過往的研究者似乎無人記載。

羽裂片葉緣具有小鋸齒（齒端即側脈末端），羽裂片的先端或1/3尾段的鋸齒變得較顯著，或齒刻加大。

另量2片葉，全長各爲24公分及23.5公分。

而3片孢子葉之最長者（至5月11日的生長）約26.3公分，具有約14對的羽片，先端1獨立

↓**耳形瘤足蕨基部羽片如同葉耳狀**（陳月霞攝；2006.5.13）

耳形瘤足蕨葉柄基部（2006.5.11；水山支線）

耳形瘤足蕨植株（2005.7.13；台20-154.45K）

耳形瘤足蕨孢子葉（2006.5.11；水山支線）

耳形瘤足蕨葉基（2005.7.13；台20-154.45K）

羽片，下部有3對葉耳；此3片孢子葉的葉耳皆爲3～4對，而葉柄長約6公分。

此外，另採集旁側一株，其根莖爲3.5×2公分，生葉仍然是13片，孢子葉也是3片；葉耳有5～7對；量取2片全葉，長×寬各爲35×7.2公分，33×6.6公分；孢子葉長約30公分。

標本所在地的柳杉林，其前身爲紅檜與闊葉樹的混生林，被砍伐於二次大戰期間，而後造林，林下的玉山箭竹自1999年開始開花、死亡，迄2006年5月已經完全消失，或只剩若干尙未蝕盡的枯枝。這片林下的瘤足蕨類，族群植株最多者首推華中瘤足蕨，其次爲耳形瘤足蕨，最少的即台灣瘤足蕨。

依筆者植被調查經驗，此等林分在原始林時代，乃檜木林過渡至長尾柯闊葉林之間的過渡帶，而台灣瘤足蕨(葉背白色)正是霧林帶(檜木林及台灣鐵杉林)的指標物種之一，在此林分下正要消失，而改由華中瘤足蕨及耳形瘤足蕨取代其生態區位。後兩者可謂檜木林消失的過渡帶的指標種，特別是華中瘤足蕨最具代表性，而耳形瘤足蕨之分佈大抵略下方，又，台灣北部因植被帶南、北下降(陳玉峯，1995)，加上緯度效應，故而分佈最低，但照理說，淡水出現耳形瘤足蕨(前述)似乎爲極端現象，惟亦不無可能，蓋因未開發之前之採集，與現今之記錄差異甚大，現今記錄必然窄縮(上遷)甚多，何況大氣候增溫現象數十年來轉劇。

耳形瘤足蕨爲林下典型陰生物種，但玉山箭竹密集處不可能存活，其乃闊葉林下，特定均勻光度下的蕨類，微生育地多壤土或腐植層。筆者在特富野步道的觀察，推測該柳杉林分約50年生，而耳形瘤足蕨等，存在最久約三十至四十年。假設每年葉片生長一或多輪，是否可以根莖大小來估算植株年齡？以所採集之標本而言，該植株根莖4×2公分，以年生長0.5公分葉柄基計，則該株約8年生，然而，由初生孢子體長至現今大小，必然不止八年，很可能在十餘年以上。

許多中、高海拔的蕨類，大根莖者往往數十年生，甚至超過百年以上，凡此採集務必珍惜，而標本保存更是倫理的要求之一。

耳形瘤足蕨植株(1983.9.7；花蓮二子山至蓮花池)

耳形瘤足蕨葉基(1983.9.7；花蓮二子山至蓮花池)

四、引用文獻

1.于景讓，1951，台灣之土地，台灣銀行經濟研究室台灣研究叢刊第10種。

2.中華林學會編，1967，台灣主要木材圖誌，中華林學會叢書之四，中華林學出版社。

3.中華林學會編，1993，中華民國台灣森林志，中華林學叢書936號。

4.方榮坤、廖天賜、吳銘詮，1991，櫸木、烏心石及黃連木之育苗與栽植試驗，台灣省林業試驗所編印，「主要造林樹種育林技術研討會」資料輯36～40頁。

5.王仁禮，1970，松鶴及青山地區台灣二葉松天然林之植生，台灣省林業試驗所所訊267：3083-3090。

6.王仁禮、廖日京，1960，恆春熱帶植物園之樹木，國立台灣大學農學院實驗林林業叢刊第25號。

7.王兆桓、邱錫柊、郭寶章，1993，三種除草劑對紅檜造林地之除草效應，中華林學季刊26（4）：49-56。

8.王秀華、林曉洪，1990，省產經濟環孔材——台灣櫸之電顯研究，中華林學季刊23（4）：21-33。

9.王秀華、林曉洪，1993，烏心石木材超微結構之研究，中華林學季刊26（3）：89-107。

10.王忠魁、陳玉峯，1990，綠水一文山及綠水一合流植物相細部調查，內政部營建屬太魯閣國家公園管理處印行。

11.王松永、邱志明、陳瑞青，1980，木材劣化性質之研究（第二報）十八種省產木材之人工促進耐腐性試驗，中華林學季刊13（1）：55-93。

12.王國雄，1993，南仁山亞熱帶雨林小苗不同生育地存活、生長研究，國立台灣大學植物學研究所碩士論文。

13.王國瑞，1987，談自然文化景觀之保存，在《森林保育論述選輯》253～258頁，台灣省林務局印行。

14.王博仁、邱金春、李春祉，1986，台灣樹種子的人工催芽與育苗，中華林學季刊19（1）：31-36。

15.王德春，1975，連續森林調查法與森林之經營，國立台灣大學農學院實驗林研究報告第115號：1-32。

16.台大實驗林，1963，國立台灣大學農學院實驗林概況，國立台灣大學農學院實驗林管理處編印。

17.台灣省林務局，1987，森林保育論述選輯，台灣省林務局印行。

18.台灣省林業試驗所，1957，台灣森林帶及重要樹種之分布，台灣省林業試驗所林業推廣專刊第14號：1-31。

19.台灣省林業試驗所（編），1992，土肉桂專論，林業叢刊第38號。

20.台灣銀行經濟研究室（編），195?，台灣先住民之藥用植物，台灣研究叢刊第43種。

21.甘偉松，1969，藥用植物學，國立中國醫藥研究所出版，台北縣。

22.甘偉松（編），1970，台灣藥用植物誌第一卷，國立中國醫藥研究所出版（二版）。

23.甘偉松（編），1971，台灣藥用植物誌第三卷，國立中國醫藥研究所印行。

24.甘偉松（編），1972，台灣藥用植物誌第二卷，國立中國醫藥研究所印行。

25.任億安，1993，中國的櫸木家具，現代育林8（2）：92-93。

26.朱學華、郭幸榮、蔡滿雄，1993，烏心石種子之發芽促進與貯藏，中華林學季刊26（1）：21-31。

27.江濤，1967，本省造林樹種選擇之分析，國立台灣大學實驗林管理處成立十八週年紀念特刊，國立台灣大學實驗林管理處印行。

28.牟善傑、許再文、陳建志，1998，溪頭蕨類植物解說手冊，國立台灣大學農學院實驗林管理處暨台灣省特有生物研究保育中心出版，南投縣。

29.行政院農委會台灣省政府林務局，19？，獎勵農地造林樹種介紹。

30.何豐吉，1968，恆春墾丁公園植物開花結果時期以及花果色彩之調查，台灣省立博物館科學年刊11：98。

31.吳功顯，1990，校園常見植物解說手冊，行政院農委會及屏東農專編印。

32.吳純寬，1987，校園綠化美化植物，台灣博物6（1）：53-56。

33.吳順昭、王秀華，1976，台灣經濟闊葉樹材木材結構與纖維形態研究（I）木材之結構研究，國立台灣大學農學院實驗林研究報告第117號：43-98。

34.呂勝由、陳舜英，1996，香楠及霧社楨楠地理分佈與分類之研究，台灣林業科學11（3）：239-244。

35.呂福原、廖秋成，1988，出雲山自然保護區資源規劃與解說示範，林務局楠濃林區管理處印行。

36.呂福原、廖秋成，1989，綠化樹種葉面積測定及綠化效果之調查研究，環境綠化通訊11：34-36。

37.呂福原、廖秋成、歐辰雄、陳慶芳，1984，林火對於森林土壤效應及植群演替影響之研究（二），嘉義農專學報10：47-72。

38.呂福原、歐辰雄、呂金誠，1994，玉里野生動物自然保護區植群生態之調查研究，台灣省農林廳林務局保育研究系列85-17號。
39.呂福原、歐辰雄、呂金誠，1997，台灣樹木解說（一），行政院農委會出版，台北市。
40.呂福原、歐辰雄、廖秋成，1982，台灣櫟樹繁殖方法之研究，中華林學季刊15（2）：73-86。
41.呂福原、蔡崑堭、林慶東、莊純合，1990，台灣商用木材圖鑑，行政院農委會、嘉義農專印行。
42.李守藩、王仁禮，1964，台灣主要芳香油原料之植物，台灣省林業試驗所所訊191：1667-1678。
43.李宗可，1960，介紹美洲之槭樹，台灣森林5：1-4。
44.李明仁、林錫鑫，1985，木材單寧對香菇菌絲生長之影響，中華林學季刊18（1）：37-45。
45.李松柏，1995，南仁山區亞熱帶雨林小苗更新之研究，國立台灣大學植物學研究所碩上論文。
46.李春序，1961，台灣產木蘭部（Magnoliales）植物葉之解剖，台灣省立博物館科學年刊4：61-79。
47.李春序，1964，台灣產樟部（Laurales）植物之木材解剖及分類，台灣省立博物館科學年刊7：1-56。
48.李春序，1965，台灣產榆科（Ulmaceae）植物莖之比較解剖，台灣省立博物館科學年刊8：1-16。
49.李春來，1967，台灣經濟樹材酸　度之研究，國立台灣大學農學院實驗林研究報告第53號。
50.李啓彰、林錫錦、林家棻，1981，水田滿江紅Azolla pinnata之研究Ⅰ.環境因子對滿江紅生長之影響，中華農業研究30：405-411。
51.李順合，1948，主要林木生長現象調查表，台灣省林業試驗所所訊32：251--253；33：258-260。
52.李瑞宗，1985，林口紅土台地之植物相調查與邊坡植被分析，國立台灣大學植物學研究所分類組碩士論文。
53.李瑞宗，1988，丹山草欲燃，內政部營建署陽明山國家公園管理處印行。
54.李權裕、陳明義，2004，關刀溪森林生態系殼斗科植物之物候週期，特有生物研究6（2）：95-110。
55.李麗華、許再文、彭仁傑，2001，嘉義縣市植物資源，行政院農委會特有生物研究保育中心出版。
56.沈中桴，1984，台灣產殼斗科植物之分類與花粉形態之研究，國立台灣大學森林學研究所樹木學組碩士論文。
57.汪淮，1965，台灣經濟樹材解剖性質之研究（I），台灣省立博物館科學年刊8：17-35。
58.谷雲川、邱俊雄，1974，林相改良之闊葉樹材混合製漿造紙試驗Ⅲ.蓮花池，台灣省林業試驗所林業報告第259號：1-12。
59.林天書，1983，山胡椒不同採集時期精油含量及其成分差異之研究，台灣省林業試驗所報告第398號。
60.林文鎮，1981，台灣環境綠化樹種要覽，行政院農委會林業特刊第1號。
61.林仲剛，1992，台灣蕨類植物的認識與園藝應用，國立自然科學博物館出版，台中市。
62.林信輝、楊宏達、陳意昌，2005，九芎植生木樁之生長與根系力學之研究，中華水土保持學報36（2）：123-132。
63.林則桐，1988，公告自然保留區之植被調查（I），行政院農委會77年生態研究第27號。
64.林則桐、邱文良，1989，公告自然保留區之植被調查（Ⅱ），行政院農委會78年生態研究第21號。
65.林則桐、邱文良，1990，公告自然保留區之植被調查（Ⅲ），行政院農委會79年生態研究第5號。
66.林哲毅，1999，不同土壤中大頭茶菌根接種效應之研究，國立中興大學森林學系碩士論文。
67.林國銓，1982，二氧化硫對七種樹種葉部之可見爲害，台灣省林業試驗所試驗報告第379號。
68.林崇智（纂修），1953，台灣省通志稿（卷一）土地誌生物篇（第二冊），台灣省文獻委員會印行。
69.林盛秋（編），1989，蜜源植物，中國林業出版社出版，北京。
70.林勝傑、王松永，1988，木材之抽出成分對其天然耐腐性之影響，國立台灣大學農學院研究報告28（2）：60-70。
71.林景風、顧懿仁、許博行、馮豐隆、呂金誠、劉思謙、林朝欽，1986，自然保護區母樹林地設置之調查評估，行政院農委會75年生態研究第10號。
72.林渭訪、薛承健（編），1950，台灣之木材，台灣特產叢刊第7種，台灣銀行金融研究室。
73.林渭訪（編），1957，台灣森林帶及重要樹種之分佈，台灣省林業試驗所林業推廣專刊14：1-31。
74.林錫錦，1983，水田滿江紅固氮之肥效及抑制稻田雜草之研究，中華農業研究32：348-359。
75.林讚標、許原瑞、洪富文，1992，闊葉樹混合林之建造，中海拔針闊葉林之育林研究－八十年度研究成果報告彙編，24～30頁，台灣省林業試驗所編印。
76.林讚標、楊政川，1992，台灣林木種原庫的建立，在彭鏡毅編「台灣生物資源調查及資訊管理研習會」論文集，319～330頁，中央研究院植物研究所專刊第11號。
77.林讚標、簡慶德，1995，六種楨楠屬植物種子之不耐旱特性，林業試驗所研究報告季刊10（2）：217-226。
78.花炳榮，1994，陽明山國家公園原生植物種源保存及培育方法之研究，國家公園學報5（1）：73-87。
79.邱年永，1987，高山藥用植物，南天書局發行，台北市。
80.邱志明、王相華、陳永修、陳舜英、呂勝由，1994，墾丁森林遊樂區恆春熱帶植物園常見植物，台灣省林業試驗所恆春分所出版。
81.邱欽棠，1956，本省擇伐施業之研究，台灣森林1：2-15。
82.邱慶全、吳清吉，1966，主要防風定砂植物開花結實及種子成熟期之初步調查，台灣省林業試驗所所訊226、227：2, 124-2, 126。
83.俞作楫，1951，台北市動物園樹木誌，林產月刊11（5）：15-21。
84.姜家華、王亞男、張國楨，1990，台灣櫸遺傳變異之研究（一），國立台灣大學農學院實驗林研究報告4（4）：83-90。
85.姜家華、王亞男、張國楨、周泰平，1994，不同種源台灣櫸葉綠素含量與苗木生長關係之研究，中華林學季刊27（3）：23-28。
86.范素瑋，1999，南仁山區亞熱帶低地雨林樹種組成、結構及分布類型，國立台灣大學植物學研究所碩士論文。
87.柳榗，1961，大雪山示範林區森林植物生態之調查（南坑溪流域），台灣大雪山林業公司印行。
88.柳榗，1968a，台灣產殼斗科植物地理之研究，台灣省林業試驗所報告第165號。
89.柳榗，1968b，台灣植物群落分類之研究Ⅰ.台灣植物群系之分類，台灣省林業試驗所報告第166號：1-25。
90.柳榗，1970，台灣植物群落分類之研究Ⅲ.台灣闊葉樹林諸群系及熱帶疏林群系之研究，國科會報告第4號：1～36頁。
91.柳榗、呂勝由、楊遠波，1976，紀台灣維管束植物之新分佈（一），中華林學季刊9（3）：111-113。
92.柳榗、章樂民，1962，鹿場大山森林植物生態之調查，台灣省林業試驗所報告第85號。
93.洪良斌，1956，烏心石栽培方法之介紹，台灣森林2（5）：9-11。
94.洪良斌、謝水旺、陳松藩，1964，烏心石幼林疏伐撫育試驗初步報告，台灣省林業試驗所所訊 191：1, 679。
95.洪敏麟，1980，台灣舊地名之沿革（第一冊），台灣省文獻委員會編印。
96.洪富文，1989，空隙更新與其應用，台灣省林業試驗所主辦「生態原則下的森林經營」研討會論文集，137～142頁。
97.胡大中、應紹舜，2004，明德水庫集水區次生林植群之研究，國立台灣大學生物資源暨農學院實驗林研究報告18（4）：285-303。
98.胡大維，1980，台灣農家要覽（上），豐年社出版，1, 246-1, 248頁。
99.胡弘道，1992，森林副產物－高價值共生菇類的培育，現代育林7（2）：53-58。
100.胡弘道、鄭玉苹，2001，青剛櫟與大環柄菇及龜紋硬皮馬勃外生菌根形成之比較研究，中華林學季刊34（1）：1-11。
101.胡茂棠，1957，林木種子發芽成苗與其生長之觀察（一），台灣森林3（5）: 19-38；3（6）：19-33；3（7）：21-33。
102.夏禹九、唐凱君、顏江河、黃正良、鍾旭和，1984，淫潤情況下兩種天然闊葉樹之氣孔傳導度對環境因子的反應，台灣省林業試驗所試驗報告第418號。
103.夏緯瑛，1990，植物名釋札記，農業出版社，中國。
104.徐國士、呂勝由，1984，台灣的稀有植物，渡假出版公司，台北市。
105.徐國士、呂勝由、林則桐、劉培槐，1983，恆春半島植物，台灣省政府教育廳出版。
106.徐國士、林則桐、陳玉峯、呂勝由，1983，太魯閣國家公園植物生態資源調查報告，內政部營建署印行。
107.徐國士等，1985，墾丁國家公園熱帶海岸林復舊造林技術研究計劃報告，內政部營建署墾丁國家公園管理處印行。
108.徐渙榮，1965，太麻里分所轄區林木之開花結實及種子成熟期初步調查，台灣省林業試驗所所訊208：1, 817-1, 819。
109.耿煊，1956，植物分類及植物地理論叢，國立台灣大學農學院實驗林林業叢刊第4號。
110.馬子斌、曲俊麒，1973，省產闊葉樹材之重要機械強度性質試驗（1），台灣省林業試驗所試驗報告第239號：1-15。
111.馬子斌、曲俊麒，1976，省產闊葉數材之重要機械強度性質試驗（3），台灣省林業試驗所試驗報告第277號：1-12。
112.馬子斌、陳政靜、熊如珍、黃清吟、陳欣欣、翟思湧，1979，重要商用木材之一般性質（增訂本），林業叢刊第1號，台灣省林業試驗所印行。
113.張東柱，1994，Calonectria crotalariae引起台灣榛樹之黑腐病，中華林學季刊27（1）：15-22。
114.張焜標，1994，恆春半島原生樹種綠化苗木培育，屏東技術學院森林資源技術系印行。
115.張榮財編，1975，花草樹木培植與高雄市區之學校環境美化，屏農森林學會會報17：39-62。
116.張豐吉、杜明宏，1993，台灣產重要樹種化學性質之研究（六）－同一樹種內之變異，中華林學季刊26（1）：45-59。
117.盛志澄、康瀚，1961，台灣之防風林，中國農村復興聯合委員會特刊第32號。
118.許博行、陳清義，1990，二氧化硫對不同樹種葉片擴散阻抗的影響，中華林學季刊23（1）：51-61。
119.郭武盛、朱松津、楊秋霖、程天立、李桃生，1987，台灣森林環境可提供變色葉植物解說之研究，台灣省政府農林廳林務局印行。

120.郭城孟，1982，台灣蕨類植物，台灣省政府教育廳科學教育資料叢書（Ⅲ），台灣省教育廳出版。
121.郭城孟，1988，玉山國家公園東埔玉山區維管束植物細部調查（一），內政部營建署玉山國家公園管理處印行。
122.郭城孟，1989，由兩個實例談保護、經營與開發的生態原則，台灣省林業試驗所主辦「生態原則下的森林經營」研討會論文集：197-206。
123.郭城孟，1990，墾丁國家公園既有路徑沿線植物生態基礎資料調查及其解說教育系統規劃研究，內政部營建署墾丁國家公園管理處保育研究報告第70號。
124.郭城孟，1995，台灣森林植群研究－日據時代以前，台灣省林業試驗所林業叢刊第58號13～17頁。
125.郭城孟，1997，台灣維管束植物簡誌：第壹卷（初版），行政院農業委員會。
126.郭城孟，2000，台灣維管束植物簡誌：第壹卷（二版二刷），行政院農業委員會。
127.郭城孟，2001，蕨類圖鑑：台灣三百多種蕨類生態圖鑑（初版二刷），遠流出版社。
128.郭達仁，1986，玉山國家公園鳥類生態調查與研究，內政部營建署玉山國家公園管理處印行。
129.郭耀綸、楊勝任，1990，霧頭山自然保護區植群生態之研究，台灣省農林廳林務局印行。
130.陳永修，1992，多納溫泉溪上游集水區植群生態之研究，國立台灣大學森林學研究所碩士論文。
131陳玉峯，1983，南仁山之植被分析，國立台灣大學植物學研究所碩士論文。
132.陳玉峯，1984，鵝鑾鼻公園植物與植被，內政部營建署墾丁國家公園管理處出版，墾丁。
133.陳玉峯，1985，墾丁國家公園海岸植被，內政部營建署墾丁國家公園管理處印行，墾丁。
134.陳玉峯，1989，玉山國家公園楠溪林道永久樣區植被調查報告（一），內政部營建署玉山國家公園管理處印行。
135.陳玉峯，1991，台灣櫸木（*Zelkova serrata*）的生態研究－以屯子山區伐木場爲例，Yushania 8：125-143。
136.陳玉峯，1995a，台灣植被誌（第一卷）：總論及植被帶概論，玉山社出版社，台北市。
137.陳玉峯，1995b，高雄縣觀音山赤腳自然公園規劃報告，高雄縣政府印行。
138.陳玉峯，1995c，赤腳走山，高雄縣政府印行。
139.陳玉峯，1996，展讀大坑天書，台灣地球日出版社，台北市。
140.陳玉峯，1997，台灣植被誌（第二卷）：高山植被帶及高山植物（上）、（下），晨星出版社，台中市。
141.陳玉峯，1998a，台灣植被誌（第三卷）：亞高山冷杉林帶及高地草原（上）、（下），前衛出版社，台北市。
142.陳玉峯，1998b，嚴土熟生，興隆淨寺暨台灣生態研究中心印行。
143.陳玉峯，2001a，《裨海紀遊》之生態解說，國立台灣博物館年刊44：69-89。
144.陳玉峯，2001b，台灣植被誌（第四卷）：檜木霧林帶，前衛出版社，台北市。
145.陳玉峯，2001c，大坑頭嵙山系植被生態調查報告，台灣人文．生態研究3（1）：111-163。
146.陳玉峯，2004，台灣植被誌（第五卷）：台灣鐵杉林帶（上）、（下），前衛出版社，台北市。
147.陳玉峯，2005，台灣植被誌－地區植被：大甲植被誌，前衛出版社，台北市。
148.陳玉峯、陳月霞，2005，阿里山－永遠的檜木霧林原鄉，前衛出版社，台北市。
149.陳玉峯、楊國禎，2005，奮起湖、大凍山區植被探討與解說文本，台灣人文．生態研究7（1）：103-146。
150.陳玉峯，2006，物種生態誌（I），台灣人文．生態研究8（1）：1-190。
151.陳玉峯，2006，台灣植被誌（第六卷）：闊葉林（I）南橫專冊，前衛出版社，台北市。
152.陳玉峯，游以德主編，1987，植生綠化試驗，台北市內湖掩埋場土地再使用之研究，63～99頁，台北市政府研究發展考核委員會印行。
153.陳明義、許博行，1990，綠化樹種空氣淨化效應之研究及解說教育手冊編印，環境綠化通訊。
154.陳明義、劉業經、呂金誠、林昭遠，1986，東卯山台灣二葉松林火燒後第一年之植群演替，中華林學季刊19（2）：1-16。
155.陳明義、蔡進來、呂金誠、賴國祥、林昭遠，1990，台東海岸山脈闊葉林自然保護區植群生態之調查研究，台灣省農林廳林務局保育研究報告79-01號。
156.陳明達（譯），1956，林木種子之休眠與促進發芽，台灣森林2（1）：44-52。
157.陳松藩，1972，台灣產殼斗科樹種材積表及形數表之編製研究，台灣省林業試驗所報告第224號。
158.陳炳煌，1983，曾文水庫風景特定區植物生態研究報告書，台灣省曾文水庫管理局印行。
159.陳振東，1968，台灣造林樹種之選擇，中華林學季刊1（2）：79-86。
160.陳益明，1994，龜山島生物資源與地質調查報告書，台灣省政府交通處旅遊事業管理局印行。
161.陳淑華，1973，台灣鳳尾蕨科孢子之研究，國立台灣大學植物學研究所碩士論文。
162.陳盛金，1960，林木種子採集與管理，台灣省林業試驗所通訊90：682。
163.陳賢賓，1992，台灣東北部五指山區植群分析及其組成樹種分佈之研究，國立台灣大學植物研究所碩士論文。
164.陳應欽，2001，山林蕨響，人人月曆股份有限公司出版。
165.陸象豫、漆陞忠，1988，蓮華池地區天然闊葉林枯枝落葉層特性之研究，中華水土保持學報19（1）：71-79。
166.陸錦一，1974，楓樹幼枝形成層之季節性活動情形，國立台灣大學植物學研究所碩士論文。
167.章樂民，1950，林業試驗所植物園樹木生活週期之觀察，台灣省林業試驗所通訊53：389-392。
168.章樂民，1961，大元山植物生態之研究，台灣省林業試驗所報告第70號。
169.章樂民，1962，大甲溪肖楠植物群落之研究，台灣省林業試驗所報告第79號：1-24。
170.章樂民、林則桐，1986，楓香之生態、育林與利用，現代育林1（2）：33-40。
171.章樂民、楊遠波、林則桐、呂勝由，1988，太魯閣國家公園峽谷石灰岩壁植物群落生態之調查，內政部營建署太魯閣國家公園管理處印行。
172.彭仁傑、黃士元、黃朝慶、曾彥學、文紀鑾、孫于卿、許再文、沈明雅，1994，南投縣植物資源，台灣省特有生物研究保育中心出版。
173.曾景亮，1988（?），曾文水庫地區蕨類植物調查（手寫稿本，私人通訊贈送者）。
174.曾維宏，1994，南仁山區低海拔亞熱帶雨林林隙更新之研究，國立台灣大學植物學研究所碩士論文。
175.游以德、陳玉峯、古靜洋，1985，大台北華城地區植被及利用價值之調查與研究報告，永鴻股份有限公司及台灣大學環境工程研究所合作計畫。
176.游以德、陳玉峯、吳盈，1990，台灣原生植物（上、下），淑馨出版社，台北市。
177.焦國模、鄭祈全，1980，不同樹種光譜反射特性之研究，國立台灣大學實驗林研究報告125：41-50。
178.程天立、林朝欽，1985，森林資源保育與自然保護區之設置，台灣省農林廳林務局印行。
179.童兆雄，1980，畢祿溪集水區森林植群之研究，國立中興大學森林學研究所碩士論文。
180.黃介宏，1977，台灣產藥用蕨類植物之生藥學研究，私立中國文化學院實業計畫研究所農學門藥用植物組碩士論文。
181.黃守先，1958，台北縣植物，師大學報3：153-184。
182.黃秀雯、陳建名，1995，台灣野生菇菌類介紹（Ⅲ）紅菇屬（3），自然保育季刊10：26-28。
183.黃明秀，1993，闊葉樹種子的採收、精選與處理，現代育林8（2）：30-32。
184.黃松根、呂枝爐，1963，六龜分所扇平境內主要樹種開花及種子成熟期調查，台灣省林業試驗所所訊177：1566-1568。
185.黃松根、康佐榮、蔡達全，1979，六龜試驗林松鼠危害之調查及防治研究，台灣省林業試驗所試驗報告第318號。
186.黃朝慶、牟善傑、許再文、彭仁傑，2002，高雄縣市植物資源，行政院農委會特有生物研究保育中心出版。
187.黃增泉、王震哲、楊國禎、黃星凡、湯惟新，1991，雪霸國家公園之維管束植物資源—特別論及稀有植物之保育評估，國家公園學報3：5-59。
188.黃增泉、謝長富、林四海、湯惟新，1984，玉山國家公園預定地區生態資源調查（2）植物生態學景觀資源，內政部營建署印行。
189.黃增泉、謝長富、陳尊賢、黃政恆，1990，陽明山國家公園森林火災對生態之影響調查，內政部營建署陽明山國家公園管理處印行。
190.黃增泉、謝長富、楊國禎、湯惟新，1983，陽明山國家公園植物生態景觀資源，內政部營建署印行。
191.黃獻文，1984，日月潭鄰近山區植群生態之研究，國立台灣大學森林學研究所樹木學組碩士論文。
192.詹明勳、王亞男、王松永，2004，Soft X-ray影像分析法應用於天然林台灣櫸、樟樹及烏心石樹輪寬度及密度分析之研究，中華林學季刊37（4）：379-392。
193.楊武俊，1984，台灣經濟樹種開花結實及種子發芽形態之研究，台灣省林業試驗所報告第413號。
194.楊政峰，1997，南仁山亞熱帶雨林四種優勢種林木生態生理學之研究，國立台灣大學植物學研究所碩士論文。
195.楊勝任，1991，浸水營闊葉樹自然保護區植群生態之研究，台灣省農林廳林務局保育研究系列80-02號。
196.楊勝任、李政賢，2005，台東海岸山脈新港山東側植群生態研究，台灣林業科學20（4）：341-353。
197.楊勝任、張慶典、林志忠，1990，蘭嶼地區植物資源特性之調查，國立屏東農業專科學校農專學報31：143-178。
198.楊榮啓、林文亮、陳麗琴、汪大雄，1980，台灣森林資源長期經營規劃之研究（Ⅰ），中華林學季刊13（4）：1-68。
199.楊遠波、呂勝由、林則桐，1990，太魯閣國家公園石灰岩地區植被之調查，內政部營建署太魯閣國家公園管理處印行。
200.楊遠波、呂勝由、施炳霖，1992，澎湖防風定砂植物簡介，台灣省林業試驗所出版。
201.楊遠波、呂勝由、陳擎霞，1988，大武山自然資源之初步調查（二）植物資源，行政院農委會77年生態研究第20號。
202.楊寶霖，1967，同時取樣調查法對於闊葉樹林分各樹種材積及取樣機差之比較，中華林學季刊1（1）：74-90。
203.葉慶龍、邱創益，1987，台灣省青灰岩裸露地區植群之矩陣群團分析與植群根系，屏東農專學報28：132-150。
204.葉慶龍、洪寶林，1993，雙流森林遊樂區常見植物，林務局屏東林區管理處及國立屏東技術學院森林資源技術系出版。
205.葉慶龍、范貴珠，1998，台東台灣獼猴自然保護區之植群生態研究，中華林學季刊31（4）：307-323。
206.路統信、鄭瓚慶，1983，都市行道樹，中華林學季刊16（3）：287-302。
207.廖日京，1958，陽明山公園之樹木，台灣省立博物館科學年刊1：77-88。
208.廖日京，1959，台北樹木生活週期之考察（1）、（2），台灣森林9：23-24；10：17-31。
209.廖日京，1962，台灣之木蘭科植物，台灣森林7（6）：10-18。
210.廖日京，1987，台灣樟科植物學名綜談（Ⅱ），中華林學季刊20（3）：73-77。
211.廖日京，1988，台灣樟科植物之學名訂正，自行出版。
212.廖日京，1991，台灣殼斗科植物之學名訂正，自行出版。
213.廖日京，2002，台灣樟科植物之圖鑑，自行出版。
214.廖日京、田中進，1988，台灣獼猴之食餌樹木，國立台灣大學實驗林研究報告2（3）：59-65。
215.廖秋成，1979，清水山石灰岩地區植群生態之研究，國立台灣大學森林學研究所碩士論文。
216.廖秋成、呂福原、歐辰雄，1987，頭料山地區植群生態與植物區系之研究，國立中興大學實驗林研究報告8：43-65。
217.趙哲明，1960，台灣之榆科植物，台灣省立博物館科學年刊3：102-118。
218.趙順中、張明基，1972，茎濃林區闊葉樹混合製漿之可能性試驗，台灣省林業試驗所報告第219號。
219.劉正字，1993，森林副產物，中華民國台灣森林志第五章，中華林學叢書936號。
220.劉炯錫，2004，原住民族植物資源永續利用研究–魯凱族達魯瑪克部落爲例，行政院農委會林務局台東林區管理處印行。
221.劉棠瑞，1956，台灣樹木之板根，台灣森林2（7）：1-3。
222.劉棠瑞、林則桐，1978，台灣天然林之群落生態研究（四）蘭嶼植群與植相之研究，台灣省立博物館科學年刊21：1-80。
223.劉棠瑞，1960，1962，台灣木本植物圖誌（卷上）、（卷下），國立台灣大學農學院印行。
224.劉棠瑞、柳重勝，1975，台灣天然林之群落生態研究（一）國立台灣大學實驗林溪頭之森林植群，台灣省立博物館科學年刊18：1-56。
225.劉棠瑞、陳明哲，1976，台灣天然林之群落生態研究（二）大屯山區植群生態之研究，台灣省立博物館科學年刊19：1-44。
226.劉棠瑞、廖日京，1971，台灣樟科植物之訂正，台灣省立博物館科學年刊14：1-28。
227.劉棠瑞、廖日京，1971，蘭嶼之樹木，國立台灣大學農學院實驗林林業叢刊第49號。
228.劉棠瑞、廖日京，1980，1981，樹木學（上、下），台灣商務印書館出版，台北市。
229.劉棠瑞、廖秋成，1979，台灣天然林之群落生態研究（六）清水山石灰岩地區植群生態之研究，台灣省立博物館科學年刊22：1-64。
230.劉棠瑞、劉儒淵，1977，恆春半島南仁山區植群生態與植物區系之研究，台灣省立台灣博物館年刊20：51-150。
231.劉棠瑞、應紹舜，1971，台灣的行道樹木，森林5：1-25。
232.劉棠瑞、蘇鴻傑，1976，台灣北部烏來–小集水區闊葉樹林群落生態之研究（一），國立台灣大學實驗林研究報告第118號。
233.劉棠瑞、蘇鴻傑，1978，大甲溪上游台灣二葉松天然林之群落組成及相關環境因子之研究，國立台灣大學農學院實驗林研究報告第121號：207-239。
234.劉棠瑞、蘇鴻傑、潘富俊，1978，台灣天然林之群落生態之研究（5）台東海岸山脈之植群與植相之研究，台灣大學農學院實驗林森林系研究報告第122號。
235.劉斌雄，1988，玉山國家公園布農族人類學研究報告（一），內政部營建署玉山國家公園管理處印行。
236.劉儒淵，1977，植物物候的觀測，森林10：64-80。
237.劉儒淵，1980，竹山竹林森林遊樂區植群景緻之調查分析，中華林學季刊13（4）：129-154。
238.劉儒淵、鍾年鈞、陳子英，1990，溪頭森林遊樂區之植物資源，劉儒淵、黃英塗編「森林遊樂研討會論文集」269～304頁，國立台灣大學農學院實驗林林業叢刊第67號。
239.劉瓊蓮（編），1993，台灣稀有植物圖鑑（I），台灣省林務局印行。
240.歐辰雄、呂金誠，1988，高峰樹木園樹木圖鑑，台灣省林務局竹東林區管理處印行。
241.潘家聲，1971，蓮華池產主要樹種之生長研究（二），台灣省林業試驗所報告第210號。
242.蔡丕勳、林德勝，1975，恆春半島林相變更之初期報告，台灣林業1（2）：17-23。
243.蔡青園、翁仁憲、陳清義，1990，缺水對樟樹及楓樹光合作用之影響，中華林學季刊23（2）：3-8。

244.蔡振聰，1984，台灣原產觀賞植物之調查研究，台灣省立博物館年刊27：45-73。
245.蔡振聰(編)，1985，台灣特用植物圖鑑，台灣省立博物館印行。
246.蔡達全，1967，中埔分所澐水林區主要樹種開花結實及種子成熟期調查，台灣省林業試驗所所訊231：2,180-2,182。
247.鄭元春，1980，台灣的常見野花，渡假出版社，台北市。
248.鄭元春，1987，野菜(二)，渡假出版社，台北市。
249.鄭元春，1991，認識縣市花樹，國立台灣科學教育館出版。
250.鄭元春、蔡振聰、安奎，1986，台灣蜜源植物之調查研究，台灣省立博物館年刊29：117-155。
251.鄭炳全、吳進錩，1978，天然彩色台灣藥草，私人印行。
252.鄧英才、袁一士、李丁松，1992，赤皮及森氏櫟人工造林技術之研究，中海拔針闊葉林之育林研究－八十年度研究成果彙編，70～80頁，台灣省林業試驗所編印。
253.賴明洲、柳榗，1988，台灣地區稀有及臨危植物絕滅危險度之評估(一)木本植物，行政院農委會印行。
254.賴明洲(編)，1992，行道樹植栽技術手冊，中國造林事業協會出版。
255.應紹舜，1973，南湖大山植被的概觀，台灣省立博物館科學年刊16：73-84。
256.應紹舜，1974，北大武山植物相的研究，國立台灣大學農學院實驗林研究報告第114號。
257.應紹舜，1979，台灣木本植物彩色圖鑑，作者自行出版。
258.應紹舜，1985，台灣高等植物彩色圖誌第一卷，作者自行出版。
259.薛聰賢(編)，1979，家庭園藝(第4輯)，個人出版。
260.謝阿才，1963，諸羅縣誌錄植物名考(六)，台灣省立博物館科學年刊6：83-108。
261.謝阿才，1964，諸羅縣誌錄植物名考(七)，台灣省立博物館科學年刊7：57-69。
262.謝長富、孫義方、謝宗欣、王國雄，1991，墾丁國家公園亞熱帶雨林永久樣區之調查研究，內政部營建署墾丁國家公園管理處保育研究報告第76號。
263.謝長富、陳尊賢、孫義方、謝宗欣、鄭育斌、王國雄、蘇夢淮、江斐瑜，1992，墾丁國家公園亞熱帶雨林永久樣區之調查研究，墾丁國家公園管理處印行。
264.謝煥儒，1981，台灣木本植物病害調查報告(4)，中華林學季刊14(3)：77-84。
265.謝煥儒，1983a，台灣木本植物病害調查報告(6)，中華林學季刊16(1)：69-78。
266.謝煥儒，1983b，台灣木本植物病害調查報告(7)，中華林學季刊16(2)：385-393。
267.謝煥儒，1984，台灣木本植物病害調查報告(8)，中華林學季刊17(3)：61-73。
268.謝煥儒，1985，台灣木本植物病害調查報告(10)，中華林學季刊18(2)：55-63。
269.謝煥儒，1986，台灣木本植物病害調查報告(12)，中華林學季刊19(3)：87-98。
270.謝煥儒，1987，台灣木本植物病害調查報告(13)，中華林學季刊20(1)：65-75。
271.謝瑞忠、黃松根、孫正春、住本昌之，1989，不同樹種段木使用不同菌種栽培香菇產量差異研究，中華林學季刊22(4)：65-78。
272.謝萬權，1958，用地名作成之台灣植物種名考，台灣省立博物館科學年刊1：89-96。
273.鍾永立、張乃航，1990，台灣重要林木種子技術要覽，農委會省林業試驗所林業叢刊35號。
274.鍾旭和、羅卓振南、周朝富、羅新興，1984，江某在天然闊葉樹林中之生長，台灣省林業試驗所試驗報告第421號。
275.鍾補勤、章樂民，1954，南插天山植物生態初步調查，台灣省林業試驗所報告第41號。
276.簡秋源，1984，台灣楓葉內生菌根菌繁殖體定量測定之研究，中央研究院植物研究所專刊第6號：93-104。
277.顏正平，1968，台灣山線鐵路沿岸水土保持植物調查，農林學報16、17輯：181-213。
278.關秉宗，1984，台灣北部鹿角溪集水區森林植群多變數分析法之比較研究，國立台灣大學森林學研究所樹木學組碩士論文。
279.羅漢強、黃子銘，2005，青剛櫟之小孢子發生，國立台灣大學生物資源暨農學院實驗林研究報告19(1)：55-68。
280.蘇仲卿等十人，1988，鹽寮地區附近陸上之生態調查研究，中央研究院國際環境科學委員會中國委員會專刊第62號。
281.蘇鴻傑，1978，中部橫貫公路沿線植被、景觀之調查與分析，國立台灣大學森林學系生態研究室印行。
282.蘇鴻傑，1980，台灣稀有及有絕滅危機森林植物之研究，國立台灣大學農學院實驗林研究報告125：165-205。
283.蘇鴻傑，1988，台灣國有林自然保護區植群生態之調查研究阿里山一葉蘭保護區植群生態之研究，台灣省農林廳林務局印行。
284.蘇鴻傑，1991，台灣國有林自然保護區植群生態之調查研究北大武山針闊葉樹自然保護區植群生態之研究(一)，台灣省林務局保育研究系列80-03

號。
285.蘇鴻傑、林則桐，1979，木柵地區天然林植群之矩陣群團分析及分佈序列，國立台灣大學實驗林研究報告124：187-210。
286.顧懿仁，1977，生長快速經濟價值高之台灣檫樹（一），台灣林業3（11）：21-25。
287.顧懿仁，1978，生長快速經濟價值高之台灣檫樹（二），台灣林業3（12）：12-15。
288.顧懿仁，1982，台灣檫樹實生苗木生長比較試驗，中華林學季刊15（2）：87-95。
289.下澤伊八郎（編），1941，大屯火山彙植物誌，大屯國立公園協會印行。
290.山田金治，1931，恆春半島の海岸林木，台灣山林會報69：12-20。
291.山田金治著，許君玫譯，1957，台灣先住民之藥用植物，台灣研究叢刊第43種，台灣銀行經濟研究室印行。
292.台北帝國大學理農學部植物分類學、生態教室，1936，台灣　南洋群島植物研究資料（Materials for the Floras of Formosa & Micronesia）。
293.正宗嚴敬、柳原政之，1941，大東島の植物（3），台灣博物學會會報31（214-215）：317-330。
294.伊藤武夫，1915，台灣羊齒類通論，台灣博物學會會報22：67-78。
295.伊藤武夫，1916，台灣羊齒類通論第三，台灣博物學會會報24：62-76。
296.伊藤武夫，1917，台灣羊齒類通論第四，台灣博物學會會報25：135-153。
297.安倍明義，1938，台灣地名研究，台灣總督府印行。
298.林　榮，1985，日本の樹木，山と溪谷社，日本東京。
299.金平亮三，1936，台灣樹木誌，台灣總督府中央研究所林業部印行（增補改版）。
300.島田彌市，1934，新竹海岸仙腳石原生林の植物（Ⅳ），台灣博物會會報24：58-111。
301.Businský, R., 2003, A New Hard Pine（Pinus, Pinaceae）from Taiwan. Novon13（3）: 281-288.
302.Chang, H. T., T. F. Yeh and S. T. Chang, 2002. Antitermitic activity of leaf essential oils and components from Cinnamomum osmophleum. J. Agric. Food Chem. 50（6）: 1, 389-1, 392.
303.Chaw, Shu-Miaw, 1992. Pollination, Breeding Syndromes, and Systematics of Trochodendron aralioides Sieb. & Zucc.（Trochodendraceae）, A Relictual Species in Eastern Asia. In Peng, Ching-I（ed.）Phytogeography and Botanical Inventory of Taiwan, Institute of Botany, Academia Sinica Monograph Series No. 12, pp. 63-77.
304.Chen, C. C., 1965. Survey of Epidemic Disease of Forest Trees in Taiwan II. Mem. Coll. Agr., N. T. U. 8（2）: 67-85.
305.Chen , Chung-Yi, Shu-Ling Hsieh, Ming-Mu Hsieh, Sung-Fei Hsieh and Tian-Jye Hsieh, 2004. Substituent Chemical Shift of Rhamnosides from the Stems of Cinnamomum osmophleum. The Chinese Pharmaceutical Journal 56（36）: 141-146.
306.Chuang, Tsan-Iang, C. Y. Chao, Wilma W. L. Hu and S. C. Kwan, 1962. Chromosome Numbers of the Vascular Plants of Taiwan Ⅰ. Taiwania 8: 51-66.
307.De Vol, C. E., 1967. The Pteridophyta of Taiwan-4: The Aquatic Ferns of Taiwan. Taiwania 13: 1-12.
308.Flora of Taiwan（第二版）, Vol. 1（pub. 1994）, Vol. 2（pub. 1996）, Vol. 3（pub. 1993）, Vol.4（pub. 1998）, Vol. 5（pub. 2000）, Vol. 6（pub. 2003），台北。
309.Flora of Taiwan（第一版），1975-1979，現代關係出版社，台北。
310.Hayata, B., 1908. Flora Montana Formosae. Journal of the College of Science, Imperial University, Tokyo, Japan.
311.Hayata, B., 1911. Materials for a Flora of Formosa. 471pp. J. Facul. Sci., 30（1）, Imp. Univ. Tokyo.（東京帝國大學發行）
312.Hayata, B., 1911-21. Icones Plantarum Formosanarum nec non et Contributions and Floram Formosanam, or Icones of the Plants of Formosa, and Materials for a Flora of the Island, Based on a Study of the Collection of the Botanical Survey of the Government of Formosa. 10v., 1 Suppl.（1: 265. pl. 1-40. 1911; 2: i-ii, 1-156. pl. 1-40. 1912; 3: i-iv, 1-222. pl. 1-35. f. 1-35. 1913; 4: i-xi, 1-264. pl. 1-25. f. 1-180. 1914; 5: i-vi, 1-358. pl. 1-17. f.1-149. 1915; 6: 1-168. pl. 1-20. f. 1-61. 1916; 6: Suppl., i-vi, 1-155. 1917; 7: 1-107. pl. 1-14. f. 1-69. 1918; 8: 1-164. pl. 1-15. f. 1-88. 1919; 9: 1-155. pl. 1-7 f. 1-55. 1920; 10: i-iv, 1-335. f. 1-48. 1921）.
313.Hsieh, Chang-Fu and T. C. Huang, 1987. Vegetation of Linkou Laterite Terrace. Bot. Bull. Academia Sinica 28: 61-79.
314.Hsieh, Chang-Fu, 1989. Structure and Floristic Composition of the Warm-Temperate Rain Forest of the Kaoling area. J. Taiwan Mus. 42（2）: 31-41.
315.Hsieh, Chang-Fu, S. F. Huang and T. C. Huang, 1988. The Secondary Forests of Yen-Liao Area. Taiwania 33: 47-60.
316.Hsieh, Chang-Fu, T. C. Huang, K.C. Yang and S. F. Huang, 1990. Vegetation Patterns and Structure of a Secondary Forest on Mt. Lonlon, Northeastern Taiwan. Taiwania 35（4）: 207-220.
317.Hsu, Chien-Chang, 1967. Preliminary Chromosome

Studies on the Vascular Plants of Taiwan (1). Taiwania 13: 117-130.

318.Hsu, Chien-Chang, 1968. Preliminary Chromosome Studies on the Vascular Plants of Taiwan (2). Taiwania 14: 11-27.

319.Hsu, Ying-Shan, Shiang-Jiuun Chen, Chin-Mei Lee and Ling-Long Kuo-Huang, 2005. Anatomical Characteristics of the Secondary Phloem in Branches of Zelkova serrata Makino. Botanical Bulletin of Academia Sinica 46 (2): 143-149.

320.Kuo, Chen-Meng, 1985. Taxonomy and Phytogeography of Taiwanense Pteridophytes. Taiwania 30: 5-100.

321.Lee, H. Y., 1967. Study on the Thyrse, a Mixed Inflorescence. Taiwania 13: 131-146.

322.Li, Hui-Lin, 1971. Woody Flora of Taiwan. 新陸書局出版，台北市。

323.Liao, Jih-Ching, 1969. Morphological Studies on the Flowers and Fruits of the Genus Lithocarpus in Taiwan. 國立台灣大學農學院研究報告10（2）：1-32。

324.Liao, Jih-Ching, 1970. Morphological Studies on the Flowers and Fruits of the Genus Quercus in Taiwan (2). 國立台灣大學農學院研究報告11（2）：48-74。

325.Liao, Jih-Ching, 1972. Morphological Studies on the Flowers and Fruits of the Order Magnoliales in Taiwan. 國立台灣大學農學院研究報告13（2）：81-118。

326.Liu, T. S. and F. Y. Lu 1967. Studies in the Taiwan Theaceac Based on Themorphological Characters of Leaves. Tech. Bull. No.52 Exp. For. N. T. U.

327.Matsumura, J. and B. Hayata., 1906. Enumeratio Plantarum. Jour. Coll. Sci. Imp. Uni. Vol. XXII.

328.Shen, Y. F., 1960. Anabaena Azollae and its Host *Azolla Pinnata.* Taiwania 7: 1-8, p.l 1-5.

329.Shimizu, T. and Kao M. T., 1962. Saxifragaceae of Taiwan. Taiwania 8: 127-142.

330.Wang, S. Y., J. H. Wu and S. T. Chang, 2005. Antifungal activities of essential oils from indigenous cinnamon (*Cinnamomum osmophleum*) leaves. Biores. Tech. 96: 813-818.

331.Yamamoto, Yoshimatsu, 1925-1932. Supplementa Iconum Plantarum Formosanarum. 5 pts. (1. 〔i-ii〕, 1-47. pl. 1. f. 1-20. 1925; 2. 〔i-ii〕, 1-40. pl. 1, 2. f. 1-14. 1926; 3. 〔i-iii〕, 1-48. pl. 1, 2. f. 1-13. 1927; 4. 1-28. pl. 1-4. f. 1-12. 1928; 5. 〔i-ii〕, 1-47. pl. 1-3. f. 1-8. 1932). The Department of Forestry, Government Research Institute. Taihoku, Formosa.

332.Yang Kung-Chi, 1981. Trochodendron-A Hardwood without Vessel, 中華林學季刊14（2）：11-19。

333.Yang, Sue-Yen, Ming-Yih Chen and Jeng-Tze Yang, 2002. Application of cecidomyiid galls to the systematics of the genus Machilus (Lauraceae) in Taiwan. Bot. Bull. Acad. Sin. (2002) 43: 31-35.

附錄一

火炎山與大肚山的迷霧

數個世紀以來，植物生態研究有個頂級的假說，迄今仍被奉爲圭臬，也就是氣候乃特定地區群落或生態系終極的關鍵，定位了生態系所能發展的極限，主導日左右所有的系統變遷。此觀念即由地球氣候帶與植群或植物地理的現象，依事實相關而歸納者。

事實上，此一假說彷同公理般被對待，可是從未得到完美的邏輯論證或證明，或說，此概念並非「眞理」，本質上的問題出在「歸納法不能導致眞理」，只是集結相對高的概率或可能性或傾向罷了。

即令不是「眞理」，可很管用，生物學、生態學的研究樂此不疲，充其量使用了統計上的相關係數等，作較精確的界定。

傳統的植物地理學常見地理區的區分，當然也使用氣候的分區，配合植物的分佈作論述，現今諸多的生態研究，亦不脫此藩籬。

2004年我投入大甲鎭的植被調查，由於大甲鎭的北界正是火炎山下大安溪，自古恰爲北壁虎不叫、南壁虎呱噪的界線，地理學者亦常述說，火炎山係台灣西部之北部與南部氣候的分水嶺，他們認爲，夏季西南季風向北吹襲，直到火炎山，首當其衝碰上苗栗丘陵區，因而氣流在火炎山附近猛被舉升，上升後氣溫下降，遂易形成霧氣，導致火炎山區多霧重濕；冬季時，東北季風夾帶冷鋒雲霧，亦常在三義附近終止，因此，大安溪、火炎山頻常是北霧濕、南晴朗的分界，而氣候區分既有顯著分界帶，則植被、植物的生物地理區，可有同樣的對映？

不幸的是，全台低地原始植群幾近蕩然不存，沒有原始植被則無從比對所謂氣候分區，因爲，唯有長期天演之後的植物分佈或平衡，才可能明確反映氣候的影響。因此，我的研究報告《大甲鎭植被》(陳玉峯，2005a)在此面向無有結果。

雖然如此，藉由新近外來種之入侵台灣，殆可分爲北進型(南部登陸，族群往北拓殖)及南進型(北部登陸，向南發展)，在中部海邊地區則形成南北混戰的狀況，更替或變遷劇烈且頻繁。然而，其與氣候地理區的指標，尙難兜在一起。

近來幾次上台北的電視台，我興起伴隨記錄前述的霧氣變化，純就氣象現象，試作趣味性、最簡便的考察與討論。

2006年元月15日台中是個艷陽天，午后我驅車北上，車過竹北轉爲陰灰；回程，北台灣似乎全然籠罩在陰霾中，傍晚或近5時前後，我在火炎山旁，明確進入氣象遞變帶，先是在茫霧中右低空透光，且隨車行而光量增加、濃霧轉淡，抵達大安溪橋則霧淡且夕陽普照，然而，及至大甲溪附近，霧氣再度轉濃，而後淡化，也就是說，大安溪暨火炎山乃南北氣候最顯著的區隔區，且濃霧或雨濕，的確是由東北季風所攜帶或導致，因而在大甲溪附近再度受到地形效應，二度作次級化的遞變，大甲溪之南則爲典型的西南陽旱地理區。

上述謂之勘查。元月19日早上10時30分，我再度自台中沿一高北上。

10時55分抵141K附近，察覺北方有霧，140.5K置身霧氣中。茲爲便於敘述，先將霧氣劃分爲5級：①晴朗；②淡霧而陽光直照；③小霧而透光；④小霧(無透光)；⑤大霧(撲在車窗上成霧水絲)，則北上各段落霧況如下：

141K霧晴交界(10：55)；140.5～109.5K：4級(小霧)；109.5～108K：3轉2級；108～106K：2級；106K之後：間歇2～3級；103～94K：1級；94～91K：3～4級間歇出現；91～85K：3級夾雜短暫2級；85～41K：5級濃霧(中午12時抵達48K)；41～35.4K(泰山收費站)：由5級轉3級；35.4～32K：由3級轉2級；32～28K：間歇2～3級；28～19.9K：2級。

回程，高架20～86K：5級濃霧水氣；86(下午4：25)～91.6K：5轉4級；91.6～98K：4轉5級；98～108K：5轉4級；108～138K：4～5級間歇；138～140K：4轉5級；140～152K：5級；152K附近看見右側遠處霧氣中透光；152.5K光轉強；153K：遞變爲2級；154K轉變爲1級，夕陽出現；155K進入夕照晴天，此後皆然；171K處爲下午5時11分，5時23分出中港路交流道。

茲將此記錄圖示如圖1。

2006年元月24日台中陰，我由中港路往沙鹿方向開車，10時8分抵達東大路(東海大學校門口)前50公尺處，下雨(雨勢不大)，或說台中榮總在大肚台地上半部下雨，下半部陰天；而抵海拔最高處(坪頂)而雨止，越平緩稜頂之後，亦爲陰天，下走面海中棲路，至廍巷路口(有支超速、闖紅燈拍攝器)以下，飄小水滴，小水滴分佈至弘光大學與靜宜大學之間，之後，亦爲陰。

也就是說，以中港路一中棲路(台12)小小段落而言，由於越過大肚台地由東向西，東北季風受到微地形影響，在東向坡的東大路至國際街之間，形成下雨帶，山稜頂小部位無雨，西海岸在廍巷路口至弘光之間形成微雨帶。

茲將此記錄轉爲圖2。

就圖1而論，2006年1月19日上午10時55分左右，東北季風冷鋒霧流顯然只吹到後龍溪以南(國1-140.5K)，因而三義火炎山區尚是晴朗，然而，同日下午5時前後，東北季風增強而南逼至大安溪(國1-152～154K，過渡帶)。

東北季風較弱的該天上午，霧氣的分佈大致在頭份交流道附近(國1-109.5K)至湖口休息站略北(國1-85K)之間，以及在泰山收費站(國1-35.4K)至堤頂交流道(國1-19.9K；以北我沒記錄)之間，形成兩帶破空帶，或霧氣破散帶，長度分別約14.5公里及15.5公里(應該更長)，在國1及國3高速公路的銜接處(100K)前後，甚至是陽光普照。這兩段在東北季風稍弱時段，之所以霧氣形成間歇，其原因可能得考量地形、地勢，以及是否與白天吹海風的干擾相關。

有趣的是當下午東北季風轉強，原本早上的南破霧區(國1-86～108K之間)亦呈現間歇性霧氣濃淡的相間現象，更且在國1-138～140K之間，也是霧氣濃淡的弱變化區(註：早上10時55分，附近正是南晴北霧的分界)，而三義顯然處於濃霧區，直到大安溪而漸消退，轉爲南晴天氣。

單就1月19日而論，早上東北季風弱，10時55分吹抵後龍溪之南的國1-140.5K，且在頭前溪之南及淡水河之南，形成破霧帶；下午或傍晚時分，東北季風加強，霧氣直逼火炎山下大安溪，驗證火炎山南界眞的是該日氣象現象的南北分界。

推論，東北季風較弱時，台中至台北地區，霧氣將有兩大缺口段落，即94～

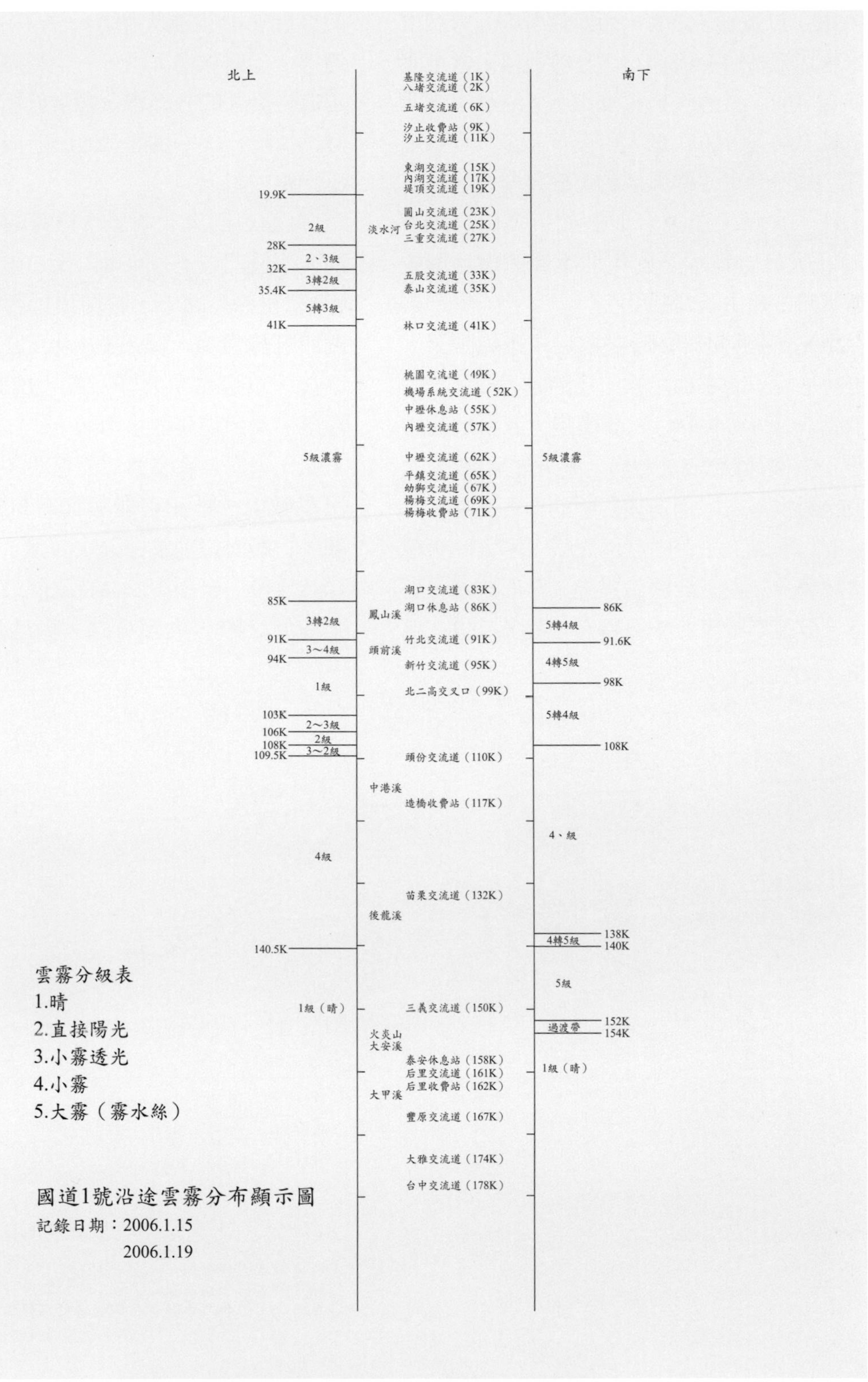

圖1 國道1號中北部沿途雲霧分佈圖示

（記錄日期：2006.1.19）

103K，以及19～28K，而濃霧帶則介於湖口休息站至林口交流道(41～85K)段落。當東北季風增加，常態吹抵火炎山下大安溪；東北季風再加強，將吹抵大甲溪，乃至大台中地區；強烈的東北季風則約可襲捲全台。

另一方面，丘陵台地例如火炎山(苗栗台地)、大肚台地等，對東北季風的微地形效應如何？藉由圖2說明之。

2006年1月24日10時左右台中市爲陰天，也就是說東北季風略強，已跨越大安溪、大甲溪(我並無驅車檢驗)，而橫越大肚台地的中港、中棲連路(台12道路)，短短的距離、微小的海拔落差，卻造成落雨的顯著差異。

東北季風下注台中盆地之後，遇大肚台地又被舉升，在玉門路口以上，常形成霧或雨區，但這不是東北季風獨有，我多次曾在暑假期間，於東海大學(東大附小)操場打球，遭遇一半籃球場下雨，一半乾燥的現象，而這條變動性的分界線，頻常於短時間內消失(數秒至數分鐘)，我推測地形造成的分界即在玉門路口附近。

1月24日的東北季風冷鋒霧雨，只下在東海大學校門口下方至國際街口附近，公路里程1公里餘，之上，越坪頂抵西海岸的廍巷路口紅綠燈處，長度約1.9公里里程無雨，之後，以迄弘光大學下方，長度約2.7公里段落，又出現零散小雨滴。

弘光大學至廍巷路口的這段冬背風坡爲何出現微雨，推測可能與10時以後的海風有關。一般海岸地區白天吹海風，通常出現於10時之後，至午後2～3時之間最強烈，其在強海風之際，大至可深入內地達20公里以

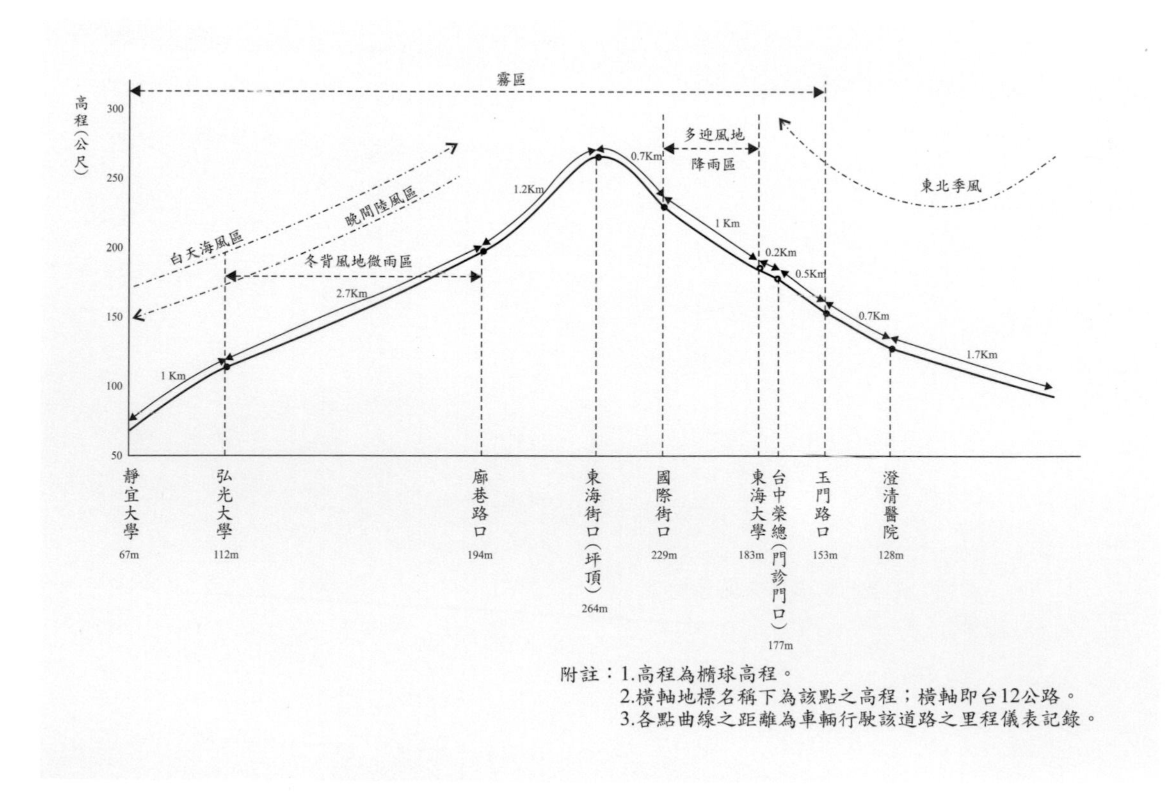

圖2 中港—中棲路降雨記錄

(2006年1月24日10時～10時30分，陳玉峯登錄；高程、里程，2月6日調查，蔡智豪登錄)

上，但亦與地形有關。而大肚山稜至海岸線的直線距離大約在10～12公里之間，是否眞正是海風與東北季風的相遇，我不確定。

然而，在霧氣季節，如春季，西海岸之大肚台地，頻常有濃霧，出現霧氣的道理同於西南氣流北送，抵大肚台地之抬升，也就是水蒸氣被冷凝之所致。

凡此地形效應，發生在平地與丘陵台地之間的轉折帶，除了地形之外，更取決於風力大小及其經過地區或路線而定。基本上氣流是連續或間歇的恆不穩態，漸進或爆發的脈衝，其有日週期、年週期、季節轉變、猛爆氣旋、極端或潛蟄，牽扯龐雜變數，乃至機率或意外的無窮變化，所謂分界，只是人們對較有規律可資觀察，或常態分佈中的某個特定範圍的刻板界說，或說概率的傾向值，然後，人爲切割、一刀劃分，只爲了便宜說明或解釋罷了。

相應於南北移動、千變萬化的無機因子，相對穩定的地體微地形，更擔任修飾、擾動、調整的極度細部變異的角色，再加上存在時程長短不一的生長、生殖、生死異動之頻繁得無以復加的生界因素，欲在此間釐定出所謂的生物地理區等，只有早期粗放的決定論者才能，也才敢下斷論，遑論氣候大變遷的今後，況且，近一、二十年來，台灣降雨線朝北移，其將影響的效應爲何？全球增溫亦顯著迫使台灣植被帶上遷，大滅絕及快速異動、塊斑發生或不可逆料的危機，其顯現的徵兆，以及已發生的現象，在在令人無法掉以輕心（陳玉峯，1995；2004；2005a；2005b）。

就植被、植群或植物角度，現今三義火炎山在全台的最重大特徵，在於其擁有孑遺馬尾松的最大族群，雖然其在1990～2000年前後，慘遭松材線蟲危害，植株幾乎全數死亡，但因過往亦曾遭受回祿全面焚毀多次，卻能再度拓展種苗或族群，且拜頭嵙山層礫石常年、恆定、間斷崩塌之賜，掃除闊葉林的競爭壓力，更且此崩塌週期（假設其有規則傾向），恰與馬尾松更新週期相關，從而在數千、數萬年來，維持此一孑遺物種於不墜，推測新生代的馬尾松尙可發展出。

然而，馬尾松之所以存在，種種跡象顯示，似與台灣南、北氣候轉變帶無關，容或有間接相關，但目前所知有限。因爲馬尾松在全台的不連續分佈，只能說是與立地基質較有相關；此現象可由台灣二葉松、天龍二葉松等岩生植被，得到佐證與啓發。

依我個人植被經驗，火炎山等苗栗丘陵區以北，東北季風、西南氣流、颱風豪雨等，導致北台全年重濕，就植被演化而言，不利於冬落葉樹，而常綠樟、殼物種盛行，每一物種皆因應其生態幅度的最適宜值，作連續、漸次、複雜的交互作用，或以因子補償而不斷變遷，因而直到特定程度或原始林形成的階段，其已高度分化、特化之際，總體指標效應始得彰顯而出。更且，台灣氣候左右生界最大的現象，呈現在東北部與西南部的大對比，另一主軸則爲海拔高低；一級主軸之外，再由第二主軸之地形、地勢、立地基質、坡向、坡段等作變異，更循第三主軸暨往下細展的微生育地，作組合式與變動性的調整，而地震等地體瞬間變化、火燒、乾旱或極端生物性及非生物性因素，存有混沌般千頭萬緒的糾葛或影響，且無一恆定。

就指標植物而論，次生的白匏子顯然爲東北半壁的優勢物種，由北向南而漸次式微；台北近郊次生林，一座山坡往往上大半段爲白匏子，下半坡段爲山黃麻；白匏子可歸納爲根系可耐乾，但大氣濕度仍須特定程度之上的要求，山黃麻則較側重立地的潤濕，對大氣濕度的要求稍微放寬。

新近，我比對南橫東西兩側的物種分佈，白匏子在東段分佈於台20-176K以下，或海拔1,150公尺以降的山區（另還演化出台東白匏子的在地特化物種），數量多，相對的，西段只出現在台20-67K前後，或海拔650公尺以下地區，且數量稀少，近乎將消失。東台雖為岩生植被顯著區，卻因東北季風保濕作用，對照於西南半壁的半年陽旱，白匏子現象足以解釋「東北派」的現象（陳玉峯，2006，發表中）。

而山黃麻則在南橫東西兩側皆遍存，西部存在於台20-123K以下，或海拔1,510公尺以降地區；東段存在於台20-173.5K之後，或海拔1,310公尺以降地域。有趣的是，我認為山黃麻選擇相對濕地，而較能忍耐大氣濕度的不足，但東台的確數量較多，且西台較潤濕的海拔1,000公尺上下地區，山黃麻數量亦較盛行，符合以上之研判。

「東北派」的指標種包括筆筒樹、大葉楠、樹杞、江某、觀音座蓮等族譜，反之，「西南派」如克蘭樹、相思樹、松田女貞、菲律賓樟、裏白巴豆等，各有其歷史因緣及全盤生態系的「命盤」。

而上述評比的基礎之一，將大氣濕度與立地基質濕度，假設區隔為兩項不同的限制因子；檢驗台灣東西兩側的生態差異，例如我將南橫植物區分為五大類，即東西分佈相差在50公尺以內或無顯著差別類，東部較西部高出50公尺以上者，西部較東部高出50公尺者，只存在於西部者，以及只存在於東部者等，其中，西部分佈顯著高於東部者，例如紅檜、山黃麻、木苧麻、台灣赤楊等，有可能取決於立地基質或土壤的要求較偏重，這方面的探討，個人認為是台灣研究史上，未曾被討論的新議題。

個人浸淫台灣山林三十餘年，或看盡台灣風水之餘，若要下達一段全盤觀，或許在氣候面向可以表述如下：

1950～1960年代，台灣的布袋戲慣用「東南派」與「西北派」作兩大陣營對抗，從事無休無止的鬥爭與殺伐，而且，將東南派暗寓為「好人」，視西北派為「壞人」，我認為很可能潛意識或下意識地，以中國近代史為藍本，從而移植到台灣；事實上，若由風水觀視之，來台的劇本或可修改為「東北派」對抗「西南派」，且近一、二十年來，隨著大氣候變遷，西南派漸趨上風，然而，彼此仍處於劇烈地拉鋸中。

火炎山正在崩蝕而北退，全台氣候刻正由南逼北，然而，來自西伯利亞、北亞洲的寒流亦正肆虐。世事如棋，趨勢、運勢渾渾噩噩，我在大肚台地思索著如何的台灣未來，含淚的土地公也有一絲笑容，可別問我，台灣有無分界，火炎山、大肚山仍然籠罩在灰濛濛的雨霧裏。

2006年元月28日，除夕下午，
台中陰雨，於大肚台地。

參考文獻

陳玉峯，1995，台灣自然史－台灣植被誌（第一卷）：總論及植被帶概論，前衛出版社，台北市。

陳玉峯，2004，台灣自然史－台灣植被誌（第五卷）：台灣鐵杉林帶（上），前衛出版社，台北市。

陳玉峯，2005a，台灣自然史－台灣植被帶（第八卷）地區植被專論（一）大甲鎮植被，前衛出版社，台北市。

陳玉峯，2005b，天然災害對台灣生態之衝擊，台灣人文．生態研究7（2）：65-78。

陳玉峯，2006，台灣自然史－台灣植被誌（第六卷）：闊葉林（Ⅰ）南橫專冊，前衛出版社，台北市。

附錄二

台灣蕨類生態筆記

生命來自生命，現今地球殆無可能無中生有；文化來自文化，現代人的文化創造，絕大部分承襲前人而來，欲辨識出自創且獨一無二者難上加難，或只在我們忽略事實之際，才可能產生「天縱英明」。然而，生命與文化皆在隨時隨地、隨緣之間創新，這也是不爭的事實，如上述之說，只在強調「新，仍有所本」，絕非無中生有，特別是傳統型科學。

植物分類學、形態學，甚至生態、演化學，殆皆發軔於顯微鏡被發明之前，學術屬性上多為敘述性，或在感官可察覺的範圍內作敘述，沒有絕對、純然客觀或數理眞理之可言，更夾帶生命特質的不確定性、逢機、變異等現象，關於所謂「生物種(species)」，常常是個抽象觀念下的人為想像或設定者，自然生界「可見、可感、可述」的內容畢竟只是冰山一小角；而現今「生物種」的發現、鑑定、命名仍受限於此現象，且免不了的，極其人為主觀地下界說，歷來皆在一套傳統命名法規的遊戲規則之下，作系統建構，有時候，更受到意識等政治干預。

筆者於1970年代末以迄1981年，在台大植物系標本館、圖書館內，感受些許台灣傳統植物分類學的氣氛，且後來進入當時郭城孟講師的蕨類研究室，曾經修習郭老師一門「蕨類分類學」的課，可惜當時眼高手低，加上年輕氣浮，認為台灣的蕨類有郭老師即可，我該投入生態面向，因而對蕨類僅止於玩票性質，始終不肯眞下功夫鑽研；在植被調查之際，遇有未識蕨種，反正有蕨類標本館可資查對，硬對也對得出八九不離十。不意，此正錯失研習蕨類植物的最佳時機。

1984年底筆者離開台北，前往墾丁國家公園管理處任職之後，才深切了解離開標本館及圖書館，植物分類學的研究便形同離水魚，無法呼吸。從此憑藉學生時代半吊子的蕨類初步，在山林調查中很不嚴謹的拼湊。

此後二十餘年，我的蕨類認知只有退步，沒有進展。2005年，我以教授七年休假一年的時機，再度完全投入台灣山林的調查研究，隻身流連忘返於綠色國度，因而重新面對逃避二十餘年的蕨類，遂備好解剖顯微鏡，以及有限的圖書或文獻，開始由野外採集、室內鑑定做起，不料不出一、二回，旋即發現問題一籮筐。例如石葦(*Pyrrosia*)、瓦葦(*Lepisorus*)的「新種」等，可以確定《台灣植物誌》及一些蕨類文獻中，從未提及的種類。

2005年7月，同郭老師在電話中聊起，一提起蕨類的新種問題，郭師笑稱他手上尙有百來「種」未處理或未發表，「反正二十餘年了，台灣還是一樣，沒什麼變化」，一語道破傳統分類科學在台灣數十年的處境或窘境(當然，這種說法很弔詭)；另一方面，年過半百之後，對教學、研究等看法，迥異於從前，其實，學問的水平不在於工技理性的層次，而在於如何靜體天心，如何同自然學習與對話，反映於治學態度及研發開創的能力。事實上，只要備妥應有的工具資料，進入蕨類世界必然有所新見。

因此，我以最不夠「資格」的現有條件，決定2006年初開始開授「台灣蕨類植物生態」這門課，但我不是以「教授」的資格來開課，構想中的我只是如同初學者，將與修課的研究生們，一齊向自然天地學習，但切入的角度，傾向於「生態」觀點，忠實刻劃台灣蕨種個體們如何「生存」，也就是帶著同好，先由野外現地，詳加檢視並描繪生育地與形態，當場可完成的資訊盡可能就地陳述，包括環境因子、林型或植被類型（仔細程度依研究者、研究目的而定）、蕨種棲地分析（含繪圖、攝影、錄音、筆記）、蕨種形態（由根莖、葉柄、葉片、測度等）等，全方位留下系統化的資料，然後採集（注重採集倫理）；而活體標本攜回研究室之後，以解剖顯微鏡一一檢視形態，由術語乃至文獻的說明與導引，讓初學者了解自然物存在的「事實」、前人如何進行觀察與描述、傳統分類學如何累積、成長與蔚爲一套所謂的學科、分類學科的優缺點等，從而鑑定，乃至如何較爲完整地去了解任何一蕨種。

森林生態學中曾有所謂「獨立種（independent species）」及「倚賴種（dependent species）」的區分，後者即如林下草本、附生植物等，乃倚附在可獨立存在的喬木之上或之下而存在，當喬木等獨立種消失，其亦無法生存；換句話說，倚賴種乃靠藉獨立種所創造的生態區位（niche）而存在，正可敏銳反映特定的時空特性，故而常可充當恰當或適宜的生態指標，或稱指標種（indicator species），而找出系列指標種乃生態研究及應用的有意義議題。

再者，由於蕨類通常爲倚賴種的角色扮演，其生態區位不僅敏銳或相對窄隘，更因其生活史時程較短，因應「因子補償」作用的現象表現，相對於其他植物顯著（註：此乃個人數十年山林經驗的歸納式看法），特別是在演替、更新各階段，我認爲詳加調查之後，必可產生龐多新見解。

雖然獨立種、倚賴種等，乃相對性、便宜性，甚至是不當的一種人爲區分，有違整體論（holism）的交互相關理念，但其可作爲研究思考切入的手段，任何稍有敏銳反思者，可利用其切入，卻不必受其囿限。而毫無疑問者，蕨類植物正是良好的倚賴種，或指標種的最佳候選者，由蕨類進行生態觀察，必可找出一系列很有趣的研究新走向。

在此背景下，我以植物分類及生態學習的態度，帶著學生前去親炙台灣的自然，以我淺薄的植物知識及長年的台灣經驗，讓學生眼見、手到，我是如何切入觀察、構思及呈現心得報告；學生可以在極短時程內，了解或理解「我」是如何進行「生產自然知識」的整套過程，且模仿操作，從而期待研創新思維而超越我。不止如此，師生可一齊成長，生師在種種面向可隨時、隨地、隨題材、隨緣而替換角色扮演。

也就是說，我先準備上課的前置作業：採集、調查、鑑定、收集舊文獻或相關圖書報告之後，將台灣蕨類科屬種等先行整理出系列講義，之後，開課，與學生們一齊進行愉悅的自然了解，而自己的些許筆記，將陸續寫下各物種的介紹。

如此書寫，或許只是沙灘上的足跡，也不見得有什麼特別意義，但我確定，眞正的知識是理性與情感愉快的融合過程，藉此禮讚台灣自然生界、無生界，或許可亦讓有緣人，搭起通往自然天地的一道鵲橋也未可知。

最後，必須在此特別強調者，傳統經驗科學絕大部分的知識都是歷代龐多前人的心血與貢獻，而筆者撰文力求作引證的交代（這是研究者基本倫理之一），由於很難明確找出究竟誰是首度提出那種見解（例如上先型、下先型等）、哪些是最早關於某物種的獨到敘述等，因此，退而求其次，凡是屬於我自己的觀察者，我將說明，其他者大抵全是前人的經驗智慧，引用文獻是出處，不敢掠美。

中名索引

二劃

三劃

四劃

五劃

六劃

七劃

八劃

九劃

十劃

十一劃

十二劃

十三劃

十四劃

十五劃

十七劃

十九劃

二十一劃

學名索引

A

B

C

D

E

F

G

H

I

K

L

M

N

P

Q

R

S

T

U

Z

國家圖書館出版品預行編目資料

台灣植被誌, 第九卷, 物種生態誌（一）：陳玉峯著.
台北市：前衛, 2007.08
504面；26×19公分（台灣自然史系列）
含參考書目, 索引
ISBN 978-957-801-545-6（精裝）

1. 植物 2. 台灣
375.33 96014859

台灣自然史系列

台灣植被誌第九卷

物種生態誌（一）

作　　者　陳玉峯
策　　劃　台灣生態研究中心
研究贊助　楊博名
出版贊助　楊博名
攝　　影　陳玉峯　陳月霞
繕打校對　王曉萱
特別校對　賴惠三　王曉萱
執行編輯　鄭美珠
美術編輯　方野創意工作室　周奇霖

出 版 者　前衛出版社
出版總監　林文欽
地　　址　11261台北市北投區關渡立功街79巷9號1樓
電　　話　02-28978119
傳　　真　02-28930462
e - mail　a4791@ms15.hinet.net
Internet　http://www.avanguard.com.tw
法律顧問　南國春秋法律事務所　林峰正律師

總 代 理　紅螞蟻圖書有限公司
地　　址　台北市內湖區舊宗路二段121巷28號4樓
電　　話　02-27953656　傳　　真　02-27954100

ISBN-13　978-957-801-545-6（精裝）
出版日期　2007年11月
定　　價　1200元